本书受国家社会科学基金项目"基于京津冀一体化的雾霾治理与产业关联统计研究"（项目批准号：15BTJ020）资助

A Library of Academics by PHD Supervisors

博士生导师学术文库

雾霾治理与产业关联统计研究

——基于京津冀一体化

周国富　徐莹莹　著

中国书籍出版社
China Book Press

图书在版编目（CIP）数据

雾霾治理与产业关联统计研究：基于京津冀一体化/
周国富，徐莹莹著 . —北京：中国书籍出版社，2020.1

ISBN 978 - 7 - 5068 - 7421 - 2

Ⅰ.①雾… Ⅱ.①周… ②徐… Ⅲ.①区域产业结构
—关系—空气污染—污染防治—研究—华北地区 Ⅳ.
①X510.6 ②F127.2

中国版本图书馆 CIP 数据核字（2019）第 197034 号

雾霾治理与产业关联统计研究：基于京津冀一体化

周国富 徐莹莹 著

责任编辑	毕 磊	
责任印制	孙马飞 马 芝	
封面设计	中联华文	
出版发行	中国书籍出版社	
地 址	北京市丰台区三路居路 97 号（邮编：100073）	
电 话	（010）52257143（总编室） （010）52257140（发行部）	
电子邮箱	eo@ chinabp. com. cn	
经 销	全国新华书店	
印 刷	三河市华东印刷有限公司	
开 本	710 毫米×1000 毫米 1/16	
字 数	368 千字	
印 张	20.5	
版 次	2020 年 1 月第 1 版 2020 年 1 月第 1 次印刷	
书 号	ISBN 978 - 7 - 5068 - 7421 - 2	
定 价	95.00 元	

前　言

　　这部著作是在国家社会科学基金项目"基于京津冀一体化的雾霾治理与产业关联统计研究"（项目批准号：15BTJ020）结项报告的基础上修改完成的。

　　京津冀地区作为我国北方重要的增长极和城市群，具有政治、科技、教育、文化等多方面的优势，它的兴衰对我国政治稳定、科教发展和国际形象都有着重要的影响。2014年2月26日举行的京津冀协同发展工作座谈会上，习近平总书记将京津冀协同发展上升到国家战略层面，并就推进京津冀协同发展提出了七点要求。其中，第三点特别针对京津冀如何实现产业协同发展提出了明确的要求，第五点则着重就京津冀如何加强大气污染防治等生态环境保护方面的协调合作提出了明确的要求。可见，产业一体化与雾霾治理都是京津冀协同发展过程中必须重点解决的问题。正是基于这一现实背景，2015年我申请了国家社科基金项目"基于京津冀一体化的雾霾治理与产业关联统计研究"，并获准立项。

　　在现实中，产业结构与产业集聚之间客观上存在着相互作用、相互影响的共变机制：一方面，随着产业结构的合理化，各产业之间的协调能力不断加强，各产业间的关联水平也会不断提高。而随着产业之间关联水平的提升，必然促使一些关联度高的产业进一步集聚到一起，从而影响着地区产业集聚模式的形成。另一方面，产业集聚带来的低成本效应、竞争效应、分工效应等优势也可以促进产业的发展，使某些产业在本地区产业结构中的比例不断提升，甚至成长为优势产业，促使产业结构由低级向高级进化，由无序向有序发展。因此，客观上，不同的产业集聚模式对应着不同的产业结构。而由于不同产业的能耗结构和能耗强度不同，一个区域产业结构的能耗特征和关联特征同时也决定了其对环境的压力，从而为我们将产业一体化和雾霾治理联系起来协同推进提供了可能。

　　基于国内外相关研究所取得的进展及存在的不足，为使京津冀各产业逐渐走向融合、一体化进程逐步加快、雾霾天气逐渐得到缓解，课题组从京津冀地区特有的产业结构和特殊的产业集聚模式切入，着重对京津冀产业一体化进展缓慢以及雾霾天气日益严重的深层原因进行了系统的形成机制分析和量化研究，以期找到一条协同推进的现实路径。本书在研究内容及学术观点方面的突出特色表现在以下几个方面。

（1）将京津冀产业一体化同雾霾治理联系起来进行研究，研究视角有新意。

（2）利用专业化指数和多样化指数（包括相关多样化和无关多样化），对京津冀产业集聚的模式进行了统计分析，鉴别了主要类型，并对其形成机制进行了分析。研究发现，京津冀地区的产业集聚模式主要表现为多样化集聚，而产业的专业化程度较低。其中，北京市产业的无关多样化程度最高，天津市次之，河北省最低；而河北省的相关多样化程度最高，北京市次之，天津市最低；而且，京津冀13个城市都表现为产业的无关多样化水平高于其相关多样化水平。就产业的专业化程度而言，北京市的专业化水平相对较高，天津市次之，河北省最低。

（3）运用京津冀三省市的投入产出表和统计年鉴等相关数据，采用结构分解技术，从行业、能源类型、省市等多个角度，分析了京津冀产业结构、能耗结构、能源强度、技术进步、最终需求等因素对雾霾的贡献，揭示了京津冀雾霾天气日益严重的成因。其中，天津市雾霾天气的出现主要是由于最终需求和技术进步的增排效应较强，而各种减排因素的减排效应相对较弱。河北省雾霾天气的出现主要是由于最终需求的扩张和产业结构不合理，同时各种减排因素的减排效应同样相对较弱。为了减少大气污染物的排放量，北京市的产业结构、能源结构也需要做进一步的优化调整。

（4）讨论了产业一体化的核心内涵，并对京津冀产业一体化的进程进行了综合评价，分析了薄弱环节。课题组认为，区域内各地区间的贸易联系是否紧密，以及产业分工是否明确，是判断区域产业一体化程度的两个重要方面。如果二者同时具备，那么各地区间的产业一体化程度就高。然后，通过构建指标体系对京津冀产业一体化进程进行了测度和综合评价，明确了薄弱环节。其中，关于各地区间的贸易联系紧密程度，限于数据的可得性，课题组通过产品市场和要素市场的一体化水平间接反映。研究发现：京津冀的产业一体化程度整体表现为"先在波动中下降、然后缓慢上行"的走势，转折点为2006年；其薄弱环节表现在要素市场一体化程度不高，产品市场一体化波动明显，且产业分工程度偏低。但是在2006—2012年期间京津冀各地市间的产业分工指数是稳步走高的，这可能与这期间国家将天津滨海新区的开发开放上升为国家战略，在国家的支持下滨海新区的产业结构有较大改善，带动了京津冀的产业分工呈逐渐改善和良性发展态势有关。

（5）通过构建边界效应模型对京津冀地区是否存在显著的行政边界效应进行了实证检验。研究发现，京津冀地区存在显著的行政边界效应，也即存在一定的行政壁垒。在此基础上，进一步从基础设施水平差距、基本公共服务差距和经济发展水平差距三方面间接衡量了行政壁垒，发现京津冀各地市间的行政壁垒更突出地体现在以公共财政支出为代表的基本公共服务的悬殊差距上。

（6）通过构建空间面板模型和结构方程模型，分别对京津冀特有的产业集聚模式对其经济发展和产业一体化进程的影响进行了实证检验，明确了京津冀产业一体化进展缓慢的主要制约因素。研究发现，京津冀产业的相关多样化对产业一体化的发展有不显著的阻碍作用，无关多样化与行政壁垒对产业一体化的发展有显著的阻碍作用，产业的专业化集聚则对产业一体化进程有显著的促进作用。但由于京津冀地区的产业集聚模式主要表现为多样化集聚，而产业的专业化程度较低，上述几方面的因素综合作用，最终导致了京津冀产业一体化的进程缓慢。

（7）为探索京津冀雾霾治理与产业协同发展的可行路径，课题组还对能否通过发展高技术制造业实现京津冀雾霾治理与产业协同发展进行了研究。课题组认为，要有效治理京津冀地区的雾霾天气，必须走低碳发展道路，且根本途径是促进产业结构升级。而通过大力发展高技术制造业，既可增强自主创新能力、促进传统产业改造升级，与《中国制造2025》所拟定的"三步走"战略目标相吻合，又与发展低碳经济的要求高度契合，有利于推动产业向低碳化转型，促进低碳经济向纵深发展。但在如何界定我国的高技术制造业方面，课题组主张以"R&D经费强度和科技人员比重2个指标中至少1个高于我国制造业平均水平"，同时"能源消耗强度低于我国制造业的平均水平"为标准，重新界定高技术制造业。

（8）基于上述实证分析结论，借鉴国际经验，对如何发挥政府和市场两方面的作用，整合京津冀三地的优势，在加快京津冀产业一体化进程的同时根治雾霾天气，给出了具有一定针对性的政策建议。具体包括：厘清协同推进总体思路；明确区域主体功能定位，合理规划产业的空间布局；加强基础设施的互联互通，促进生产要素流动和产业分工协作；借鉴国外先进经验，优化能源结构和产业结构。

自2015年以来，在国家社科基金项目资助下，我先后指导了1名博士生和6名硕士生进行与本课题相关的学位论文研究；课题组成员公开发表了10多篇学术论文，其中多篇论文发表在《统计研究》《城市问题》《软科学》《统计与信息论坛》《现代财经》《统计与决策》《经济问题》等 CSSCI 期刊，或被期刊推荐为"本刊特稿"或"封面文章"，社会反响良好。除课题组成员徐莹莹博士（国家海洋信息中心）、王晓玲博士（山西大同大学数学与计算机科学学院）、田孟博士（天津财经大学珠江学院）、连飞博士（中国人民银行长春中心支行）、于忠义教授（天津财经大学统计学院）、申博博士（河北经贸大学数学与统计学院）、李晓欣博士（天津财经大学统计学院）之外，参与了本项目研究或成果转化工作的博士生和硕士生还有：李妍（中国建设银行，硕士）、叶亚珂（洛阳银行，硕士）、刘晓丹（辽宁省统计局调查队，硕士）、王毅凌（中国人民银行洛阳中心支行，硕士）、彭星（国家海洋信息中心，硕士）、陈菡彬（华北理工大学经济学院，博士），以及刘晓琦（硕士）、李璞璞（硕士）、白士杰（硕士）、薛海娇（硕士）、熊宇航（博士）、张海行（硕士）、孟霄（硕士）等。

本书由项目结项报告的部分章节修改而成。除徐莹莹之外，部分博士生和硕士生也贡献了他们的分析研究或为相关章节提供了初稿。各章执笔人如下：第一章（周国富，徐莹莹）；第二章（徐莹莹，周国富）；第三章（周国富，徐莹莹，田孟，刘晓琦，薛海娇）；第四章（徐莹莹，周国富）；第五章（徐莹莹，田孟，陈菡彬，王毅凌，李璞璞，彭星）；第六章（周国富，徐莹莹，叶亚珂）；第七章（周国富，李妍，徐莹莹，刘晓丹）；第八章（周国富，徐莹莹）。最后，由周国富修改、定稿。在此，对他们的贡献一并表示由衷的感谢！

在项目研究期间，蒋志华（成都信息工程大学统计学院副院长、教授）、宋辉（河北省投入产出与大数据研究院院长、研究员）、王亚菲（北京师范大学统计学院教授、博导）、周银香（浙江财经大学数学与统计学院副院长、教授）曾提供文献、数据和研究思路等方面的大力支持。在此，一并表示感谢。

多年来，京津冀经济一体化进展缓慢，问题究竟出在哪里？怎样才能走出一条优势互补、互利共赢、相互融合的协同发展路子？京津冀的雾霾天气又是怎样形成并逐渐加重的？怎样才能走出一条经济繁荣、环境友好的可持续发展路子？京津冀产业一体化与雾霾治理能否协同推进并取得实质性进展？这些都是目前人们非常关心的问题。这部著作对于寻求这些问题的答案，最终找到一条使京津冀产业一体化和雾霾治理协同推进的路径，具有一定的现实借鉴意义。当然，由于受数据可得性等方面的限制，有关研究结论难免存在一些偏误，欢迎批评指正。

周国富

2019 年 3 月于天津财经大学

目 录
CONTENTS

第1章

导 论

1.1 研究背景

京津冀地区作为我国北方重要的增长极和城市群，具有政治、科技、教育、文化等多方面的优势，它的兴衰对我国政治稳定、科教发展和国际形象都有着重要的影响。2014年2月26日举行的京津冀协同发展工作座谈会上，习近平总书记明确提出，"实现京津冀协同发展，是一个重大国家战略，要加快走出一条科学持续的协同发展路子来。"习近平总书记的讲话首次将京津冀协同发展上升到国家战略层面。① 进一步地，习近平就推进京津冀协同发展提出七点要求。② 一是要着力加强顶层设计，抓紧编制首都经济圈一体化发展的相关规划，明确三地功能定位、产业分工、城市布局、设施配套、综合交通体系等重大问题，并从财政政策、投资政策、项目安排等方面形成具体措施。二是要着力加大对协同发展的推动，自觉打破自家"一亩三分地"的思维定式，抱成团朝着顶层设计的目标一起做，充分发挥环渤海地区经济合作发展协调机制的作用。三是要着力加快推进产业对接协作，理顺三地产业发展链条，形成区域间产业合理分布和上下游联动机制，对接产业规划，不搞同构性、同质化发展。四是要着力调整优化城市布局和空间结构，促进城市分工协作，提高城市群一体化水平，提高其综合承载能力和内涵发展水平。五是要着力扩大环境容量生态空间，加强生态环境保护合作，在已经启动大气污染防治协作机制的基础上，完善防护林建设、水资源保护、水环境治理、清洁能源使用等领域合作机制。六是要着力构建现代化交通网络系统，把交通一体化作为先行领域，加快构建快速、便

---

① 新华网，2014-02-27.
② 人民网，2014-02-28.

捷、高效、安全、大容量、低成本的互联互通综合交通网络。七是要着力加快推进市场一体化进程，下决心破除限制资本、技术、产权、人才、劳动力等生产要素自由流动和优化配置的各种体制机制障碍，推动各种要素按照市场规律在区域内自由流动和优化配置。其中，除第一点和第二点是关于顶层设计和打破传统思维定式的综合性论述之外，其他几点要求都是针对特定领域如何协同发展的。其中第三点特别针对京津冀如何实现产业协调发展提出了明确的要求，第五点则着重就京津冀如何加强大气污染防治等生态环境保护和资源方面的协调合作提出了明确的要求。可见，京津冀产业一体化与雾霾等大气污染的治理都是京津冀协同发展过程中必须重点解决的问题。

　　基于解决现实问题的需要，同时考虑到国内外相关研究所取得的进展和存在的不足，本研究拟从京津冀地区特有的产业结构和特殊的产业集聚模式切入，着重对京津冀产业一体化进展缓慢以及雾霾天气日益严重的深层原因做一个系统的形成机制分析和量化研究，进而为使京津冀各产业逐渐走向融合、一体化进程逐步加快，同时雾霾天气逐渐得到缓解找到一条协同推进的现实路径。

1.2　研究意义

1.2.1　现实意义

　　2014 年京津冀协同发展被正式确定为重大国家战略，2015 年其又被列为国家重点实施的三大战略之一。这标志着京津冀协同发展的顶层设计已经完成，推动实施这一战略的总体方针已经明确，京津冀协同发展进入全面推进、重点突破的重要阶段。[①] 然而，回溯历史，早在 1986 年就成立了环渤海地区经济市长联席会，1988 年又成立了环京经济协作区（吴群刚、杨开忠，2010[②]），2004年京津冀还就推进一体化进程达成了所谓的"廊坊共识"，国家发改委地方司则于 2006 年编制了《京津冀都市圈区域综合规划》，2013 年京津冀三地政府还分

---

① 祝尔娟，鲁继通. 以协同创新促京津冀协同发展——在交通、产业、生态三大领域率先突破 [J]. 河北学刊，2016（2）：155－159.

② 吴群刚，杨开忠. 关于京津冀区域一体化发展的思考 [J]. 城市问题，2010（1）：11－16.

别签署过京津合作协议、京冀合作协议和津冀合作协议。但问题是，多年过去之后，京津冀一体化依旧未取得实质性进展，经济增长一直不如长三角和珠三角经济圈那样充满活力，相反，雾霾天气越来越普遍，是三大经济圈中空气污染最为严重的地区①。比如，2017 年中国大气网发布的基于 PM2.5 年均浓度计算的 2016 年全国 385 个城市空气污染排行榜中，京津冀占据了前 10 名中的 6 席，分别是河北省的辛集、石家庄、保定、邢台、衡水、定州。② 2018 年 1 月 18 日，环保部对外发布了 2017 年全国 74 个城市空气质量排名，空气质量相对较差的 10 个城市依次是石家庄、邯郸、邢台、保定、唐山、太原、西安、衡水、郑州、济南，其中，京津冀占据了最差的全部前 5 席。③ 人们不禁要问，京津冀经济一体化进展缓慢，问题究竟出在哪里？怎样才能走出一条优势互补、互利共赢、相互融合的协同发展路子？京津冀的雾霾天气又是怎样形成并逐渐加重的？怎样才能走出一条经济繁荣、环境友好的可持续发展路子？京津冀经济一体化与雾霾治理能否协同推进并取得实质性进展？显然，本研究对于寻求这些问题的答案，最终找到一条使京津冀产业一体化和雾霾治理协同推进的路径，具有重要的现实意义。

1.2.2 理论意义

产业经济学对产业结构、产业集聚和产业一体化均有较多的论述，但是相关的理论研究仍在发展完善之中。比如，人们对于产业结构、产业集聚及其与经济增长的关系给予了较多的关注，而关于不同的产业集聚模式的形成机制及其与产业结构的关系，不同的产业集聚模式与产业一体化之间相互制约、相互促进的影响机制，尚未有学者进行深入的理论分析和实证检验。此外，如何从一个区域的产业结构切入，深度挖掘雾霾等大气污染和产业的关联性，既是一个现实问题，也有其重要的理论价值。而上述内容，均是本研究的重点。所以，本研究对于产业经济学、生态经济学、环境经济学和区域经济学相关理论的丰富和完善也会有所贡献。

---

① 经济参考报，2017—01—24.
② 中国大气网，http：//www.chndaqi.com/news/251991.html.
③ http：//www.gov.cn/xinwen/2018—01/18/content_5257873.htm.

1.3　国内外相关文献综述

本研究拟从京津冀地区的产业结构切入，分析其产业结构和产业集聚模式的典型特征，进而深度挖掘雾霾等大气污染和产业的关联性以及产业一体化和产业集聚模式的关联性，从而找到一条使京津冀产业一体化和雾霾治理协同推进的路径。因此，基于本研究的需要，下面主要从产业结构与产业的关联性、能源消耗和雾霾治理、产业集聚模式和产业一体化的相关研究等几方面，对国内外相关文献的研究现状做一个系统的考察。

1.3.1　关于产业结构与产业关联

产业结构是指各个产业部门在国民经济中所占比重及其相互依存、相互制约的关系总和。[①] 产业结构反映整个国民经济运行中全部经济资源在各个产业之间的分布构成，因此，产业结构问题是产业经济学的重要问题之一。而产业关联是指国民经济各部门在社会再生产过程中形成的直接与间接的相互依存、相互制约的经济关系。[②] 产业的关联水平是产业结构升级的内在驱动力（李善同等，1998[③]；王岳平等，2007[④]；陶长琪等，2015[⑤]；原嫄等，2016[⑥]），而产业结构优化升级推动着经济的快速发展。因此，产业结构与产业的关联性问题是产业经济学的重要组成部分。

一、国外相关研究评述

产业结构理论有着悠久的发展历史，其思想渊源可以追溯到 17 世纪。1672 年，威廉·配第（William Petty）在《政治算术》中指出：从收入角度来说，

① 刘瑞. 国民经济管理学概论［M］. 北京：中国人民大学出版社，2009：238－252.
② 刘保珺. 产业结构演变成因分析模型及其应用［M］. 北京：中国统计出版社，2010：5－6.
③ 李善同，钟思斌. 我国产业关联和产业结构变化的特点分析［J］. 管理世界，1998（3）：61－68.
④ 王岳平，葛岳静. 我国产业结构的投入产出关联特征分析［J］. 管理世界，2007（2）：61－68.
⑤ 陶长琪，周璇. 产业融合下的产业结构优化升级效应分析——基于信息产业与制造业耦联的实证研究［J］. 产业经济研究，2015（3）：21－31.
⑥ 原嫄，李国平. 产业关联对经济发展水平的影响：基于欧盟投入产出数据的分析［J］. 经济地理，2016（11）：76－92.

工业比农业多，而商业又比工业多，这是产业结构最初的、最朴素的推断。
1935 年，澳大利亚经济学家费希尔（Fisher A. G. B）在《安全与进步的冲突》
中首次提出了三次产业的划分方法，标志着产业结构理论的初步形成。1940 年，
科林·克拉克（Colin Clark）在上述学者的基础上出版了《经济进步的条件》
一书，其系统地阐述了产业结构理论，指出随着经济发展和人均国民收入水平
的提高，劳动力具有先由第一产业向第二产业转移，然后再向第三产业转移的
演进趋势，这就是众所周知的配第—克拉克定理。进一步地，西蒙·库茨涅兹
（Simon Kuznets）在《现代经济增长：速度、结构与扩展》（1966）中将产业结
构重新划分为农业、工业和服务等三大部门，并使用了"产业的相对国民收入"
这一概念来进一步分析产业结构。随着产业结构理论的不断深化，其不仅具有
学术价值，而且许多观点更有其现实意义和实践价值，对近代工业社会的发展
发挥了一定的积极作用。

　　随着产业结构理论的不断发展成熟，产业关联理论也应运而生。关于产业
关联理论，一般认为英国经济学家威廉·配第（William Petty）用以考察各产
业间收入差别的《政治算术》（1672）和法国经济学家弗朗斯瓦·魁奈（Fran-
cois Quesnay）用来说明产业间贸易关系的《经济表》（1758）是产业关联理论
产生的基础；法裔瑞士经济学家瓦尔拉斯（Walras）于 1874 年提出的一般均衡
理论，标志着产业关联理论萌芽的产生；美国经济学家瓦西里·里昂惕夫
（Wassily Leontief）自 1931 年开始从事"投入产出分析"的研究，并于 1936 年
发表了投入产出分析的第一篇论文《美国经济结构中的投入产出关系》。1941
年，他在其著作《美国的经济结构 1919—1929》中系统阐述了投入产出理论的
基本原理，标志着产业关联理论的正式产生。[1] 在此基础上，里昂惕夫在 1953
年发表的《美国经济结构研究》中把投入产出动态模型分为封闭和开放两种模
型。拉斯姆森（Rasmussen，1956）[2] 进一步提出了基于里昂惕夫逆矩阵的产业
关联分析方法，这种方法的实践应用十分广泛，影响更为深远。之后，赫尔希
曼（Hirschman）在《经济发展战略》（1958）中阐述了前向（后向）关联的定
义与作用。钱纳里（Chenery）等（1958）[3] 利用中间投入率（产出率）分析产

① 史忠良. 产业经济学 [M]. 北京：经济管理出版社，1998：265—293.

② Rasmussen P. N. Studies in inter—sectoral relations [J]. Economica，1956，8（6）：15
—17.

③ Chenery H. B.，Watanabe T. International Comparisons of the Structure of Production
[J]. Econometrica，1958，26（4）：487—521.

业关联效应。1986 年，钱纳里等人①提出了结构分解技术（SDA）。埃里克和巴特（Erik 与 Bart，1998)②进一步指出，结构分解的形式并不是独一无二的，同时他们利用 1986—1992 年荷兰的数据计算了 24 种等效分解形式的结果，结果显示，在不同分解形式的结果中存在很大程度的变异性。因此，结构分解技术与投入产出技术结合以来，产生了众多结构分解模型③④，这也促使结构分解技术发展成为一个研究产业结构问题的重要工具。

二、国内相关研究评述

国内学者关于产业结构问题也给予了较多的关注，且多数都是基于投入产出模型展开相关的研究。贺菊煌（1991)⑤利用投入产出分析法来分析影响产业结构变动的因素，结果表明，技术变动是影响产业结构变动的重要因素。王岳平（2000)⑥用影响力系数等投入产出指标阐述了我国的产业结构特征，并指出投入产出分析是深刻揭示产业结构变动内在机理的重要方法。为了避免简单形式投入产出系数在分析上存在的缺陷，杨灿（2005)⑦进一步给出加权形式的投入产出系数。也有很多学者分析了产业结构变动与经济周期或经济增长之间的关系（黄一义，1988⑧；马建堂，1990⑨；郭克莎，1996⑩；干春晖等，2011⑪；于斌斌，2015⑫）。

---

① Chenery H. B., Robinson S., Syrquin M., et al. Industrialization and growth: a comparative study [J]. 1986 (4)：591—596.

② Erik D., Bart L. Structural Decomposition Techniques: Sense and Sensitivity [J]. Economic Systems Research, 1998, 10 (4)：307—324.

③ Chen X., Guo J. Chinese Economic Structure and SDA Model [J]. Systems Science & Systems Engineering, 2000, 9 (2)：142—148.

④ Dietzenbacher E., Hoekstra R. The RAS Structural Decomposition Approach [M]. Trade, Networks and Hierarchies. Springer Berlin Heidelberg, 2002：179—199.

⑤ 贺菊煌. 产业结构变动的因素分析 [J]. 数量经济技术经济研究, 1991 (10)：29—35.

⑥ 王岳平. 我国产业结构的投入产出关联分析 [J]. 管理世界, 2000 (4)：59—65.

⑦ 杨灿. 产业关联测度方法及其应用问题探析 [J]. 统计研究, 2005 (9)：72—75.

⑧ 黄一义. 论本世纪我国产业优先顺序的选择 [J]. 管理世界, 1988 (3)：16—35.

⑨ 马建堂. 试析我国经济周期中产业结构的变动 [J]. 中国工业经济, 1990 (1)：35—41.

⑩ 郭克莎. 中国：改革中的经济增长与结构变动 [M]. 上海：上海三联书店，上海人民出版社, 1996：184—312.

⑪ 干春晖，郑若谷，余典范. 中国产业结构变迁对经济增长和波动的影响 [J]. 经济研究, 2011 (5)：4—16.

⑫ 于斌斌. 产业结构调整与生产率提升的经济增长效应——基于中国城市动态空间面板模型的分析 [J]. 中国工业经济, 2015 (12)：83—98.

近年来,愈来愈多的学者(申洪源、陈宇,2012[①];刘佳、朱桂龙,2012[②];杨灿、郑正喜,2014[③];陈守合,2017[④])通过分析产业结构的关联效应,判断各个产业对经济发展的影响作用,并对国民经济的产业结构调整提出相应政策建议。京津冀协同发展战略提出之后,一些学者(孙启明、王浩宇,2016[⑤];郑礼等,2016[⑥];温锋华等,2017[⑦])基于投入产出表对京津冀三地之间产业结构的相似性和产业联系强度进行了实证研究,但将其运用于雾霾的成因等相关研究的文献还很少见。

此外,国内许多学者也开始结合投入产出法和结构分解技术(SDA)对产业结构及产业的关联状态进行研究。刘保珺(2003)[⑧] 对现有的 SDA 与投入产出技术结合的部分研究成果进行了比较和分析,并进一步论述了该方法的应用新方向。宋辉、王振民(2004)[⑨] 根据投入产出基本平衡模型,建立了投入产出偏差分析模型,来解决产业结构变动问题。余典范等(2011)[⑩] 利用投入产出模型和结构分解技术,将产业结构效应进行分解,详尽分析了中国 2002 年和 2007 年 51 个产业的关联状态及变化。随着投入产出法和结构分解技术研究的不断发展,其应用范围也越来越广,愈来愈多的学者结合这两种方法解决经济、资源、能耗和环境等多学科多领域交叉的问题。

---

① 申洪源,陈宇. 从产业关联看产业结构效应——基于四川省 2007 年投入产出表数据 [J]. 经济问题,2012(3):29−32.

② 刘佳,朱桂龙. 基于投入产出表的我国产业关联与产业结构演化分析 [J]. 统计与决策,2012(2):136−139.

③ 杨灿,郑正喜. 产业关联效应测度理论辨析 [J]. 统计研究,2014(12):11−19.

④ 陈守合. 中国产能严重过剩行业的经济特征——基于投入产出分析视角的考察 [J]. 山西财经大学学报,2017(3):49−62.

⑤ 孙启明,王浩宇. 基于复杂网络的京津冀产业关联对比 [J]. 经济管理,2016(4):35−46.

⑥ 郑礼,戴颖,韩维. 从投入产出表看京津冀产业对接 [J]. 中国统计,2016(6):20−22.

⑦ 温锋华,谭翠萍,李桂君. 京津冀产业协同网络的联系强度及优化策略研究 [J]. 城市发展研究,2017(1):35−43.

⑧ 刘保珺. 关于 SDA 与投入产出技术的结合研究 [J]. 现代财经−天津财经大学学报,2003(7):48−51.

⑨ 宋辉,王振民. 利用结构分解技术(SDA)建立投入产出偏差分析模型 [J]. 数量经济技术经济研究,2004(5):109−112.

⑩ 余典范,干春晖,郑若谷. 中国产业结构的关联特征分析——基于投入产出结构分解技术的实证研究 [J]. 中国工业经济,2011(11):5−15.

1.3.2 关于能源消耗和雾霾治理

一、国外相关研究评述

能源消耗问题常伴随着产业结构问题的出现而产生。帕纳约托（Panay-otou, 1993）[①] 指出，产业结构的变化会影响能源消耗速率，从而对环境产生影响效应。进一步地，根据不同产业发展阶段的产业结构的不同，纳基诺维奇等学者（Nakicenovic, 2000）[②] 阐述了不同的工业化发展阶段能源消耗强度不同的事实：当经济发展水平较低时，工业能源使用量微乎其微，因而工业能源消耗强度接近于零；当工业化生产进入高速发展时期，工业能源消耗强度则会明显提高；而进入后工业化时期后，随着产业结构由工业主导型转向服务主导型，工业能源消耗强度则会逐渐下降。纽尼尔等（Newell 等，1999）[③] 认为能源价格上涨会改变产业创新的方向，而产业创新又会引起产业结构的变化，从而引起能耗强度变化。Yu 等（2015）[④] 的研究发现，2005—2011 年之间北京市的能源消耗不断增加，而在 2008—2011 年之间 CO_2 排放总量波动明显，说明能源结构和产业结构在一定程度上已经优化了，同时得出 GDP 增长率和产业结构等对城市能源消费和碳排放具有重要影响的结论。此外，基于能源消耗问题研究的需要，愈来愈多的学者将结构分解技术应用于能源分析领域，如：Ang 等（2003）[⑤] 概述了分解技术在国家和国际能源机构中政策制定的应用；瓦克斯曼等（Wachsmann 等，2009）[⑥] 认为，相对于 LMDI 方法，基于 I-O 的 SDA 结构分解模型更有利于考察能源在产业间的真正流动情况。但是，目前将这项技术直接用于环境保护领域的研究还不多见。

进入工业化时代以后，全球出现过多起典型的重度雾霾污染事件，为此众

① Panayotou T. Empirical Tests and Policy Analysis of Environmental Degradation at Different Stages of Economic Development [J]. Ilo Working Papers, 1993 (4)：21—22.

② Nakicenovic N., Swart R. Special Report on Emissions Scenarios [M]. Cambridge：Cambridge University Press, 2000：612.

③ Newell R. G., Jaffe A. B., Stavins R. N. The Induced Innovation Hypothesis and Energy-Saving Technological Change [J]. Quarterly Journal of Economics, 1999, 114 (3)：941—975.

④ Yu H., Pan S. Y., Tang B. J., et al. Urban energy consumption and CO_2 emissions in Beijing：current and future [J]. Energy Efficiency, 2015, 8 (3)：527—543.

⑤ Ang B. W., Liu F. L., Chew E P. Perfect decomposition techniques in energy and environmental analysis [J]. Energy Policy, 2003, 31 (14)：1561—1566.

⑥ Wachsmann U., Wood R., Lenzen M., et al. Structural decomposition of energy use in Brazil from 1970 to 1996 [J]. Applied Energy, 2009, 86 (4)：578—587.

多学者分别从雾霾的成因（Gillies 和 Nickling 等，1996[①]；Soleiman 等，2003[②]；Quan 等，2011[③]）、危害（Anaman 等，2000[④]；Brauer 等，2012[⑤]）和治理模式（Vautard 等，2009[⑥]；Sheng 等，2016[⑦]）入手进行了研究，并且普遍认为，是因为伴随着工业化的推进，化石燃料的大规模使用造成污染物的排放过度，最终导致了雾霾污染事件频发。Buxton 和 Neil（1979）[⑧] 就把英国的工业化形容为将人口和企业放在煤的基础上的工业化。Guan 等（2014）[⑨] 首次尝试采用环境扩展的投入产出分析方法，研究 PM2.5 排放的驱动力。其研究表明，与生产相关的 PM2.5 的排放量占中国总排放量的三分之二，是中国城市空气污染的主要贡献者，而提高（能源消耗）效率可以减少 PM2.5 的排放。鉴于宏观经济是一个涉及多个产业部门的复杂系统，每个产业部门都相互依存，因此，Meng 等（2015）[⑩] 通过中国供应链来追踪 PM2.5 的排放。结果表明，由最终需求引发的直接 PM2.5 排放只占总排放量的 8%，而 92% 的排放是在供应链中触发的。同时，Meng 等从降低能源消耗强度和提高能源消耗效率等方面

① Gillies J. A., Nickling W. G., Mctainsh G. H. Dust concentrations and particle－size characteristics of an intense dust haze event: Inland Delta Region, Mali, West Africa [J]. Atmospheric Environment, 1996, 30 (7): 1081－1090.

② Soleiman A., Othman M., Samah A. A., et al. The Occurrence of Haze in Malaysia: A Case Study in an Urban Industrial Area [J]. Pure and Applied Geophysics, 2003, 160 (1): 221－238.

③ Quan J., Zhang Q., He H., et al. Analysis of the formation of fog and haze in North China Plain (NCP) [J]. Atmospheric Chemistry & Physics, 2011, 11 (15): 8205－8214.

④ Anaman K. A., Looi C. N. Economic Impact of Haze－Related Air Pollution on the Tourism Industry in Brunei Darussalam 1 [J]. Economic Analysis & Policy, 2000, 30 (2): 133－143.

⑤ Brauer M., Amann M., Burnett R. T., et al. Exposure assessment for estimation of the global burden of disease attributable to outdoor air pollution [J]. Environmental Science & Technology, 2012, 46 (2): 652.

⑥ Vautard R., Yiou P., Oldenborgh G. J. V. Decline of fog, mist and haze in Europe over the past 30 years. [J]. Nature Geoscience, 2009, 2 (2): 115－119.

⑦ Sheng N., Tang U. W. The first official city ranking by air quality in China—A review and analysis [J]. Cities, 2016, 51: 139－149.

⑧ Buxton., Neil K. An economic history of the British coal industry from 1700 [J]. Edinburgh: Heriot－Watt University, 1979.

⑨ Guan D., Su X., Zhang Q., et al. The socioeconomic drivers of China's primary PM2.5 emissions [J]. Environmental Research Letters, 2014, 9 (2): 024－033.

⑩ Meng J., Liu J., Xu Y., et al. Tracing Primary PM2.5 emissions via Chinese supply chains [J]. Environmental Research Letters, 2015, 10 (5): 1－12.

给出了几种减少 PM2.5 排放的方法。Mardones 和 Saavedra（2016）① 则得出了细颗粒物污染（可入肺颗粒物）是由工业和住宅的能源消耗产生的结论。

二、国内相关研究评述

近 10 多年来，国内学者将产业结构同能源消耗及碳排放联系起来的研究同样见多。史丹（2002）② 认为改革开放以来中国的能源利用效率的改进是非常显著的，而产业结构是影响能源利用效率的重要因素。周静（2007）③ 发现，北京市能源消费的产业构成随着产业结构的调整正发生着积极的变化。而周国富、宫丽丽（2014）④ 通过实证分析指出，京津冀地区能源消耗结构一直变化不大，且以煤、石油、天然气为主，其中煤在能源消耗中所占比重最大。通过众多学者的分析可知，能源消耗与产业结构之间有着非常紧密的关系，产业结构及变动是影响能源消耗的重要因素。

随着国内雾霾天气的频发，近几年来愈来愈多的学者将视野投向了这一研究领域，其中许多学者也注意到了能源消耗与雾霾污染之间的联系。比如，关于雾霾的成因，王自力（2016）⑤ 认为，在地区经济发展中单位产出的能耗强度越高，越容易诱发雾霾。刁鹏斐（2016）则指出，雾霾污染的一大原因是重化工业在国民经济体系中的比重过大⑥。周茜、胡慧源（2014）⑦ 还认为，一个国家产业结构中的第二产业比重越高，其需要消耗的能源和资源量越大，在生产中排放的污染物越多，其环境污染越严重。关于雾霾的治理，马丽梅、张晓（2014）⑧ 认为，减少劣质煤的使用是短期内较为有效的途径，而从长期看，治

① Mardones C.，Saavedra A. Comparison of economic instruments to reduce PM 2.5 from industrial and residential sources [J]. Energy Policy，2016，98：443—452.

② 史丹. 我国经济增长过程中能源利用效率的改进 [J]. 经济研究，2002（9）：49—56.

③ 周静. 北京市能源需求的统计分析与政策研究 [D]. 北京：首都经济贸易大学，2007：9—13.

④ 周国富，宫丽丽. 京津冀能源消耗的碳足迹及其影响因素分析 [J]. 经济问题，2014（8）：27—31.

⑤ 王自力. 中国雾霾集聚的空间动态及经济诱因 [J]. 广东财经大学学报，2016（4）：31—41.

⑥ 刁鹏斐. 雾霾污染与产业结构的空间相关性研究 [D]. 济南：山东财经大学，2016：30.

⑦ 周茜，胡慧源. 中国经济发展与环境质量之困——基于产业结构和能源结构视角 [J]. 科技管理研究，2014（22）：231—236.

⑧ 马丽梅，张晓. 中国雾霾污染的空间效应及经济、能源结构影响 [J]. 中国工业经济，2014（4）：19—31.

理雾霾的关键是能源消费结构的改变以及产业结构的优化。魏巍贤、马喜立 (2015)① 也认为，推进能源结构调整与技术进步才是治理雾霾的根本手段。潘慧峰等 (2015)② 进一步强调，简单的产业转移并不能解决京津冀地区的雾霾污染问题，必须通过产业升级和清洁技术引进等手段来从根本上治理京津冀地区的雾霾污染。但是，上述学者多是从定性的角度去分析产业结构、能源消费结构及能源消耗强度对雾霾污染的影响，目前通过定量分析深层次地挖掘产业结构、能源结构及能源消耗强度对雾霾爆发的具体影响作用的学者仍较少，并且尚未有专门针对京津冀整个地区的产业结构、能源消费结构及能源消耗强度等对雾霾污染影响的系统分析。

1.3.3　关于产业集聚模式和产业一体化

一、关于产业集聚模式的相关研究③

一般认为产业集聚有两种模式：一是地方化经济，二是城市化经济。马歇尔 (Marshall，1890)④ 最早指出，同一产业的企业在某个地区集聚所形成的专业化能够带来劳动力市场和中间投入品的规模效应，也有利于信息交换和技术扩散，从而促进地区经济增长。马歇尔的这一思想后来被阿罗 (Arrow) 和罗默 (Romer) 模型化，用以解释知识溢出效应对经济增长的作用，因此也被学术界称为 MAR (Marshall－Arrow－Romer) 外部性。雅各布斯 (Jacobs，1969)⑤ 则认为，重要的知识溢出往往来自产业之外，互补知识在产业间的交换能够促进创新搜寻，大量多样化产业在地域上的集聚比那些相近产业的集中更能带动经济增长。随着集聚经济理论研究的不断深入，产业专业化和多样化对于地区经济增长的不同作用成为国外学者争论的焦点。支持 MAR 外部性的学者重视产业专业化对经济增长的作用，认为相同或相近行业在某一区域集聚产生的外

---

① 魏巍贤，马喜立. 能源结构调整与雾霾治理的最优政策选择 [J]. 中国人口·资源与环境，2015 (7)：7－14.

② 潘慧峰，王鑫，张书宇. 雾霾污染的持续性及空间溢出效应分析——来自京津冀地区的证据 [J]. 中国软科学，2015 (12)：134－143.

③ 这里的相关文字表述，已作为阶段性成果发表，参阅：周国富，叶亚珂，彭星. 产业的多样化、专业化对京津冀市场一体化的影响 [J]. 城市问题，2016 (6)：4－10，59；周国富，徐莹莹，高会珍. 产业多样化对京津冀经济发展的影响 [J]. 统计研究，2016 (12)：28－36.

④ Marshall A. Principles of Economics [M]. London：Macmillan and Co., Ltd., 1890：257－349.

⑤ Jacobs J. The Economy of Cities [M]. New York：Vintage Books USA, 1969：1－288.

溢效应有助于提高创新能力，从而促进区域经济发展；而以雅各布斯为代表的城市经济学家则重视多样化集聚在区域经济增长方面的特殊作用，认为创新思想更多来自行业间的差异性和互补性，城市产业的多样化比专业化更有利于经济发展（格莱塞等，1992[①]；亨德森等，1995[②]；费尔德曼等，1999[③]；迪朗东等，2000[④]；帕奇等，2000[⑤]）。但是，受固有的研究视角和分析方法的限制，人们大多强调专业化分工对提高劳动生产率和经济增长的效应，而产业多样化始终就像一个"黑箱"（孙晓华，柴玲玲，2012[⑥]），缺乏更深入的研究。富林肯等（Frenken 等，2007）[⑦] 对产业多样化的内涵进行深度挖掘，该文从产业关联的角度区分了产业多样化的层次，提出了"相关多样化"与"无关多样化"的概念。受此启发，近年来许多国外学者开始对相关与无关多样化在经济增长中的作用进行实证检验（哈托格等，2012[⑧]；波希马等，2012[⑨]；奥尔特等，2015[⑩]）；同时，在我国城市化快速发展的背景下，国内学者也对不同区域的产业集聚模式及其经济增长效应进行了广泛的实证研究（薄文广，2007[⑪]；李金

① Glaeser E. L. , Kallal H. D. , Scheinkman J. A. , et al. Growth in Cites [J]. The Journal of Political Economy, 1992 (6)：1126－1152.

② Henderson V. , Kuncoro A. , Turner M. Industrial Development in Cities [J]. Journal of Political Economy，1995 (5)：1067－1090.

③ Feldman M. P. , Audretsch D. B. Innovation in Cities：Science－Based Diversity, Specialization and Localized Competition [J]. European Economic Review, 1999 (2)：409－429.

④ Duranton G. , Puga D. Diversity and Specialisation in Cities：Why, Where and When Does it Matter? [J]. Urban Studies, 2000 (3)：533－555.

⑤ Paci R. , Usai S. The Role of Specialisation and Diversity Externalities in the Agglomeration of Innovative Activities [J]. Rivista Italiana degli Economisti, 2000 (2)：237－268.

⑥ 孙晓华，柴玲玲. 相关多样化、无关多样化与地区经济发展——基于中国 282 个地级市面板数据的实证研究 [J]. 中国工业经济，2012 (6)：5－17.

⑦ Frenken K. , Oort F. V. , Verburg T. Related Variety, Unrelated Variety and Regional Economic Growth [J]. Regional Studies, 2007, 41 (5)：685－697.

⑧ Hartog M. , Boschma R. , Sotarauta M. The impact of related variety on regional employment growth in Finland 1993－2006 [J]. Industry & Innovation, 2012, 19 (6)：459－476.

⑨ Boschma R. , Minondo A. , Navarro M. Related variety and regional growth in Spain [J]. Papers in Regional Science, 2012, 91 (2)：241－256.

⑩ Oort F. V. , Geus S. D. , Dogaru T. Related Variety and Regional Economic Growth in a Cross－Section of European Urban Regions [J]. European Planning Studies, 2015, 23 (6)：1110－1127.

⑪ 薄文广. 外部性与产业增长——来自中国省级面板数据的研究 [J]. 中国工业经济，2007 (1)：37－44.

滟，宋德勇，2008①；孙晓华，柴玲玲，2012）。但是，对于产业的专业化和多样化（包括相关与无关多样化）对区域一体化进程的影响，以及随着产业的专业化或多样化，是否必然导致雾霾天气的出现等环境污染问题，则鲜有学者进行深入的量化研究。

二、关于产业一体化的相关研究

产业一体化是区域一体化的重要方面，因此，详尽地考察区域一体化理论的发展过程有利于更好地理解产业一体化的内涵。现代区域一体化理论始于瓦伊纳（Viner，1950）② 提出的"关税同盟理论"。他通过非正式但清晰的推理，预见了许多战后理论和政策辩论。瓦伊纳最著名的结论是关税同盟形成的福利影响是模糊的，主要受贸易创造和贸易转移两个方面的影响，其引发了大量的论文的产生。丁伯根（Tinbergen，1954）③ 首次阐述了"经济一体化"的具体概念，经济一体化是指在消除阻碍经济最有效运行的人为因素之后，通过相互协调和统一，创造出最适宜的经济结构。巴拉萨（Balassa，1962）④ 指出，经济一体化既是一种状态，又是一种过程。前者是指各国之间各种形式歧视的消失，后者则是包括采取各种措施消除各国之间的歧视。后来，小岛清（Kojima Kiyoshi，1976）⑤ 进一步提出了协议性分工理论，其核心思想是：各国可以通过产业协议分工来避免比较优势理论的缺点以促进一体化经济组织的稳定和发展。但是，协议性分工需具备下列条件：第一，两个（或多个）国家的资本、劳动禀赋和工业化水平等大致相等；第二，作为协议对象的商品，必须是能够获得规模经济的商品；第三，无论哪个国家生产哪种商品的利益都是没什么差别的。小岛清认为，不同国家若能满足这些条件，就可以通过签署协议达成一体化。

随着对一体化的研究日趋深入，各国学者纷纷开始针对其单一方面进行细

---

① 李金滟，宋德勇. 专业化、多样化与城市集聚经济——基于中国地级单位面板数据的实证研究 [J]. 管理世界，2008（2）：25—34.

② Viner J. The Customs Union Issue [M]. New York：Oxford University Press，2014：1 —171.

③ Jan Tinbergen：International Economic Integration [M]. Amsterdam：Elsvier Publishing Co. 1954：6—18.

④ Balassa B. The Theory of Economic Integration：An Introduction [J]. Journal of Political Economy，1962，29（6）：1—17.

⑤ 小岛清. 对外贸易论 [M]. 天津：南开大学出版社，1988：7—8，345—351.

化研究。具体到产业方面，克鲁格和维纳布尔斯（Krugman 与 Venables，1993）① 指出，增加产业间的垂直联系即一体化有利于跨空间贸易成本的降低，但是矛盾的是，当运输成本低于一定的临界水平时，一体化程度越大，将会导致国家更加的分化，而这种一体化带来的损失和收益一样多，特别是产业的地理整合意味着一些国家产业的消失。鲍德温和维纳布尔斯（Baldwin 与 Venables，1995）② 认为，在某种情况下，集聚的力量将会影响整个产业，同时一体化可能与国家之间工资差异的大幅扩大有关。基姆（Kim，1998）③ 分析了美国各地区在 19 世纪和 20 世纪之间从一个个相对孤立的区域经济发展为一个综合的国民经济的过程，发现经济一体化以及与经济增长相关的经济结构的长期变化在决定美国区域产业结构中发挥了重要作用。他还指出，一体化过程包含交通运输成本的降低引起的贸易壁垒的减少以及各行政组织的行政壁垒减少，并且从长远来看，政治壁垒也有所下降（即使不总是单调的）。卡列里和埃鲁扎（Carrieri 与 Errunza，2004）④ 指出，随着经济一体化的发展、产业重组和国界模糊（如欧盟）等，在产业层面上研究全球一体化是重要的。但是，德勒埃和加斯东（Dreher 和 Gaston，2007）⑤ 发现，日益发展的一体化可能导致更大的产品市场和劳动力市场的竞争，因此，产业一体化对产品和要素市场有着重要的影响，而后者的发展也将反过来作用于产业一体化。孙和王（Sun 和 Wang，2013）⑥ 指出，在跨经济区域的产业整合过程中，行政分割是一个制约因素。

国内对产业一体化的研究自 20 世纪 90 年代末逐渐兴起，但总体来看，人们对于区域一体化的内涵，以及怎样评价一体化进程、怎样加快一体化进程仍未达成共识。很多学者认为，区域经济一体化已经成为我国经济发展的必然趋

---

① Krugman P. R., Venables A. J. Integration, Specialization and Adjustment. Production trends in the United States since, 1870 [M]. Cambridge: National Bureau of Economic Research, 1996: 959—967.

② Baldwin R. E., Venables A. J. Regional economic integration [J]. Handbook of International Economics, 1995, 3 (4): 1597—1644.

③ Kim S. Economic Integration and Convergence: U. S. Regions, 1840 - 1987 [J]. The Journal of Economic History, 1998, 58 (3): 659—683.

④ Carrieri F., Errunza V., Sarkissian S. Industry Risk and Market Integration [J]. Management Science, 2004, 50 (2): 207—221.

⑤ Dreher A., Gaston Noel. Has Globalisation Really had no Effect on Unions? [J]. Kyklos, 2007, 60 (2): 165 - 186.

⑥ Sun H., Wang J. Industrial Integration in Changchun and Jilin City Based on the Similar Coefficients of Industrial Structure [J]. American Journal of Industrial & Business Management, 2013, 3 (2): 127—130.

势（崔冬初、宋之杰，2012[①]；王明安、沈其新，2013[②]），而产业一体化是区域经济一体化的重要组成内容，是研究区域经济一体化的切入点之一（白明辉，2011）[③]。范剑勇（2004）[④] 主要就地区间的市场一体化对地区专业化与产业集聚的影响进行了实证研究；李瑞林（2009）[⑤] 则对区域经济一体化与产业集聚、产业分工的关系从新经济地理视角进行了分析；陈雅雯（2014）[⑥] 对产业一体化的内涵及特征进行比较分析，得出区域分工理论应该成为产业一体化的理论指导的结论；邵伟（2014）[⑦] 进一步将区域产业分工与合作作为区域产业一体化研究的核心内容进行分析；王安平（2014）[⑧] 也指出，一体化的关键是形成既有分工又有合作的良好的产业结构运作机制。此外，一些学者（尹广萍，2009[⑨]；徐建中、荆立新，2014[⑩]）将区域产业一体化发展的驱动因素区分为外部驱动因素和内部驱动因素。其中，内部驱动因素如资源条件、产业基础和行业标准等是产业一体化的核心驱动力；而外部驱动因素则包括基础设施、政策与体制、市场因素等。其中，市场因素是区域产业一体化发展的外部关键性因素，而产业基础是区域产业一体化发展的内部关键性因素。

　　鉴于长三角、珠三角两大经济圈的一体化发展较早，所以相关的研究成果众多，而京津冀作为第三大经济圈一体化进展相对滞后，过去相关的研究成果较少。但是，进入 21 世纪以来，随着京津冀一体化进展滞后的问题逐渐受到全社会的关注，近年来愈来愈多的学者投入到相关研究当中。部分学者着重就京津冀一体化进展缓慢的原因进行了分析，认为区域间的行政壁垒是制约京津冀

---

① 崔冬初，宋之杰. 京津冀区域经济一体化中存在的问题及对策 [J]. 经济纵横，2012 (5)：228-228.

② 王明安，沈其新. 基于区域经济一体化的府际政治协同研究 [J]. 理论月刊，2013 (12)：133-136.

③ 白明辉. 珠三角与外围区域的产业一体化研究 [D]. 广州：广州大学，2011：1-2.

④ 范剑勇. 市场一体化、地区专业化与产业集聚趋势——兼谈对地区差距的影响 [J]. 中国社会科学，2004 (6)：39-51.

⑤ 李瑞林. 区域经济一体化与产业集聚、产业分工：新经济地理视角 [J]. 经济问题探索，2009 (5)：7-10.

⑥ 陈雅雯. 京津冀区域产业一体化现状及对策研究 [D]. 北京：北京邮电大学，2014：3-4.

⑦ 邵伟. 成渝经济区产业一体化发展研究 [D]. 沈阳：辽宁大学，2014：15-16.

⑧ 王安平. 产业一体化的内涵与途径——以南昌九江地区工业一体化为实证 [J]. 经济地理，2014 (9)：95-100.

⑨ 尹广萍. 长三角区域产业一体化研究 [D]. 上海：上海交通大学，2009：20-24.

⑩ 徐建中，荆立新. 区域产业一体化发展的支撑保障体系构建 [J]. 理论探讨，2014 (4)：105-107.

一体化的最大障碍（郑毓盛、李崇高，2003①；赵金涛，2010②；马云泽，2014③；陈秀山等，2015④），而市场发育滞后、合作意识不强、协调机制缺乏、金融发展失衡等是导致京津冀经济一体化进展缓慢的主要原因（赵玉莲，2011⑤；祝尔娟，2014⑥；徐建中、荆立新，2014）；也有学者（陈红霞、李国平，2009⑦；周立群、夏良科，2010⑧）尝试通过构建综合评价指标体系或"冰山成本"模型等对区域一体化进程进行实证研究和综合评价；蓝庆新、关小瑜（2016）⑨利用计量模型和产业一体化相关指数，着重分析了目前京津冀产业一体化的现状和面临的问题。但是，将京津冀产业集聚的模式及其形成机制与其一体化进展缓慢联系起来的研究仍不多见，将京津冀雾霾天气的频繁出现与该地区特有的产业结构和产业集聚模式联系起来的研究更为少见。

三、关于产业集聚模式和产业一体化二者关系的相关研究

区域经济一体化是当今经济发展的一大趋势⑩，而产业集聚则是区域经济一体化的必然趋势⑪，因此，国内外学者关于产业集聚和一体化以及经济发展之间关系的研究很多。但是，关于产业一体化和产业集聚模式二者关系的直接研究却相对较少，并且多是简单的定性论述，大多数文献则是间接体现出二者之间的关系，尚未有专门针对京津冀地区产业一体化和产业集聚模式二者之间直接关系的定量研究。

---

① 郑毓盛，李崇高．中国地方分割的效率损失 [J]．中国社会科学，2003 (1)：64－72.

② 赵金涛．京津冀经济一体化中的科学决策与行政壁垒探讨 [J]．特区经济，2010 (4)：60－61.

③ 马云泽．重塑京津冀：京津冀一体化发展论坛综述 [J]．中共天津市委党校学报，2014 (6)：108－112.

④ 陈秀山，李逸飞．世界级城市群与中国的国家竞争力——关于京津冀一体化的战略思考 [J]．人民论坛·学术前沿，2015 (15)：41－51.

⑤ 赵玉莲．谈京津冀经济一体化的障碍与改进 [J]．特区经济，2011 (2)：69－70.

⑥ 祝尔娟．推进京津冀区域协同发展的思路与重点 [J]．经济与管理，2014 (3)：10－12.

⑦ 陈红霞，李国平．1985—2007 年京津冀区域市场一体化水平测度与过程分析 [J]．地理研究，2009 (6)：1476－1483.

⑧ 周立群，夏良科．区域经济一体化的测度与比较：来自京津冀、长三角和珠三角的证据 [J]．江海学刊，2010 (4)：81－87.

⑨ 蓝庆新，关小瑜．京津冀产业一体化水平测度与发展对策 [J]．经济与管理，2016 (2)：17－22.

⑩ 王晖．区域经济一体化进程中的产业集聚与扩散 [J]．上海经济研究，2008 (12)：30－35.

⑪ 段志强，王雅林．产业集聚与区域经济一体化研究 [J]．大连理工大学学报（社会科学版），2006 (3)：47－52.

(1) 关于产业集聚模式和产业一体化关系的间接研究

从产业链的角度论述。有学者认为，区域产业一体化的表现形式是区域间形成紧密联系的产业链（董姝娜，2016）①，而产业集聚又是产业链形成的基础（龚勤林，2004）②，产业链的"前向联系"和"后向联系"是推动产业集聚形成的两股力量（吴浜源，2016）③。因此，产业集聚可以看做是产业一体化的必要条件。

从市场一体化的角度论述。有学者认为，区域经济一体化的实质是区域产业一体化（董姝娜，2016），而市场一体化是区域一体化的前提和基础。根据新经济地理学理论，市场一体化通过跨区域商品贸易及劳动的流动和知识的扩散，从而对区域产业集聚产生影响（吴浜源，2016），进一步地，区域市场一体化程度的提高将会导致贸易成本降低，从而提高产业的集聚程度（Hu，2002④）。

从产业分工的角度论述。陈雅雯（2014）⑤ 指出，产业分工的进一步深化将实现上下游产业的纵向一体化，故而区域分工理论可以作为产业一体化的理论指导。当城市间有着良好的产业分工与合作时，将呈现明显的横向集聚发展模式，即产业一体化将会促进产业集聚的发展。Mingyao Wang 和 Qiong Tong（2017）⑥ 通过研究发现，专业化指数的逐年提高促进了京津冀地区产业分工的实现，从而在一定程度上佐证了产业集聚水平的提高将会促进产业一体化水平的提升。

(2) 关于产业集聚模式和产业一体化关系的直接研究

关于产业集聚模式和产业一体化关系的直接研究相对较少，并且其中多是针对二者之间的单向影响进行的简要论述，阐述二者之间相互作用关系的研究却是寥寥无几。

关于产业一体化对产业集聚模式的影响作用。鲍德温和克鲁格曼（Baldwin

---

① 董姝娜. 发展扩散与区域经济一体化研究 [D]. 长春：东北师范大学，2016：63.

② 龚勤林. 区域产业链研究 [D]. 成都：四川大学，2004：42－43.

③ 吴浜源. 宁镇扬地区市场一体化、产业专业化与产业集聚趋势 [J]. 中共南京市委党校学报，2016 (6)：59－64.

④ Hu D. Trade, rural - urban migration, and regional income disparity in developing countries: a spatial gen er al equilibrium model inspired by the case of China [J]. Regional Science & Urban Economics, 2004, 32 (3)：311－338.

⑤ 陈雅雯. 京津冀区域产业一体化现状及对策研究 [D]. 北京：北京邮电大学，2014：6－7.

⑥ Mingyao Wang, Qiong Tong. The Industrial Transfer and Industrial Agglomeration in the Process of the Integration in Beijing, Tianjin and Hebei [J]. Advances in Social Science, Education and Humanities Research, 2017, 2 (91)：487－490

与 Krugman，2004)[①] 指出，当贸易成本足够低，即一体化水平足够高时，产业集聚更容易发生；进一步地，Wang 等（2016)[②] 发现，与国外先进产业相比，我国的区域产业一体化程度明显较低，导致产业专业化程度低（产业集聚水平低），这一问题严重阻碍了城市群的可持续发展。

关于产业集聚模式对产业一体化的影响作用。崔大树、任作东（2006)[③] 以高新技术产业为例，指出产业集聚理论是研究高新技术产业一体化发展的重要理论基础之一；尹广萍（2009)[④] 表明，随着产业集聚规模的不断增大，区域的产业联动发展效应随之逐渐明显，最后形成区域产业一体化。

关于产业集聚模式和产业一体化二者之间的相互影响。宋兰旗、李秋萍（2012)[⑤] 简单论述了产业集聚模式和产业一体化二者之间的互相影响关系：一方面，区域产业集聚为产业一体化的发展提供了基础，可以推进产业一体化的发展，同时也为区域产业的发展指明了方向。另一方面，在实现产业融合的前提下，完成以比较优势为基础的产业集聚，则该区域的产业一体化是较为全面且高级的产业一体化。

综上所述，迄今为止，国内外学者对产业结构和产业关联以及其与经济增长的关系给予了较多的关注，但是，将产业集聚模式与区域产业一体化直接联系起来的研究并不多见；同时，目前通过定量分析深层次地挖掘产业结构、能源结构及能源消耗强度对雾霾天气爆发的影响作用的文献较少，尤其在本研究之前，尚未有专门针对京津冀地区的此类研究分析，试图将产业的一体化和雾霾的治理统一起来协同推进的研究更为少见。本研究出于解决现实问题的需要，拟将京津冀产业的一体化和雾霾治理统一起来研究，以期找到一条二者协同推进的路径。这既是本研究的特色，也是本研究的重点和难点所在。

① Baldwin R. E. , Krugman P. Agglomeration, integration and tax harmonisation [J]. European Economic Review, 2004, 48 (1): 1—23.

② Wang G. , Yang D. , Xia F. , et al. Study on Industrial Integration Development of the Energy Chemical Industry in Urumqi—Changji—Shihezi Urban Agglomeration, Xinjiang, NW China [J]. Sustainability, 2016, 8 (7): 683—694.

③ 崔大树，任作东. 高新技术产业一体化发展研究新进展及主要理论问题 [J]. 财经论丛（浙江财经学院学报），2006 (1)：87—92.

④ 尹广萍. 长三角区域产业一体化研究 [D]. 上海：上海交通大学，2009：19—20.

⑤ 宋兰旗，李秋萍. 论发展区域产业一体化的理论基础 [J]. 长春金融高等专科学校学报，2012 (4)：19—21.

1.4 研究思路、结构安排及主要内容

1.4.1 研究思路

研究任何问题都需要有一套严谨且完整的逻辑思路，根据上文提及的研究背景和研究现状，本研究拟遵循如下研究思路进行分析。

第一，明确本研究的理论逻辑。亦即：我们最终要解决的问题是什么。对于本研究而言，我们想解决的问题是：在推进京津冀协同发展的过程中，怎样才能使京津冀各产业逐渐走向融合，一体化进程逐步加快，而又使得雾霾天气逐渐得到缓解，最终找到一条使京津冀产业一体化和雾霾治理协同推进的路径。

第二，建立清晰的分析逻辑。亦即：我们的分析框架是什么。对于本研究而言，我们拟分四步来解决问题：首先，分析京津冀产业结构和产业集聚模式的典型特征、形成机制及制约因素，并对二者间的相互影响进行讨论；其次，评价京津冀产业一体化的现状及其薄弱环节，探讨雾霾的准确定义以及普遍成因；然后，从产业结构、能耗结构的视角考察京津冀雾霾的成因，同时在考虑行政壁垒的基础上，从产业集聚模式入手考察京津冀经济增长乏力和产业一体化进展缓慢的原因；最后，在上述作用机理和路径分析的基础上，对京津冀产业一体化和雾霾治理如何协同推进提出相应的政策建议。因为在现实中，产业结构与产业集聚之间客观上存在着相互作用、相互影响的共变机制：一方面，随着产业结构的合理化，各产业之间的协调能力不断加强，各产业间的关联水平也会不断提高。而随着产业之间关联水平的提升，必然促使一些关联度高的产业进一步集聚到一起，从而影响着地区产业集聚模式的形成。另一方面，产业集聚带来的低成本效应、竞争效应、分工效应等优势也可以促进产业的发展[①]，使某些产业在本地区产业结构中的比例不断提升，甚至成长为优势产业，促使产业结构由低级向高级进化，由无序向有序发展。因此，客观上，不同的产业集聚模式对应着不同的产业结构，而由于不同产业的能耗结构和能耗强度不同，一个区域产业结构的能耗特征和关联特征同时也决定了其对环境的压力，从而为我们将产业一体化和雾霾治理联系起来协同推进提供了可能。

---

① 张春法，冯海华，王龙国. 产业转移与产业集聚的实证分析——以南京市为例 [J]. 统计研究，2006 (12)：47—49.

第三，建立合理的叙述逻辑。亦即：在严密清晰的分析逻辑基础上，利用具体数据资料和理论工具，建立合理的数量模型来进行分析。对于本研究的研究而言，我们拟借鉴产业结构和产业集聚等相关理论，首先分析京津冀地区产业结构和产业集聚模式的典型特征及相互影响作用；并采用 SDA 和 LMDI 等结构分解方法，对京津冀雾霾天气频发与产业结构的关联性进行分析；同时采用统计综合评价方法对京津冀产业一体化的现状及其薄弱环节、京津冀的行政壁垒进行综合评价，并采用空间计量模型和结构方程模型对京津冀产业集聚模式、行政壁垒对其经济发展和产业一体化的影响方向和影响路径进行实证检验；为探索京津冀雾霾治理与产业协同发展的可行路径，本研究还将基于高技术制造业的产业关联效应和低能耗特征，以及各地市的主体功能定位两个不同的视角进行拓展研究；最后，根据经验数据和统计分析结果，为京津冀产业一体化和雾霾治理协同推进提出可行性建议。

具体说，本研究的思路如图 1.1 所示。

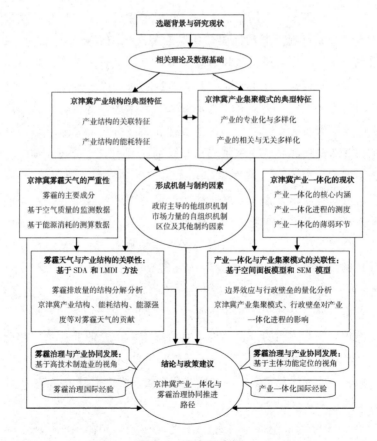

图 1.1　研究思路图

1.4.2 结构安排及主要内容

为实现上述研究任务,本书分为 8 章。各章主要内容如下:

第 1 章 导论。本章首先介绍了研究背景及研究意义,考察了相关研究的现状,然后概述了研究思路和基本框架,并且对各章的主要内容、所使用的研究方法及所得到的主要结论进行了简要的概括。

第 2 章 相关理论基础。本章旨在为后文的分析打下坚实的理论基础。具体讲,本章考察了:产业结构演进的一般规律;产业关联的含义、类型以及测度指标;产业集聚的概念、类型及形成机理、产业集聚的衡量方法;与雾霾有关的外部不经济、低碳经济理论、环境库兹涅茨曲线假说和可持续发展理论等环境经济学理论。

第 3 章 京津冀产业结构和产业集聚模式的典型特征。本章主要是通过分析京津冀产业结构和产业集聚模式的典型特征,为第 5 章从产业结构视角考察京津冀雾霾的成因和第 6 章从产业集聚模式入手考察京津冀产业一体化进程缓慢的原因提供经验依据。因为不同的产业集聚模式对应着不同的产业结构,而由于不同产业的能耗结构和能耗强度不同,一个区域产业结构的能耗特征和关联特征同时也决定了其对环境的压力,从而为我们将产业一体化和雾霾治理联系起来进行研究提供了可能。具体说,该章分为 3 节:首先,从产业结构的能耗特征和关联特征两方面分析京津冀产业结构的典型特征。其次,利用专业化指数和多样化指数(包括相关和无关多样化)分析京津冀产业集聚的典型特征。第三,分析京津冀产业结构与产业集聚模式的形成机制及制约因素,并对二者间的相互影响进行讨论。结果表明:(1)2000—2016 年间,河北省的能源消耗量最高,并且呈现持续上升趋势;北京市居中,趋势较平稳;天津市的能源消耗量最低,但呈缓慢上升趋势,并于 2012 年超过北京市。整体来看,京津冀地区的能源消耗结构仍以煤炭为主。(2)北京市的高能耗产业种类已从以第二产业为主转变为以第三产业为主;而天津市和河北省的高耗能产业种类并没有太大的变化,仍以第二产业为主。(3)河北省能源消耗强度最高,天津市次之,北京市最低,三地的能源消耗强度均呈下降趋势,并以河北省能源消耗强度的降幅最大,导致河北省与京津二地的差距缩小。(4)基于混合型能源投入产出表对京津冀三地的能源消耗的 SDA 分解结果表明:天津市和河北省的能耗总量呈快速增长之势,主要是最终需求和技术进步推动的结果,而能源强度变动则发挥着抵消的作用;但是在能耗总量快速增长的同时,不同能源品种的影响因素不尽相同,增速有快有慢,能耗结构也在发生着微妙的变化。北京市各能源品种的消耗量也都是增加的，但主要是技术进步的贡献，最终需求变动对总能耗变动的影响较小，而能源强度变动则发挥着抵消的作用；此外，北京市对煤炭采选部门产品的消耗量控制得比较好。分行业看，能源强度变动、技术进步和最终需求变动等每个因素对煤炭采选部门产品消耗量的影响方向在各部门的表现不尽相同，这一结论对京津冀三地都成立。这些结构分解的结论启示我们，必须从多方面挖掘潜力，以抵消因最终需求导致的能耗增加而对环境造成的压力：一是要加快建设清洁低碳的绿色能源体系，优化能源结构；二是对于高耗煤行业，采取更具针对性的能源政策；三是提高能源利用效率，切实降低高能耗产业的能源强度。(5)京津冀各地后向拉动作用较大的大部分产业的能源消耗量也相对较大，如果片面地为了"保增长"而大力发展这些产业，必然产生污染排放加重的问题，引起雾霾天气频繁出现。(6)京津冀地区前向关联度较大的产业多以金属冶炼和压延加工品、化学工业、建筑业和电力、热力的生产和供应业等高能耗产业为主，而这些高能耗产业常伴随着高排放、高污染，它们很可能是导致该地区雾霾天气频发的主要污染源。(7)京津冀地区产业集聚模式主要表现为多样化集聚。其中，北京市产业的无关多样化程度最高，天津市次之，河北省最低；而河北省的相关多样化程度最高，北京市次之，天津市最低；总体来说，京津冀13个城市都表现为产业的无关多样化水平高于其相关多样化水平。(8)北京市的专业化水平最高，天津市次之，河北省最低，而且从总体上看，京津冀地区（除北京市外）产业的专业化程度较低。(9)京津冀产业结构的关联特征对其产业集聚模式有着重要的影响。(10)京津冀的产业集聚模式对其产业结构优化升级的方向、快慢也产生了直接的影响。

第4章　京津冀产业一体化的现状评价。本章针对京津冀产业一体化的现状进行综合评价，旨在进一步为第6章从产业集聚模式入手考察京津冀产业一体化进程和经济发展缓慢的原因提供经验依据。具体讲，该章分为3节：首先，明确产业一体化的核心内涵及其表现。本研究认为，区域内各地区间的贸易联系是否紧密，以及产业分工是否明确，是判断区域产业一体化程度的两个重要方面。如果二者同时具备，那么各地区间的产业一体化程度就高。然后，通过构建指标体系对京津冀产业一体化进程进行测度。其中，关于各地区间的贸易联系紧密程度，限于数据的可得性，本研究通过产品市场和要素市场的一体化水平间接反映。最后，对京津冀产业一体化的现状进行分析，明确其薄弱环节。结果表明：在2003—2015年期间京津冀的产业一体化程度整体表现为"先在波动中下降、然后缓慢上行"的走势，转折点为2006年；其薄弱环节表现在要素市场一体化程度不高，产品市场一体化波动明显，且产业分工程度偏低。但是在 2006—2012 年期间京津冀地区间的产业分工指数是稳步走高的,这可能与这期间国家将天津滨海新区的开发开放上升为国家战略,在国家的支持下滨海新区的产业结构有较大改善,带动了京津冀的产业分工呈逐渐改善和良性发展态势有关。

第 5 章 京津冀特殊的产业结构与雾霾的关联性分析。本章是研究核心章节之一,主要是对京津冀雾霾天气与产业结构的关联性进行分析。首先,区分了雾和霾,明确了治理大气污染,消除霾才是根本,并进一步概述了人们对雾霾的成因(自然环境因素和人为经济因素)及主要成分(NO_x、SO_2、PM10 和 PM2.5)的初步认识。然后,基于环保部的环境监测数据和各行业大气污染物排放量的测算数据,对京津冀大气污染物排放总量的变化趋势、各行业大气污染物排放量的占比,以及分能源类型的大气污染物排放量及其变化趋势等进行了描述分析,明确了主要的污染源。最后,利用基于投入产出表的 SDA 结构分解技术,将京津冀各产业部门为了满足最终需求而在生产过程中排放的各种大气污染物总量分解为能耗结构效应、能耗强度效应、增加值率效应、技术进步效应、产业结构效应和最终需求总量效应等六大影响因素的影响作用;并采用 LMDI 分解技术,对北京市各工业行业排放雾霾主要成分、河北省各地市雾霾的排放量,以及唐山市(作为河北省的代表性地市)PM2.5 一次源的排放量进行了分解分析。结果表明:

(1) 2010—2014 年,河北省排放的 SO_2 的占比最高,占三种主要污染物总和的 69% 以上,接近 70%;NO_x 排放量的占比在 27% 左右浮动;PM2.5 一次源的占比最小,基本维持在 3%—4% 之间。工业对各种大气污染物的排放量最大,占河北省全行业排放量的比例均在 90% 以上,其中又以金属冶炼和压延加工品、电力、热力的生产和供应业、石油加工、炼焦和核燃料加工业、煤炭开采和洗选业、化学产品等 5 个工业部门对 SO_2、NO_x 和 PM2.5 一次源排放量的贡献最大。天津类似,2003—2016 年期间工业累计排放的 NO_x、SO_2、PM10 和 PM2.5 一次源分别占全行业 NO_x、SO_2、PM10 和 PM2.5 一次源排放总量的 65.98%、90.23%、81.73%、78.74%,工业累计排放的大气污染物(NO_x、SO_2、PM10 和 PM2.5 一次源)总量占全行业大气污染物排放总量的 81.30%。其中,金属冶炼及压延加工业、化学工业、采掘业不仅属于大气污染物排放量最大的前 10 个行业之一,而且它们的排放量也在增加。2005—2015 年,北京工业部门排放的大气污染物以 SO_2 最多,占三种主要大气污染物(SO_2、NO_x 和 PM2.5 一次源)总排放量的 66.1%,但无论是排放绝对量,还是排放占比,都呈逐年减少的趋势。煤炭始终是三种大气污染物的最主要污染源,而随着不断地提倡使用清洁能源，天然气开始成为 NO_x 和 PM2.5 一次源的主要污染源。

（2）从 2007 年到 2012 年，北京市四种大气污染物的排放量均在增加且排名前五位的产业为金属冶炼及压延加工业，石油加工、炼焦及核燃料加工业，电力、热力及燃气的生产和供应业，化学工业，金属及非金属矿采选业。但由于北京市的其他服务业对 NO_x、SO_2、PM10 和 PM2.5 一次源等污染物排放量减少的贡献度较高，显著降低了大气污染物的排放，直接导致了北京市总体 NO_x、SO_2、PM10 和 PM2.5 一次源的排放量的减少。从 SDA 分解结果来看，在 2007—2012 年期间，北京市各产业的能耗结构效应和能耗强度效应是四种大气污染物的减排因素；技术进步效应和最终需求总量效应是四种大气污染物的增排因素；而增加值率效应是除 NO_x 以外的其他三种大气污染物的减排因素；产业结构效应是除 SO_2 以外的其他三种大气污染物的增排因素。可见，最终需求的扩张和技术进步是导致北京市雾霾天气加重的重要原因，而为了减少大气污染物的排放量，北京市的产业结构、能源结构尚需进一步调整。

（3）从 2007 年到 2012 年，天津市四种大气污染物的排放量均在增加且幅度较大的五个产业依次是交通运输、仓储和邮政业，其他服务业，煤炭开采和洗选业，建筑业，食品制造及烟草加工业；四种大气污染物均在减排且减幅最大的五个产业依次是电力、热力及燃气的生产和供应业，农林牧渔业，通信设备、计算机及其他电子设备制造业，石油和天然气开采业，非金属矿物制品业。但由于天津市各种污染物增排产业的增排量大于减排产业的减排量，所以天津市四种大气污染物的排放量都是增加的。从 SDA 分解结果来看，天津市各产业对大气污染物的减排因素有能耗结构效应、能耗强度效应、增加值率效应和产业结构效应，增排因素有最终需求总量效应和技术进步效应（PM10 除外）。但由于最终需求总量效应的增排作用显著，而各种减排因素的减排效应相对较弱，所以天津市各产业四种大气污染物的总体排放量都是增加的。可见，天津市雾霾天气的出现主要是由于最终需求和技术进步的增排效应较强，而各种减排因素的减排效应相对较弱。

（4）从 2007 年到 2012 年，河北省四种大气污染物均在增加的产业依次是煤炭开采和洗选业，石油加工、炼焦及核燃料加工业，建筑业，金属制品业，交通运输设备制造业，通用、专用设备制造业，交通运输、仓储和邮政业，批发零售和住宿餐饮业，金属及非金属矿采选业，纺织服装鞋帽皮革羽绒及其制品业，纺织业，仪器仪表及文化办公用机械制造业；四种大气污染物均在减少的产业依次是非金属矿物制品业，金属冶炼及压延加工业，其他服务业，电力、热力及燃气的生产和供应业，石油和天然气开采业，木材加工及家具制造业，食品制造及烟草加工业,其他制造产品,水的生产和供应业,化学工业,造纸印刷及文教体育用品制造业,通信设备、计算机及其他电子设备制造业。由于河北省四种大气污染物增排产业的增排量大于减排产业的减排量,所以河北省四种大气污染物的排放量都是增加的。从 SDA 分解结果来看,河北省各产业的能耗强度效应、增加值率效应和技术进步效应是四种大气污染物的减排因素;而能耗结构效应是除 SO_2 以外的其他三种大气污染物的减排因素;产业结构效应和最终需求总量效应是四种大气污染物的增排因素。由于最终需求总量效应和产业结构效应的增排作用显著,而各种减排因素的减排效应相对较弱,所以河北省各产业四种大气污染物的总排放量都是增加的。可见,河北省雾霾天气的出现主要是由于最终需求的扩张和产业结构不合理,同时各种减排因素的减排效应相对较弱。

(5)从关于北京工业行业的 LMDI 分解结果来看,与"十一五"相比,"十二五"期间北京能源结构的优化对 SO_2、NO_x 的减排效果更加明显,而能源强度下降的减排效果有所减弱;经济发展水平和人口总量的增排效应也有所减弱;产业结构优化的减排效果则没有明显改善,对 SO_2 的减排力度甚至有所下降。分能源类型看,样本期间北京工业部门因消耗煤炭和焦炭所排放的 SO_2 快速下降,而且能源结构的改善、能源强度的下降和产业结构的优化是二者主要的减排因素;但是,煤炭仍是目前 SO_2 最主要的污染源。

(6)从河北省各地市来看,基于 2010—2014 年规模以上工业企业数据的测算结果表明,在各年各类大气污染物的排放量方面都是唐山、邯郸和石家庄位列前三。其中,又以唐山的比重最大,约占全省排放量的 1/3;邯郸次之,约占全省排放量的 1/5;石家庄第三,约占全省排放量的 1/6。而且,各地市几类主要大气污染物的排放量占全省的比重在各年份之间仅有小幅波动,没有明显的上升或下降趋势。从基于地区视角的 LMDI 分解结果来看,经济发展水平对各类大气污染物排放量的影响最大,且为增排效应;能源强度对各类大气污染物排放量的影响略低于经济发展水平,且为减排效应;相对而言,地区产值结构、能耗结构、人口规模对各类大气污染物排放量的影响较小,其中,地区产值结构的调整对大气污染物有减排效应,人口规模对各类大气污染物有增排效应,而能耗结构在 2013 年之前主要表现为增排效应,仅在 2014 年对 NO_x 和 PM2.5 一次源表现为减排效应。究其原因,是因为河北省的地区产值结构虽然发生了一定的变化,并有减排效应,但这种变化较小;多数地市规模以上工业企业的能源强度都在下降,导致了河北全省规模以上工业企业整体的能源强度也是下降的,并对全省大气污染物的排放发挥了抵消和减排的作用;河北省各地市规模以上工业企业的能耗结构"一煤独大"的格局并未有实质性改变，仍有待进一步优化。

（7）对河北省唐山市规模以上工业企业排放 PM2.5 一次源的 LMDI 分解结果显示：经济发展水平是导致 PM2.5 一次源增排的最大影响因素；人口规模也是增排因素，但是影响较小；产业结构因素在 2008 年之前主要表现为减排效应，而 2009 年之后则主要表现为增排效应；分行业看，以煤炭开采和洗选业、黑色金属冶炼及压延加工业排放的 PM2.5 一次源最多，特别是黑色金属冶炼及压延加工业排放的 PM2.5 一次源呈持续快速增长的态势；能耗强度因素是 PM2.5 一次源的最大减排因素；唐山市的能耗结构一直呈"一煤独大"的特点，近几年来原煤、焦炭在总能耗中的占比虽呈不断下降的趋势，能耗结构有所改善，但进展缓慢，化石能源的占比仍非常高，能耗结构因素对 PM2.5 一次源的影响表现为增排效应。

第 6 章 京津冀特殊的产业集聚模式对产业一体化和经济发展的影响分析。本章同样是本研究的核心章节之一。鉴于市场一体化是产业一体化的前提和基础，本章首先讨论了产业的多样化和专业化对区域市场一体化进程可能的影响机制，并采用普通面板模型对京津冀特有的产业集聚模式对其市场一体化的影响进行了实证检验。然后，在传导机制分析的基础上，采用空间面板模型，对京津冀特有的产业集聚模式对其经济发展的影响进行了实证检验。但是，前两节的分析都没有考虑京津冀地区的行政壁垒及其可能存在的影响，结果不一定真实。为此，我们通过构建边界效应模型对京津冀地区是否存在显著的行政边界效应进行了实证检验，得到的结论是京津冀之间存在一定的行政壁垒；在此基础上，进一步讨论了如何间接衡量行政壁垒。最后，以第 3、4 章对京津冀的产业集聚模式和产业一体化的测度指标为基础，并将行政壁垒作为重要的控制变量，通过构建结构方程模型，分析了产业集聚的各种模式对产业一体化的各子要素和总体水平的影响，归纳出京津冀的产业集聚模式对京津冀产业一体化的影响方向和路径。结果如下：

（1）如果既不考虑空间相关性，也不考虑行政壁垒的潜在影响，那么由于京津冀三省市的产业集聚模式更突出地表现为无关多样化和低水平专业化，使其市场一体化进程受到了明显的负面影响。

（2）不能笼统地说产业的相关或无关多样化有利于或不利于经济增长，而应当结合当时所处的外部经济环境来分析。当宏观经济形势较好时，产业的相关多样化有利于经济增长；而当宏观经济形势不好时，产业的相关多样化完全可能不利于经济增长。而无论宏观经济形势好坏，产业的无关多样化对经济增长的促进作用可能都不明显。与此一致，产业的相关多样化程度较高的地区其经济波动可能较大；而产业的无关多样化程度较高的地区其经济波动可能较小，经济运行更平稳。

（3）如果考虑空间相关性，但不考虑行政壁垒的潜在影响，那么估计的空间面板模型结果表明，京津冀地区产业的相关多样化对经济增长具有显著的抑制作用，无关多样化对经济波动有显著的抑制作用。

（4）通过构建边界效应模型发现，京津冀地区存在显著的行政边界效应，也即存在一定的行政壁垒。而且，通过从基础设施水平差距、基本公共服务差距和经济发展水平差距三方面间接衡量行政壁垒发现，京津冀各地市间的行政壁垒更突出地体现在以公共财政支出为代表的基本公共服务的悬殊差距上；京津冀各地市间的行政壁垒呈缓慢下降的趋势，个别年份甚至有所反复。

（5）通过考虑行政壁垒的潜在影响，构建结构方程模型发现，京津冀地区产业相关多样化与行政壁垒对市场一体化有显著的负面影响，产业无关多样化和专业化集聚对京津冀地区市场一体化有显著的促进作用。京津冀地区产业相关多样化、无关多样化和行政壁垒对区域产业分工有负面影响，产业的专业化集聚对产业分工有正面影响，但只有行政壁垒对区域分工的影响效应是不显著的。京津冀产业的相关多样化对产业一体化的发展有不显著的阻碍作用，无关多样化与行政壁垒对产业一体化的发展有显著的阻碍作用，产业的专业化集聚则对产业一体化的进程有显著的促进作用。上述几方面的因素综合作用，最终导致了京津冀产业一体化的进程缓慢。

第 7 章　京津冀雾霾治理与产业协同发展：基于高技术制造业的视角。京津冀地区的雾霾污染不仅存在较强的持续性，而且存在空间溢出效应，简单的产业转移并不能解决京津冀地区的雾霾污染问题。要有效治理京津冀地区的雾霾天气，必须走低碳发展道路，且根本途径是促进产业结构升级。我们认为，通过大力发展高技术制造业，既可增强自主创新能力、促进传统产业改造升级，与《中国制造 2025》所拟定的"三步走"战略目标相吻合，又与发展低碳经济的要求高度契合，有利于推动产业向低碳化转型，促进低碳经济向纵深发展。为检验上述想法的可行性，并提出更有针对性的建议，本章首先从高技术产业的特性出发，在简要考察美国商务部和 OECD 等国际组织对高技术产业的界定方法及其合理性的基础上，对我国官方界定的高技术产业统计范围及其演变过程进行了梳理，对能否从高附加值、高成长性和高效益等特征出发筛选高技术产业，以及如何恰当地确定我国高技术产业的统计范围做了进一步的讨论。鉴于我国官方的高技术产业统计范围与现实不完全相符，从我国所处的经济发展阶段和整体的技术水平出发，我们认为，以"R&D 经费强度和科技人员比重 2

个指标中至少 1 个高于我国制造业平均水平"为标准界定高技术制造业的统计范畴，较为现实，并依据经济普查数据选出了符合上述标准的 13 个产业。然后，以上述筛选出来的 13 个高技术制造业为范畴（在 42 部门投入产出表中体现为 8 个部门），利用京津冀最新的 2012 年投入产出表计算这些高技术制造业的影响力系数和感应度系数，并将其和各产业的产值规模结合起来，综合考察京津冀三地的高技术制造业对整个地区经济的前向和后向关联效应。最后，基于广义的低碳经济视角，将"能源消耗强度低于制造业的平均水平"也作为筛选高技术制造业的标准之一，在重新界定高技术制造业的基础上，采用结构分解技术对天津市各产业部门在消耗能源过程中排放的 SO_2、NO_x 和 PM2.5 一次源等大气污染物进行了结构分解分析，研究了各种污染物排放强度、技术水平和最终需求变动各自的影响，并据此测算了高技术制造业对这些污染物"减排"的贡献度。基于本章的分析结论，我们分别给出了相应的政策建议。

第 8 章　结论与政策建议。本章首先总结了本研究的主要实证分析结论；然后，从各章分析结论和政策启示的内在联系出发，就如何协同推进京津冀产业一体化和雾霾治理工作，提出了一些具有针对性的政策建议。具体包括：厘清协同推进总体思路；明确区域主体功能定位，合理规划产业的空间布局；加强基础设施的互联互通，促进生产要素流动和产业分工协作；借鉴国外先进经验，优化能源结构和产业结构。

第 2 章

相关理论基础

本研究拟从京津冀地区特有的产业结构和特殊的产业集聚模式切入，着重对京津冀产业一体化进展缓慢以及雾霾天气日益严重的深层原因做一个系统的形成机制分析和量化研究。为使分析研究建立在坚实的理论基础之上，下面我们先对相关理论做一个简要的梳理，具体包括：产业结构演进的一般规律；产业关联的含义、类型以及测度指标；产业集聚的概念、类型及其衡量方法；与雾霾有关的外部不经济、低碳经济理论、环境库兹涅茨曲线假说和可持续发展理论等环境经济学理论。

2.1 产业结构演进趋势

随着社会经济的发展，产业结构也在不断地演进。从各国经济发展的历史进程来看，这种演进是具有一定客观规律性的。对此，西方学者做了深入的研究。其中，最具代表性的理论是配第—克拉克定理和钱纳里工业化阶段理论。除此之外，还有一些其他的演进规律。

2.1.1 配第—克拉克定理

17世纪，英国经济学家威廉·配第（William Petty）研究当时欧洲社会的生产和收入情况，通过对不同产业劳动者收入差异的描述，揭示产业间收入相对差异的规律性。1672年，威廉·配第在《政治算术》中明确指出：从收入角度来说，工业比农业多，而商业又比工业多，即工业比农业、商业比工业的附加价值高。这是对产业结构最初的、最朴素的推断。1935年，澳大利亚经济学家费希尔（Fisher A. G. B.）在《安全与进步的冲突》中首次提出了三次产业的划分方法，标志着产业结构理论的初步形成。1940年，克拉克（Colin Clark）在上述学者的基础上出版了《经济进步的条件》一书，其系统地阐述了产业结构理论，指出随着经济发展和人均国民收入的提高，劳动力首先由第一产业向第二产业移动，当人均国民收入水平进一步提高时，劳动力继续向第三产业移动；经济越发展，国民收入水平越提高，劳动力在三个产业间的分布状况是第一产业日益减少，第二、第三产业，尤其是第三产业劳动力将不断增加。这种根据产值和劳动力在三次产业的分布变化所揭示的产业结构演变规律，就是众所周知的配第—克拉克定理。

2.1.2 钱纳里工业化阶段理论

1986 年，霍利斯·钱纳里（Hollis B. Chenery）等在《工业化和经济增长的比较研究》中，根据人均国内生产总值，将不发达经济到成熟工业经济整个变化过程划分为三个阶段和六个时期（见表 2.1），并指出任何一个发展阶段向更高一个阶段的跃进都是通过产业结构转化来推动的，这就是著名的钱纳里工业化阶段理论。

表 2.1 钱纳里的工业化发展阶段划分

时期	收入变动范围（美元/人）			发展阶段	
	1964 年的美元	1970 年的美元	2005 年的美元		
1	100—200	140—280	797—1593	工业化准备期	初级产品生产阶段
2	200—400	280—560	1593—3186	工业化初期	工业化阶段
3	400—800	560—1120	3186—6373	工业化中期	
4	800—1500	1120—2100	6373—11949	工业化成熟期	
5	1500—2400	2100—3360	11949—19118	发达经济初期	发达经济阶段
6	2400—3600	3360—5040	19118—28678	发达经济高级期	

注：引自 H. 钱纳里、S. 鲁滨孙、M. 赛尔奎因：《工业化和经济增长的比较研究》，第 71 页，上海三联书店，1989。在计量各国的经济发展水平时，按各国的官方汇率折算为美元。钱纳里和赛尔奎因（1975）最初是以 1964 年的美元确定基准收入水平变动的范围；如以 1970 年的美元表示基准收入水平，与 1964 年的美元的换算因子为 1.4；如将 1970 年的美元换算为 1982 年的美元，则换算因子约为 2.6。以此类推，2005 年的美元与 1964 年的美元的换算因子为 7.966。

钱纳里工业化阶段理论主要阐述的是产业结构演进的阶段性趋势。具体说，钱纳里认为在不发达经济阶段，产业结构以农业为主；到了工业化初级阶段，产业结构由以农业为主转换为以轻工业为主，同时这一时期以劳动密集型产业为主；进入工业化中期阶段后，重工业迅速增长，第三产业也开始发展，形成了所谓的重工业阶段，这一阶段大部分产业属于资本密集型产业；而进入工业化后期阶段，第三产业开始持续高速增长，并发展成为经济增长的主要力量，这一时期资本和技术的密集度都明显提高；第五阶段是后工业化社会阶段，这一时期的经济增长速度会明显回落，同时技术密集型产业迅速发展；最后，第六阶段是现代化社会阶段，第三产业开始分化，知识密集型产业开始占主导地位。

2.1.3 产业结构演进的其他规律性认识

如果将产业结构的演进与经济发展水平对照，那么人们发现，产业结构的演进还具有以下一些规律。

(1) 从整个国民经济来看，产业结构由最初的第一产业占优势向第二产业占优势，再向第三产业占优势的方向发展，一般称为高服务化。

(2) 从第二产业内部结构来看，其变化趋势往往是以轻工业占主导地位的产业结构转向以重工业占主导地位的产业结构，一般称为重化工业化。其中，在重工业发展过程中，产业结构又从以原料采掘工业为主发展为以原料加工组装工业为主，一般称为高加工度化。

(3) 从生产要素的投入来看，产业结构的发展趋势是：从劳动密集型产业为主的结构演变为以资金密集型为主的产业结构，此后进一步演变为以技术密集型为主的产业结构，一般称为知识技术集约化。

(4) 主导产业的转换过程具有顺序性。产业结构的演进有以农业为主导、轻纺工业为主导、原料工业和燃料动力工业等基础工业为重心的重化工业为主导、低度加工组装型重化工业为主导、高度加工组装型重化工业为主导、第三产业为主导、信息产业为主导等 7 个阶段。其中，在农业为主导的阶段，农业比重占绝对地位，第二、第三产业发展有限；在轻纺工业为主导的阶段，由于需求拉动等因素，轻纺工业得到较快发展并取代农业成为主导产业，第一产业发展速度有所下降，重工业和第三产业发展速度较慢；在原料和燃料动力等基础工业为重心的重化工业阶段，农业产值在国民经济中比重已很小，轻纺工业继续发展但发展速度有所放缓，而以原料、燃料、动力、基础设施等基础工业为重心的重化工业得到较快发展并取代轻纺工业而成为主导产业（因这些基础工业都是重化工业的先行产业，必须先行加快发展才不至于成为"瓶颈产业"）；在低度加工组装型重化工业为主导阶段，技术要求不高的机械、钢铁、造船等低度加工组装型重化工业发展迅速，并成为主导产业；在高度加工组装型重化工业为主导阶段，由于高新技术的应用，精密机械、精细化工、石油化工、电子计算机、飞机制造、航天器、汽车及机床等高附加值工业成为主导产业；在第三产业为主导的阶段，第二产业中的新兴产业和高新技术产业仍有较快发展，但整个第二产业已不占主导地位，第三产业包括生活服务业、运输业、旅游业、商业、房地产业、金融保险业等成为国民经济的主导产业；在信息产业为主导阶段，信息产业获得长足发展，特别是信息高速公路的建设和国际互联网的普及，以信息技术和互联网为基础的电子商务、共享经济等新业态不断涌现，信息产业成为国民经济的支柱产业和主导产业，通常称为后工业化社会。

2.1.4　关于京津冀产业结构演进阶段的基本判断

2018 年 3 月 30 日，国家发展改革委举行发布会，正式发布《2017 年中国居民消费发展报告》。《报告》指出，2017 年全国居民恩格尔系数为 29.39％（其中，城镇为 28.6％、农村为 31.2％），这是中国第一次进入联合国划分的 20％至 30％的富足区间。国家统计局发言人毛盛勇表示，主要原因是过去这些年中国经济持续高速增长，城乡居民的生活水平不断提高，老百姓收入不断增长，财富不断积累。

根据德国统计学家恩格尔的观点，一个国家的恩格尔系数越低，国家也就越富裕。那么，这是否意味着中国自此成为发达国家的一员了呢？其实不然。因为衡量一个国家是否为发达国家，除了恩格尔系数外还有很多指标，如人均国民收入水平、人均 GDP 水平、国民收入分配情况、人均受教育程度、人均预期寿命等。比如，尽管中国经济总量已多年稳居世界第二，但是据国家统计局网站发布的《2017 年国民经济和社会发展统计公报》，2017 年中国全年人均 GDP 为 8836 美元，在世界上仅排在第 70 位。2017 年中国的人均国民收入还不到 9000 美元（在 8790 美元左右），与世界银行规定的高收入门槛线 12235 美元也有很大距离。因此，正如党的十九大报告所说：中国现在处于并将长期处于社会主义初级阶段的基本国情没有变；中国仍然是世界上最大的发展中国家的国际地位没有变。世界银行前首席经济学家林毅夫也指出，在假定汇率不变、物价上涨率年均 1％及高收入门槛线上升的背景下，中国最早将在 2023 年迈入高收入国家行列。

实际上，对照上述产业结构演进各阶段的主导产业，我们可以发现，在我国的产业结构中，既有属于低度加工组装型重化工业的机械、钢铁、造船等产业，也有属于高度加工组装型重化工业的精密机械、精细化工、石油化工、电子计算机、飞机制造、航天器、汽车及机床等产业；既有在国民经济中举足轻重的房地产业、金融保险业，也有电子商务、共享经济等新业态，纵跨产业结构演进的多个阶段。所以，最好是分地区来判断。

具体到京津冀地区，2017 年北京人均 GDP128992 元（约 1.98 万美元），天津人均 GDP119505 元（约 1.84 万美元），毫无疑问，京津两地都已迈过高收入国家的门槛线，应相当于钱纳里工业化阶段划分的第 5—6 阶段，也就是发达经济阶段。再来看河北，2017 年河北省城镇居民家庭恩格尔系数为 24.6％，农村居民家庭恩格尔系数为 26.7％，都已进入联合国划分的 20％至 30％的富足区间；但是 2017 年河北省人均 GDP47985 元（约 0.74 万美元），略低于全国平均水平。可见，河北省应处于钱纳里工业化阶段划分的第 4 阶段，也就是工业化成熟期。

由于工业化时期的能耗和环境压力一般大于后工业化时期，未来一个时期河北省节能减排的压力相对京津两地应更大一些。

2.2　产业关联理论

2.2.1　产业关联的含义

"产业关联"一词最早由阿尔伯特·赫希曼（Albert Otto Hirschman）提出，具体是指在经济活动中，各产业之间通过产品供需而形成的广泛的、复杂的和密切的技术经济联系。[1] 简单来说，产业关联就是相关产业在发展过程中产生连锁反应。[2] 其中，后向关联指"每种非基础经济活动都将诱使这种活动所需投入的供给由内部生产来满足"；前向关联指"每种活动都将诱使新活动的产生来利用其产出作为投入"。因此，产业关联理论是产业经济学的重要组成部分，也是研究区域经济发展的重要理论依据。

2.2.2　产业关联的衡量方法

对于产业关联程度，一般采用投入产出分析方法加以研究。在投入产出分析中，常在直接消耗系数的基础上，计算完全消耗系数和完全需求系数，进而通过影响力系数和感应度系数反映产业间的后向关联和前向关联。

一、直接消耗系数

直接消耗系数，也叫作直接投入系数、直接需求系数，通常用 a_{ij} 表示，是

① Hirschman A. O. The Strategy of Economic Development [M]. The strategy of economic development. NewHaven：Yale University Press，1958：1331—1424.

② 杨灿. 产业关联测度方法及其应用问题探析 [J]. 统计研究，2005（9）：72—75.

指某部门在生产过程中直接消耗各部门产品的价值量，计算公式为：

$$a_{ij}=\frac{x_{ij}}{X_j}\ (i,\ j=1,\ 2,\ \cdots,\ n) \tag{2.1}$$

其中，分母 X_j 表示 j 产业的总产出，分子 x_{ij} 表示 j 产业在生产过程中对 i 产业产品的直接消耗量。a_{ij} 值越大，说明 j 产业对 i 产业的直接需求越大。

二、完全消耗系数

完全消耗系数是指某部门每提供 1 单位最终产品需要直接和间接消耗各部门产品的价值量，通常用 b_{ij} 表示。记完全消耗系数矩阵为 B，则：

$$B=(I-A)^{-1}-I \tag{2.2}$$

其中，A 代表直接消耗系数矩阵，I 为单位矩阵。完全消耗系数不仅表达了 j 产业对其他产业的直接需求，还表示了 j 产业与其他产业间的间接联系。

三、完全需求系数

完全需求系数是指某部门每提供 1 单位最终产品对各部门产品的完全需求量，通常用 $\bar{b}_{ij}$ 表示。完全需求系数矩阵 $\bar{B}$ 就是上述式（2.2）右侧的第一项 $(I-A)^{-1}$，也称作里昂惕夫逆矩阵。

四、影响力系数和感应度系数

影响力系数和感应度系数的计算方法有不加权和加权两种形式。众多学者的研究表明，传统的不加权的测度公式难以有效地衡量规模悬殊的各产业间的相对重要性[1]，从而有悖于现实经济中各产业规模及重要程度不同的基本事实[2]，因此，众多加权形式的产业关联效应测度方法应运而生。其中，杨灿（2005）[3] 采用产出规模加权的关联效应测度方法，与不加权的测度方法相比，这种加权测度法凸显了产出规模较大产业的相对重要性，更加切合现实。因此，本研究也采用加权形式的影响力系数和感应度系数，以更真实地反映京津冀各产业之间的关联效应。

（1）加权形式的影响力系数

作为权数的产出规模，可分别考虑总产出 X（直接测度）或最终产出 Y（完全测度），且在不考虑进出口的情况下，最终产出等于投资与消费之和。[4]按系数的取值要求做规范化处理后，即有如下加权形式的影响力系数：

① 杨灿，郑正喜. 产业关联效应测度理论辨析 [J]. 统计研究，2014 (12)：11—19.
② Laumas P. S. An international comparison of the structure ofproduction [J]. Economia internazionale，1976，29 (2)：2—13.
③ 杨灿. 产业关联测度方法及其应用问题探析 [J]. 统计研究，2005 (9)：72—75.
④ 何练. 传统投入产出分析法改进研究 [D]. 吉林长春. 吉林大学，2010：55—75.

$$\alpha_j^* = \frac{\sum_{i=1}^{n} a_{ij} X_j}{\frac{1}{n} \sum_{j=1}^{n} \sum_{i=1}^{n} a_{ij} X_j} = \frac{\sum_{i=1}^{n} x_{ij}}{\frac{1}{n} \sum_{j=1}^{n} \sum_{i=1}^{n} x_{ij}} \quad (j=1,2,\cdots,n) \quad (直接测度) \quad (2.3)$$

$$\gamma_j^* = \frac{\sum_{i=1}^{n} \bar{b}_{ij} Y_j}{\frac{1}{n} \sum \sum \bar{b}_{ij} Y_j} \quad (j=1,2,\cdots,n) \quad (完全测度) \quad (2.4)$$

(2) 加权形式的感应度系数

与上述的推理过程类似，我们能够得到如下加权形式的感应度系数（直接测度和完全测度）：

$$\beta_i^* = \frac{\sum_{j=1}^{n} a_{ij} X_j}{\frac{1}{n} \sum_{i=1}^{n} \sum_{j=1}^{n} a_{ij} X_j} = \frac{\sum_{j=1}^{n} x_{ij}}{\frac{1}{n} \sum_{i=1}^{n} \sum_{j=1}^{n} x_{ij}} \quad (i=1,2,\cdots,n) \quad (直接测度) \quad (2.5)$$

$$\delta_i^* = \frac{\sum_{j=1}^{n} \bar{b}_{ij} Y_j}{\frac{1}{n} \sum_{i=1}^{n} \sum_{j=1}^{n} \bar{b}_{ij} Y_j} \quad (i=1,2,\cdots,n) \quad (完全测度) \quad (2.6)$$

2.3　产业集聚理论

2.3.1　产业集聚的概念与形成机理

一、产业集聚的概念

所谓产业集聚（industrial agglomeration），就是某些产业在特定范围内的聚集现象。[①] 具体而言，是指生产同类产品的企业，以及为之配套的上下游企业和相关服务业在某个特定地理区域内高度集中的现象，由此带来的外部效应叫作集聚经济，包括与专业化相联系的规模经济和与多样化相联系的范围经济。[②]

---

① 魏后凯. 现代区域经济学. [M]. 北京：经济管理出版社，2006：152—153

② 孙晓华，郭旭，张荣佳. 产业集聚的地域模式及形成机制 [J]. 财经科学，2015（3）：76—86.

二、产业集聚的形成机理

亚当·斯密的《国富论》（1776）从专业化分工的角度阐述了产业集聚的最初思想。之后，马歇尔在其著作《经济学原理》（1890）中提出产业集聚现象，并论述了产业集聚得益于外部经济（external economics）与规模经济（scale economics）的观点。韦伯在《工业区位论》（1909）中利用"区域因素"和"集聚因素"对产业集聚形成机理进行研究，后者是区位论中的重要主导因子，由于追求经济效益，促进了工业集聚到最佳区位。迈克尔·波特（1985）从竞争优势的角度出发研究产业集聚的成因，发现竞争将会导致产业上的地理集中，而集聚战略反过来将会促进竞争力的提升。新经济地理理论的代表人物保罗·克鲁格曼在前人的基础上进一步扩展分析了经济现象的空间集聚问题，他认同马歇尔的观点，认为外部经济是造成产业集聚的根本原因，地理集聚将会促使产地形成规模经济。保罗·克鲁格曼（1995）[1] 利用"中心—外围模型"来阐述产业集聚的形成机理，他认为产业集聚产生于单个企业的运输成本、要素流动和规模报酬递增之间的相互作用。如果集中在几个地点生产商品，可以享受到规模报酬递增的好处。而由于运输成本存在，那些拥有良好的市场准入（向后联系）和供应商（向前联系）的地点才是最好的选择，因此，这些地点最有可能将生产要素吸引到附近，最终形成产业集聚。国内学者一般也是沿用上述学者的理论观点，认为某一特定区域的特定产业呈现集聚或扩散现象取决于上述因素在该区域的相互作用[2]，并认为完善的区域公共政策的供给是产业集聚的推动要素[3]。

综合国内外学者的观点，我们认为，促进产业集聚形成的因素可以分为非经济因素和经济因素，非经济因素主要集中在区位因素和政治因素，而经济因素则可分为内部经济和外部经济因素，具体的产业集聚形成机制详见图2.1。

2.3.2 产业集聚的类型

马歇尔在其最早有关产业区的论述中，主要讨论的是同一产业内的企业集聚所带来的收益。雅各布斯则强调，大量多样化产业在地域上的集中更能带动

① Krugman P. R. Development, Geography, and Economic Theory. [M]. Cambridge：MIT Press，1995.

② 张座铭. 中部六省产业集聚形成机制及效应评价研究 [D]. 武汉：中国地质大学，2015：56—78.

③ 惠朝旭. 区域产业集聚形成机理分析——以成都高新区电子信息产业为例 [J]. 理论与改革，2008（2）：153—155.

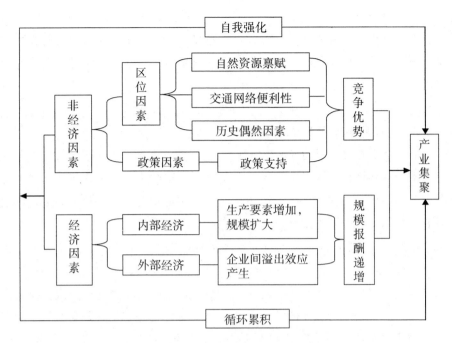

图 2.1　产业集聚的形成机制

经济增长①。随着产业集聚理论研究的不断深化，富林肯等（Frenken 等，2007）② 首次提出了相关多样化和无关多样化的概念，通过把产业多样化分解为相关和无关两部分，认为二者分别能够产生有利于知识溢出的雅各布斯外部效应和保护地区免受外部冲击的投资组合效应。波希马和伊玛里诺（Boschma 与 Iammarino，2007）③ 指出，由于不同形式的产业多样化涉及不同的经济效果，因而将其区分开来是具有重要意义。比如，相关多样化是一系列存在较强经济技术联系的产业在特定地区分布的产业格局，相关多样化更容易诱发有效的互动学习和创新。而无关多样化是没有明显技术经济联系的产业在特定地区分布的一种产业格局，同时由于无关多样化并不涉及实质性的投入产出联系，因此能够有效缓解部门间的冲击，从而有利于地区经济稳定④。这比传统的本

① Jacobs J. The Economy of Cities [M]. New York：Vintage Books USA，1969.

② Frenken K.，Oort F. V.，Verburg T. Related Variety，Unrelated Variety and Regional Economic Growth [J]. Regional Studies，2007，41 (5)：685－697.

③ Boschma R.，Iammarino S. Related variety and regional growth in Italy [J]. Simona Iammarino，2007，85 (3)：289－311.

④ 柴玲玲. 产业多样化影响地区经济发展的实证研究 [D]. 大连：大连理工大学，2013：12－13.

地化经济和城市化经济的二分法对产业集聚的解释赋予了更多的内涵。鉴于此，在下文中，我们也将采取这种分类方式，把多样化进一步分解为相关与无关多样化，进而将地区产业集聚的类型扩展为三种模式：专业化集聚、无关多样化集聚和相关多样化集聚。

2.3.3　产业集聚程度的衡量方法

一、产业多样化水平的分解与测度

关于产业多样化的认识，早期的文献是建立在产业分布的均衡性和产业种类的数量性基础之上的，传统的认知是产业分布更均衡，产业种类更多，产业多样性就更高，这种忽略不同产业之间联系的认识是狭隘的。西格尔（Siegel，1995）[①] 指出，产业多样化不仅与区域经济规模有关，更与产业间的相互联系有关。上文提到，富林肯等（Frenken 等，2007）发表了第一篇对产业多样化内涵进行深度挖掘的文献，从产业关联的角度区分了产业多样化的层次，提出了"相关多样化"与"无关多样化"的概念，并认为二者分别能够产生有利于知识溢出的雅各布斯外部效应和保护地区免受外部冲击的投资组合效应。实际上，这篇文章对如何度量"相关多样化"与"无关多样化"也做出了原创性贡献。

富林肯等（Frenken 等，2007）采用熵指标将产业多样化分解为相关多样化与无关多样化这样两种类型。具体做法是，首先根据熵指标的定义，将产业多样化水平定义为：

$$V = \sum_{i=1}^{n} P_i \ln(1/P_i) \tag{2.7}$$

其中，V 表示某地区以熵值衡量的产业多样化水平，P_i 表示某地区第 i 产业（$i = 1,2,\cdots,n$）在该地区的产值（或就业人口）中所占比重。

然后，假定该地区经济中的 n 个产业部门分布在 $G(G < n)$ 个大类产业中，每个大类产业分别由若干个小类产业组成。那么，第 $g(g = 1,2,\cdots,G)$ 个大类产业的产值（或就业人口）就是其下属各小类产业的产值（或就业人口）之和，即 $P_g = \sum_{i \in g} P_i$，且该大类产业中各细分产业的多样化程度可以表示为：

$$H_g = \sum_{i \in g} (P_i/P_g)\ln(P_g/P_i) \tag{2.8}$$

最后，基于熵指标的特性，对该地区的产业多样化水平做如下分解：

---

① Siegel P. B., Johnson T. G., Alwang J. Regional Economic Diversity and Diversification [J]. Growth & Change, 1995, 26 (2): 261 - 284.

$$V = \sum_{i=1}^{n} P_i \ln(1/P_i) = \sum_{g=1}^{G} \sum_{i \in g} P_i \ln(1/P_i)$$

$$= \sum_{g=1}^{G} \sum_{i \in g} P_i \left[\ln(P_g/P_i) + \ln(1/P_g) \right]$$

$$= \sum_{g=1}^{G} \left[\sum_{i \in g} P_g(P_i/P_g) \ln(P_g/P_i) \right] + \sum_{g=1}^{G} \left[\sum_{i \in g} P_i \ln(1/P_g) \right]$$

$$= \sum_{g=1}^{G} P_g \left[\sum_{i \in g} (P_i/P_g) \ln(P_g/P_i) \right] + \sum_{g=1}^{G} P_g \ln(1/P_g)$$

$$= \sum_{g=1}^{G} P_g H_g + \sum_{g=1}^{G} P_g \ln(1/P_g)$$

$$= RV + UV \qquad\qquad (2.9)$$

其中,$UV = \sum_{g=1}^{G} P_g \ln(1/P_g)$ 为用熵指标衡量的各大类产业之间的多样化水平,因大类产业间的关联相对较弱,所以 UV 可称为无关多样化指数。而用各大类产业的比重 P_g 作为权重对各大类产业内部各细分产业的多样化程度 H_g 的加权和,即 $RV = \sum_{g=1}^{G} P_g H_g$,代表了各大类产业内部各细分产业的多样化水平,是一种产业关联更为紧密的多样化,可称为相关多样化指数。总之,依据式 (2.9),产业多样化就这样被成功地分解为相关多样化和无关多样化了(周国富等,2016)[1]。

二、产业专业化水平的测度

目前,关于地区专业化的度量方法有很多,但尚未形成公认的较权威的衡量指标。其中,比较常用的衡量方法包括区位商、地区专业化系数和克鲁格曼(Krugman)专业化指数。但这三种度量方法各有侧重,区位商主要用来判断一个行业是否构成地区专业化部门,地区专业化系数是从区位商法中衍生出来的一种专业化指数,而 Krugman 专业化指数适用于分析区域间行业的分工程度。鉴于本项研究主要分析京津冀地区产业集聚与分散的客观情况,并不需要将其与全国平均水平进行比较,因而选择 Krugman 专业化指数作为衡量指标更为合理[2]。Krugman 专业化指数是由 Krugman(2000)在《地理与贸易》中首次提出的,主要考察两个地区之间的结构差异性程度。其具体的计算公式如下:

---

① 周国富,徐莹莹,高会珍. 产业多样化对京津冀经济发展的影响 [J]. 统计研究,2016 (12):28-36.

② 孙晓华,郭旭,张荣佳. 产业集聚的地域模式及形成机制 [J]. 财经科学,2015 (3):76-86.

$$SP_{it} = \sum_{j=1}^{n} | P_{ijt} - \overline{P_{ijt}} |$$　　　　　　　　　　(2.10)

其中,SP_{it} 表示 Krugman 专业化指数,P_{ijt} 表示为地区 i 行业 j 在 t 时期的就业人数(或产值)占地区总就业人数(或总产值)的比重,$\overline{P_{ijt}}$ 表示地区 i 以外的城市的行业 j 第 t 期就业(或产值)比重的均值。SP_{it} 值越大,说明地区专业化程度越高;反之,则说明该地区专业化程度越低。

2.4　与雾霾治理有关的环境经济学理论

鉴于本项研究拟深入分析京津冀地区雾霾污染频发的问题,本节将考察与治理雾霾有关的环境经济学理论,以期为定量分析京津冀雾霾天气产生的原因和思考可行的治霾途径提供理论依据。环境经济学是环境科学和经济学的交叉科学,最早兴起于 20 世纪 50 年代,其研究的是经济发展和环境保护之间的相互关系。环境经济学是一个庞大的理论体系,包含诸如外部不经济理论、低碳经济理论、环境库兹涅茨曲线假说和可持续发展理论等。

2.4.1　外部不经济理论

一、外部性的概念及分类

1890 年,马歇尔(Alfred Marshall)在其著作《经济学原理》中第一次提出外部性的概念,之后,他的学生庇古(Pigou)在其著作《福利经济学》(1924)中进一步完善了外部性问题,提出了"外部不经济"概念。外部不经济是指在经济活动中,某些企业或个人因其他企业和个人的经济活动而受到利益损害,而又不能从造成这些损害的企业和个人那里得到足够补偿的经济现象。

根据经济活动主体的不同,外部不经济可以分为"生产的外部不经济"和"消费的外部不经济"。生产(消费)的外部不经济是指当一个生产者(消费者)采取的经济行动致使其他人利益受损而又未给予他人以补偿的经济现象。一般而言,生产的外部不经济与大气污染问题的相关性更大些。[①] 另外,物质平衡理论作为环境经济学的基础理论,是由质量守恒定律衍生而来的,即生产及消费活动遵从质量守恒定律。通过对整个环境—经济系统物质平衡关系的分析,可以确定"外部不经济性"是普遍存在的,从而揭示出环境污染的经济学本质。

---

① 王美雅. 大气污染治理的经济学分析 [D]. 保定:河北大学,2016:5-6.

因此，运用经济学的外部不经济性理论，可以合理地解释雾霾污染问题。

二、雾霾污染的外部不经济性成因

由于环境资源是典型的公共产品，因此，其具有非排他性和非竞争性，极易被过度使用，从而导致灾难性的后果，例如众多西方学者常引用"公地的悲剧"[①] 这一经典案例说明公共资源所面临的困境，而产生"公地悲剧"的原因就是外部不经济性。因此，作为公共产品的大气资源在使用时存在外部不经济性，由于外部不经济的存在，对于企业和个人而言的最优产量远远大于对于社会而言的最优产量，故而环境资源配置失灵，进而产生大气污染问题。具体而言，工业企业在生产过程中会产生工业废气，排放到大气中会影响到附近居民的正常生活，危害他们的身体健康，给附近地区造成大气污染，却并未因此给予补偿。长此以往，排污企业便有恃无恐，为了追求自身利益，不断地向周边排放废气，大气中的污染物数量一旦超过自然系统的自我调节能力，雾霾等大气污染事件便会频发。因此，外部不经济是导致雾霾问题产生的微观经济方面的深层原因。

三、从外部不经济角度治理雾霾污染问题

针对外部不经济所造成的资源配置不当的问题，微观经济学理论提出使用征收污染税以及明确财产权的方式加以解决。具体而言，政府向排污企业征收与治理污染费用相等的污染税。不过由于环境资源的价值和治理费用很难估量，所以征收污染税的实施难度很大。此外，在许多情况下，外部性之所以导致资源配置失当，是由于财产权不明确。因此，明确财产权之后，政府就可以对排污企业进行惩罚，以达到控制污染物排放的目的，虽然具体的惩罚金额较难确定，但相对于征收污染税而言可行性已经大大地提高了。故而政府应该对高能耗、高排放及重污染的企业严加管理，制定清晰明确的惩罚机制，从而减少生产企业的排污量，从根本上解决雾霾天气频发的问题。

2.4.2 低碳经济理论

一、低碳经济概念的提出

2003 年，英国政府发表题为"我们能源的未来：创建低碳经济"（Our en-

---

① 所谓"公地悲剧"，是指在一个村庄，有一片很大很好的公共牧场，那里的牧草资源丰富，村庄的人可以自由到公共牧场放牧，村庄的人不断增加牧羊的数目，村庄的人因为放牧而变的富有，当草场上的羊越来越多时，牧草就越来越少，最后牧草枯竭，羊也死掉了，羊毛也没有了，牧民都破产了。参见：曼昆. 经济学原理［M］. 北京：北京大学出版社. 2009：212.

ergy future－creating a low carbon economy）的能源白皮书，其中首次提出了
"低碳经济"的概念。"低碳经济"概念一经提出便引起了国际社会的广泛关注，
低碳经济理论也一举成为社会可持续发展不可或缺的指导工具[1]，是创建资源
节约型、环境友好型社会的必然选择[2]。全球经济向低碳经济转型已成为大势
所趋，但是低碳经济在我国尚处于起步阶段。

关于"低碳经济"的概念，并没有约定俗成的定义，学术界比较认可的一
种说法是：低碳经济是指以低能耗、低污染和低排放为基础的经济发展模式，
即通过技术创新和产业转型等多种手段，降低能源消耗强度，减轻大气污染程
度，减少温室气体排放量，从而达到经济发展与环境保护双赢。

二、低碳经济的内涵

学术界关于低碳经济的内涵解释主要集中在两个方面：一是低碳目标，经
济发展应着眼于低碳技术，通过技术创新、产业结构优化升级以及清洁能源的
开放利用，促进低碳经济的发展；二是经济目标，低碳经济虽然倡导低碳，但
是并不是否定经济发展，低碳经济不应该以降低人们生活水平为代价，而是致
力于提高经济发展的质量，以较低的能耗和污染排放促进经济的发展。

三、发展低碳经济与治理雾霾污染的关系

由上文可知，对各种能源的大量消耗造成污染物过度地排放，从而导致雾
霾污染事件频发。同时，低碳经济是指以低能耗、低污染和低排放为基础的经
济发展模式，其致力于降低能源消耗强度，减轻大气污染程度，减少温室气体
排放量。因此，发展低碳经济和治理雾霾污染二者完全可以统一起来。[3]

针对我国而言，我国的经济发展长期以高能耗、高污染和高排放的产业结
构为主，一段时间更是以 GDP 为评断一切的标准，以至于忽略了资源环境的保
护，导致近年来污染问题严峻，雾霾天气频发。治理雾霾污染问题，一方面，
需要加快产业结构优化转型，转变高污染和高排放的产业结构，培育新兴低碳
产业；另一方面，需要加快能源结构的调整，通过研发新的技术，发展清洁能
源和可再生能源，降低能源消耗强度，因此发展低碳经济是必然选择。发达国
家（诸如英国）雾霾治理的经验告诉我们，要将低碳发展作为长期发展的目标，
采取强有力的法律手段、行政政策和经济手段，才能真正走上低碳发展之路。

---

① 陈林，罗莉娅. 低碳经济理论及其应用：一个前沿的综合性学科 [J]. 华东经济管理，
　　2014 (4)：148－153.
② 蔡宏宇，黄陈武. 低碳经济发展统计理论与测度研究 [J]. 求索，2015 (11)：38－43.
③ 贺俊，范琳琳. 雾霾治理与低碳经济 [J]. 中国国情国力，2014 (4)：57－58.

2.4.3　环境库兹涅茨曲线（EKC）假说

普林斯顿的经济学家格鲁斯曼（G. Grossman）和克鲁格（A. Krueger）在对 66 个国家的不同地区的 14 种空气污染物和水污染物质 12 年（空气污染物：1979—1990；水污染物：1977—1988）的变动情况进行研究发现，大多数污染物质的变动趋势与人均国民收入水平的变动趋势呈倒 U 型关系，即污染程度随人均收入增长先上升、后下降。据此，他们在 1991 年发表的文章中提出了环境库兹涅茨曲线（EKC）的假说。也即，他们认为：环境压力与人均收入之间呈一种倒 U 形的关系，即环境压力随着人均收入的提高而上升到一定水平之后，将随着人均收入的再提高而下降。①

联系到前文对京津冀地区产业结构演进阶段的基本判断及其和经济发展水平的对应关系，我们认为，尽管当前京津冀地区的环境压力很大，但只要产业政策和能源政策适当，那么京津冀地区的环境压力有可能逐渐得到缓解，雾霾也可能逐步得到治理。

2.4.4　可持续发展理论

一、可持续发展概念的提出

可持续发展概念及理论的提出，对于人们认识环境和发展之间的联系至关重要。1972 年，第一次世界环境大会上发表的"人类环境宣言"，首次提出了可持续发展的思想；1980 年，《世界自然保护大纲》的发表，首次提出了"可持续发展"这一名称，其较为系统地阐明了可持续发展的战略思想，明确了可持续发展的目标；1987 年，世界环境与发展委员会（WCED）向联合国提交了名为《我们共同的未来》的研究报告，报告中首次对可持续发展进行了全面详尽的阐述，并给出了可持续发展的科学定义，即可持续发展是指既能满足当代人的需要，而又不对后代人满足其需要的能力构成危害的发展，标志可持续发展理论的正式形成；在 1992 年的联合国环境与发展大会召开后，可持续发展理念已经得到了全球的普遍认同。②

---

① Gene M. Grossman, Alan B. Krueger. Environmental Impacts of a North American Free Trade Agreement ［R］, National Bureau of Economic Research Working Paper, 1991, No. 3914.

② 王爱新. 区域经济发展理论 ［M］. 北京：经济管理出版社，2015：248－260.

二、可持续发展的内涵

可持续发展的基本内涵是指在一定的区域内，协调好人口、资源、环境同发展之间的关系，既满足当代人的需要而又不损害后代人满足其需求的和谐发展过程。具体而言，可以从以下两个方面来理解：（1）从发展角度来看，鼓励经济增长，改善人们的生活质量，谋求社会的全面进步，同时注意不仅要追求经济增长的数量，还要注重经济增长的质量，在保护自然资源的前提下，追求经济发展的利益最大化。（2）从持续性角度来看，可持续发展是在发展的过程中，注重资源的永续利用和生态环境的持续保护，在发展过程中兼顾局部利益与全局利益、短期利益与长远利益。总之，可持续发展就是以发展为基础，以生态保护为条件，坚持持续性是关键，以社会全面进步为目标，在不超出生态系统承载能力的情况下，改善人们的生活质量，促进经济社会的全面发展。

三、可持续发展与治理雾霾的关系

近年来频繁出现的雾霾天气，实质上是"经济发展过程中的污染排放超过资源与环境的自我净化能力"的一个真实写照，是"不可持续发展"的后果之一，因此，治理雾霾污染问题需要坚持可持续发展原则来发展经济。从可持续发展的角度解决雾霾污染问题，就是要推行可持续发展的产业政策和能源政策。具体而言，可以从如下三个方面进行：一是建立节能型产业结构，以低能耗产业为主，不断促进产业结构的优化升级；二是采取先进的技术手段，不断挖掘利用新型清洁能源，减少产业的污染排放量；三是转变经济增长方式，从粗放型向集约型的产业模式转变。总之，我们要处理好经济生产与可持续发展的关系，协调好三次产业间的关系，不断促进技术的进步，建立节能型产业结构，从而降低雾霾天气的发生频率。

2.4.5 小结

上述与雾霾治理问题相关的环境经济学理论其实都阐述了一个道理：人类社会与生态环境之间是唇齿相依的关系。如果人类社会对自然资源毫不节制地开发利用，超出其自身净化的阈值，就会产生不可逆转的结果，从而遭到大自然的报复。近年来，雾霾天气的频发正是长期的高能耗、高污染、高排放产业结构模式，亦即过度开发利用自然资源的结果。因此，我们需要处理好三次产业的协调发展和传统产业的优化升级问题，坚持走低碳发展之路，构建低碳产业结构，优化能源消费结构，改变能源使用方式，提高能源利用效率，转变经济增长方式，从而找到社会经济发展与生态系统平衡协同发展的均衡点，雾霾问题自然迎刃而解。

第 3 章

京津冀产业结构和产业集聚模式的典型特征

考虑到不同的产业集聚模式对应着不同的产业结构，而由于不同产业的能耗结构和能耗强度不同，一个区域的产业结构特征同时也决定了其能耗特征和对环境的压力，从而为我们将产业一体化和雾霾治理联系起来进行研究提供了可能。因此，基于第 2 章中阐述的产业结构理论、产业关联理论和产业集聚理论，本章通过分析京津冀产业结构和产业集聚模式的典型特征，以及二者间的相互影响关系，为第 5 章从产业结构视角考察京津冀雾霾的成因和第 6 章从产业集聚模式入手考察京津冀产业一体化进程缓慢的原因提供经验依据。

3.1 京津冀产业结构的典型特征

3.1.1 京津冀产业结构的能耗特征

产业结构的变化必然带来全社会能耗结构和能耗强度等方面的变化，进而对环境质量产生深远的影响；反过来，各产业的能耗结构和能耗强度的变化也会倒逼地区产业结构的转型调整。因此，分析京津冀产业结构的能耗特征，对于理解京津冀雾霾的成因并寻找治本之策是十分必要的。

一般来说，工业化进程中能源消耗有一定的规律性，具体讲，在经济发展水平较低的时期，工业能源使用量几乎可以忽略不计，工业能源消耗强度接近于零；当工业化进入加速时期，工业能源消耗量会显著增加，工业能源消耗强度会明显提高；而进入后工业化时期，随着产业结构由工业主导型转向服务业主导型，工业能源消耗强度则会逐渐下降。[1]

---

[1] Nakicenovic N. , Alcamo J. , Davis G. , et al. IPCC Special Report on Emissions Scenarios [M]. Special report on emissions scenarios：Cambridge University Press，2000：612.

因此，本小节首先从行业整体和分行业两个层面分析京津冀地区能源消耗量的变化趋势；其次，将京津冀三地的 GDP 增长和能源消费增长速度进行比较，为考察京津冀地区的能源消费强度提供更直观的证据；第三，通过分析历年的能源消费强度变化趋势，总结出京津冀地区能源消耗强度的典型特征；第四，分析以煤炭为主要能耗的六大产业的能源消耗结构变化趋势，观察京津冀地区能源消耗结构的变化特征；最后，通过编制混合型能源投入产出表，系统分析京津冀能源消耗的行业贡献。

一、京津冀能源消耗量的变化趋势分析

图 3.1 给出了京津冀三地能源消耗量的整体变化趋势，从中可以看出，在 2000—2016 年间，河北省的能源消耗量最高，并且呈现持续上升趋势；北京市居中，历年变动不大，趋势较平稳；天津市的能源消耗量在 2000—2011 年期间最低，但呈现缓慢上升趋势，并在 2012 年超过了北京市。产生这种结果的原因可能是河北省、天津市的工业占比较高，特别是河北省的产业结构主要集中在钢铁等高能耗的重工业产业上，随着产能的扩张，能源消耗量持续走高；而北京市作为我国的政治、文化中心，第三产业的占比更高，能源消耗量较为稳定，并从近年来开始呈下降趋势。

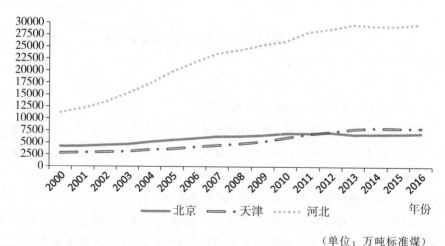

（单位：万吨标准煤）

图 3.1 京津冀地区能源消耗量变化趋势

数据来源：根据《北京统计年鉴》《天津统计年鉴》和《河北经济年鉴》的相关数据绘制而得。

那么，京津冀各自的高能耗产业分别是哪些？根据 2012 年京津冀三地各行业的能源消耗量可知，北京市的高能耗产业依次是石油加工、炼焦及核燃料加工业，电力、热力及燃气的生产和供应业，交通运输、仓储和邮政业，煤炭开采和洗选业，房地产业，教育业，批发、零售和住宿、餐饮业，建筑业，化学工业，分别占能源消耗总量的37.24%、30.20%、6.11%、5.26%、3.31%、3.09%、1.42%、1.41%和1.22%，以上9个产业消耗的能源合计量共占北京市能源消耗总量的89.63%；天津市的高能耗产业依次是石油加工、炼焦及核燃料加工业，电力、热力及燃气的生产和供应业，煤炭开采和洗选业，交通运输、仓储和邮政业，金属冶炼及压延加工业，化学工业，建筑业，批发、零售和住宿、餐饮业，金属及非金属矿采选业，石油和天然气开采业，分别占能源消耗总量的 36.50%、33.85%、6.62%、4.98%、4.37%、3.32%、1.94%、1.84%、1.52%和1.12%，共占天津市能源消耗总量的96.08%；河北省的高能耗产业依次是石油加工、炼焦及核燃料加工业，电力、热力及燃气的生产和供应业，金属冶炼和压延加工品业，金属及非金属矿采选业，煤炭开采和洗选业，化学工业，交通运输、仓储和邮政业，非金属矿物制品业，农林牧渔业，分别占能源消耗总量的 31.80%、27.12%、12.23%、8.98%、6.94%、2.84%、2.53%、1.98%和1.14%，共占河北省能源消耗总量的95.56%。

根据2016年京津冀三地各行业的能源消耗量可知，北京市的高能耗产业依次是交通运输、仓储和邮政业，电力、热力及燃气的生产和供应业，批发、零售和住宿、餐饮业，石油加工、炼焦及核燃料加工业，房地产业，教育业，租赁和商务服务业，科学研究和技术服务业，信息传输、软件和信息技术服务业，非金属矿物制品业、建筑业、汽车制造业、公共管理、社会保障和社会组织业、化学工业，分别占北京市能源消耗总量的24.46%、9.19%、9.16%、7.72%、7.16%、5.21%、4.07%、3.95%、3.83%、3.57%、3.37%、2.40%、2.23%、2.16%、2.06%和1.68%，以上14个产业消耗的能源合计占北京市能源消耗总量的92.22%；天津市的高能耗产业依次是金属冶炼及压延加工业，化学工业，交通运输、仓储和邮政业，石油加工、炼焦及核燃料加工业，电力、热力及燃气的生产和供应业，批发、零售和住宿、餐饮业，建筑业，造纸和纸制品业，农林牧渔业，非金属矿物制品业，金属制品业，石油和天然气开采业，汽车制造业，分别占天津市能源消耗总量的 24.82%、15.13%、9.60%、9.21%、4.93%、4.85%、4.29%、2.80%、1.98%、1.59%、1.49%、1.24%和1.23%，共占天津市能源消耗总量的83.17%；河北省能源消耗量较高的行业依次是金属冶炼和压延加工品业，电力、热力及燃气的生产和供应业，交通运输、仓储和邮政业，化学工业，非金属矿物制品业，煤炭开采和洗选业，批发、零售业、住宿、餐饮业，石油加工、炼焦及核燃料加工业，农林牧渔业，建筑业，分别占河北省能源消耗总量的 44.43％、15.95％、5.21％、4.72％、4.59％、4.10％、3.74％、3.13％、2.92％、2.62％ 和 1.26％，以上产业能源消耗合计量占河北省能源消耗总量的 92.73％。

对比可知，京津冀高能耗产业均有一定程度的变化，其中，北京市的高能耗产业种类从 2012 年以第二产业为主转变为 2016 年以第三产业为主；天津市和河北省的高耗能产业种类并没有特别大的变化，仍是以第二产业为主，只是各个产业的能源消耗量占各自地区能源消耗总量的比重有所调整。另外，总体而言，相较于 2012 年，2016 年京津冀高能耗产业的能耗比重均有所下降，各产业能源消耗均摊化更加凸显，且北京市多集中于第三产业，天津市和河北省则仍是以第二产业为主。

二、京津冀能源消耗增速与经济增速的对比分析

由图 3.2 可知，北京市经济增速与能源消耗量增速的关系可以分成四个阶段。第一阶段（2004 年之前），经济增速和能源消耗量增速均呈上升趋势，特别是能源消耗量增速上升较快；第二阶段（2005—2008 年），经济增速和能源消耗量增速均呈波动下滑趋势，特别是能源消耗量增速下滑较快，这可能是由于为筹办 2008 年夏季奥运会，对高能耗产业采取了限产措施所导致的；第三阶段（2009—2010 年），经济增速和能源消耗量增速均有所反弹，特别是能源消耗量增速上升较快，这可能与举办奥运会之后对高能耗产业放松了管制，同时为应对国际金融危机采取了一系列保增长措施有关；第四阶段（2011 年以后），经济增速持续下滑，而能源消耗量除 2013 年出现负增长的情况外，其他年份均为小幅增长，产生这种现象的原因可能是，2013 年北京市正式发布《环境空气质量标准》《北京市 2013—2017 年清洁空气行动计划重点任务分解》方案，开始监测 PM2.5 等六项污染物，并且大力推进工业、燃煤等多方面的节能减排工作。

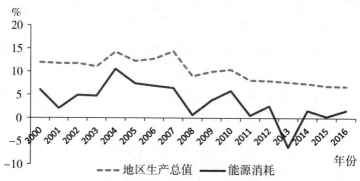

图 3.2　北京市 GDP 增速与能源消耗增速

数据来源：根据《北京统计年鉴》的相关数据绘制而得。

由图 3.3 可知，天津市经济增速与能源消耗量增速的关系可以分成三个阶段进行分析。第一阶段（2005 年之前），经济增速较慢，而能源消耗量增速也较低（2004 年除外）；第二阶段（2006—2010 年），经济增速较快且呈现逐年加快的趋势，能源消耗量的增速也较高，这主要是因为 2006 年天津市滨海新区开发开放上升为国家发展战略后，天津市经济增速呈现逐年加快的趋势，但产业结构的高能耗特征并未发生实质性改变，所以其能耗增速也较高；第三阶段（2011 年之后），经济增速下滑明显，而相应的能源消耗量增速下降幅度更大，这说明，2011 年以后天津市在经济增长有所减慢的同时，其产业结构和能耗结构也有改善的迹象，这可能与环保执法力度加大等有一定关系。

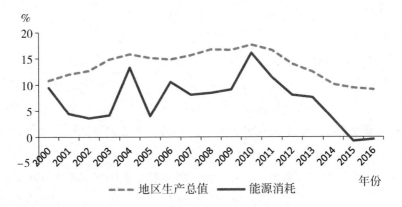

图 3.3　天津市 GDP 增速与能源消耗增速

数据来源：根据《天津统计年鉴》的相关数据绘制而得。

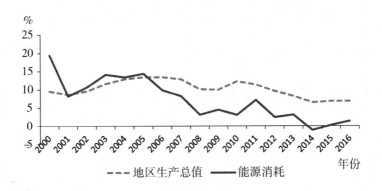

图 3.4　河北省 GDP 增速与能源消耗增速

数据来源：根据《河北经济年鉴》的相关数据绘制而得。

图 3.4 显示，河北省经济增速与能源消耗量增速的关系可以分成四个阶段

进行分析。第一个阶段（2005年之前），除2001年经济增速略有下滑外，后续年份经济增速持续回升，相应地能源消耗量增速也快速回升，这可能与这期间钢材、煤炭等产品涨价幅度较大，这些产业的增长强劲有关；第二个阶段（2006—2008年），经济增速前高后低，能源消耗量增速有较大幅度的下降，这可能与配合北京筹办2008年奥运会，河北省对高能耗产业采取了限产措施有关；第三个阶段（2009—2010年），经济增速仍较快，同时能源消耗量增速相对较平缓；第四个阶段（2011年之后），经济增速下滑明显，能源消耗量增速也有较大幅度的下降，这可能与钢铁产业由盛而衰、河北省对钢铁等产能过剩产业"去产能"有关。

三、京津冀能源消耗强度的变化趋势分析

能源消耗强度是指一次能源使用总量或最终能源使用量与生产总值之比。图3.5给出了京津冀地区能源消耗强度的变化趋势。可以看出，京津冀三地的能源消耗强度分别是河北省最高，天津市次之，北京市最低，并且在2000—2016年间，三地的能源消耗强度均呈下降趋势。其中，2003年之前，河北省的能源消耗强度很高，但是在2004—2008年期间有显著的下降；与之类似，天津市的能源消耗强度在2004—2008年期间也有显著的下降；近几年来，京津冀三地的能源消耗强度均延续了下降的趋势，但相对平缓。整体来看，河北省的能源消耗强度下降幅度最大，然后依次是天津和北京，这导致河北省的能源消耗强度与京津二地的差距明显缩小。这说明，进入21世纪之后，京津冀地区不仅经济增速较快，而且能源利用效率有一定的提高，使得京津冀的能源消耗强度不断下降。

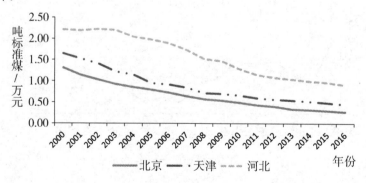

图3.5 京津冀地区能源消耗强度变化趋势

数据来源：根据《北京统计年鉴》《天津统计年鉴》和《河北经济年鉴》的相关数据绘制而得。

四、京津冀能源消耗结构的变化趋势分析

一般认为,煤炭在我国能源结构中所占比重较大,因此,有学者曾利用能源消耗结构中煤炭所占比例,选出 8 个高耗煤产业为代表构造指标,反映各地区经济的能耗结构(马丽梅、张晓,2014)①。但是,严格讲,"高能煤产业的能源消耗量与各地的能源消费总量之比"并不能直接代表各地区的"能耗结构"。因此,这里我们利用 2005—2016 年京津冀三地能源消耗量数据,计算京津冀三地煤炭消耗量与各自的能源消费总量之比,反映京津冀三地的能耗结构,结果如图 3.6 所示。

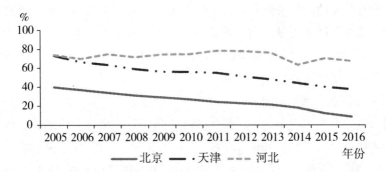

图 3.6 京津冀煤炭消耗占地区总能耗的比重及其变化趋势
数据来源:根据《北京统计年鉴》《天津统计年鉴》和《河北经济
年鉴》的相关数据绘制而得。

可以看出,河北省的煤炭消耗占地区总能耗的比重最高,天津次之,北京最低。2005—2013 年间,河北省煤炭消耗占总能耗的比重高达 70% 多;虽然 2014 年以来有所下降,但是这一比重仍然高达 60% 以上,这表明河北省长期以来都属于典型的以煤炭为主的能源消耗结构。天津市煤炭消耗占地区总能耗的比重呈逐年递减趋势,2005 年该比重为 73.97%,而到了 2016 年,该比重已下降至 37.58%,说明在此期间天津市不断调整能源消耗结构,大大降低了高耗煤产业的占比,但是天津市仍然属于以煤炭为主的能源消耗结构。北京市的煤炭消耗占地区总能耗的比重也呈显著下降趋势,由 2005 年的 39.7% 下降到 2016 年的 8.7%,可见,在北京市的产业结构中,高耗煤产业所占比重比河北和天津要明显低一些,且同样呈下降趋势。综上可知,尽管京津冀的能源消耗结构中煤炭消耗所占比重显著下降了,但是由于河北和天津的高耗煤现状仍然严峻,

---

① 马丽梅,张晓. 中国雾霾污染的空间效应及经济、能源结构影响 [J]. 中国工业经济,
2014 (4):19—31.

因此，从整体来看，京津冀地区仍是以煤炭为主的能源消耗结构。

五、京津冀能源消耗的行业贡献分析

（一）天津市能源消耗的行业贡献分析[①]

近几年来，京津冀地区以雾霾为代表的空气污染不断地试探着资源环境承载能力的底线，给人们的健康带来了严重的危害。考虑到雾霾污染实际上是一个产业结构和能源强度的问题，而天津作为我国的老工业城市，目前虽已处于工业化的中后期，但其工业产值规模和能耗总量仍稳居京津冀 13 个城市之首，而且在滨海新区开发开放和自贸区试点等国家赋予的优惠政策支持下仍在持续增长；而在特殊的天气条件下，因消耗能源而排放的大气污染物会通过远距离输送造成更大范围的区域性空气污染[②]，因此，本节拟首先以天津市为例，在编制混合型能源投入产出表的基础上，借助于 SDA 结构分解技术，对天津市能源消耗总量的变化及其行业贡献做一个系统的分解分析。

1. 混合型能源投入产出表的结构

混合型能源投入产出表的结构如表 3.1 所示，其中，国民经济各产业部门被划分为能源部门和非能源部门两大类，前者由第 1 至第 m 个生产能源产品的部门组成，后者由编号为第 m+1 至第 n 部门的非能源产品生产部门组成。所谓混合型，是指各能源部门的产出及其使用去向采用实物单位计量，而非能源部门的产出及其使用去向则采用货币单位计量。

但是，我国统计部门编制的投入产出表，比如全国及各省市统计局于 2015 年编制完成的 2012 年投入产出表，无论是 42×42 部门表，还是 139×139 部门表，都是价值型的投入产出表，而且未将各产业部分区分为能源部门和非能源部门。然而迄今为止，尽管国内少数学者编制了混合型能源投入产出表，并在此基础上进行了一些实证分析（吴开尧等，2014[③]；宋辉等，2015[④]；谢培秀、

[①] 这部分文字已作为阶段性成果发表。参阅：周国富，田孟，刘晓琦. 雾霾污染、能源消耗与结构分解分析——基于混合型能源投入产出表 [J]. 现代财经（天津财经大学学报），2017（6）：3—14；刘晓琦. 天津能源消耗的结构分解及其对环境的影响分析——基于混合型能源投入产出表 [D]. 天津：天津财经大学，2016.

[②] 赵斌，马建中. 天津市大气污染源排放清单的建立 [J]. 环境科学学报，2008（2）：368—375.

[③] 吴开尧，朱启贵，刘慧媛. 中国经济产业价值型能源强度演变分析——基于混合型能源投入产出可比价序列表 [J]. 上海交通大学学报（哲学社会科学版），2014（5）：81—92.

[④] 宋辉，王燕，郝苏霞. 中国混合型能源投入产出模型建立与应用研究 [C] //彭志龙，佟仁城，陈璋. 2013 中国投入产出理论与实践 [M]. 北京：中国统计出版社，2015：399—406.

徐和生，2015①)，但是都没有详细交代其是如何编制混合型能源投入产出表的。因此，如何在一般的价值型投入产出表的基础上，结合其他统计数据编制出所需要的混合型能源投入产出表，仍是一个值得探究的课题。

表 3.1　混合型能源投入产出表的基本表式

投入		产出	中间使用		最终使用	总产出
			能源部门	非能源部门		
			$1, 2, \cdots, m$	$m+1, m+2, \cdots, n$		
中间投入	能源部门	1	$(x_{kl}^E)_{m \times m}$	$(x_{kj}^E)_{m \times (n-m)}$	$(Y_k^E)_{m \times 1}$	$(X_k^E)_{m \times 1}$
		2				
		⋮				
		m				
	非能源部门	$m+1$	$(x_{il})_{(n-m) \times m}$	$(x_{ij})_{(n-m) \times (n-m)}$	$(Y_i)_{(n-m) \times 1}$	$(X_i)_{(n-m) \times 1}$
		$m+2$				
		⋮				
		n				
最初投入			$(V_{dl}^E)_{q \times m}$	$(V_{dj})_{q \times (n-m)}$		
总投入			$(X_l^E)_{1 \times m}$	$(X_j)_{1 \times (n-m)}$		

2. 天津市混合型能源投入产出表的编制方法

为编制出如表 3.1 所示的混合型能源投入产出表，我们在价值型投入产出表的基础上，结合利用了能源平衡表（实物量）等相关数据。具体讲，为了编制天津市 2007 年和 2012 年混合型能源投入产出表，我们主要采用了以下数据："2007 年天津市 42 部门投入产出表""2012 年天津市 42 部门投入产出表"，以及"天津能源平衡表（实物量）－2007"和"天津能源平衡表（实物量）－2012"。下面，给出本研究编制天津市混合型能源投入产出表的具体做法。

（1）确定混合型能源投入产出表与价值型投入产出表的部门对应关系

如前所述，在混合型能源投入产出表中，需要将能源部门和非能源部门单列。为此，我们依据能源行业发展现状、数据的可获得性、各能源部门之间的相互关联以及各能源部门与其他非能源部门间的技术经济联系，将国民经济中的全部产业划分为 4 个能源部门和 23 个非能源部门。具体而言，我们按照能源分类标准，将能源部门细分为煤炭采选产品，石油和天然气开采产品，电力、

---

① 谢培秀，徐和生. 安徽能源强度变化的影响因素分析［C］//彭志龙，佟仁城，陈璋. 2013 中国投入产出理论与实践［M］. 北京：中国统计出版社，2015：217－222.

热力、燃气的生产和供应，石油加工、炼焦和核燃料加工产品等 4 个部门。其中，"电力、热力、燃气的生产和供应"由 42 部门投入产出表中的"电力、热力的生产供应"和"燃气的生产和供应"这 2 个部门合并得到。同时，鉴于 2007 年和 2012 年投入产出表的部门分类不完全对应，为了使前后年份的非能源部门保持一致，我们将 2012 年投入产出表中的"通用设备"和"专用设备"这 2 个部门进行了合并，以便与 2007 年投入产出表中的"通用、专用设备"对应；将 2012 年投入产出表中的"其他制造产品""废品废料""金属制品、机械和设备修理服务"等 3 个部门合并，将 2007 年投入产出表中的"工艺品及其他制造业""废品废料" 2 个部门合并，并统称为"其他制造产业"；将 2007 年投入产出表中的"交通运输及仓储业"和"邮政业"合并，以便与 2012 年投入产出表中的"交通运输、仓储和邮政业"对应；同时，将"批发和零售"和"住宿和餐饮" 2 个部门合并为"批发零售和住宿餐饮业"；将"批发零售和住宿餐饮业""交通运输、仓储和邮政业"之外的其他服务业部门合并为"其他服务业"。最后，我们得到 27 部门混合型能源投入产出表与 2007 年及 2012 年 42 部门价值型投入产出表的部门对应关系（限于篇幅，表格从略）。

（2）充分利用能源平衡表中的相关数据信息

关于如何利用能源平衡表中的相关数据信息，我们的体会是应注意以下几点。

一是确定能源平衡表中各种能源产品与混合型能源投入产出表中各能源生产部门的对应关系。《中国能源统计年鉴》中的各省区能源平衡表（实物量）列示的能源类型共计有 26 种之多。为了利用表中的信息，首先需要确定这些能源产品与混合型能源投入产出表中各能源生产部门的对应关系。我们根据《国民经济能源部门分类》中对各能源生产部门的解释，将能源平衡表中的 26 种能源产品分别归入本项研究划分的 4 个能源生产部门，如表 3.2 所示。

表 3.2　各能源产品与各能源生产部门的对应关系

能源生产部门	能源产品种类
1. 煤炭采选业	原煤、洗精煤、其他洗煤
2. 石油和天然气开采产品	天然气、液化天然气、原油
3. 电力、热力、燃气的生产和供应	热力、高炉煤气、转炉煤气、电力
4. 石油加工、炼焦和核燃料加工产品	焦炭、焦炉煤气、其他焦化产品、汽油、煤油、柴油、燃料油、石脑油、润滑油、石蜡、溶剂油、石油沥青、石油焦、液化石油气、炼厂干气、其他石油制品

二是将各种能源产品的实物量统一换算为标准煤。为了将各种能源加总，需要将各种能源产品的实物量统一换算为标准煤。为此，我们采用了《中国能源统计年鉴 2013》的附录 4 给出的"各种能源折标准煤参考系数"。

三是计算各种能源产品的产出量和使用量。能源平衡表给出了每种能源的"可供本地区消费的能源量""加工转换投入（一）产出（＋）量""损失量""终端消费量""平衡差额"和"消费量合计"。依据它们之间的平衡关系，可以得到关于本地区的能源使用量、能源产出量的如下计算公式：

（a）能源使用量＝"终端消费量"－"加工转换投入量（一）"－"外省流入量"－"进口量"－"境内轮船和飞机在境外的加油量"＋"本省调出量（一）"＋"出口量（一）"＋"境外轮船和飞机在境内的加油量（一）"－"库存增（一）、减（＋）量"＋"损失量"＋"平衡差额"

（b）能源产出量＝"一次能源生产量"＋"加工转换产出量（＋）"

经检验，依据上述式（a）、式（b）计算得到的本地区"能源使用量"与"能源产出量"刚好相等，可以作为混合型能源投入产出表中各种能源产出量的总控制数。

四是明确混合型能源投入产出表和能源平衡表中的部门及项目的对应关系。将上一部分得到的各种能源产品的产出量，按照表 3.2 所示的各种能源产品与各能源生产部门的对应归属关系进行汇总，即可得到混合型能源投入产出表中各能源生产部门的能源产出量。但是，对于这些能源产出的使用总量，还需根据混合型能源投入产出表的部门分类和能源平衡表中部门分类的对应关系，以及混合型能源投入产出表中的最终使用项目与能源平衡表中有关项目的对应关系，在各部门的中间使用和城乡居民的最终消费、存货增加、出口和进口（一）等最终使用项目之间进行分配。总体来讲，混合型能源投入产出表和能源平衡表中的部门及项目之间存在如表 3.3 所示的对应关系。

表 3.3　混合型能源投入产出表和能源平衡表的部门及项目的对应关系

混合型能源投入产出表	能源平衡表
工业部门	工业
农林牧渔产品和服务	农、林、牧、渔、水利业
建筑业	建筑业
批发、零售业和住宿、餐饮业	批发、零售业和住宿、餐饮业
交通运输、仓储和邮政	交通运输、仓储和邮政
其他服务业部门	其他

（续表）

混合型能源投入产出表	能源平衡表
居民消费支出	生活消费
存货增加	－［库存增（－）减（＋）量］＋损失量＋平衡差额
出口	－［出口（－）＋境外轮船和飞机在境内的加油量（－）］
进口	－［进口＋境内轮船和飞机在境外的加油量］
国内省外流出	－［本省（区、市）调出量（－）］
国内省外流入	－［外省（区、市）调入量］

五是计算混合型能源投入产出表中各工业部门的能源消耗实物量。从表3.3可以看出，能源平衡表仅给出整个工业部门的终端消费量，而未对工业部门进行细分。因此，还必须将能源平衡表中整个工业部门的终端消费量分摊到各个具体的工业部门中去。对此，本项研究的做法是：首先，计算价值型投入产出表中各工业部门对每一种能源产品的中间使用量占全部工业部门对该种能源中间使用总量的比例；然后，将能源平衡表中的项目"终端消费量"所显示的整个工业部门对该种能源的消耗总量按此比例分配给各工业部门。

但是，需要指出的是，由于在各能源部门之间还存在某些一次能源向二次能源的加工转换关系，其中，加工转换得到的二次能源已计为产出，所以，相应的一次能源投入应作为该种二次能源生产过程的中间投入。在能源平衡表中，项目"加工转换投入（－）产出（＋）量"中的所有负值，正是该负值所在行的能源部门为了加工转换得到某种二次能源所发生的一次能源投入，应作为该负值所在行的能源部门对该负值所在列能源部门产品的中间投入。比如，在能源平衡表中，"煤炭"所在列与"火力发电"所在行交叉位置的负数，以及与"供热"所在行交叉位置的负数，就表示电力、热力和燃气的生产和供应部门为了发电和供热总共消耗了多少［＝上述负数的绝对值］煤炭采选部门产品；而"煤炭"所在列与"炼焦"所在行交叉位置的负数，则表示石油、炼焦产品和核燃料加工品部门为了炼焦消耗了多少［＝上述负数的绝对值］煤炭采选部门产品。对于其他负数，以此类推。于是，可以得到各能源部门之间因加工转换所发生的中间投入实物量。

将能源部门间因加工转换所发生的中间投入实物量和上面按价值型投入产出表中各工业部门对每一种能源产品的中间使用量占全部工业部门对该种能源中间使用总量的比例分摊得到的各工业部门的能源产品消耗量对应相加，就得到混合型能源投入产出表中各工业部门对各能源部门产品的消耗实物量。

（3）组装得到混合型能源投入产出表

将上面整理得到的各产业部门对 4 种能源的中间使用量和 4 种能源的最终使用量数据放入 27 部门混合型能源投入产出表中的对应位置，就得到 4 个能源部门提供用于中间使用和最终使用的实物量。

再将 4 个能源部门中间使用和最终使用的实物量同 27 部门价值型投入产出表相结合，就得到 27 部门混合型能源投入产出表①。

3. 天津市能源消耗的 SDA 分解

结构分解技术（Structure Decomposition Analysis，简称 SDA）是一种比较静态方法，它以投入产出分析中的一些恒等式为基础，把所分析对象的变动分解成几个基本因素的变动，以此分析各基本因素对分析对象变动的影响程度。国外学者运用 SDA 结构分解技术研究能耗问题由来已久。Ang 和 liu 等（2001，2003）② 对如何将投入产出结构分解法运用于能源和环境领域的研究进行了深入的讨论。Haan（2001）③ 用 SDA 结构分解法分析了荷兰环境污染的能源影响率。Wachsmann 等（2009）④ 则用 SDA 结构分解技术将巴西 1970—1996 年期间的能耗变化分解为能源强度、投入结构、产品结构、最终需求、收入水平、工业能源使用人口数、民用人均能耗和民用能源使用人口数等 8 个因素的影响。

国内学者将投入产出结构分解技术运用于经济增长、能源、碳排放等问题的研究，也涌现了很多相关成果。陈锡康和郭菊娥（Chen 和 Guo，2000）⑤ 将国外学者对总产出的分解工作发展到对更常用的经济指标 GDP 的分解，并提出了一种按各因素贡献比例分解交互项的方法，可同时分析生产技术、进口率、国内最终需求和出口等各因素对 GDP 的基本影响和交互影响。刘保珺（2003）⑥ 对前人在 SDA 与投入产出技术结合研究方面的几项代表性成果进行了系统的比

① 限于篇幅，具体表式从略。有兴趣的读者可向作者索取。

② Ang B. W．，Liu F. L. A New Energy Decomposition Method：Perfect in Decomposition and Consistent in Aggregation ［J］. Energy，2001，26（6）：537－548；Ang B. W．，Liu F. L．，Chew E. P. Perfect Decomposition Techniques in Energy and Environment Analysis ［J］. Energy Policy，2003，31（14）：1561－1566.

③ De Haan M. A Structural Decomposition Analysis of Pollution in the Netherlands ［J］. Economic Systems Research，2001，13（2）：181－196.

④ Wachsmann U．，Wood R．，Lenzen M．，et al. Structural Decomposition of Energy Use in Brazil from 1970 to 1996 ［J］. Applied Energy，2009，86（4）：578－587.

⑤ Chen X．，Guo J. Chinese Economic Structure and SDA Model ［J］. Systems Science and Systems Engineering，2000，9（2）：142－148.

⑥ 刘保珺. 关于 SDA 与投入产出技术的结合研究 ［J］. 现代财经，2003（7）：48－51.

较和分析，并进一步介绍了该方法应用方面的一些新动向。宋辉、王振民（2004）① 对结构分解技术与投入产出模型结合的问题进行了研究，并推导出投入产出偏差分析模型，较好地解决了产业部门发展影响因素偏差的定量计算问题。施凤丹等（2008）② 应用结构分解法分析比较了我国与世界主要国家能源强度的差距以及其中的结构效应和非结构效应。宋瑞礼（2012）③ 利用 SDA 分解方法，将中国 1987—1997 年以及 1997—2007 年期间的经济增长分解为基于产业角度的需求扩张效应、增加值率变动效应和技术进步效应，并测算了不同效应对经济增长的贡献率。王丽丽等（2012）④ 基于非竞争型价值投入产出表，应用结构分解分析法将我国的出口碳排放分解为碳排放强度、中间投入结构、出口结构、出口总量四个方面，分析了中国出口隐含碳增加的原因。张学刚、唐铁球（2016）⑤ 同样基于非竞争型投入产出表，采用 SDA 分解方法对 1992—2012 年期间消费、投资、出口等驱动我国能源消耗的效应进行了实证分析。但是，目前基于混合型能源投入产出表的 SDA 分解分析尚不多见。

（1）基于混合型能源投入产出表的能源消耗 SDA 分解公式

由表 3.1 可知，混合型能源投入产出表的第 I 象限实际上可以分为四个组成部分，它们分别反映能源部门间的联系、非能源部门间的联系，以及能源部门与非能源部门间的联系（后者有两个部分）。

设 X 是表 3.1 中的混合单位总产出列向量，其中能源部门的产出以"万吨标准煤"作为计量单位，其他部门的产出用"万元"作为计量单位；类似地，Y 是混合单位的最终需求列向量，其中不同类型能源的最终需求以"万吨标准煤"作为计量单位，其他部门的最终需求以"万元"作为计量单位。再设 a_{ij}（$=x_{ij}/X_j$，其中 i、$j=1$，2，$\cdots$，n）为依据混合型能源投入产出表计算得到的直接消耗系数，$A=(a_{ij})_{n\times n}$ 为混合单位的直接消耗系数矩阵。那么，基于混合型能源投入产出表的行模型可表示为：

① 宋辉，王振民. 利用结构分解技术（SDA）建立投入产出偏差分析模型 [J]. 数量经济技术经济研究，2004（5）：109－112.

② 施凤丹，刘春平，郭红燕. 基于 SDA 的结构效应对能源强度影响程度的实证研究 [J]. 企业经济，2008（5）：99－101.

③ 宋瑞礼. 中国经济增长机理解释——基于投入产出 SDA 方法 [J]. 经济经纬，2012（2）：17－21.

④ 王丽丽，王媛，毛国柱，赵鹏. 中国国际贸易隐含碳 SDA 分析 [J]. 资源科学，2012（12）：2382－2389.

⑤ 张学刚，唐铁球. 需求驱动我国能源消耗效应研究——基于改进的两级分解法 [J]. 现代财经，2016（6）：103－113.

$$X = (I - A)^{-1} Y \tag{3.1}$$

令 e_{kj} （$= x_{kj}^E / X_j$）为直接能源投入系数，表示第 j（$j = 1, 2, \cdots, n$）部门生产单位产出对第 k（$k = 1, 2, \cdots, m$）种能源的直接消耗量，那么 $E = (e_{kj})_{m \times n}$ 为直接能源投入系数矩阵，且相当于上述混合单位直接消耗系数矩阵 A 的前 m 行。于是，基于能源部门的行向平衡关系，有下式成立：

$$EX + Y^E = X^E \tag{3.2}$$

其中，Y^E 为各能源部门的最终产品列向量，X^E 为各能源部门的总产出列向量。

不考虑式（3.2）中的 Y^E，结合式（3.1），则有

$$EX = E(I - A)^{-1} Y = ETY \tag{3.3}$$

其中，E 反映各部门对各种能源的消耗强度；Y 为各部门的最终需求；$T = (I - A)^{-1}$ 为列昂惕夫逆矩阵，由于该矩阵实际反映了在现有技术水平下各部门为提供单位最终产品对各部门产出的完全需求，所以该矩阵也可称为技术矩阵。显然，EX 就是各部门为了满足最终需求 Y 而在生产过程中对各种能源的完全消耗量，也就是生产部门对各种能源的总消耗量。下面，着重对 EX 的变化进行结构分解分析。

从理论上讲，一个国家或地区的生产部门从基期（以下标 0 表示）到报告期（以下标 t 表示）对各种能源的完全消耗量 EX 的变动，可以采用 SDA 结构分解技术进行分解。但是，针对具体的分析对象，依据不同的分解方式可以得到不同的经验结果。所以，为了减少分解结果的偏差，长期以来很多学者进行了各种尝试（Vaccara 和 Simon，1968[1]；Dietzenbacher 和 Los，1988[2]；Skolka，1989[3]；Li，2005[4]）。鉴于平均双极分解形式能有效减少分解结果的偏差（Vaccara 和 Simon，1968；Haan，2001），已得到国际学术界的普遍认可，本研究也采用平均双极分解形式来进行下面的实证分析。具体来说，我们采用如下平均双极分解形式：

---

[1] Vaccara B. N., Simon N. W. Factors Affecting Postwar Industry Composition of Real Product [M] // Kendrick J. W. The Industrial Composition of Income and Product. New York: Columbia University Press, 1968: 19−58.

[2] Dietzenbacher E., Los B. Structural Decomposition Technique: Sense and Sensitivity [J]. Economic Systems Research, 1988, 10 (4): 307−323.

[3] Skolka J. Input−Output Structural Decomposition Analysis for Austria [J]. Journal of Policy Modeling, 1989, 11 (1): 45−66.

[4] Li J. A Decomposition Method of Structural Decomposition Analysis [J]. Journal of Systems Science and Complexity, 2005, 18 (2): 210−218.

$$\Delta EX = \frac{1}{2}\left[\Delta ET_t Y_t + \Delta ET_0 Y_0\right] + \frac{1}{2}\left[E_0 \Delta TY_t + E_t \Delta TY_0\right]$$

$$+ \frac{1}{2}\left[E_0 T_0 \Delta Y + E_t T_t \Delta Y\right] \tag{3.4}$$

式（3.4）左端的 ΔEX 表示各种能源的完全消耗量 EX 的变动。右端第一项包括 ΔE，反映当研究期间的其他变量保持不变时，由于各产业能源强度的变化导致的能源消耗变化，可简称为能源强度效应；第二项包括 ΔT，反映当研究期间的其他变量保持不变时，由于各行业生产技术的变化导致的能源消耗变化，可简称为技术进步效应或里昂惕夫效应；第三项包括 ΔY，反映当研究期间的其他变量保持不变时，由于最终需求的变化导致的能源消耗变化，可简称为最终需求效应。

此外，通过将式（3.4）中的最终需求向量 Y 及其变化 ΔY 写成对角矩阵的形式 $\hat{Y}$ 和 $\Delta\hat{Y}$，还可以分析各行业对每种能源消耗变化的贡献。改写后的分解公式如下：

$$\Delta E\hat{X} = \frac{1}{2}\left[\Delta ET_t \hat{Y}_t + \Delta ET_0 \hat{Y}_0\right] + \frac{1}{2}\left[E_0 \Delta T\hat{Y}_t + E_t \Delta T\hat{Y}_0\right]$$

$$+ \frac{1}{2}\left[E_0 T_0 \Delta\hat{Y} + E_t T_t \Delta\hat{Y}\right] \tag{3.5}$$

显然，根据式（3.5）就可以分析各行业能源强度、技术水平和最终需求的变动对每种能源消耗变化的贡献。

（2）天津市能源消耗的 SDA 分解结果

A. 天津市各种能耗变动的影响因素分解

利用式（3.4），测算天津市 2007—2012 年期间能源强度变动、技术进步和最终需求变动对各种能源消耗的影响大小和影响方向，得到结果如表 3.4 所示。

表 3.4　2007—2012 年天津市各能源部门产品消耗变动的 SDA 分解结果

（单位：万吨标准煤）

能源种类	能源强度效应	技术进步效应	最终需求效应	总效应
煤炭采选产品	−318.13	59.35	312.40	53.62
石油和天然气开采产品	1.38	−5.68	82.24	77.94
电力、热力、燃气的生产和供应	−317.99	62.95	558.84	303.80
石油加工、炼焦和核燃料加工产品	−462.15	−65.15	1424.55	897.25

可以看出，就四个能源部门的产品而言，能源强度的变动主要是导致了煤炭采选产品，电力、热力和燃气，以及石油加工、炼焦和核燃料加工产品消耗量的负向变动（也即消耗量减少），而对石油和天然气开采产品的消耗量则几乎

没有影响；技术进步对四个能源部门产品消耗量的影响也是有正有负，其中，导致了煤炭采选产品以及电力、热力和燃气消耗量的增加，但导致了对石油和天然气开采产品，以及石油加工、炼焦和核燃料加工产品消耗量的减少；而最终需求变动对各种能源消耗的影响都是正向的（也即消耗量增加）。这表明：2007—2012年间，能源强度的变动、技术进步、最终需求变动对四种能源消耗量的影响方向和影响大小并不一致。特别是技术进步，既通过技术革新和提高能源使用效率导致了部分能源品种消耗的净减少，也通过促进经济增长导致了部分能源品种消耗的净增加。

下面，分能源品种进行分解分析。

（i）就三种因素对煤炭采选部门产品消耗变动的影响来说，技术进步和最终需求变动都导致了煤炭消耗量的增加（分别增加59.35和312.40万吨标准煤），但能源强度变动使煤炭消耗减少318.13万吨标准煤。三种因素总计，导致天津市各产业部门对煤炭采选部门产品的完全消耗量净增加了53.62万吨标准煤。

（ii）就三种因素对石油和天然气开采部门产品消耗变动的影响来说，仅最终需求变动的影响较显著，导致石油和天然气开采产品的消耗量增加了82.24万吨标准煤；至于能源强度变动和技术进步对石油和天然气开采产品消耗量的影响则都很小，前者导致消耗增加1.38万吨标准煤，后者导致消耗减少5.68万吨标准煤。那么，原因何在呢？通过比较2012年和2007年各部门对石油和天然气开采产品的能耗强度，我们发现主要是由于在一些部门（如石油和天然气开采产品部门、非金属矿物制品部门和石油、炼焦和核燃料加工部门等）对石油和天然气开采产品的能耗强度显著下降的同时，另一些部门（如交通运输、仓储和邮政部门，其他服务业，以及电力、热力、燃气的生产和供应等）对石油和天然气开采产品的能耗强度反而在显著上升，导致正负相抵之后能耗强度变动对石油和天然气开采产品的消耗量略有增加。而技术进步导致天津各产业部门对石油和天然气开采产品的消耗略有减少，则主要是因为技术进步通过技术革新和提高能源使用效率导致各产业部门对石油和天然气开采产品消耗的减少，超过了其通过促进经济增长导致各产业部门对石油和天然气开采产品消耗的增加。三种因素总计，导致天津各产业部门对石油和天然气开采产品的完全消耗量净增加了77.94万吨标准煤。

（iii）就三种因素对电力、热力、燃气生产和供应部门产品消耗变动的影响来说，与三种因素对煤炭采选部门产品消耗变动的影响非常相似，技术进步和最终需求变动都导致了电力、热力、燃气消耗量的增加（分别增加消耗62.95和558.84万吨标准煤），而能源强度变动则使电力、热力、燃气消耗减少

317.99 万吨标准煤。只是由于最终需求变动的影响更大一些，以至于三种因素总计，使得天津各产业部门对电力、热力、燃气的完全消耗量净增加了 303.80 万吨标准煤。

（iv）就三种因素对石油加工、炼焦和核燃料加工部门产品消耗变动的影响来说，只有最终需求变动的影响为正（导致消耗增加 1424.55 万吨标准煤），且绝对值最大；而能源强度变动、技术进步则都使天津各产业部门对石油加工、炼焦和核燃料加工部门产品的消耗减少了（分别减少消耗 462.15 和 65.15 万吨标准煤）。三种因素总计，导致天津各产业部门对石油加工、炼焦和核燃料加工部门产品的完全消耗量净增加了 897.25 万吨标准煤，并使得在四个能源部门的产品中，以对该部门产品的消耗增量最大。

B. 天津市能源消耗的因素贡献测算

将各种因素对四个能源部门产品消耗变动的影响加总，可以测算每种影响因素对所有能源消耗总量变动的贡献。由表 3.5 可知，2007—2012 年天津各产业部门的能源消耗总量增加了 1332.61 万吨标准煤，其中，能源强度变动使能源消耗总量下降 1096.89 万吨标准煤，技术进步使能源消耗总量净增加 51.47 万吨标准煤，最终需求变动使能耗总量增加 2378.03 万吨标准煤。就三种影响因素对总能耗增加的贡献率来看，能源强度变动对总能耗变动的贡献率为 −82.31%；技术进步对总能耗变动的贡献率相对较小，为 3.86%；最终需求变动对总能耗变动的贡献最大，为 178.45%。最终结果是，技术进步与最终需求变动对总能耗变动的贡献（增量效应）之和超过了能源强度的贡献（减量效应），导致天津市 2012 年比 2007 年能源消耗总量增加了 1332.61 万吨标准煤。

表 3.5　三种影响因素对 2007—2012 年天津市能耗总量变动的贡献

	能源强度效应	技术进步效应	最终需求效应	总效应
引起能耗变动（万吨标准煤）	−1096.89	51.47	2378.03	1332.61
对能耗变动的贡献（%）	−82.31	3.86	178.45	100.00

4. 天津市能源消耗的行业贡献分析

由于能源强度变动、技术进步、最终需求变动对各种能耗及总能耗变动的影响都是由各行业能源强度变动、技术进步、最终需求变动加总而成的，因此，有必要进一步利用式（3.5）测算能源强度变动、技术进步、最终需求变动导致的总能耗变动中各行业的贡献。显然，这一分析既可以为深入分析各行业能源效率的制约因素，探寻各行业提高能源效率的潜力和可行路径提供一种技术分析路线；也可以为制定行之有效的产业政策，引导产业结构向低能耗、低污染的方向发展提供经验证据。

　　鉴于煤炭属于"肮脏"能源，其对空气质量具有不容忽视的影响，不失一般性，下面仅对煤炭采选部门产品完全消耗量的变化做一个行业分解分析。

　　从表 3.6 可以看出，能源强度因素主要是导致了以下 10 个产业对煤炭采选部门产品消耗量的大幅下降，它们依次是：建筑，其他服务业，通信设备、计算机和其他电子设备，交通运输设备，食品和烟草，批发零售和住宿餐饮业，化学产品，通用、专用设备，电气机械和器材，纺织服装鞋帽皮革羽绒及其制品，且均为非能源部门。特别是建筑业，能源强度变动导致其对煤炭采选部门产品的完全消耗量下降幅度非常之大，这可能与建筑业的后向关联度较高，以及节能技术特别是清洁技术在天津逐步得到推广有关。但是，能源强度变动也导致了非金属矿物制品业对煤炭采选部门产品消耗量的上升幅度较大，其次是导致了农林牧渔产品和服务对煤炭采选部门产品的消耗量也有一定幅度的上升，这一现象值得引起相关产业的注意。

表 3.6　2007—2012 年天津市各行业对煤炭采选部门产品消耗变动的贡献分解结果

（单位：万吨标准煤）

产业部门	能源强度效应	技术进步效应	最终需求效应	总效应
煤炭采选产品	0.09	0.00	−0.04	0.04
石油和天然气开采产品	0.00	0.00	0.00	0.00
电力、热力、燃气的生产和供应	−0.03	0.00	0.04	0.01
石油、炼焦产品和核燃料加工品	0.02	0.00	−0.04	−0.02
农林牧渔产品和服务	7.65	−0.53	−37.18	−30.07
金属矿采选产品	−4.06	−3.54	−6.51	−14.10
非金属矿和其他矿采选产品	−3.03	0.61	13.99	11.57
食品和烟草	−28.20	3.14	49.52	24.46
纺织品	2.36	−0.30	−6.91	−4.85
纺织服装鞋帽皮革羽绒及其制品	−5.47	−0.40	8.84	2.97
木材加工品和家具	0.76	0.07	−0.70	0.13
造纸印刷和文教体育用品	1.22	−0.36	−1.08	−0.22
化学产品	−13.39	0.89	23.75	11.25
非金属矿物制品	51.94	−6.58	−44.26	1.10
金属冶炼和压延加工品	−5.46	1.40	11.13	7.08
金属制品	−0.63	0.14	10.32	9.84
通用、专用设备	−11.07	1.22	1.05	−8.80

（续表）

产业部门	能源强度效应	技术进步效应	最终需求效应	总效应
交通运输设备	−31.83	3.98	30.49	2.64
电气机械和器材	−10.58	1.04	−3.74	−13.28
通信设备、计算机和其他电子设备	−32.75	2.09	−2.86	−33.51
仪器仪表	−0.43	0.07	−2.92	−3.27
其他制造业	−0.03	0.05	1.31	1.32
水的生产和供应	4.08	−0.92	−0.03	3.13
建筑	−149.53	44.28	114.04	8.79
批发零售和住宿餐饮业	−23.62	1.17	37.21	14.76
交通运输、仓储和邮政业	−3.88	−1.33	36.67	31.45
其他服务业	−62.28	13.16	80.32	31.20
各部门合计	−318.13	59.35	312.40	53.62

从技术进步因素看，其主要是导致了建筑业对煤炭采选部门产品的消耗增加最多，其次是导致了其他服务业对煤炭采选部门产品的消耗也有一定幅度的增加。这可能是因为技术进步使这两个部门的增长较快，经济快速增长所增加的额外能源消耗超过了因效率提高所节约的能源。另外，技术进步也导致了非金属矿物制品部门对煤炭采选部门产品的消耗有明显的减少。

从最终需求因素看，其主要是导致了以下 10 个非能源产业对煤炭采选部门产品消耗的增加，它们依次是：建筑，其他服务业，食品和烟草，批发零售和住宿餐饮业，交通运输、仓储和邮政，交通运输设备，化学产品，非金属矿和其他矿采选产品，金属冶炼和压延加工品，金属制品；同时也导致了少数部门对煤炭采选部门产品的消耗有较明显的减少，它们依次是：非金属矿物制品，农林牧渔产品和服务，纺织品，金属矿采选产品，电气机械和器材，仪器仪表，通信设备、计算机和其他电子设备。这表明，尽管从整体上看，最终需求的变动使天津各产业部门对煤炭采选部门产品的消耗量是增加的，但最终需求的变动并没有使每个部门对煤炭采选部门产品的消耗量都在增加，而是有结构调整。

5. 小结

考虑到雾霾污染实际上是一个产业结构和能源强度的问题，而天津的工业产值规模和能耗总量稳居京津冀 13 个城市的首位，而且在特殊的天气条件下，因消耗能源而排放的大气污染物会通过远距离输送造成京津冀乃至更大范围的区域性空气污染，本小节以天津为例，首先在价值型投入产出表的基础上，结合利用能源平衡表中的相关数据，编制了天津市 2007 年和 2012 年混合型能源投入产出表,然后利用 SDA 分解技术分析了能耗强度、技术进步、最终需求因素对天津市各产业能耗总量变动的影响效应及其行业贡献。研究结果显示:

(i) 总体来看,天津市的能耗总量之所以呈快速增长之势,主要是最终需求和技术进步推动的结果,而能源强度变动则发挥着抵消的作用。结果显示,2007—2012 年天津市各产业部门的能源消耗总量净增加了 1332.61 万吨标准煤。其中,最终需求变动使能耗总量增加了 2378.03 万吨标准煤,贡献率达 178.45%;技术进步使能耗总量增加了 51.47 万吨标准煤,贡献率为 3.86%;而能源强度变动则使能耗总量下降了 1096.89 万吨标准煤,贡献率为 −82.31%。

(ii) 分能源品种来看,主要是对石油加工、炼焦和核燃料加工部门产品的消耗增幅较大,对能耗总量的增加贡献率高达 67.33%;而对煤炭采选部门产品的消耗增幅很小。其中,煤炭采选部门产品和电力、热力、燃气的生产和供应的影响因素非常相似,技术进步和最终需求变动都导致了全社会对二者消耗量的增加,而能源强度变动则导致了全社会对二者消耗量的减少;但是,对于石油和天然气开采部门产品,以及石油加工、炼焦和核燃料加工部门产品,则都是最终需求变动的影响较显著并导致了全社会对二者消耗量的增加,技术进步导致了全社会对二者消耗量的减少,而能源强度变动对二者消耗量的影响方向并不一致。这启示我们,在能耗总量快速增长的同时,由于不同能源品种的影响因素不尽相同,增速有快有慢,能耗结构也在发生着微妙的变化,需要区别对待,制定具有针对性和前瞻性的能源政策。

(iii) 分行业来看,能耗强度、技术进步和最终需求因素的影响方向不尽一致。限于篇幅,本小节主要对煤炭采选部门产品消耗变动的行业贡献进行了分解分析。从分解结果来看,能源强度因素主要是导致了建筑业、其他服务业等10 个非能源产业部门对煤炭采选部门产品消耗量的大幅下降,但也导致了非金属矿物制品业、农林牧渔产品和服务等部门对煤炭采选部门产品的消耗量一定幅度的上升。技术进步因素既导致了建筑业、其他服务业等对煤炭采选部门产品的消耗有一定幅度的增加,也导致了非金属矿物制品业对煤炭采选部门产品的消耗有明显的减少。从最终需求因素看,其主要是导致了建筑业,其他服务业,食品和烟草,批发零售和住宿餐饮业,交通运输、仓储和邮政业等 10 个非能源产业对煤炭采选部门产品消耗的增加,但也导致了非金属矿物制品业、农林牧渔产品和服务等少数部门对煤炭采选部门产品的消耗有较明显的减少。总之,每个因素的变动对煤炭采选部门产品消耗量的影响方向在各部门的表现不尽相同。这启示我们,对于不同的行业,同样需要区别对待,采取不同的能源政策。

　　基于上述分析结论，我们对天津市能源政策的制定提出下列政策建议。

　　一是要加快建设清洁低碳的绿色能源体系，优化能源结构。前文的分析结论显示，虽然近年来天津对煤炭的消耗量增幅很小，但是对石油等其他化石能源的消耗有较大幅度的增加，这使得天津仍然严重依赖于化石能源。而只要化石能源的占比仍处高位，天津的雾霾治理就难以取得实质性成效。因此，借鉴发达国家的有益经验，未来天津应进一步提高电力等清洁能源、绿色能源在总能耗中的比重。

　　二是对于不同的行业，实施更具针对性的能源政策。在前面的分析中我们注意到，交通运输、仓储和邮政业对天津能源（特别是煤炭）完全消耗量的增加有突出贡献，因此，在天津大力推进低碳交通非常必要，应将发展公共交通放在优先位置，同时加强轨道交通建设，逐步提高电动车等新能源汽车的比重。在前面的分析中我们注意到，建筑业、其他服务业等对天津的能源消耗有着举足轻重的影响，因此，提高建筑节能标准，推广绿色建筑和建材，同样非常必要。

　　三是淘汰落后产能，提高能源利用效率，切实降低高能耗产业的能源强度。前文的分析表明，虽然能源强度的下降推动了天津大部分产业能源消耗量的下降，但是仍有少数产业的能源强度不降反升并直接导致了这些部门能耗的增加。如表3.6显示，非金属矿物制品业、农林牧渔产品和服务等部门对煤炭采选部门产品的能源强度都有一定幅度的上升。另据测算（限于篇幅，前文未给出），非金属矿物制品业、农林牧渔产品和服务等部门对石油加工、炼焦和核燃料加工部门产品的能源强度也有一定幅度的上升；交通运输、仓储和邮政业，其他服务业，以及电力、热力、燃气的生产和供应部门对石油和天然气开采产品的能源强度也都有显著上升。因此，借鉴发达国家的有益经验，天津还应通过制定相关法规和税收政策，引导这些高能耗产业和企业朝着低能耗、高能效方向发展。

　　（二）河北能源消耗的行业贡献分析

　　采用和上一部分同样的方法，我们可以编制得到河北省的混合型能源投入产出表，然后借助于式（3.4）和式（3.5）进行结构分解分析。限于篇幅，下面仅给出河北省能源消耗的分析结果。

　　1. 河北省能源消耗的SDA分解结果

　　A. 河北省各种能耗变动的影响因素分解

　　利用式（3.4），测算2007—2012年期间河北省能源强度变动、技术进步和最终需求变动对各种能源消耗的影响，其中数值的绝对值代表影响大小，而正负值分别代表方向（即正向变动和负向变动），结果见表 3.7。可以看出，对于四个能源部门的产品，能源强度的变动仅导致了各产业部门对煤炭采选产品、电力、热力、燃气的生产和供应，以及石油加工、炼焦和核燃料加工产品完全消耗量的减少，而且以对石油加工、炼焦和核燃料加工产品的减量效应最大，而对于石油和天然气开采产品消耗量的影响则是正向的（即消耗量增加）；技术进步和最终需求变动对各种能源消耗的影响方向都是正向的（即消耗量增加），只是影响大小不同。可见，2007—2012 年间河北省能源强度的变动、技术进步、最终需求变动对四种能源消耗量的影响方向多数较为一致。特别是技术进步，主要表现为通过促进经济增长导致了对各能源品种消耗的净增加，而通过技术革新和提高能源使用效率减少各产业部门对各能源品种的消耗方面的作用不明显。

表 3.7　2007—2012 年河北省各能源部门产品消耗变动的 SDA 分解结果

（单位：万吨标准煤）

能源种类	能源强度效应	技术进步效应	最终需求效应	总效应
煤炭采选产品	−689.64	145.71	956.53	412.60
石油和天然气开采产品	193.20	25.03	61.42	279.65
电力、热力、燃气的生产和供应	−1419.18	275.46	1652.06	508.34
石油加工、炼焦和核燃料加工产品	−2559.11	918.73	4866.57	3226.19

下面，分能源品种进行分解分析：

（i）煤炭采选部门产品。从表 3.7 可以看出，能源强度变动导致各产业部门对煤炭的消耗量减少了 689.64 万吨标准煤，而技术进步和最终需求变动分别导致各产业部门对煤炭的消耗量增加了 145.71 和 956.53 万吨标准煤。三种因素的效应合计，导致河北省各产业部门对煤炭采选部门产品的完全消耗量净增加了 412.60 万吨标准煤。

（ii）石油和天然气开采部门产品。可以看出，能源强度变动、技术进步和最终需求变动对石油和天然气开采产品消耗量的影响方向均为正向（即消耗量增加），而且以能源强度变动的影响最显著，导致各产业部门对石油和天然气开采产品的消耗量增加了 193.20 万吨标准煤，而技术进步和最终需求变动的影响较小。三种因素的效应合计，导致河北省各产业部门对石油和天然气开采产品的完全消耗量净增加了 279.65 万吨标准煤。

（iii）电力、热力、燃气生产和供应部门产品。与三种因素对煤炭采选部门产品消耗变动的影响非常相似,能源强度变动使各产业部门对电力、热力、燃气的消耗减少了1419.18万吨标准煤,而技术进步和最终需求变动分别导致各产业部门对电力、热力、燃气的消耗量增加了275.46和1652.06万吨标准煤。三种因素的效应合计,导致河北省各产业部门对电力、热力、燃气的完全消耗量净增加了508.34万吨标准煤。

(ⅳ)石油加工、炼焦和核燃料加工部门产品。可以看出,能源强度变动使河北省各产业部门对石油加工、炼焦和核燃料加工部门产品的消耗减少了2559.11万吨标准煤,而技术进步和最终需求变动分别导致各产业部门对石油加工、炼焦和核燃料加工部门产品的消耗增加了918.73和4866.57万吨标准煤。其中,又以最终需求变动的影响最大。三种因素的效应合计,导致河北省各产业部门对石油加工、炼焦和核燃料加工部门产品的完全消耗量净增加了3226.19万吨标准煤,远超河北省各产业部门对其他几种能源产品消耗增量的合计。

B. 河北省能源消耗的因素贡献测算

将以上三种因素对四个能源部门产品消耗变动的影响加总,可以测算每种影响因素对所有能源消耗总量变动的贡献,见表3.8。

表3.8 三种影响因素对2007—2012年河北省能耗总量变动的贡献

	能源强度效应	技术进步效应	最终需求效应	总效应
引起能耗变动(万吨标准煤)	−4474.74	1364.94	7536.58	4426.78
对能耗变动的贡献(%)	−101.08	30.83	170.25	100.00

可以看出,2007—2012年河北省各产业部门的能源消耗总量增加了4426.78万吨标准煤,其中,能源强度变动使能源消耗总量下降4474.74万吨标准煤,技术进步使能源消耗总量净增加1364.94万吨标准煤,最终需求变动使能耗总量增加7536.58万吨标准煤。就三种影响因素对总能耗增加的贡献率来看,能源强度变动对总能耗变动的贡献率为−101.08%;技术进步对总能耗变动的贡献率相对较小,为30.83%;最终需求变动对总能耗变动的贡献最大,为170.25%。最终结果是,技术进步与最终需求变动对总能耗变动的贡献(增量效应)之和超过了能源强度的贡献(减量效应),导致河北省2012年比2007年能源消耗总量增加了4426.78万吨标准煤。

2. 河北省能源消耗的行业贡献分析

由于能源强度变动、技术进步、最终需求变动对各种能耗及总能耗变动的影响都是由各行业能源强度变动、技术进步、最终需求变动加总而成的,因此,有必要进一步利用式(3.5)测算能源强度变动、技术进步、最终需求变动导致的总能耗变动中各行业的贡献。显然,这一分析既可以为深入分析各行业能源效率的制约因素,探寻各行业提高能源效率的潜力和可行路径提供一种技术分析路线,也可以为制定行之有效的产业政策,引导产业结构向低能耗、低污染的方向发展提供经验证据。

由于煤炭属于"肮脏"能源,其对空气质量具有不容忽视的影响,不失一般性,下面仅对煤炭采选部门产品完全消耗量的变化做一个行业分解分析,见表 3.9。

从表 3.9 可以看出,能源强度因素主要是导致了以下 10 个产业对煤炭采选部门产品消耗量的大幅下降,它们依次是:建筑,金属冶炼和压延加工品,非金属矿物制品,通用、专用设备,食品和烟草,交通运输设备,其他服务业,电气机械和器材,交通运输、仓储和邮政业,且均为非能源部门。特别是建筑业,能源强度变动导致其对煤炭采选部门产品的完全消耗量下降幅度非常之大,这可能与建筑业的后向关联度较高,以及节能技术特别是清洁技术在河北省逐步得到推广有关。但与此同时,能源强度变动也导致了金属矿采选产品,农林牧渔产品和服务对煤炭采选部门产品的消耗量有一定幅度的上升,这一现象值得引起相关产业的注意。

技术进步因素主要是导致了建筑业对煤炭采选部门产品的消耗增加最多,其次是导致了通用、专用设备,非金属矿物制品,非金属矿和其他矿采选产品,交通运输设备,金属冶炼和压延加工品对煤炭采选部门产品的消耗也有一定幅度的增加。这可能是因为技术进步使这些部门的增长较快,经济快速增长所增加的额外能源消耗超过了因效率提高所节约的能源。另外,技术进步也导致了食品和烟草、纺织品对煤炭采选部门产品的消耗有明显的减少。

最终需求因素主要是导致了以下 11 个非能源产业对煤炭采选部门产品消耗的增加,它们依次是:建筑,金属冶炼和压延加工品,金属制品,交通运输设备,通用、专用设备,批发零售和住宿餐饮业,其他服务业,食品和烟草,纺织品,农林牧渔产品和服务,纺织服装鞋帽皮革羽绒及其制品;同时也导致了少数部门对煤炭采选部门产品的消耗有较明显的减少,它们依次是:非金属矿物制品,木材加工品和家具,非金属矿和其他矿采选产品,造纸印刷和文教体育用品。这表明,尽管从整体上看,最终需求的变动使河北省各产业部门对煤炭采选部门产品的消耗量是增加的,但最终需求的变动并没有使每个部门对煤炭采选部门产品的消耗量都在增加,而是有结构调整。

表 3.9　2007—2012 年河北省各行业对煤炭采选部门产品消耗变动的贡献分解结果

（单位：万吨标准煤）

产业部门	能源强度效应	技术进步效应	最终需求效应	总效应
煤炭采选产品	7.5538	0.0215	−2.4494	5.1259
石油和天然气开采产品	−0.0006	0.0002	0.0037	0.0033
电力、热力、燃气的生产和供应	−0.0109	0.0000	−0.0881	−0.0990
石油、炼焦产品和核燃料加工品	0.2310	0.0007	−0.2977	−0.0660
农林牧渔产品和服务	17.0413	−2.6581	41.1973	55.5805
金属矿采选产品	18.6151	−2.9460	22.2117	37.8809
非金属矿和其他矿采选产品	−4.6610	12.6745	−34.5903	−26.5767
食品和烟草	−50.5566	−15.3632	52.6210	−13.2988
纺织品	8.5369	−14.0582	47.1937	41.6724
纺织服装鞋帽皮革羽绒及其制品	−10.4040	−2.5188	39.0937	26.1709
木材加工品和家具	4.1966	0.5410	−37.3404	−32.6208
造纸印刷和文教体育用品	3.7285	0.4345	−31.1443	−26.9813
化学产品	−14.7220	−1.5457	20.9752	4.7074
非金属矿物制品	−132.4999	18.4689	−204.3728	−318.4038
金属冶炼和压延加工品	−171.5785	9.7220	144.5017	−17.3548
金属制品	−4.6713	1.7819	137.3858	134.4965
通用、专用设备	−91.5191	20.7830	90.5951	19.8590
交通运输设备	−27.0543	10.6333	101.7580	85.3370
电气机械和器材	−24.4527	7.3775	26.3682	9.2930
通信设备、计算机和其他电子设备	−0.0904	0.0825	8.5836	8.5757
仪器仪表	0.7801	−0.3303	3.0935	3.5433
其他制造业	1.3232	−1.1642	−9.4525	−9.2935
水的生产和供应	0.8921	−1.5131	−4.8280	−5.4490
建筑	−178.8314	112.8342	366.0705	300.0733
批发零售和住宿餐饮业	4.1276	−8.3194	75.3277	71.1359
交通运输、仓储和邮政业	−18.7683	−1.7031	32.6385	12.1672
其他服务业	−26.8462	2.4775	71.4747	47.1060
各部门合计	−689.6408	145.7134	956.5300	412.6026

3. 结论与政策建议

本小节关于河北省能源消耗的研究结果如下。

（i）总体来看，河北省各产业部门对四个能源部门产品的消耗量都是增加的，而且主要是最终需求和技术进步推动的结果，而能源强度变动则发挥着抵消的作用。2007—2012 年河北省各产业部门的能源消耗总量增加了 4426.78 万吨标准煤。其中，能源强度变动使能源消耗总量下降 4474.74 万吨标准煤，贡献率为−101.08%；技术进步使能源消耗总量净增加 1364.94 万吨标准煤，贡献率相对较小，为 30.83%；最终需求变动使能耗总量增加 7536.58 万吨标准煤，贡献率最大，为 170.25%。

(ii) 分能源品种来看，主要是各产业部门对石油加工、炼焦和核燃料加工部门产品的完全消耗量净增加了 3226.19 万吨标准煤，远超河北省各产业部门对其他几种能源产品消耗增量的合计。其中，又以最终需求变动对石油加工、炼焦和核燃料加工部门产品的完全消耗量影响最大。这启示我们，必须从其他方面挖掘潜力，以抵消因最终需求导致的能耗增加而对环境造成的压力。

(iii) 分行业来看，能耗强度、技术进步和最终需求因素的影响方向不尽一致。限于篇幅，本小节主要对煤炭采选部门产品消耗变动的行业贡献进行了分解分析。从分解结果来看，能源强度因素主要是导致了建筑、金属冶炼和压延加工品、非金属矿物制品等 10 个非能源产业对煤炭采选部门产品消耗量的大幅下降，但同时也导致了金属矿采选产品、农林牧渔产品和服务对煤炭采选部门产品的消耗量有一定幅度的上升，这一现象值得引起相关产业的注意。技术进步因素主要是导致了建筑业、通用和专用设备、非金属矿物制品、非金属矿和其他矿采选产品、交通运输设备、金属冶炼和压延加工品对煤炭采选部门产品的消耗有较大幅度的增加，但也导致了食品和烟草、纺织品对煤炭采选部门产品的消耗有明显的减少。从最终需求因素看，其主要是导致了建筑、金属冶炼和压延加工品、金属制品、交通运输设备等 11 个非能源产业对煤炭采选部门产品消耗的增加，但也导致了非金属矿物制品、木材加工品和家具、非金属矿和其他矿采选产品、造纸印刷和文教体育用品等少数部门对煤炭采选部门产品的消耗有较明显的减少。总之，每个因素的变动对煤炭采选部门产品消耗量的影响方向在各部门的表现不尽相同。这启示我们，对于不同的行业，同样需要区别对待，采取不同的能源政策。

基于上述结论，我们对河北省能源政策的制定提出以下政策建议。

一是要加快建设清洁低碳的绿色能源体系，优化能源结构。由前文可知，近年来河北对 4 个能源部门产品的消耗都在增加，其中尤其对石油加工、炼焦和核燃料加工产品的消耗有较大幅度的增加，这使得河北仍然严重依赖于化石能源。而只要对各种化石能源的消耗仍在增加，河北的雾霾治理就难以取得实质性成效。因此，借鉴发达国家的有益经验，未来河北应进一步提高电力、热力和燃气等清洁能源、绿色能源在总能耗中的比重。

二是对于高耗煤行业，采取更具针对性的能源政策。从前文我们注意到，建筑业对河北省能源（特别是煤炭）完全消耗量的增加有突出贡献，因此，在河北省倡导绿色建筑以及做好绿化工作很有必要，同时将更多节能、绿色材料用于建筑业，以抵消因最终需求导致的能耗增加而对环境造成的污染。与之类似，金属制品业、交通运输设备、批发零售和住宿餐饮业、农林牧渔产品和服务、纺织品等行业对河北省煤炭消耗量的增加也有较大的贡献，这些行业中的多数同样是因为最终需求导致对煤炭的消耗过多，因此，必须结合这些行业自身的特点，从其他方面挖掘潜力，以抵消因最终需求导致的能耗增加而对环境造成的压力。

三是提高能源利用效率，切实降低高能耗产业的能源强度。由表3.9可知，虽然能源强度的下降推动了河北省大部分产业能源消耗量的下降，但是仍有少数产业的能源强度不降反升并直接导致了这些部门能耗的增加。比如，金属矿采选产品、农林牧渔产品和服务、纺织品等部门对煤炭采选部门产品的能源强度都有一定幅度的上升。另据测算（限于篇幅，前文未给出），建筑、其他服务业等部门对石油加工、炼焦和核燃料加工部门产品的能源强度也有一定幅度的上升；金属矿采选产品和水的生产与供应部门对石油和天然气开采产品的能源强度也都有显著上升。因此，借鉴发达国家的有益经验，河北省还应通过制定相关法规和税收政策，引导这些高能耗产业和企业朝着低能耗、高能效方向发展。

（三）北京市能源消耗的行业贡献分析

采用和上一部分同样的方法，我们可以编制得到北京市的混合型能源投入产出表，然后借助于式（3.4）和式（3.5）进行结构分解分析。限于篇幅，下面仅给出北京市能源消耗的分析结果。

1. 北京市能源消耗的SDA分解结果

A. 北京市各种能耗变动的影响因素分解

利用式（3.4），测算2007—2012年期间北京市能源强度变动、技术进步和最终需求变动对各种能源消耗的影响，其中数值的绝对值代表影响大小，而正负值分别代表方向（即正向变动和负向变动），结果见表3.10。

可以看出，能源强度的变动导致北京各产业部门对四个能源部门产品的完全消耗量均在减少，只是影响大小不一；技术进步对各种能源消耗的影响方向都是正向的（即消耗量增加）；而最终需求的变动则在导致各产业部门对石油加工、炼焦和核燃料加工产品的消耗量减少的同时，也导致了对其余三个能源部门产品消耗量的增加。可见，2007—2012 年间，能源强度的变动、技术进步对四种能源消耗量的影响方向基本一致，而最终需求变动对四种能源消耗量的影响方向不一致。特别地，技术进步主要表现为通过促进经济增长导致了对各能源品种消耗的净增加，而通过技术革新和提高能源使用效率导致能源消耗减少的作用不明显。

表 3.10　2007—2012 年北京市各能源部门产品消耗变动的 SDA 分解结果

（单位：万吨标准煤）

能源种类	能源强度效应	技术进步效应	最终需求效应	总效应
煤炭采选产品	−219.86	212.98	7.78	0.90
石油和天然气开采产品	−203.75	197.81	72.11	66.17
电力、热力、燃气的生产和供应	−326.07	443.52	88.43	205.89
石油加工、炼焦和核燃料加工产品	−32.79	548.72	−214.25	301.68

下面，分能源品种进行分解分析。

（i）煤炭采选部门产品。从表 3.10 可以看出，2007—2012 年，能源强度变动导致北京各产业部门对煤炭采选部门产品的消耗减少了 219.86 万吨标准煤，而技术进步和最终需求变动分别导致各产业部门对煤炭采选部门产品的消耗量增加了 212.98 和 7.78 万吨标准煤。三种因素的效应合计，导致北京市各产业部门对煤炭采选部门产品的完全消耗量净增加了 0.90 万吨标准煤。

（ii）石油和天然气开采部门产品。可以看出，2007—2012 年，能源强度变动和技术进步对石油和天然气开采产品消耗量的影响方向和影响大小，与它们对煤炭采选部门产品消耗变动的影响非常相似，分别导致北京各产业部门对石油和天然气开采产品的消耗量减少了 203.75 和增加了 197.81 万吨标准煤。而最终需求变动对石油和天然气开采产品消耗量的影响比它对煤炭采选部门产品消耗变动的影响大，它导致各产业部门对石油和天然气开采产品的消耗量增加了 72.11 万吨标准煤。

（iii）电力、热力、燃气生产和供应部门产品。可以看出，与三种因素对石油和天然气开采产品消耗变动的影响非常相似，能源强度变动使各产业部门对电力、热力、燃气的消耗减少了 326.07 万吨标准煤，而技术进步和最终需求变动分别导致各产业部门对电力、热力、燃气的消耗量增加了 443.52 和 88.43 万吨标准煤。三种因素的效应合计，导致北京市各产业部门对电力、热力、燃气的完全消耗量净增加了 205.89 万吨标准煤。

（iv）石油加工、炼焦和核燃料加工部门产品。从表 3.10 可以看出，能源强度变动使北京市各产业部门对石油加工、炼焦和核燃料加工部门产品的消耗减少了32.79万吨标准煤,影响较小;技术进步导致各产业部门对石油加工、炼焦和核燃料加工部门产品的消耗增加了548.72万吨标准煤;最终需求变动导致各产业部门对石油加工、炼焦和核燃料加工部门产品的消耗减少了214.25万吨标准煤。其中,技术进步的影响最大。技术进步之所以使北京市各产业部门对石油加工、炼焦和核燃料加工部门产品的消耗增加较多,主要是因为技术进步通过技术革新和提高能源使用效率导致各产业部门对石油加工、炼焦和核燃料加工部门产品消耗的减少,远小于其通过促进经济增长导致各产业部门对石油加工、炼焦和核燃料加工部门产品消耗的增加。三种因素的效应合计,导致北京市各产业部门对石油加工、炼焦和核燃料加工部门产品的完全消耗量净增加了301.68万吨标准煤。

综上可见,在四个能源部门的产品中,北京市各产业部门对电力、热力、燃气生产和供应部门产品,石油加工、炼焦和核燃料加工部门产品的消耗增量比较大,而对煤炭采选部门产品的消耗增量很小。

B. 北京市能源消耗的因素贡献测算

将以上三种因素对四个能源部门产品消耗变动的影响加总,可以测算每种影响因素对所有能源消耗总量变动的贡献,见表3.11。可以看出,2007—2012年北京市各产业部门的能源消耗总量增加了574.63万吨标准煤,其中,能源强度变动使能源消耗总量下降782.47万吨标准煤,技术进步使能源消耗总量净增加1403.03万吨标准煤,而最终需求变动使能耗总量下降45.93万吨标准煤。就三种影响因素对总能耗增加的贡献率来看,能源强度变动对总能耗变动的贡献率为−136.17%;技术进步对总能耗变动的贡献率最大,为244.16%;最终需求变动对总能耗变动的贡献比较小,为−7.99%。最终结果是,能源强度与最终需求变动对总能耗变动的减量效应之和没能抵消技术进步的增量效应,导致北京市2012年比2007年能源消耗总量增加了574.63万吨标准煤。

表3.11 三种影响因素对2007—2012年北京市能耗总量变动的贡献

	能源强度效应	技术进步效应	最终需求效应	总效应
引起能耗变动（万吨标准煤）	−782.47	1403.03	−45.93	574.63
对能耗变动的贡献（%）	−136.17	244.16	−7.99	100.00

2. 北京市能源消耗的行业贡献分析

和上文一致,下面仅对属于"肮脏"能源的煤炭采选部门产品完全消耗量的变化做一个行业分解分析,见表3.12。

表 3.12　2007—2012 年北京市各行业对煤炭采选部门产品消耗变动的贡献分解结果

（单位：万吨标准煤）

产业部门	能源强度效应	技术进步效应	最终需求效应	总效应
煤炭采选产品	0.1257	−0.0001	0.0222	0.1479
石油和天然气开采产品	−0.0009	0.0012	0.0001	0.0003
电力、热力、燃气的生产和供应	0.0219	0.0001	−0.0079	0.0140
石油、炼焦产品和核燃料加工品	0.0029	0.0000	0.0001	0.0031
农林牧渔产品和服务	−7.3562	1.3051	−3.0316	−9.0827
金属矿采选产品	0.2788	−0.2578	0.1625	0.1835
非金属矿和其他矿采选产品	0.0554	−0.0546	−0.0738	−0.0730
食品和烟草	−3.1464	−3.1821	−0.8934	−7.2219
纺织品	0.1908	0.3672	0.2802	0.8382
纺织服装鞋帽皮革羽绒及其制品	0.2743	−0.4347	−0.0255	−0.1858
木材加工品和家具	−0.2904	0.3504	0.0946	0.1546
造纸印刷和文教体育用品	−1.1377	1.2761	0.1165	0.2548
化学产品	1.1805	1.4452	−0.1117	2.5140
非金属矿物制品	4.2697	3.0447	−4.8756	2.4388
金属冶炼和压延加工品	13.0675	18.8458	−14.9964	16.9169
金属制品	−2.5496	1.4673	0.2827	−0.7996
通用、专用设备	1.3099	−0.9163	0.0559	0.4495
交通运输设备	4.7379	−3.3224	−2.4742	−1.0587
电气机械和器材	−0.4646	0.2331	−0.2051	−0.4366
通信设备、计算机和其他电子设备	−0.7178	−0.6104	−0.0536	−1.3818
仪器仪表	−0.8695	−0.3373	1.3191	0.1123
其他制造业	6.3652	0.6153	−6.7632	0.2173
水的生产和供应	0.0469	−0.0634	−0.0055	−0.0220
建筑	29.5944	−7.5565	−9.4187	12.6192
批发零售和住宿餐饮业	−5.1673	0.1969	4.6550	−0.3154
交通运输、仓储和邮政业	−0.8635	−1.7533	1.2445	−1.3723
其他服务业	−258.8178	202.3215	42.4837	−14.0125
各部门合计	−219.8598	212.9812	7.7806	0.9020

可以看出，能源强度因素主要是导致了以下 4 个产业对煤炭采选部门产品消耗量的大幅下降，它们依次是：其他服务业，农林牧渔产品和服务，批发零售和住宿餐饮业，食品和烟草，且均为非能源部门。特别是其他服务业，能源

强度变动导致其对煤炭采选部门产品的完全消耗量下降幅度非常之大,这可能与节能技术在北京市逐步得到推广有关。但同时能源强度变动也导致了建筑、金属冶炼和压延加工品、其他制造业、交通运输设备、非金属矿物制品对煤炭采选部门产品的消耗量有一定幅度的上升,这一现象值得引起相关产业的注意。

技术进步因素主要是导致了其他服务业对煤炭采选部门产品的消耗增加最多,其次是导致了金属冶炼和压延加工品对煤炭采选部门产品的消耗也有一定幅度的增加。另外,技术进步也导致了建筑对煤炭采选部门产品的消耗有一定的减少。

最终需求因素主要是导致了其他服务业对煤炭采选部门产品的消耗增加最多,其次是导致了批发零售和住宿餐饮业对煤炭采选部门产品的消耗也有一定幅度的增加。同时也导致了一些部门对煤炭采选部门产品的消耗有较明显的减少,它们依次是:金属冶炼和压延加工品、建筑、其他制造业。这表明,尽管从整体上看,最终需求的变动使北京市各产业部门对煤炭采选部门产品的消耗量是增加的,但最终需求的变动并没有使每个部门对煤炭采选部门产品的消耗量都在增加,而是有结构调整。

综上可知,三因素主要是导致了其他服务业、农林牧渔产品和服务、食品和烟草等产业对煤炭采选部门产品的消耗量明显减少,同时导致金属冶炼和压延加工品、建筑业对煤炭采选部门产品的消耗量有较明显的增加。但是整体看,北京市对煤炭采选部门产品的消耗量控制得比较好。

3. 结论与政策建议

本小节关于北京市能源消耗的研究结果显示:

(i) 总体来看,北京市各产业部门对四个能源部门产品的消耗量都是增加的,总共增加了 574.63 万吨标准煤。其中,能源强度变动对总能耗变动的贡献率为 −136.17%,技术进步对总能耗变动的贡献率为 244.16%,最终需求变动对总能耗变动的贡献率为 −7.99%。

(ii) 分能源品种来看,北京市各产业部门对电力、热力、燃气生产和供应部门产品,石油加工、炼焦和核燃料加工部门产品的消耗增量比较大,而对煤炭采选部门产品的消耗增量很小。这说明北京市对煤炭采选部门产品的消耗量控制得比较好。

(iii) 分行业来看,能耗强度、技术进步和最终需求因素的影响方向不尽一致。限于篇幅,本小节主要对煤炭采选部门产品消耗变动的行业贡献进行了分解分析。从分解结果来看,能源强度因素主要是导致了其他服务业、农林牧渔产品和服务、批发零售和住宿餐饮业、食品和烟草等产业对煤炭采选部门产品消耗量的大幅下降，但也导致了建筑、金属冶炼和压延加工品、其他制造业、交通运输设备、非金属矿物制品对煤炭采选部门产品的消耗量有一定幅度的上升，这一现象值得引起相关产业的注意。技术进步因素主要是导致了其他服务业、金属冶炼和压延加工品对煤炭采选部门产品的消耗增加较多。从最终需求因素看，主要是导致了其他服务业、批发零售和住宿餐饮业对煤炭采选部门产品的消耗增加较多，但也导致了金属冶炼和压延加工品、建筑、其他制造业等部门对煤炭采选部门产品的消耗有较明显的减少。总之，每个因素的变动对煤炭采选部门产品消耗量的影响方向在各部门的表现不尽相同。

上述结论的政策建议如下。

一是要加快建设清洁低碳的绿色能源体系，优化能源结构。由前文可知，虽然近年来北京对煤炭采选部门产品的消耗几乎没有增加，但是对石油加工、炼焦和核燃料加工产品的消耗有较大幅度的增加，这使得北京仍然严重依赖于石化能源。而只要对石化能源的消耗在继续增加，北京的雾霾治理就难以取得实质性成效。因此，借鉴发达国家的有益经验，未来北京应进一步提高电力、热力和燃气等清洁能源、绿色能源在总能耗中的比重。

二是淘汰落后产能，提高能源利用效率，切实降低高能耗产业的能源强度。由表3.12可知，虽然能源强度的下降推动了北京大部分产业对煤炭采选部门产品消耗量的下降，但是仍有少数产业的能源强度不降反升并直接导致了这些部门能耗的增加。比如，建筑，金属冶炼和压延加工品，其他制造业，交通运输设备，非金属矿物制品等部门对煤炭采选部门产品的消耗强度都有一定幅度的上升。另据测算，金属冶炼和压延加工品，交通运输、仓储和邮政业，其他服务业等部门对石油加工、炼焦和核燃料加工部门产品的消耗强度也有一定幅度的上升；批发零售和住宿餐饮业、其他服务业对石油和天然气开采产品的消耗强度也都有显著上升。因此，借鉴发达国家的有益经验，北京市还应通过制定相关法规和税收政策，引导这些高能耗产业和企业朝着低能耗、高能效方向发展。

三是对于不同的行业，实施更具针对性的能源政策。从上文的分析中可知，每个因素的变动对煤炭采选部门产品消耗量的影响方向在各部门的表现不尽相同。这启示我们，对于不同的行业，同样需要区别对待，采取不同的能源政策。

3.1.2　京津冀产业结构的关联特征

由2.2节可知，产业关联分为后向关联和前向关联。下面，利用2012年京津冀三地的42部门投入产出表，从前向关联和后向关联两个角度分析京津冀产业结构的关联特征。

（1）京津冀产业后向关联效应分析

在投入产出分析中，常用影响力系数分析后向联系的程度。影响力系数具体指国民经济某一个部门增加单位最终产品时，对各部门产生的生产需求波及程度。影响力系数越大，该部门对其他部门的后向拉动作用就越大。表 3.13 给出了京津冀三地分别基于式（2.3）和（2.4）计算得到的影响力系数（直接测度或完全测度）。可以看出：

表 3.13　2012 年京津冀 42 部门加权形式的影响力系数

部门	北京市				天津市				河北省			
	直接测度		完全测度		直接测度		完全测度		直接测度		完全测度	
	α_j^*	排名	γ_j^*	排名	α_j^*	排名	γ_j^*	排名	α_j^*	排名	γ_j^*	排名
农林牧渔产品和服务	0.30	28	0.72	16	0.31	29	0.63	12	1.76	9	1.56	4
煤炭采选产品	1.11	12	0.21	28	1.36	9	0.09	34	0.64	19	0.03	36
石油和天然气开采产品	0.00	42	0.00	40	0.70	17	0.01	39	0.09	36	0.00	41
金属矿采选产品	0.21	33	0.02	38	0.27	32	−0.04	42	2.77	4	0.00	38
非金属矿和其他矿采选产品	0.18	34	0.02	39	0.48	22	0.01	38	0.16	33	0.00	39
食品和烟草	1.02	15	2.08	6	2.25	7	1.05	7	2.38	5	1.12	10
纺织品	0.06	38	0.14	31	0.10	40	0.45	16	1.08	13	0.07	30
纺织服装鞋帽皮革羽绒及其制品	0.22	32	1.15	11	0.34	32	0.39	17	0.88	16	0.53	16
木材加工品和家具	0.12	36	0.19	29	0.11	38	0.15	31	0.26	27	0.22	26
造纸印刷和文教体育用品	0.33	27	0.38	24	0.53	20	0.24	28	0.59	20	0.27	24
石油、炼焦产品和核燃料加工品	0.84	19	0.42	21	1.55	8	0.38	19	1.86	7	0.18	28
化学产品	1.22	11	0.49	19	2.65	6	0.50	14	2.83	3	0.42	20
非金属矿物制品	0.57	23	0.09	33	0.34	30	0.15	32	1.21	12	0.06	33
金属冶炼和压延加工品	0.38	26	0.26	26	6.13	1	0.39	17	8.43	1	0.00	37
金属制品	0.43	25	0.23	27	1.15	10	0.23	29	1.58	10	0.55	15
通用设备	0.68	21	0.41	22	1.08	11	0.83	9	0.94	15	1.85	2
专用设备	0.62	22	0.13	32	0.57	19	0.65	11	0.65	18	1.28	6
交通运输设备	3.16	3	1.70	7	2.82	5	1.86	4	1.06	14	1.60	3
电气机械和器材	0.86	18	0.70	17	0.99	12	1.50	5	1.22	11	1.25	8
通信设备、计算机和其他电子设备	2.68	6	0.90	14	3.41	3	0.68	10	0.22	31	0.56	14
仪器仪表	0.26	29	0.08	35	0.13	36	0.10	33	0.04	39	0.07	32
其他制造产品	0.07	37	0.03	36	0.18	35	0.02	37	0.02	40	0.08	29
废品废料	0.01	41	0.00	41	0.30	31	0.01	40	0.11	35	0.00	40
金属制品、机械和设备修理服务	0.04	40	0.00	42	0.01	42	0.00	41	0.13	34	0.00	42
电力、热力的生产和供应	3.61	2	0.37	25	0.95	13	0.31	26	1.78	8	0.52	17

（续表）

部门	北京市				天津市				河北省			
	直接测度		完全测度		直接测度		完全测度		直接测度		完全测度	
	α_j^s	排名	γ_j^s	排名	α_j^s	排名	γ_j^s	排名	α_j^s	排名	γ_j^s	排名
燃气生产和供应	0.25	30	0.08	34	0.10	39	0.03	35	0.07	37	0.05	35
水的生产和供应	0.05	39	0.03	36	0.05	41	0.06	36	0.02	42	0.06	34
建筑	4.11	1	11.89	1	3.85	2	21.81	1	3.34	2	20.88	1
批发和零售	2.08	7	0.79	15	0.77	15	0.36	20	0.38	22	0.45	19
交通运输、仓储和邮政	2.87	4	0.56	18	3.27	4	0.34	23	2.14	6	1.26	7
住宿和餐饮	0.99	16	0.94	13	0.68	18	0.36	13	0.36	24	0.41	21
信息传输、软件和信息技术服务	1.88	8	2.93	2	0.30	30	0.47	15	0.27	26	0.31	22
金融	1.76	9	1.17	10	0.53	21	0.32	25	0.66	17	1.41	5
房地产	1.03	14	2.34	5	0.40	24	2.10	2	0.22	30	0.92	11
租赁和商务服务	1.32	10	0.40	22	0.87	14	0.29	30	0.24	28	0.07	31
科学研究和技术服务	2.84	5	1.58	9	0.70	16	0.33	24	0.31	25	0.50	18
水利、环境和公共设施管理	0.24	31	0.48	20	0.19	34	0.36	21	0.02	41	0.25	25
居民服务、修理和其他服务	0.20	34	0.21	29	0.46	23	0.19	35	0.24	27	0.09	23
教育业	0.57	24	1.60	8	0.39	25	1.11	6	0.18	32	0.68	13
卫生和社会工作	0.88	17	2.39	4	0.37	26	1.99	3	0.24	29	0.89	12
文化、体育和娱乐	0.83	20	0.97	12	0.11	37	0.31	27	0.05	38	0.20	27
公共管理、社会保障和社会组织	1.11	13	2.93	3	0.23	33	0.68	9	0.41	21	1.13	9

数据来源：根据 2012 年京津冀三地的 42 部门投入产出表计算而得。

　　第一，北京市影响力系数（直接测度）排名前 5 位的产业依次是：①建筑业；②电力、热力的生产和供应业；③交通运输设备业；④交通运输、仓储和邮政业；⑤科学研究和技术服务业。影响力系数（完全测度）排名前 5 位的产业依次是：①建筑业；②信息传输、软件和信息技术服务；③公共管理、社会保障和社会组织；④卫生和社会工作；⑤房地产。这个结果说明，对于北京市而言，后向拉动作用较大的产业主要集中在第二、三产业上，因为无论从直接或完全的影响力看，都是建筑业（第二产业）排名第一，而其余排名靠前的产业部门多属于第三产业。这既与建筑业的特点有关，也说明通过建筑业的快速发展，带动了其他相关产业的发展。而科学研究和技术服务业，信息传输、软件和信息技术服务业，公共管理、社会保障和社会组织，卫生和社会工作等高技术产业和服务业对区域内其他部门的拉动作用大，也符合《京津冀协同发展规划纲要》对北京作为"全国政治中心、文化中心、国际交往中心、科技创新中心"的功能定位。但是，结合上一小节的结论可知，北京市后向关联效应较大的产业中，电力、热力的生产和供应业，交通运输、仓储和邮政业，建筑业，信息传输、软件和信息技术服务业，房地产业都是区域内的高能耗产业。这一点值得引起当地政府的注意。

第二，天津市影响力系数（直接测度）排名前5位的产业依次是：①金属冶炼和压延加工品；②建筑业；③通信设备、计算机和其他电子设备；④交通运输、仓储和邮政业；⑤交通运输设备。影响力系数（完全测度）排名前5位的产业依次是：①建筑业；②房地产业；③卫生和社会工作；④交通运输设备；⑤电气机械和器材。可见，尽管天津后向拉动作用较大的产业也主要集中在第二、三产业上，但是和北京不同，无论从直接或完全的影响力看，天津后向拉动作用较大的产业以第二产业居多，其中又以建筑业、交通运输设备制造业为主，而金属冶炼和压延加工品、通信设备、计算机和其他电子设备、电气机械和器材、交通运输、仓储和邮政业主要体现为直接的后向拉动作用。这其实也体现了天津市具有作为全国先进制造研发基地和北方国际航运核心区的优势。但是，同样根据上一小节的结论可知，天津市后向关联效应较大的产业中，金属冶炼及压延加工业，建筑业，交通运输、仓储和邮政业是区域内的高能耗产业。这一点同样值得引起当地政府的注意。

第三，河北省影响力系数（直接测度）排名前5位的产业依次是：①金属冶炼和压延加工品；②建筑业；③化学工业；④金属矿采选产品；⑤食品和烟草。影响力系数（完全测度）排名前5位的产业依次是：①建筑业；②通用设备；③交通运输设备；④农林牧渔产品和服务业；⑤金融业。可见，河北省后向拉动作用较大的产业以第一、二产业为主，且以第二产业占多数，表明河北省虽然也进入了工业化发展的成熟阶段，但是相较于京津两地，发展水平相对落后。这与河北省欲成为京津冀生态环境支撑区的功能定位不完全相符。因为在河北省的这些后向关联效应较大的产业中，金属冶炼和压延加工品业，化学工业，金属矿采选产品，建筑业均是高能耗产业，且在河北省的产业结构中占比较高。

综上，京津冀三地的后向关联效应分析结果显示：第一，京津两地后向拉动作用较大的产业均集中在第二、三产业，而河北省后向拉动作用较大的产业以第一、二产业为主。第二，建筑业是京津冀地区后向拉动作用最大的产业。第三，北京市后向拉动作用较大的产业集中在科学研究和技术服务业，信息传输、软件和信息技术服务业，公共管理、社会保障和社会组织，卫生和社会工作等高技术产业和服务业，符合北京的功能定位。天津市后向拉动作用较大的产业主要集中于第二产业，其中又以建筑业、交通运输设备为主，而金属冶炼和压延加工品、通信设备、计算机和其他电子设备、电气机械和器材、交通运输、仓储和邮政业主要体现为直接的后向拉动作用，这与天津作为全国先进制造研发基地和北方国际航运核心区的功能定位业基本相符。而河北省后向拉动作用较大的产业主要是高能耗、高排放的第二产业，与河北省欲成为京津冀生态环境支撑区的功能定位不完全相符。第四，虽然这些后向关联度较大的产业对京津冀的经济增长有重要贡献，但是由于它们中的大部分产业也属于高能耗产业，因此，如果片面地为了"保增长"而大力发展这些产业，必然产生污染排放加重的问题，引起雾霾天气频繁出现。

（2）京津冀产业前向关联效应分析

在投入产出分析中，常用感应度系数分析前向联系的程度。感应度系数是指各产业部门都增加单位最终使用时，某产业部门所受到的需求感应程度，也就是需要该部门提供的产出量。感应度系数越大，说明该部门对国民经济发展的前向推动作用越大，该部门就越具有前向关联度较大的产业特征。表3.14给出了京津冀三地分别基于式（2.5）和（2.6）计算得到的感应度系数（直接测度或完全测度）。可以看出：

第一，北京市感应度系数（直接测度）排名前5位的产业依次是：①电力、热力的生产和供应业；②通信设备、计算机和其他电子设备；③交通运输、仓储和邮政业；④金属冶炼和压延加工品；⑤批发和零售业。感应度系数（完全测度）排名前5位的产业依次是：①金属冶炼和压延加工品；②建筑业；③化学工业；④电力、热力的生产和供应业；⑤批发和零售业。可见，金属冶炼和压延加工品，电力、热力的生产和供应业，批发和零售业等是北京市前向关联度较大的产业。从产业的完全联系角度看，建筑业和化学工业也为北京市的各产业部门奠定了发展基础。但由上一小节可知，电力、热力的生产和供应业，交通运输、仓储和邮政业，批发和零售业，建筑业，化学工业等产业能源消耗量也较大，说明北京市这些前向关联度较大的产业也是高能耗产业，产业结构需要进一步优化调整。

第二，天津市感应度系数（直接测度）排名前5位的产业依次是：①金属冶炼和压延加工品；②交通运输、仓储和邮政业；③化学工业；④通信设备、计算机和其他电子设备；⑤批发和零售业。感应度系数（完全测度）排名前5位的产业依次是：①金属冶炼和压延加工品；②建筑业；③化学工业；④非金属矿物制品；⑤交通运输、仓储和邮政业。可见，金属冶炼和压延加工品，化学工业，交通运输、仓储和邮政业等是天津市前向关联度较大的产业。而由上小节的结论可知，这些前向关联度较大的产业均是区域内的高能耗产业，这说明天津市的产业结构同样不够合理，需要进一步优化调整。

第三，河北省感应度系数（直接测度）排名前5位的产业依次是：①金属冶炼和压延加工品，②金属矿采选产品，③化学工业，④电力、热力的生产和供应业，⑤农林牧渔产品和服务。感应度系数（完全测度）排名前5位的产业依次是：①建筑业，②金属冶炼和压延加工品，③化学工业，④电力、热力的生产和供应业，⑤金属矿采选产品。由此可知，金属冶炼和压延加工品业，化学工业，电力、热力的生产和供应业，金属矿采选产品业，农林牧渔产品和服务等部门是河北省前向关联度较大的产业。而由于这些前向关联度较大的产业多数是区域内的高能耗产业，这说明河北省产业结构同样不合理，地区发展过度倚重于高能耗产业。

表 3.14　2012 年京津冀 42 部门加权形式的感应度系数

部门	北京市				天津市				河北省			
	直接测度		完全测度		直接测度		完全测度		直接测度		完全测度	
	β_i^*	排名	δ_i^*	排名	β_i^*	排名	δ_i^*	排名	β_i^*	排名	δ_i^*	排名
农林牧渔产品和服务	0.68	23	0.92	17	1.25	14	0.77	20	2.58	5	1.58	9
煤炭采选产品	1.16	12	0.94	16	1.35	13	1.19	11	2.33	7	1.73	7
石油和天然气开采产品	0.81	19	0.70	25	1.36	12	0.78	19	1.02	13	0.65	18
金属矿采选产品	0.12	36	0.09	40	0.73	20	0.89	17	3.99	2	2.03	5
非金属矿和其他矿采选产品	0.28	30	0.24	34	0.54	23	0.73	23	0.48	20	0.51	24
食品和烟草	0.77	22	1.44	12	1.18	16	0.77	21	1.36	11	0.87	14
纺织品	0.19	34	0.44	29	0.31	27	0.36	29	0.47	21	0.14	38
纺织服装鞋帽皮革羽绒及其制品	0.14	35	0.40	30	0.08	35	0.16	36	0.29	25	0.25	33
木材加工品和家具	0.27	31	0.29	33	0.20	29	0.24	34	0.30	25	0.38	30
造纸印刷和文教体育用品	1.30	11	1.04	13	0.77	19	0.54	25	0.77	15	0.61	21
石油、炼焦产品和核燃料加工品	1.14	13	0.88	18	1.58	9	1.18	12	2.14	8	1.32	11
化学产品	2.34	8	2.64	3	3.02	3	2.10	3	3.35	3	2.32	3
非金属矿物制品	1.38	10	0.96	15	1.37	11	1.93	4	1.22	12	1.37	10
金属冶炼和压延加工品	2.65	4	5.32	1	7.21	1	6.02	1	7.22	1	5.20	2
金属制品	0.81	20	0.46	28	1.23	15	0.88	18	1.51	10	1.27	12
通用设备	0.79	21	0.57	26	1.09	17	1.01	16	0.48	19	0.87	15
专用设备	0.52	26	0.30	32	0.67	21	0.74	22	0.23	29	0.57	23
交通运输设备	1.52	9	0.78	21	1.59	8	1.11	13	0.34	24	0.63	20
电气机械和器材	1.08	14	0.72	24	0.89	18	1.01	16	0.89	14	1.06	13
通信设备、计算机和其他电子设备	3.08	2	1.80	8	2.69	4	1.05	14	0.39	22	0.57	22
仪器仪表	0.65	24	0.22	35	0.25	25	0.25	33	0.07	39	0.07	41
其他制造产品	0.06	38	0.04	41	0.17	31	0.08	40	0.12	35	0.12	39
废品废料	0.03	41	0.09	39	0.61	22	0.49	27	0.23	28	0.19	34

（续表）

部门	北京市				天津市				河北省			
	直接测度		完全测度		直接测度		完全测度		直接测度		完全测度	
	β_i^*	排名	δ_i^*	排名	β_i^*	排名	δ_i^*	排名	β_i^*	排名	δ_i^*	排名
金属制品、机械和设备修理服务	0.54	25	0.39	31	0.03	39	0.02	42	0.19	31	0.14	37
电力、热力的生产和供应	3.73	1	2.36	4	1.62	7	1.55	7	2.65	4	2.07	4
燃气生产和供应	0.23	33	0.22	37	0.07	37	0.05	41	0.07	37	0.06	42
水的生产和供应	0.05	39	0.04	42	0.12	33	0.13	39	0.14	34	0.14	36
建筑	0.44	28	2.86	2	0.17	30	5.68	2	0.16	33	6.36	1
批发和零售	2.60	5	1.97	5	2.05	5	1.63	6	0.77	16	0.79	16
交通运输、仓储和邮政	2.85	3	1.81	7	3.10	2	1.80	5	2.39	6	1.97	6
住宿和餐饮	0.89	18	0.73	22	0.36	26	0.43	28	0.35	23	0.44	27
信息传输、软件和信息技术服务	0.97	15	1.46	11	0.17	32	0.27	32	0.17	32	0.26	32
金融	2.48	6	1.84	6	1.45	10	1.24	10	1.59	9	1.67	8
房地产	0.90	17	1.50	9	0.40	24	1.36	8	0.20	30	0.77	17
租赁和商务服务	2.45	7	1.46	10	1.71	6	1.25	9	0.50	18	0.38	31
科学研究和技术服务	0.94	16	0.87	19	0.07	36	0.19	35	0.27	27	0.47	25
水利、环境和公共设施管理	0.04	40	0.18	38	0.00	41	0.13	38	0.02	41	0.15	35
居民服务、修理和其他服务	0.29	29	0.22	36	0.37	25	0.35	30	0.51	17	0.45	26
教育业	0.23	32	0.80	20	0.11	34	0.52	26	0.07	38	0.42	28
卫生和社会工作	0.02	42	0.73	23	0.00	42	0.63	24	0.02	42	0.39	29
文化、体育和娱乐	0.47	27	0.53	27	0.04	38	0.15	37	0.04	40	0.12	40
公共管理、社会保障和社会组织	0.07	37	1.03	14	0.01	40	0.34	31	0.12	36	0.64	19

数据来源：根据 2012 年京津冀三地的 42 部门投入产出表计算而得。

综上，京津冀三地的前向关联效应分析结果显示：京津冀地区的前向关联度较大的产业具有极大的趋同性，北京和天津前向关联度较大的产业多集中在第二、三产业；而河北省前向关联度较大的产业主要集中在第二产业，第一产业（农林牧渔产品和服务）的直接前向关联度也较大。同时，京津冀地区前向关联度较大的产业多以金属冶炼和压延加工品、化学工业、建筑业和电力、热力的生产和供应业等高能耗产业为主，而这些高能耗产业常伴随着高排放、高污染，因此它们很可能是导致该地区雾霾天气频发的主要污染源。

总之，鉴于京津冀这种特殊的产业结构和能耗结构，各地显然需要按照供给侧结构改革的工作部署，有针对性地促进产业结构的转型升级，重点鼓励高技术含量、高附加值及低能耗产业的发展，同时压缩高能耗产业的规模。

3.2 京津冀产业集聚模式的典型特征

3.2.1 京津冀产业多样化特征[①]

由第 2 章可知，基于熵指标的特性，一个地区产业的多样化水平（V）可以从无关多样化（UV）和相关多样化（RV）两方面来测度。下面，我们也从这两方面分析京津冀地区产业多样化的特征。

一、产业划分和数据选取

要分析产业的多样化特征，首先需解决产业划分的问题。在这方面，苏红键、赵坚（2012）[②] 采取了先测算 35 个工业部门的产业相似度矩阵，然后进行聚类分析的方法，将全部工业划分为四大类；而孙晓华、柴玲玲（2012）[③] 则是将三次产业分类与美国经济学家布朗宁和辛格曼（Browning & Singlemann, 1975）对服务行业的分类相结合，将全部产业划分为第一产业、第二产业、生产性服务业、流通性服务业、消费性服务业和社会性服务业等 6 大类，具体划分为 19 小类。鉴于后一种划分方法既有一定的理论依据，同时又涵盖了所有产业，这里也采用这种划分方法。另外，鉴于就业人数较行业产值稳定，且京津冀地区各地市的就业数据较产值数据更完整，因此，这里仅选用就业数据按照式（2.9）进行京津冀产业相关与无关多样化的计算分析。所有产业的就业人数均取自《中国城市统计年鉴（2004—2017）》。

二、京津冀产业的相关与无关多样化特征

由于京津冀由河北省的 11 个地级市与北京、天津两大直辖市组成，它们在行政级别、经济发展水平等各方面都存在着差距，因此，这里对京津冀的产业多样化特征所做的分析分两个层次展开：首先将河北省视为一个整体，比较分析北京市、天津市及河北省三个省级行政区的产业多样化特征；然后将北京市、

---

① 本部分的有关文字已作为阶段性成果公开发表。参见周国富，徐莹莹，高会珍. 产业多样化对京津冀经济发展的影响 [J]. 统计研究，2016（12）：28－36. 这里对相关数据及分析结果做了更新。

② 苏红键，赵坚. 相关多样化、不相关多样化与区域工业发展——基于中国省级工业面板数据 [J]. 产业经济研究，2012（2）：26－32.

③ 孙晓华，柴玲玲. 相关多样化、无关多样化与地区经济发展——基于中国 282 个地级市面板数据的实证研究 [J]. 中国工业经济，2012（6）：5－17.

天津市及河北省 11 个地级市均视为经济区，比较它们的产业多样化特征，以期得到更丰富的分析结论。

1. 京津冀 3 个省级行政区的相关与无关多样化指数分析

根据上文提及的方法，利用各产业的就业人数计算京津冀 3 个省级行政区的相关与无关多样化指数，我们得到表 3.15。

表 3.15　2003—2016 年京津冀产业多样化指数

年份	相关多样化			无关多样化		
	北京市	天津市	河北省	北京市	天津市	河北省
2003	0.9911	0.9506	1.0644	1.5317	1.2962	1.3025
2004	1.0118	0.9609	1.0855	1.5784	1.3201	1.2951
2005	0.9832	0.9592	1.0981	1.5859	1.3126	1.2974
2006	1.0735	0.9577	1.1055	1.5792	1.3149	1.2947
2007	1.0780	0.9752	1.1046	1.5796	1.3322	1.2896
2008	1.0966	0.9968	1.1190	1.5766	1.3692	1.2953
2009	1.0967	1.0072	1.1245	1.5806	1.3678	1.2916
2010	1.0968	0.9971	1.1309	1.5753	1.3704	1.2848
2011	1.1269	0.9758	1.1373	1.5630	1.2163	1.2711
2012	1.1202	0.9524	1.1563	1.5683	1.2611	1.2473
2013	1.1369	0.9709	1.1611	1.5689	1.2828	1.2678
2014	1.1369	0.9792	1.1615	1.5655	1.2741	1.2753
2015	1.1395	0.9897	1.1649	1.5649	1.3283	1.2890
2016	1.1460	1.0021	1.1625	1.5593	1.3828	1.2671

数据来源：根据 2004—2017 年《中国城市统计年鉴》相关数据计算而得。

可以看出，河北省产业的相关多样化程度最高，北京市次之，天津市最低；且河北省和北京市产业的相关多样化程度呈现缓慢的上升趋势，而天津市虽以 2009 年为转折点先上升后下降，但 2012 年后又呈现上升趋势，因此总体趋势也是上升的。至于产业的无关多样化程度，则以北京市最高，且在各年份之间较为稳定；天津市次之，但波动明显；河北省最低，且虽有所波动，但总体呈下降趋势。

2. 京津冀 13 个城市的相关与无关多样化指数分析

表 3.16 给出了 2003—2016 年京津冀 13 个城市产业的相关与无关多样化指数的均值及排名；图 3.7 则分别将京津冀 13 个城市的相关与无关多样化水平划分为 4 级，更直观地显示了它们在产业的相关与无关多样化水平上的差异。

表 3.16 2003—2016 年京津冀 13 市产业多样化指数的均值

城市	相关多样化		无关多样化	
	指数	排名	指数	排名
北京市	1.0881	6	1.5698	1
天津市	0.9768	13	1.3163	6
石家庄	1.0201	10	1.3450	3
唐山	1.0704	7	1.2825	8
秦皇岛	0.9956	11	1.3593	2
邯郸	1.1884	1	1.2027	10
邢台	1.1403	2	1.1973	11
保定	1.0456	8	1.1556	13
张家口	1.1313	3	1.3061	7
承德	1.1027	5	1.3263	4
沧州	1.1284	4	1.3120	5
廊坊	1.0282	9	1.1885	12
衡水	0.9936	12	1.2598	9

数据来源：根据 2004—2017 年《中国城市统计年鉴》相关数据计算而得。

可以看出，相关多样化指数排在前 5 位的城市分别是邯郸、邢台、沧州、张家口与承德，它们同时也属于图 3.7（a）中颜色较深的两类地区；无关多样化指数排在前 5 位的城市分别是北京市、秦皇岛、石家庄、承德与沧州，它们

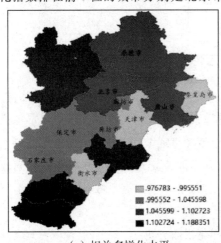

（a）相关多样化水平

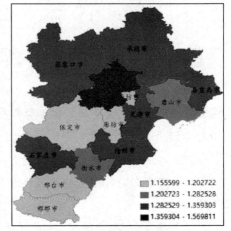

（b）无关多样化水平

图 3.7 京津冀 13 个城市产业多样化水平（均值）的空间分布

数据来源：根据表 3.16 的数据绘制而得。

同时也属于图 3.7 (b) 中颜色较深的两类地区。北京市产业的相关多样化水平位列 13 个城市的中等水平；而无关多样化水平位列 13 个城市之首，在图 3.7 (b) 中为颜色最深的地区。天津市产业的相关多样化水平位列 13 个城市的末位，在图 3.7 (a) 中为颜色最浅的地区；而无关多样化水平位列 13 个城市的第 6 位，在图 3.7 (b) 中也属于颜色较深的地区。此外，从河北省内部来看，邯郸、邢台、张家口、沧州、承德等 5 个城市的相关多样化水平高于河北省平均水平 (为 1.0768)；而无关多样化方面，秦皇岛、石家庄、承德、沧州、张家口、唐山等 6 个城市高于全省平均水平 (为 1.2668)；河北省内各地级市的相关及无关多样化水平差异较大。而且总体上看，京津冀 13 个城市无一例外地都表现为产业的无关多样化水平高于其相关多样化水平，其中，尤以北京市、秦皇岛、天津市、石家庄、衡水、承德、唐山等几个城市更为突出。

　　总之，通过上文的分析可以得出这样的结论：北京市产业的无关多样化程度最高，且在各年份之间较为稳定；天津市次之，但各年份之间波动明显；河北省最低，且总体呈现下降趋势。但是，河北省的相关多样化程度最高，北京市次之，天津市最低；且河北省和北京市产业的相关多样化程度呈现缓慢的上升趋势，而天津市虽以 2009 年为转折点先上升后下降，但 2012 年后又呈现上升趋势，因此总体趋势也是上升的。而且总体上看，京津冀 13 个城市都表现为产业的无关多样化水平高于其相关多样化水平，其中，尤以北京、秦皇岛、天津、石家庄、衡水、承德、唐山等几个城市更为突出。

3.2.2　京津冀产业专业化特征

　　这里，我们采用式 (2.10) 所示的 Krugman 专业化指数测度京津冀产业专业化水平。具体的行业分类方法与上文关于产业多样化特征分析的分类方法一致，此处不再赘述。于是，根据 2004—2017 年《中国城市统计年鉴》的分行业就业人数①，按照式 (2.10) 计算可得表 3.17。为了更直观地显示京津冀 13 个城市在产业的专业化水平上的差异，我们在表 3.17 的基础上，进一步将京津冀 13 个城市的专业化水平 (均值) 划分为 4 级，得到图 3.8。

---

① 此处专业化指数的计算同前文京津冀产业多样化特征分析一致，也仅选取就业数据进行计算。

表 3.17 京津冀地区各城市专业化指数及均值排名

年份	北京	天津	石家庄	唐山	秦皇岛	邯郸	邢台	保定	张家口	承德	沧州	廊坊	衡水
2003	0.76	0.45	0.25	0.39	0.29	0.26	0.33	0.29	0.16	0.22	0.33	0.38	0.32
2004	0.83	0.47	0.27	0.38	0.30	0.27	0.33	0.30	0.16	0.25	0.35	0.42	0.33
2005	0.86	0.46	0.27	0.39	0.30	0.24	0.35	0.30	0.12	0.21	0.32	0.42	0.35
2006	0.67	0.48	0.27	0.37	0.30	0.25	0.35	0.29	0.12	0.20	0.32	0.37	0.36
2007	0.69	0.48	0.27	0.38	0.24	0.24	0.34	0.28	0.13	0.19	0.36	0.33	0.36
2008	0.72	0.49	0.28	0.38	0.35	0.26	0.38	0.30	0.15	0.22	0.33	0.30	0.37
2009	0.75	0.48	0.25	0.40	0.36	0.31	0.37	0.28	0.19	0.23	0.34	0.31	0.37
2010	0.77	0.51	0.26	0.38	0.37	0.28	0.38	0.29	0.22	0.26	0.35	0.35	0.39
2011	0.77	0.59	0.23	0.37	0.36	0.32	0.42	0.34	0.24	0.32	0.3	0.33	0.29
2012	0.80	0.56	0.17	0.42	0.28	0.35	0.23	0.41	0.28	0.36	0.28	0.32	0.31
2013	0.78	0.54	0.2	0.36	0.23	0.24	0.24	0.40	0.34	0.23	0.28	0.32	0.31
2014	0.78	0.51	0.2	0.35	0.24	0.26	0.26	0.40	0.36	0.28	0.29	0.32	0.29
2015	0.78	0.49	0.21	0.35	0.25	0.27	0.28	0.44	0.35	0.31	0.28	0.31	0.30
2016	0.79	0.47	0.2	0.32	0.27	0.27	0.28	0.43	0.34	0.29	0.24	0.32	0.31
均值排名	1	2	12	3	9	10	7	4	13	11	8	5	6

数据来源：根据 2004—2017 年《中国城市统计年鉴》相关数据计算而得。

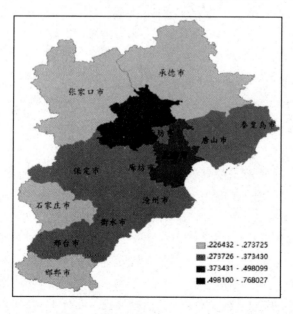

图 3.8 京津冀 13 个城市产业专业化水平（均值）的空间分布

数据来源：根据表 3.17 的数据绘制而得。

由表 3.17 可知,在京津冀地区内,北京市的产业专业化水平最高,其属于图 3.8 中颜色最深的地区,但在各年份之间存在一定的波动。天津市的产业专业化程度次之,属于图 3.8 中颜色较深的地区,且大致以 2011 年为分界,在这之前呈现波动性上升趋势,而在这之后呈持续下降趋势。河北省各地市的产业专业化水平均低于京津二地,属于图 3.8 中颜色较浅的两类地区,其中,唐山、保定、廊坊和衡水的产业专业化水平在河北省内较高,而张家口、石家庄、承德和邯郸的产业专业化水平在河北省内较低。从总体上看,京津冀地区(除去北京市外)产业的专业化程度较低。

3.3 京津冀产业结构和产业集聚模式的形成机制及制约因素

一个地区产业结构和产业集聚模式的形成和发展是密不可分的,产业结构的演进可能促成产业集聚,而产业集聚的形成又会影响乃至强化既有的产业结构。

3.3.1 京津冀产业结构和产业集聚模式的形成机制

这里,我们借鉴系统论中的自组织理论和他组织理论,主要从自组织和他组织两个方面阐述京津冀地区产业结构和产业集聚模式的形成机制。

一、自组织机制分析

自组织系统是指无须外界指令而能自行组织、自行创生、自行演化,能够自主地从无序走向有序,形成有结构的系统。[①] 自组织系统发挥作用需要相应的条件:首先,自组织发生需要处于一个开放的系统当中,以便于信息交换和技术扩散;其次,这个系统应该处于非平衡非稳定的状态,这样才能够从无序的野蛮生长状态向稳定有序的状态发展;再次,这个系统内部各要素相互的作用应该是非线性的,这样能够促进系统向更高级演化;最后,这个系统内部存在涨落作用,其是推动系统演化前进的最初动力。

我们认为,产业作为一个系统,满足自组织系统的所有条件和性质,所以产业系统也会受自组织作用机制的影响。第一,产业系统处于大而开放的经济社会系统中,其本身也是一个开放的系统。第二,产业系统并非绝对静止的孤

---

① 吴彤. 自组织方法论研究 [M]. 北京:清华大学出版社,2001:1—86.

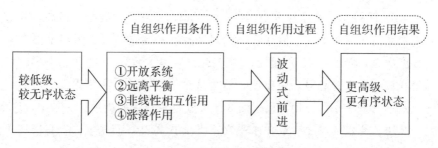

图 3.9 自组织系统作用机制

立的平衡状态，而是远离平衡状态的。第三，产业系统内部各要素之间存在着复杂的相互作用关系，而非简单的单向因果关系，即产业系统内部各要素的相互作用是非线性的。第四，产业系统中有大量的子系统，各个子系统之间发生复杂的叠加的涨落作用，促使产业系统从当前较"低级"的状态逐渐向更"高级"的状态演进。所以，对于所有区域产业结构和产业集聚模式的形成而言，也离不开其产业自组织系统作用机制的影响。

除了产业自组织系统的基本特质的影响外，以下三点也通过产业自组织系统作用于产业结构和产业集聚模式的形成。第一，经典的"经济人"假设告诉我们，任何组织和个人的行为都是在有限的资源条件下追逐最大化利益的，那么在这种追逐作用下，企业为了获取更高的收益，需要降低成本，借助的手段最有效的就是通过科技创新，提高劳动生产率、设备利用率以及降低劳动力成本，同时对产业结构进行调整升级。第二，由于某个地区同一产业的企业在该地区集聚所形成的专业化能够带来劳动力市场和中间投入品的规模效应，同时也有利于信息交换和技术扩散，从而促进地区经济增长。第三，普遍认为创新思维更多地来自行业间的差异性和互补性，故而多样化集聚在区域经济增长方面也有其特殊的作用，地区产业的多样化集聚有利于经济发展。上述三点促使某地区各企业之间在利益驱动和创新驱动的作用下，不断提升自身竞争力，从而引起一个地区的产业结构调整以及产业集聚模式转变，从而形成各个地区特有的产业结构和产业集聚模式（图 3.10 最内侧虚线圈）。

二、他组织机制分析

他组织系统是与自组织系统和过程性质相反的另一类系统，也就是指不能自行组织、自行创生、自行演化，不能够自主地从无序走向有序，而只能依靠外界的特定指令来推动组织向有序演化，从而被动地从无序走向有序的系统。[1]

---

① 吴彤. 自组织方法论研究 [M]. 北京：清华大学出版社，2001：1—86.

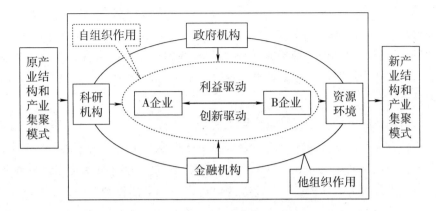

图 3.10　产业结构和产业集聚模式的形成机制

　　产业系统并不是孤立于整个社会经济体系之外的，它处于整个大的复杂的社会系统中，因此，产业系统除受内部自组织的作用影响外，还与外部的其他组织系统发生错综复杂的关系，受他组织作用的影响。因此，产业的他组织作用是在系统内部自组织作用的基础之上，受其他政治、经济、科技及环境等因素的影响而发生的。具体而言，产业系统受到政府机构的政策导向和政策约束影响，将会调整产业结构，重新规划产业的分散或集中模式；金融机构是产业系统发展的造血机，金融机构提供的资金可以帮助产业系统扩大规模，支持产业系统的科技创新；而产业系统的创新也将受到高校及相关科研机构的科技创新水平的影响，科技创新速度越快，产业系统的进化速度越快；资源的有限性限制了产业系统的无序发展，强制其向更高级更有序的状态演进，环境条件也制约着产业的结构布局（图 3.10 外侧实线圈）。

　　图 3.10 概括地描述了地区产业结构和产业集聚模式在自组织和他组织作用机制下的形成过程。图 3.10 中最内侧虚线圈表示产业自组织系统的作用机制，外侧实线圈则描述的是产业他组织作用机制，在自组织和他组织的共同作用之下，原有的产业结构和产业集聚模式演变成新的产业结构和产业集聚模式。

　　三、京津冀地区产业结构和产业集聚模式的形成机制分析

　　综上所述，任何一个地区的产业结构和产业集聚模式也是在自组织和他组织作用下形成的，京津冀也不例外。但是，京津冀有其特定的比较优势、产业资源与区位条件，这些也会对京津冀地区产业结构和产业集聚模式的演进方向、演进速度产生一定的影响。比如，天津市在中华人民共和国成立前就是中国的轻纺工业基地和重要的港口城市，而河北省在中华人民共和国成立后长达几十年的计划经济时期布局了大规模的钢铁工业，北京市作为首都则汇集了大量的

总部经济，在市场经济条件下，这些具有比较优势的产业资源与区位条件，必然使得京津冀地区的产业结构演进打上一定的历史烙印，在产业自组织系统的作用下，以原有的轻纺工业或重工业企业为基础，自发地由低级向高级进化，由无序向有序发展，由分散向集聚转化，从而形成京津冀地区目前的产业结构和产业集聚模式。

虽然京津冀地区产业自组织发展机制处于不断优化之中，市场机制的基础性作用在放大，但是，我国的市场经济是由政府强有力调控的市场经济，各地方政府都有发展当地经济的自主权和积极性。因此，除自组织机制的影响外，中央政府宏观政策的外部调控、地方政府对当地经济的保护和干预等政府机制的推动作用也在不断增强，故而政府机制对于京津冀地区的产业发展同样发挥着不容忽视的作用，是形成京津冀地区目前的产业结构特征和产业集聚模式的重要外部影响因素和他组织机制。由于京津冀地区各级行政区划层次较多，在发展目标规划、基础设施建设、产业布局部署、生态环境保护等方面，各个行政区域之间可能存在明显的冲突。具体而言，由于行政分割，尽管关于京津冀区域一体化发展的区域政策由来已久，但各地方政府大都仅从"自家一亩三分地"出发，在发展当地经济的过程中很少考虑自身的比较优势和地区间合理分工的问题，这就不可避免地导致京津冀三地在产业布局上同质化的问题，产业分工不明确，专业化水平低，更突出地体现为产业的多样化特别是无关多样化。

3.3.2 京津冀产业结构和产业集聚模式的制约因素

一、区位因素

京津冀城市圈包括北京市、天津市以及河北省的保定、廊坊、唐山、张家口、承德、秦皇岛、沧州、衡水、邢台、邯郸、石家庄等11个地级市。众所周知，北京市作为首都，位于华北平原北部，背靠燕山，是中国铁路网的中心之一。天津市是中国北方最大的沿海开放城市，其位于华北平原海河五大支流汇流处，东临渤海，北依燕山，是北京市通往东北、华东地区铁路的交通咽喉和远洋航运的港口，有"河海要冲"和"畿辅门户"之称。北京市与天津市相邻，并与天津市一起被河北省环绕。河北省高速公路总里程1600多公里，居全国省份第3位，全省铁路、公路货物周转量居中国大陆首位，同时，河北省也是连接北京市和全国各地的必经之地。这三个省市之间相互比邻（图3.11），这样的便利地缘区位因素为京津冀产业的协作发展创造了基础条件。同时，作为中国北方经济规模最大且最具活力的地区，四通八达的交通网络，将京津冀各地紧密地连接起来，便利的交通运输条件大大地降低了运输成本，加强了京津冀区域内部产业间的要素流动，有效地促进了该区域的产业合作。但是，值得注意的是，便利的区位条件同时也容易导致产业同构和产业的专业化程度低。

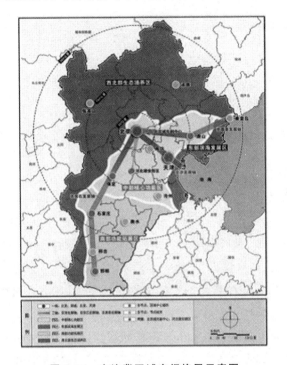

图 3.11　京津冀区域空间格局示意图

图片来源：《北京城市总体规划（2016 年—2035 年）》

二、政策因素

北京市是一个有着悠久历史的文明古都，作为新中国的首都，是全国的政治中心。天津市是我国的四大直辖市之一，也是我国的超大城市。京津两地作为京津冀城市圈的发展引擎，在历年一系列的京津冀一体化政策的作用下，在一段时间内确实起着带动京津冀各地全面快速发展的作用，尤其是拉动了河北省的产业发展。但是，河北省一直都处于京津两地的要素资源供给者和产业转移承接者的从属地位，这种定位在激励河北省的产业转移和调整的同时，也使河北省被动接受了产业同构和生态破坏等"负面清单"。多年以来，在政策导向下，为了支持京津两地经济的快速发展，河北省各地市发展了一批高能耗、高排放、高污染的产业，产业结构存在较严重的同构现象。这也是为什么河北省各地市产业的相关多样化程度最高，而专业化程度最低的直接原因。显然，要解决这一问题，今后必须在京津冀协同发展战略的指导下，按照产业发展的要求，明确京津冀三地的定位，形成产业分工合理以及地区错位互补的产业发展格局。

3.3.3　京津冀产业结构和产业集聚模式的相互影响

一、产业结构对产业集聚模式的影响

产业结构对产业集聚模式的影响主要是由于产业结构的合理化。产业结构的合理化是指各产业之间协调能力的不断加强以及产业关联水平的提高。其中，产业结构的关联效应将会促使特定地域内的各个关联度高的产业聚集到一起，从而影响着地区产业集聚模式的形成。

上文分析京津冀地区产业集聚模式时，将全部产业划分为第一产业（b1）、第二产业（b2）、生产性服务业（b3）、流通性服务业（b4）、消费性服务业（b5）和社会性服务业（b6）等 6 大类。同时，根据上文所得的产业关联效应分析结果可知，北京市后向关联度较高的产业是建筑业（b2）、信息传输、软件和信息技术服务业（b4）、公共管理、社会保障和社会组织（b6）、卫生和社会工作（b6）和房地产业（b3）；天津市后向关联度较高的产业是建筑业（b2），房地产业（b3），卫生和社会工作（b6），交通运输设备（b2）和电气机械和器材（b2）；河北省后向关联度较高的产业主要是建筑业（b2），通用设备业（b2），交通运输设备业（b2）和金融业（b3）。将上述产业分别归入 6 大类产业当中，然后分别统计，结果显示：北京市后向关联度较高的产业主要有 4 大类，天津市有 3 大类，河北省有 2 大类。这一结果说明，从后向关联度角度分析，各大类产业的多样化水平，即无关多样化水平，以北京市最高，天津市次之，河北省最低，这与上文的结论是相符的。由此可知，产业结构的后向关联作用强的产业数量直接影响着产业无关多样化集聚的水平高低，产业结构的关联特征对产业集聚模式有着重要的影响。

二、产业集聚模式对产业结构的影响

产业集聚就是某些产业在特定地域范围内的集聚现象。① 产业集聚将会提高某些产业在本地区内的产业比例，导致优势产业的诞生，从而促进地区产业结构调整，促使产业结构由低级向高级进化，由无序向有序发展。另外，产业集聚带来的低成本效应、竞争效应、分工效应等优势也可以促进产业的发展。② 具体而言，产业集聚将生产要素和资源集中起来，可以降低生产成本，提高产业的竞争力，有利于产业结构的优化升级，促使产业结构向更加合理的方向发

---

① 魏后凯. 现代区域经济学 ［M］. 北京：经济管理出版社，2011：152－159.
② 张春法，冯海华，王龙国. 产业转移与产业集聚的实证分析——以南京市为例 ［J］. 统计研究，2006（12）：47－49.

展。下面以专业化集聚为例,阐述产业集聚模式对产业结构的影响作用。

由上文可知,北京市的专业化指数最高,天津市次之,河北省各地市的专业化指数均低于京津二地。这说明,北京市的产业专业化集聚程度最高。这种产业集聚,无疑有助于提升这些产业的竞争力,将会进一步地推动产业升级,加快产业转型,转向高科技含的服务产业。河北省各地市的产业专业化程度最低,相对京津两地的竞争力必然较弱,其产业结构转型升级的步子也必然较慢。总之,一个地区的产业集聚模式对其产业结构优化升级的方向、快慢都会有直接的影响。

3.4 本章小结

本章系统分析了京津冀产业结构和产业集聚模式的典型特征及其形成机制和制约因素,可总结如下。

1. 从产业结构的能耗特征来看,结论如下:第一,从能源消耗总量及其变化趋势来看,河北省的能源消耗量最高,并且呈持续上升趋势;北京市居中,历年变动不大,趋势较平稳;天津市的能源消耗量呈缓慢上升趋势,并于 2012 年超过了北京市。第二,从能源消耗量的产业分布来看,北京市的高能耗产业种类已从以第二产业为主转变为以第三产业为主;而天津市和河北省的高耗能产业种类并没有太大的变化,仍以第二产业为主。第三,从能源消耗强度及其变化趋势来看,河北省能源消耗强度最高,天津市次之,北京市最低,并且在 2000—2016 年间三地的能源消耗强度均呈下降趋势,并以河北省能源消耗强度的降幅最大,导致河北省与京津二地的差距缩小。第四,从能源消耗结构及其变化趋势来看,尽管北京市的煤炭消耗占其总能耗的比重较小,且京津两地的煤炭消耗占其总能耗的比重都在持续下降,但是津冀两地的煤炭消耗占其总能耗的比重仍然偏高,因此整体来看,京津冀地区仍是以煤炭为主的能源消耗结构。第五,基于混合型能源投入产出表对京津冀三地的能源消耗的 SDA 分解结果表明:基于混合型能源投入产出表对京津冀三地的能源消耗的 SDA 分解结果表明:天津市的能耗总量呈快速增长之势,主要是最终需求和技术进步推动的结果,而能源强度变动则发挥着抵消的作用;但是在能耗总量快速增长的同时,不同能源品种的影响因素不尽相同,增速有快有慢,能耗结构也在发生着微妙的变化。河北省四个能源部门产品的消耗量都是增加的,而且主要是最终需求和技术进步推动的结果,而能源强度变动则发挥着抵消的作用;其中又以各产业部门对石油加工、炼焦和核燃料加工部门产品的完全消耗量增幅最大，而且主要是最终需求增加导致的。类似地，北京市四个能源部门产品的消耗量也都是增加的，但主要是技术进步的贡献，而能源强度变动则发挥着抵消的作用，最终需求变动对总能耗变动的影响较小；此外，北京市对煤炭采选部门产品的消耗量控制得比较好。分行业看，能源强度变动、技术进步和最终需求变动等每个因素对煤炭采选部门产品消耗量的影响方向在各部门的表现不尽相同，这一结论对京津冀三地都成立。这些结构分解的结论启示我们，必须从多方面挖掘潜力，以抵消因最终需求导致的能耗增加而对环境造成的压力：一是要加快建设清洁低碳的绿色能源体系，优化能源结构；二是对于高耗煤行业，采取更具针对性的能源政策；三是提高能源利用效率，切实降低高能耗产业的能源强度。

2. 从产业结构的关联特征来看，结论如下：（1）京津冀三地的后向关联效应分析结果显示：第一，京津两地后向拉动作用较大的产业均集中在第二、三产业，而河北省后向拉动作用较大的产业以第一、二产业为主。建筑业同为京津冀三地后向拉动作用最大的产业。第二，北京市后向拉动作用较大的产业集中在科学研究和技术服务业，信息传输、软件和信息技术服务业，公共管理、社会保障和社会组织，卫生和社会工作等高技术产业和服务业，符合北京的功能定位。天津市后向拉动作用较大的产业主要集中于第二产业，其中又以建筑业、交通运输设备为主，而金属冶炼和压延加工品、通信设备、计算机和其他电子设备、电气机械和器材、交通运输、仓储和邮政业主要体现为直接的后向拉动作用，与天津作为全国先进制造研发基地和北方国际航运核心区的功能定位业基本相符。而河北省后向拉动作用较大的产业主要是高能耗、高排放的第二产业，与河北省欲成为京津冀生态环境支撑区的功能定位不完全相符。第三，虽然这些后向关联度较大的产业对京津冀的经济增长有重要贡献，但是由于它们中的大部分产业也属于高能耗产业，因此，如果片面地为了"保增长"而大力发展这些产业，必然产生污染排放加重的问题，引起雾霾天气频繁出现。（2）京津冀地区前向关联效应的分析结果显示：京津冀三地的前向关联度较大的产业具有极大的趋同性，北京和天津前向关联度较大的产业多集中在第二、三产业；而河北省前向关联度较大的产业主要集中在第二产业，第一产业（农林牧渔产品和服务）的直接前向关联度也较大。同时，京津冀地区前向关联度较大的产业多以金属冶炼和压延加工品、化学工业、建筑业和电力、热力的生产和供应业等高能耗产业为主，而这些高能耗产业常伴随着高排放、高污染，因此它们很可能是导致该地区雾霾天气频发的主要污染源。

3. 从京津冀产业集聚的典型特征来看，结果表明：（1）北京市产业的无关多样化程度最高，且在各年份之间较为稳定；天津市次之，但各年份之间波动明显；河北省最低，且总体呈现下降趋势。（2）河北省的相关多样化程度最高，北京市次之，天津市最低；且河北省和北京市产业的相关多样化程度呈现缓慢的上升趋势，而天津市虽以 2009 年为转折点先上升后下降，但 2012 年后又呈现上升趋势，因此总体趋势也是上升的。（3）总体上看，京津冀 13 个城市都表现为产业的无关多样化水平高于其相关多样化水平，其中，尤以北京、秦皇岛、天津、石家庄、衡水、承德、唐山等几个城市更为突出。（4）北京市的产业专业化水平最高，但在各年份之间存在一定的波动；天津市次之，且大致以 2011 年为分界先上升、后下降；河北省各地市的产业专业化水平均低于京津二地，其中，唐山、保定、廊坊和衡水的产业专业化水平在河北省内较高，而张家口、石家庄、承德和邯郸的产业专业化水平在河北省内较低。从总体上看，京津冀地区（除去北京市外）产业的专业化程度较低。

4. 从京津冀地区产业结构和产业集聚模式的形成机制，以及二者的制约因素来看，结论如下：（1）比邻的地理区位因素将京津冀各地紧密地连接起来，便利的交通运输条件大大地降低了运输成本，加强了京津冀区域内部产业间的要素流动，有效地促进了该区域的产业合作，促进了产业集聚的形成。但是，京津两地独特的政治地位，使得河北省一直都处于京津两地的要素资源供给者和产业转移承接者的从属地位，为了支持京津两地经济的快速发展，河北省各地市发展了一批高能耗、高排放、高污染的产业，产业结构存在较严重的同构现象，这也是为什么河北省各地市产业的相关多样化程度最高，而专业化程度最低的直接原因。（2）京津冀产业结构的关联特征对其产业集聚模式有着重要的影响。比如，北京市后向关联度较高的产业种类最多（有 4 大类），天津市次之（有 3 大类），而河北省最少（仅有 2 大类），这直接导致了北京市产业的无关多样化水平最高，天津市次之，河北省最低。（3）京津冀的产业集聚模式对其产业结构优化升级的方向、快慢也产生了直接的影响。比如，北京市的产业专业化集聚程度最高，无疑有助于提升这些产业的竞争力，有利于其产业结构的转型升级，转向以高科技含量的服务业为主。而河北省各地市的产业专业化程度最低，相对京津两地的竞争力必然较弱，其产业结构转型升级的步子必然较慢。

第 4 章

京津冀产业一体化的现状评价

上一章讨论了京津冀产业结构和产业集聚模式的典型特征，按照第 1 章给出的研究思路，本章将进一步对京津冀产业一体化的现状进行综合评价，从而为第 6 章从产业集聚模式入手考察京津冀产业一体化进程缓慢的原因提供经验依据。评价京津冀产业一体化的现状，首先需要明确产业一体化的内涵，然后需要构建合理的指标体系对京津冀产业一体化进程进行测度，最后需要对京津冀产业一体化的现状进行深度分析，明确其存在的薄弱环节。本章正是围绕上述三个方面进行阐述的。

4.1 产业一体化及其内涵

4.1.1 什么是产业一体化

产业一体化是区域经济一体化的重要组成内容，是实现区域协同发展的重要基础。《京津冀协同发展规划纲要》中明确指出，产业一体化是疏解北京市非首都功能、推动京津冀区域协同发展的实体内容和关键支撑。那么，什么是产业一体化？

关于产业一体化，目前学术界并没有统一的、明确的定义。因此，本项研究首先从"一体化""经济一体化"的含义入手，然后通过梳理相关文献整理得到产业一体化的含义。《新帕尔格里夫经济学大词典》①指出，各个部分结为一个整体即为一体化；而"经济一体化"可以从两个方面进行判定，一是两个独立的国民经济之间，若存在贸易联系即可认为是经济一体化；二是经济一体化

---

① 约翰·伊特韦尔，默里·米尔盖特，彼得·纽曼. 新帕尔格雷夫经济学大辞典（第二卷）：E—J［M］. 北京：经济科学出版社，1996：45－49.

又指各国经济之间的完全联合。可见,《新帕尔格里夫经济学大词典》主要是从国家层面界定"一体化"和"经济一体化"这些概念的。

从相关文献来看,王晓娟(2009)[①]认为,产业一体化就是建立在产业分工基础上,分别通过整合而实现的纵向一体化与横向一体化。尹广萍(2009)[②]和王安平(2014)[③]则认为,产业一体化是产业按照经济发展的方向并满足产业结构的互补性进行的整合和重组,从而实现地区经济以整体参与域外竞争的优势。荆立新(2013)[④]则强调,区域产业一体化是按照市场经济的要求,运用市场、政府与社会等力量,通过生产要素的自由流动,促进产业的整合与重组,从而实现区域产业的共同发展的动态过程。

通过对上述文献和学者观点的总结和归纳,本项研究将产业一体化定义为:区域内各地区的产业通过整合和重组,形成良好的分工与协作的运行机制,从而提升区域整体产业竞争力,并进一步促进区域经济协同发展的过程。

4.1.2　产业一体化的核心内涵

明确什么是产业一体化之后,我们需要深入挖掘产业一体化的核心内涵,这样才能够对区域产业一体化的本质有着清晰的认识,进而对京津冀产业一体化的现状进行客观地评价。

自 20 世纪 90 年代末起,随着我国经济全面快速地发展,众多学者开始对产业一体化问题进行研究。有学者认为,产业一体化的内涵是产业结构的优势互补,且具有良好的产业分工模式(王晓娟,2009[⑤];王安平,2014[⑥])。但是,本项研究认为,在评判区域产业一体化程度时,不仅要考察各地区间的产业分工程度,还要考察各地区间的贸易联系是否密切。因为从本质上来讲,所谓区域产业一体化,就是在市场经济大环境下,区域内各地区为了充分发挥各自的

① 王晓娟. 长江三角洲地区产业一体化的内涵、主体与途径 [J]. 南通大学学报:社会科学版, 2009 (4):26-30.
② 尹广萍. 长三角区域产业一体化研究 [D]. 上海:上海交通大学, 2009:5-6.
③ 王安平. 产业一体化的内涵与途径——以南昌九江地区工业一体化为实证 [J]. 经济地理, 2014 (9):95-100.
④ 荆立新. 区域产业一体化发展的现实需求分析 [J]. 学习与探索, 2013 (12):122-124.
⑤ 王晓娟. 长江三角洲地区产业一体化的内涵、主体与途径 [J]. 南通大学学报(社会科学版), 2009 (4):20-26.
⑥ 王安平. 产业一体化的内涵与途径——以南昌九江地区工业一体化为实证 [J]. 经济地理, 2014 (9):95-100.

优势，通过促进生产要素和产品在地区间的自由流动，加快产业的重组和优化，实现产业的合理分工，以区域整体优势应对外部竞争。区域内各地区的产业既分工又合作，贸易联系非常紧密，是产业一体化的核心，也是其最终目的。但是在现实中，它们之间的关系可能有以下四种情形（见图4.1）：（1）区域内各地区间的产业分工程度低，且贸易联系不紧密，这时各地区之间存在比较严重的产业同构，产业一体化程度较低；（2）区域内各地区间的产业分工程度低，但贸易联系紧密，这时各地区之间存在大量产业内贸易；（3）区域内各地区间的产业分工程度较高，但是贸易联系不紧密，这时每个地区往往和域外地区或国外联系紧密，但是和域内其他地区联系不紧密，域内各地区之间的产业一体化程度仍然较低；（4）区域内各地区间的产业分工程度高，且贸易联系紧密，这时各地区之间产业一体化程度高，也是最佳状态。因此，当区域内各地区间的产业分工程度较高时，各地区间的贸易联系仍可能不密切，若只单纯考察各地区间的产业分工程度，很可能误判做出区域产业一体化程度较高的结论。

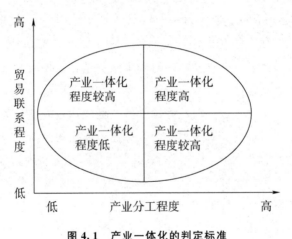

图 4.1　产业一体化的判定标准

4.2　京津冀产业一体化评价指标体系的构建

明确了区域产业一体化的核心内涵之后，接下来我们建立产业一体化评价指标体系，以实现对京津冀产业一体化水平定量测度。

上一节关于产业一体化核心内涵的讨论告诉我们，判断一个区域的产业一体化程度，一方面要看区域内各地区间的产业分工是否明确，另一方面要看各地区间的贸易联系是否紧密。其中，关于区域间的贸易联系，显然最好是用区域间的贸易额、客流量、资金流量等来衡量，但是这受到数据可得性的限制。鉴于此，我们用市场一体化程度来间接反映地区间的经济联系紧密程度，并着重从要素市场和产品市场两方面去衡量市场一体化程度。而对于各地区间的产业分工程度，我们考虑直接用地区间产业分工指数来表现。下面是详细的说明。

4.2.1　市场一体化指标的设定

关于"市场一体化"，大致包括产品市场一体化和要素市场一体化两方面，因此本项研究从要素市场、产品市场两个角度衡量京津冀各地区间的市场一体化程度。

其中，对于要素市场一体化程度，我们使用地区间职工人均工资水平的相对差异来衡量。因为要素价格是指生产要素的报酬。例如，土地的租金、劳动的工资、资本的利息和管理的利润等。基于数据可得性，同时鉴于地区间职工工资水平的差距已能表明地区之间要素及人员流动的密切联系程度，因此本研究选用地区间的工资水平差距反映地区间的要素价格水平差异。具体来说，我们用京津冀某地市 i 的人均工资水平与京津冀其他地市人均工资水平的加权算术平均数（权数为各地市当年平均职工人数）之比，来衡量某地市 i 与区域内其他地市的工资水平差异。

需要指出的是，用该指标衡量某地市与京津冀其他地市人均工资水平的相对差异时，无论大于 1 还是小于 1，都表示存在差异，这说明该指标既不是正指标，也不是逆指标，而是适度指标，且适度值为 1（距离 1 越近，相对差异越小；反之，距离 1 越远，相对差异越大）。因此，还需对其进行正向化处理。关于这种以 1 为适度值的适度指标如何进行正向化处理，下文将会做进一步的说明。

对于产品市场一体化程度，我们采用"相对价格方差法"来度量[①]。"相对价格方差法"的理论基础是"一价定律"，也即：因为套利机制的存在，在一体化的市场中用同种货币表示的同种商品的价格应相等。但是，萨缪尔森认为，即使地区之间是完全套利的，商品在运输过程中也会损失一个固定的比例，两地的绝对价格不会完全相等，而是会在某个区间内波动。因此，他提出"冰山成本"模型作为对"一价定律"的修正。

---

① 本部分的有关文字表述已作为阶段性成果发表。参阅周国富，叶亚珂，彭星. 产业的多样化、专业化对京津冀市场一体化的影响［J］. 城市问题，2016（4）：4－10.

具体讲，假定两地（用 i 和 j 表示）第 t 年同一种商品 k 的价格为 P_{it}^k 和 P_{jt}^k，商品在两地间转移产生的运输费用等交易成本是每单位价格的一个比例 c（$0<c<1$），那么只有当 P_{it}^k（$1-c$）$>P_{jt}^k$ 或者 P_{jt}^k（$1-c$）$>P_{it}^k$ 成立时，商品在两地之间存在套利机会，才会进行贸易。若上述条件不成立，那么商品的相对价格 P_{it}^k/P_{jt}^k 将在无套利区间 $[1-c，1/（1-c）]$ 内波动。而当相对价格在上述范围内波动时，就可以认为市场是整合的、一体化的。所以，可以用两地相对价格的方差 Var（P_{it}^k/P_{jt}^k）的变化来观察市场的整合程度，如果该方差随着时间推移趋于缩小，则反映出相对价格波动的区间在缩小，"冰山"成本 c 在降低，无套利区间在收窄，意味着两地之间的贸易壁垒正在减少，可以推断两地市场一体化程度正在提高。

但是，宏观上只能用价格指数来反映每类商品价格的相对水平，因此，我们借鉴桂琦寒等（2006）[①] 的做法，使用各地市 16 大类商品零售价格分类指数计算京津冀某地市与其他地市间的相对价格方差。另外，考虑到相对价格方差描述的是市场分割程度，与市场一体化程度相反，因此，还需对其进行正向化处理，才是反映京津冀某地市与其他地市间产品市场一体化程度的正指标。下文将对此做进一步的说明。

4.2.2 产业分工指标的设定

学者们一般选用产业结构相似系数或者区域产业分工指数衡量产业分工程度（何雄浪，2007[②]；孙久文等，2008[③]；牟丽明，2010[④]；樊福卓，2013[⑤]），其中，产业结构相似系数是衡量地区分工的逆指标，不如区域产业分工指数直接，因此，本项研究选用区域产业分工指数来衡量京津冀地区的产业分工水平。具体计算公式如下：

$$S_{i,A-i} = \sum_{k=1}^{n} \left| \frac{q_{ki}}{q_i} - \frac{q_{k,A-i}}{q_{A-i}} \right| \tag{4.1}$$

① 桂琦寒，陈敏，陆铭，陈钊. 中国国内商品市场区域分割还是整合：基于相对价格法的分析 [J]. 世界经济，2006（2）：20—30.
② 何雄浪. 专业化分工、区域经济一体化与我国地方优势产业形成的实证分析 [J]. 财贸研究，2007（6）：17—23.
③ 孙久文，邓慧慧，叶振宇. 京津冀区域经济一体化及其合作途径探讨 [J]. 首都经济贸易大学学报，2008（2）：57—62.
④ 牟丽明. 产业结构与区域产业分工演进关系研究 [D]. 青岛：中国海洋大学，2010：16—18.
⑤ 樊福卓. 一种改进的产业结构相似度测度方法 [J]. 数量经济技术经济研究，2013（7）：99—116.

式（4.1）中的 q_{ki} 和 $q_{k,A-i}$ 分别代表 i 地区和区域 A 内除 i 地区之外的其他地区（记做 $A-i$）k 产业的从业人数或产值，q_i 和 q_{A-i} 分别代表 i 地区和 $A-i$ 地区的所有产业的从业人数或产值的总和。显然，$S_{ij} \in （0，2）$，其数值越接近 2 时，说明京津冀各地区间产业分工的程度越高，反之则越小。

本项研究此处仍沿用第 3 章中关于产业分类的方法，将全部产业划分为 19 个小类。同时，考虑到利用单个指标计算得到的区域分工指数波动较大，为了更加准确地衡量京津冀地区产业分工的情况，本项研究分别利用 19 个细分行业的就业数据和 17 个细分行业的产值数据[①]计算区域产业分工指数，来综合分析地区间的产业分工情况。

综上所述，本项研究构建的京津冀地区产业一体化综合评价指标体系如表 4.1 所示。

表 4.1 产业一体化综合评价指标体系

一级指标	二级指标	三级指标	指标性质
产业一体化	市场一体化 产品市场	相对价格方差	逆指标
	要素市场	工资水平差距	适度指标
	产业分工 产业分工	产业分工指数（就业数据）	正指标
		产业分工指数（产值数据）	正指标

4.2.3 评价指标的预处理方法

在运用上述综合评价指标体系对京津冀产业一体化水平进行综合评价之前，还需对有关评价指标进行预处理，这包括指标的正向化处理、指标的无量纲化处理以及指标权重的确定。

一、指标的正向化处理

（1）逆指标的正向化处理

由于相对价格方差衡量的是产品市场的分割程度，与市场一体化呈反向变动关系，因此，需要进行正向化处理。本项研究借鉴盛斌和毛其淋[②]的做法，将所得的相对价格方差取倒数，再求其平方根，从而得到反映产品市场一体化程度的正指标（并简称为产品市场一体化指数）。

---

① 19 个细分行业中的采矿业、制造业和电力燃气及水的生产和供应业合并成工业，从而得到 17 个细分产业的产值数据。

② 盛斌，毛其淋. 贸易开放、国内市场一体化与中国省际经济增长：1985—2008 年 ［J］. 世界经济，2011（11）：44—46.

（2）适度指标的正向化处理

由上文可知，工资水平差距太大或太小都说明该地区和其他地区的平均水平差异较大，其属于适度指标，也需要进行正向化处理。基于现有的文献资料可知，适度指标的正向化处理方法主要有绝对值倒数法以及在其基础上改良而得的方法（如距离倒数法）等，但这些方法都存在一些不足，无法真实反映原指标的分布情况。考虑到这里的工资水平差距（不妨以 y 表示）是在 1 上下取值，且越接近 1 差异越小，同时没有负值，因此，我们考虑将其先取对数，再取绝对值（$|\ln y|$），从而将其转化为反映工资水平差异的正指标。其合理性在于，这样处理后的指标值越接近 0，表示差异越小；反之，其值越大，表示差异越大。而且这样处理具有对称性，比如："北京/石家庄"是 y_i 倍，则交换分子与分母之后"石家庄/北京"是 $1/y_i$ 倍，将二者取对数之后再取绝对值，结果是一样的。因此，本项研究对这种以 1 为适度值的适度指标所采用的这种正向化处理方法是合理的。

但需要注意的是，将工资水平差距按上述方法正向化处理所得结果仅仅是反映要素市场分割程度的正指标，仍属于评价要素市场一体化程度的逆指标，因而需要再进行一次正向化处理。正向化处理之后的结果，可简称为要素市场一体化指数。

二、指标的无量纲化处理

在进行综合评价分析之前，还需要对所选指标进行无量纲化处理，使得各个指标之间具有可比性，然后才能进行综合分析。对指标无量纲化处理的方法常用的有相对化处理法、标准化处理法和功效系数法。本项研究选用功效系数法对各指标进行无量纲化处理，公式如下：

$$M = \frac{x_i - x_{\min}}{x_{\max} - x_{\min}} \times 40 + 60 \tag{4.2}$$

其中，分子是评价指标（正指标）的实际值与最小值（不容许值）之差，分母是最大值（满意值）与最小值（不容许值）之差。当评价指标是逆指标时，本项研究采用与逆指标对应的功效系数计算公式。

三、指标权重的确定

综合评价体系中包含许多不同的评价指标，而每个指标对评价对象的作用强度是不同的，所以我们需要对各个评价指标进行赋权，即赋予相应的权重。确定指标权重的方法有很多，如统计平均法、层次分析法和变异系数法等。前两种赋权方法属于主观赋权法，而变异系数法属于客观赋权法，为了客观地评价京津冀产业一体化程度，本项研究采用变异系数法来确定评价体系中各指标的权重。具体而言，首先需要计算各指标的变异系数 V_i，再在此基础上计算各个指标的权重 W_i。公式如下：

$$V_i = \frac{\sigma_i}{\overline{x}_i} \tag{4.3}$$

$$W_i = V_i / \sum_{i=1}^{n} V_i \tag{4.4}$$

其中，$\overline{x}_i$ 表示某指标的平均数，σ_i 表示该指标的标准差，V_i 表示该指标的变异系数，W_i 就是我们需要的各个指标的权重。

4.3　京津冀产业一体化的现状

4.3.1　数据来源

产业一体化各评价指标的基础数据均来源于《中国城市统计年鉴（2004—2017）》，但是，由于京津冀地区内各个城市的产值数据参差不齐，所以除了《中国城市统计年鉴（2004—2017）》，我们又参考了许多其他的年鉴。具体有京津冀地区 13 个城市 2004—2017 年的统计年鉴、《河北经济年鉴（2004—2016）》、《天津市调查年鉴（2013）》、《张家口经济年鉴（2006—2016）》、《保定经济统计年鉴（2009—2016）》、《廊坊经济统计年鉴（2006—2016）》和《承德统计资料（2004—2012）》。最终限于京津冀各地市各行业产值数据的可获得性，关于产业一体化的综合评价，数据范围是 2003—2015 年。

需要进一步说明的是，尽管我们进行了大量的数据收集工作，但是由于河北省各地级市 2004 年之前的产业分类方式不同于其后的各年，尤其是缺失第三产业的具体分类数据，所以河北省各地级市普遍缺失 2003 年及 2004 年的各行业产值数据。但鉴于缺失数据的年份并不长，我们估算了河北省各地级市 2003 年、2004 年缺失的产值数据。具体方法是利用已知的后一年的第三产业产值增长率和后一年第三产业各细分产业的产值，倒推得到前一年缺失的产值数据，从而补全缺失的产值数据。

4.3.2　京津冀产业一体化的综合评价结果

采用上一节所讲的方法，先利用功效系数法计算京津冀 13 个地市各年每个指标的功效得分，然后根据变异系数法所得各评价指标的权重，对每个指标的

功效得分进行加权算术平均，得到京津冀各地市历年产业一体化的综合得分
（也称之为指数）。在此基础上，将京津冀各地市历年产业一体化的综合得分简
单算术平均，得到京津冀 13 个地市每年的产业一体化综合得分，见表 4.2 最后
一列。同时，为观察京津冀产业一体化的薄弱环节，我们还对京津冀 13 个地市
各年每个分项指标的功效得分进行简单算术平均，得到每年每个分项指标的平
均得分，见表 4.2 的前几列。

表 4.2　京津冀产业一体化各评价指标功效得分的均值及综合得分

年份	要素市场 一体化指数	产品市场 一体化指数	产业分工指数 （就业数据）	产业分工指数 （产值数据）	产业一体化 综合评价指数
2003	75.53	72.85	77.80	69.27	73.72
2004	74.09	76.14	84.17	69.02	75.49
2005	73.89	87.90	84.16	69.71	78.69
2006	72.48	71.36	74.42	70.73	72.16
2007	72.34	71.42	75.62	71.88	72.68
2008	72.52	67.77	77.26	72.82	72.36
2009	75.52	63.20	79.03	72.68	72.32
2010	74.33	66.81	80.13	72.28	73.08
2011	73.52	76.31	80.73	73.17	75.70
2012	73.15	68.29	79.09	73.80	73.31
2013	73.01	85.52	76.10	73.33	77.02
2014	71.60	84.05	76.88	73.18	76.39
2015	73.69	93.08	77.82	72.53	79.35

　　为了更直观地观察样本期间京津冀产业一体化的波动情况，以及各评价指
标的波动对产业一体化波动的影响，根据表 4.2 我们绘制得到图 4.2。

　　从表 4.2 和图 4.2 可以看出，在 2003—2015 年期间，京津冀产业一体化综
合评价指数集中在约 72—80 之间，整体表现为"先在波动中下降、然后缓慢上
行"的走势，转折点为 2006 年；从分项指标来看，产品市场一体化指数的波动
幅度更大一些。其中的原因，在下文中我们还要结合京津冀产业一体化的薄弱
环节来进行分析。

4.3.3　京津冀产业一体化的薄弱环节

　　为了分析京津冀产业一体化的薄弱环节，根据第 4.1 节中阐述的产业一体
化的内涵，我们计算了产业一体化的两个子要素"市场一体化"和"产业分工"

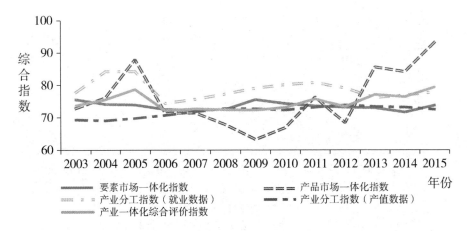

图 4.2 2003—2015 年京津冀产业一体化各评价指标功效得分的均值及综合得分

的综合指数（如表 4.3 所示）。然后，根据表 4.3 的数据，进一步绘制得到图 4.3。

表 4.3 京津冀产业一体化及其子要素的综合得分

年份	市场一体化综合指数	产业分工综合指数	产业一体化综合评价指数
2003	74.2	73.5	73.72
2004	75.1	76.6	75.49
2005	80.9	76.9	78.69
2006	71.9	72.6	72.16
2007	71.9	73.7	72.68
2008	70.1	75.0	72.36
2009	69.4	75.9	72.32
2010	70.6	76.2	73.08
2011	74.9	76.9	75.70
2012	70.7	76.4	73.31
2013	79.3	74.7	77.02
2014	77.8	75.0	76.39
2015	83.4	75.2	79.35

可以看出，子要素"市场一体化"的变化轨迹和产业一体化的变化趋势更一致，但是其波动幅度明显大于产业一体化；而子要素"产业分工"虽表现出一定的阶段性特征，但总体来讲一直处于较低水平且没有明显的改善迹象。可见，京津冀的"市场一体化"进程对该地区的产业一体化进程的影响更加突出，

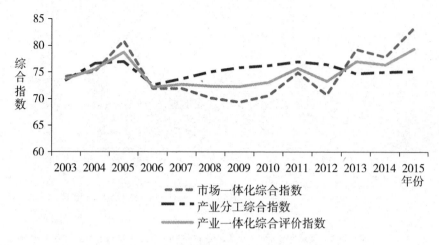

图 4.3 2003—2015 年京津冀产业一体化及其子要素的综合得分

而"产业分工"水平偏低且没有明显的改善迹象则对该地区的产业一体化进程有较明显的不利影响。下面，我们结合原始数据，对其背后的原因进行分析。

（1）要素市场一体化程度不高，产品市场一体化波动明显

数据显示，在 2003—2015 年间，北京市与京津冀其他地区的平均职工工资差异接近 2 倍；天津市次之，与京津冀其他地区的平均职工工资差异围绕 1 上下波动，且波动幅度很小，也即天津市的工资水平大致处于京津冀地区的平均水平；而河北省各地远远小于 1，工资水平普遍低于京津两地。这说明，京津冀地区各地市间要素价格差异大，要素市场一体化程度较低且一体化进程缓慢。究其原因，可能是因为京津两地的行政级别较高，相关的基本公共服务和福利待遇更好，吸引了较多的高素质人力资源，相应地，技术含量高、盈利能力较强从而员工待遇较好的产业也主要集聚在京津两地；而河北省相关的基本公共服务和福利待遇要差一些，在导致人才外流的同时，河北省各地市的产业多是附加值低、员工待遇也相对偏低的产业，且较为分散。这与我们在上一章得出的北京市的专业化水平最高，天津市次之，而河北省的相关多样化程度较高的结论相符。

另外，北京的生活成本和商品零售价格较天津和河北都要高一些，这也导致了基于相对价格方差测算的京津冀三地的产品市场一体化程度偏低。而且，由于产品价格差异的波动较工资水平差距的波动更明显，所以，这里市场一体化指数的波动较要素市场一体化指数的波动更明显。

（2）产业分工程度低

根据式（4.1）计算的区域分工指数一般在（0，2）之间取值，其数值越接

近 2，说明各地区间产业分工的程度越高，反之则越小。但是数据显示，京津冀各地 2003—2015 年的产业分工指数均远低于 1①，这说明京津冀地区间的产业分工程度确实偏低，存在一定的产业同构问题，这也是导致京津冀地区产业一体化水平偏低的主要原因之一。而京津冀的产业分工程度偏低，必然导致三地的产业结构呈较为分散的状态，产业间的联系不紧密，产业的无关多样化程度较高，这与上一章关于产业集聚模式典型特征的分析结论也相符。

值得注意的是，尽管整体来讲京津冀地区间的产业分工程度偏低，但是在 2006—2012 年期间京津冀地区间的产业分工指数是稳步走高的。这可能与这期间国家将天津滨海新区的开发开放上升为国家战略，在国家的支持下滨海新区的产业结构有较大改善，带动了京津冀的产业分工呈逐渐改善和良性发展态势有关。这期间的成功经验，值得好好总结一下。

4.4　本章小结

本章对京津冀产业一体化的现状进行了综合评价，旨在进一步为第 6 章从产业集聚模式入手考察京津冀产业一体化进程缓慢的原因提供经验依据。为此，这章首先讨论了产业一体化的核心内涵。我们认为，产业一体化是一个动态的过程，是区域产业通过整合和重组，形成良好的分工与协作的运行机制，从而提升区域整体产业竞争力，并进一步促进区域经济协同发展的过程。区域内各地区间贸易联系的密切性和产业分工程度是衡量产业一体化水平的基本判定标准，区域间贸易联系紧密且分工明确表明产业一体化程度高，反之，则说明产业一体化程度低。受地区间贸易额等统计数据缺乏的限制，我们采取了通过衡量地区间的市场一体化水平来间接衡量地区间的贸易联系是否紧密。而市场一体化水平则可以从产品市场和要素市场两方面去评判。所以，最终我们选择了利用地区间相对价格方差和工资水平差距以及区域分工指数，共同构成产业一体化的综合评价体系，并对京津冀产业一体化的进程进行了测度。结果显示，在 2003—2015 年期间京津冀的产业一体化程度整体表现为"先在波动中下降、然后缓慢上行"的走势，转折点为 2006 年；其

---

① 这里指未转换为功效得分之前的原始数据，其中，产业分工指数（产值数据）在 0.2354—0.8485 之间取值，而产业分工指数（就业数据）在 0.2851—0.8109 之间取值。

薄弱环节表现在要素市场一体化程度不高，产品市场一体化波动明显，且产业分工程度偏低。但是在 2006—2012 年期间京津冀地区间的产业分工指数是稳步走高的，这可能与这期间国家将天津滨海新区的开发开放上升为国家战略，在国家的支持下滨海新区的产业结构有较大改善，带动了京津冀的产业分工呈逐渐改善和良性发展态势有关。

第 5 章

京津冀特殊的产业结构与雾霾的关联性

5.1 什么是雾霾

5.1.1 雾与霾

霾又称灰霾、烟霾或大气棕色云，《地面气象观测规范》中对灰霾天气是这样定义的："大量极细微的干尘颗粒等均匀地浮游在空中，使得水平能见度小于10千米，使得远处光亮物微带黄或红色，使得黑暗物微带蓝色的空气普遍有混浊现象。"而雾则是大量悬浮在贴近地面的大气中的微细水滴（或冰晶）的可见集合体的一种自然现象。[①] 简而言之，雾是由水汽组成，而霾却是较干的颗粒物，这种颗粒物通常是极小的，基本上是微米量级，从而使得大气混浊，视野模糊并导致能见度恶化。所以，雾只是一种自然的天气现象，而霾则是一种污染物。因此，治理大气污染主要是治霾而非治雾，消除霾才是根本[②]。但是，"雾霾"一词已成为人们的日常用语，所以，这里仍采用"雾霾"一词，并用它来指代常见的大气污染物。

5.1.2 雾霾的主要成分

根据雾霾的定义可知，细小颗粒物（主要有 PM10 和 PM2.5）是构成雾霾的主要成分。[③] 其中，PM10 又称可吸入颗粒物，其粒径小于 $10\mu m$；而相对于

① 中国气象局. 地面气象观测规范 [M]. 北京：气象出版社，2003：160.
② 周强. 京津冀雾霾产生的根本原因及如何治理 [J]. 科技资讯，2014（8）：125−129.
③ 马丽梅，张晓. 中国雾霾污染的空间效应及经济、能源结构影响 [J]. 中国工业经济，2014（4）：19−31.

PM10，PM2.5 的粒径小于 $2.5\mu m$，其能直接进入并黏附在人的下呼吸道和肺叶，故又被称为可入肺颗粒物。但是，PM2.5 并非某一种化学类型的污染物，而是由多种污染物组成，其中含有会对人体造成危害的化学成分。具体到京津冀，由于各地市产业结构和自然环境差异，又造成了各地市 PM2.5 的组成成分不完全相同（关大博、刘竹，2014）[1]。关大博、刘竹（2014）通过研究发现，PM2.5 可分为一次颗粒物和二次颗粒物。其中，一次颗粒物也就是直接排放的 PM2.5；而构成 PM2.5 的二次颗粒物则主要是由二氧化硫、氮氧化物和氨气转化而来的无机盐组成，故二氧化硫、氮氧化物等也被称为 PM2.5 二次源。PM2.5 二次颗粒物占 PM2.5 质量浓度的 50%—70%之间。可见，二氧化硫、氮氧化物等二次源和直接排放的 PM10、PM2.5 等一次颗粒物是雾霾的主要成分。深入分析二氧化硫、氮氧化物和 PM10、PM2.5 等一次颗粒物的排放量及其成因，从根源上减少其排放量，是减少雾霾污染天气发生的有效措施。

5.1.3 雾霾的各种成因

雾霾产生的最直接原因主要就是空气中可吸入颗粒物的大量增加。[2] 一般认为，持续大范围的雾霾天气和空气质量下降是自然因素和人为活动共同作用的结果。[3]

一、自然气候条件

Gillies 等（1996）[4] 发现，以往的灰霾事件往往发生在非常低的风速以及超高的大气粉尘浓度条件下。Soleiman 等（2003）[5] 利用总悬浮颗粒物（TSP）来研究马来西亚巴生河流域 20 世纪 90 年代初的三场严重的雾霾事件。研究结果表明：颗粒稳定性是影响灰霾时期污染的主要因素，同时结合风向数据分析发现，雾霾最严重时期正好伴随着南风和西南风，这就说明雾霾的发生受风向风

① 关大博，刘竹. 雾霾真相：京津冀地区 PM2.5 污染解析及减排策略研究 [M]. 北京：中国环境出版社，2014：45.
② 甄春阳，赵成武，朱文姝. 从京津冀雾霾天气浅议我国能源结构调整的紧迫性 [J]. 中国科技信息，2014（7）：45−46.
③ 高歌. 1961—2005 年中国霾日气候特征及变化分析 [J]. 地理学报，2008（7）：761−768.
④ Gillies J. A.，Nickling W. G.，Mctainsh G. H. Dust concentrations and particle − size characteristics of an intense dust haze event：Inland Delta Region，Mali，West Africa [J]. Atmospheric Environment，1996，30（7）：1081−1090.
⑤ Soleiman A.，Othman M.，Samah A. A.，et al. The Occurrence of Haze in Malaysia：A Case Study in an Urban Industrial Area [J]. Pure and Applied Geophysics，2003，160（1）：221−238.

速的影响。此外，颗粒物的生长率会受其尺寸、季节和大气环境的影响，在生长的同时，微小的颗粒物会与大气中的气溶胶颗粒物发生聚并作用，形成较大颗粒物（Kulmala et al.，2004）[①]。因此，自然气候条件为雾霾的形成创造了生存条件，同时不利的气象条件也限制了雾霾的扩散。

二、社会经济活动影响

除气象条件不利于污染物的扩散这一直接诱因外，社会经济活动对雾霾的形成也有直接影响，甚至是主要原因。但不同的学者看法不一。郭俊华（2014）[②] 认为，造成严重雾霾天气的深层原因是我国重化工业在一定区域内的密集分布。顾为东（2014）[③] 认为，工业等污染和广大农村的土壤、水源严重污染的叠加效应，是中国工业化进程中严重雾霾形成的特殊机理。马丽梅、张晓（2014）[④] 认为，产业转移是污染高度集中的重要原因，其加深了地区间经济与污染的空间联动性。王自力（2016）[⑤] 指出，在地区经济发展中，单位产出的能耗强度越高，越容易诱发雾霾。崔学刚等（2016）[⑥] 认为，雾霾的产生是人口、产业、土地、交通等多要素在空间结构范畴内综合作用的后果。此外，也有从雾霾的主要成分来分析其成因的。吴志功（2015）[⑦] 认为，可吸入颗粒物（PM2.5）是雾霾天气的重要组成，而我国PM2.5的化学组成十分复杂，包括来自一次排放、污染气体的二次转化和光化学反应的产物。由于我国化石燃料占能源总量的92%，其中煤68.4%、石油18.6%和天然气5.0%[⑧]，而煤炭的燃烧会释放一次及二次污染物，因此，我国PM2.5的主要来源是燃烧排放。具体而言，城市中燃煤、尾气和工业窑炉所造成的一次及二次源污染在60%以上，

---

① Kulmala M.，Vehkamäki H.，Petäjä T.，et al. Formation and growth rates of ultrafine atmospheric particles：a review of observations [J]. Journal of Aerosol Science，2004，35（2）：143－176.

② 郭俊华，刘奕玮. 我国城市雾霾天气治理的产业结构调整 [J]. 西北大学学报（哲学社会科学版），2014（2）：85－89.

③ 顾为东. 中国雾霾特殊形成机理研究 [J]. 宏观经济研究，2014（6）：3－7.

④ 马丽梅，张晓. 中国雾霾污染的空间效应及经济、能源结构影响 [J]. 中国工业经济，2014（4）：19－31.

⑤ 王自力. 中国雾霾集聚的空间动态及经济诱因 [J]. 广东财经大学学报，2016（4）：31－41.

⑥ 崔学刚，王成新，王雪芹. 雾霾危机下大都市空间结构优化新路径探究 [J]. 上海经济研究，2016（1）：13－21.

⑦ 吴志功. 京津冀雾霾治理一体化研究 [M]. 北京：科学出版社，2015：10－12

⑧ 中国国家统计局编. 中国统计年鉴（2013）[M]. 北京：中国统计出版社，2013.

而建筑扬尘最多在20%（胡敏等，2011）[①]。综上所述，人们一般认为我国雾霾天气的形成主要是由重工业分布集中、高能耗高污染产业比重大、化石能源使用量过大造成的。

5.2 京津冀雾霾天气的严重性分析

5.2.1 京津冀空气达标情况

中华人民共和国生态环境部（以下简称生态环境部）发布的《环境空气质量指数（AQI）技术规定（试行）》（以下简称《规定》）将空气质量指数（air quality index，AQI）作为定量描述空气质量状况的无量纲指数。目前参与空气质量评价的主要污染物为细颗粒物、可吸入颗粒物、二氧化硫、二氧化氮、臭氧及一氧化碳等六项。同时该《规定》将空气质量指数级别划分为六级，详见表5.1。

表 5.1 空气质量指数及相关信息

空气质量指数	空气质量指数级别	空气质量指数类别及表示颜色		对健康影响情况
0—50	一级	优	绿色	空气质量令人满意，基本无空气污染
51—100	二级	良	黄色	空气质量可接受，但某些污染物可能对极少数异常敏感人群健康有较弱影响
101—150	三级	轻度污染	橙色	易感人群症状有轻度加剧，健康人群出现刺激症状
151—200	四级	中度污染	红色	进一步加剧易感人群症状，可能对健康人群心脏、呼吸系统有影响
201—300	五级	重度污染	紫色	心脏病和肺病患者症状显著加剧，运动耐受力降低，健康人群普遍出现症状
>300	六级	严重污染	褐红色	健康人群运动耐受力降低，有明显强烈症状，提前出现某些疾病

注：引自《环境空气质量指数（AQI）技术规定（试行）》，网址：http://kjs. mep. gov. cn/hjbhbz/bzwb/jcffbz/ 201203/W020120410332725219541. pdf

---

① 胡敏，唐倩，彭剑飞，等. 我国大气颗粒物来源及特征分析 [J]. 环境与可持续发展，2011 (5)：15—19.

　　由表 5.1 可知，空气质量指数级别为一级和二级时，空气质量为优和良，是人们可接受的空气质量情况，本项研究将这两个级别的天气认定为空气质量达标天气，其他级别为空气质量未达标天气。

　　表 5.2 为生态环境部根据空气质量指数统计的 2016 年京津冀地区空气质量各级别天气情况。由表 5.2 可知，从空气质量达标天数排名来看，空气质量较好的是河北省的张家口、秦皇岛和承德，空气质量较差的有河北省的衡水、保定、邢台和石家庄。北京市 2016 年全年的空气质量情况很差，其空气达标天数仅占全年的 52.34%，这说明 2016 年近半年的时间北京市处于污染空气质量条件下，雾霾污染严重。天津市虽然空气达标天数占全年的 61.37%，但是重度及严重污染的天气发生数高达 30 天之多。地区空气质量最好的是张家口，全年达标天数达到 78.57%，同时没有出现重度和严重污染天气。排名第三的是承德，其全年达标天数达到 74.45%，重度污染天气全年出现 4 天，没有发生过严重污染天气。除张家口、承德外，其他城市（含排名第二的秦皇岛）都或多或少地发生过重度污染和严重污染天气；同时，京津冀地区平均空气质量达标天气仅占全年的 56.31%，这说明京津冀地区 2016 年全年有近 160 天的空气质量不佳，空气污染严重。

表 5.2　2016 年京津冀地区空气质量各级别天气占比统计

地区	达标天数（%）			未达标天数（%）					空气质量排名
	优	良	合计	轻度污染	中度污染	重度污染	严重污染	合计	
北京	16.80	35.54	52.34	23.42	13.50	8.26	2.48	47.66	8
天津	6.85	54.52	61.37	24.11	6.30	6.58	1.64	38.63	4
石家庄	6.03	41.92	47.95	22.74	9.86	13.15	6.30	52.05	10
唐山	4.93	49.32	54.25	27.67	7.67	7.95	2.47	45.76	7
秦皇岛	17.03	57.97	75.00	17.86	4.40	2.47	0.27	25.00	2
邯郸	2.20	50.00	52.20	26.92	9.89	7.69	3.30	47.80	9
邢台	3.57	43.41	46.98	29.12	12.36	8.79	2.75	53.02	11
保定	5.22	36.81	42.03	29.40	12.64	11.81	4.12	57.97	12
张家口	20.05	58.52	78.57	18.96	2.47	0.00	0.00	21.43	1
承德	20.60	53.85	74.45	19.23	5.22	1.10	0.00	25.55	3
沧州	4.96	51.24	56.20	27.55	9.09	6.34	0.83	43.81	5
廊坊	8.52	47.53	56.05	28.85	6.87	5.77	2.47	43.96	6
衡水	1.37	33.24	34.61	40.11	13.46	9.89	1.92	65.38	13

　　数据来源：中华人民共和国环境保护部数据中心。

我国自 2013 年 1 月开始按照《环境空气质量标准》（GB 3095—2012）对京津冀、长三角、珠三角等重点地区及直辖市、省会城市和计划单列市共 74 个城市（简称 74 城市）开展监测和评价。2018 年 1 月 18 日，生态环境部对外发布了 2017 年全国 74 个城市空气质量排名，后十位城市依次是：石家庄、邯郸、邢台、保定、唐山、太原、西安、衡水、郑州和济南，河北省依然占据六席，其中石家庄排名倒数第一。京津冀区域 13 个城市全年平均优良天数比例为 56.0%，同比下降 0.8 个百分点①。上述数据说明，与 2016 年相比，2017 年京津冀地区的雾霾污染情况并没有明显好转，空气污染仍然严重。但是，我们也看到，自《京津冀及周边地区 2017—2018 年秋冬季大气污染综合治理攻坚行动方案》（环大气〔2017〕110 号）实施以来，2017 年 10 月—12 月 PM2.5 浓度削减幅度最大的前六位城市是石家庄、北京、廊坊、保定、鹤壁和安阳市，与 2016 年同期相比，PM2.5 浓度削减幅度均在 40% 以上。可见，只要采取得力的大气污染综合治理措施，还是可以收到很好的成效的。

5.2.2 京津冀空气污染物分析：基于环保部的环境监测数据

生态环境部从 2010 年开始公布全国各地区主要污染物排放量，表 5.3 是根据环保部公布的 2015 年上半年全国各地区主要污染物排放量数据计算而得的各地区主要污染物排放量占全国排放量的比重。表中列出了四种污染物的排放比例，其中化学需氧量和氨氮排放量主要是衡量水污染程度的，而由上文可知，二氧化硫和氮氧化物排放量是雾霾的主要构成，因此后两种污染物主要是衡量大气污染程度的。

表 5.3　2015 年上半年各省区主要污染物排放量占全国的比重（%）

地区	化学需氧量	氨氮	二氧化硫	氮氧化物
京津冀	0.83	6.13	7.25	9.21
北京	0.77	0.72	0.32	0.70
天津	0.01	1.11	0.95	1.21
河北	0.06	4.30	5.98	7.30
山西	0.02	2.26	6.23	5.08
内蒙古	0.04	2.14	6.73	6.37
辽宁	0.05	4.22	4.92	4.02

① http：//www. gov. cn/xinwen/2018—01/18/content_5257873. htm

（续表）

地区	化学需氧量	氨氮	二氧化硫	氮氧化物
吉林	0.03	2.12	1.78	2.61
黑龙江	0.06	3.60	2.22	3.37
上海	0.01	1.93	0.83	1.64
江苏	0.05	5.92	4.75	6.25
浙江	0.03	4.33	2.83	3.41
安徽	0.04	4.30	2.56	4.17
福建	0.03	3.82	1.85	2.16
江西	0.03	3.62	2.67	2.63
山东	0.08	6.70	8.46	7.66
河南	0.06	5.81	6.16	6.66
湖北	0.04	4.99	3.05	2.63
湖南	0.06	6.48	3.39	2.52
广东	0.07	8.42	3.78	5.76
广西	0.03	3.49	2.16	2.07
海南	0.01	0.94	0.19	0.43
重庆	0.02	2.07	2.69	1.65
四川	0.05	5.56	3.73	2.99
贵州	0.01	1.56	4.60	2.31
云南	0.02	2.38	2.87	2.23
西藏	0.00	0.14	0.03	0.26
陕西	0.02	2.45	4.11	3.29
甘肃	0.02	1.60	3.19	1.99
青海	0.00	0.42	0.77	0.61
宁夏	0.01	0.71	2.02	1.80
新疆维吾尔自治区	0.02	1.69	2.02	3.60
新疆兵团	0.00	0.22	0.56	0.64

数据来源：根据中华人民共和国环境保护部数据中心公布数据计算而得。

由表 5.3 可知，京津冀地区二氧化硫和氮氧化物的排放量分别占全国（除港澳台外）7.25％和 9.21％，其中河北省二氧化硫和氮氧化物的占比在全国 31 个省区中分别排在第五位和第二位。前已指出，PM2.5 的来源包括 PM2.5 一次源和 PM2.5 二次源，二氧化硫和氮氧化物是形成 PM2.5 的主要二次源。而且关大博、刘竹（2014）的研究表明，2010 年的京津冀地区，由二氧化硫和氮氧化物等前体物二次生成的细颗粒物是最重要的 PM2.5 组成成分，二者共占质量浓度的 50%—70% 之间[①]。表 5.3 表明，5 年之后，二氧化硫和氮氧化物仍是导致京津冀地区雾霾天气的主要二次源。另外，《2017 年 5 月京津冀、长三角、珠三角域及直辖市、省会城市和计划单列市空气质量报告》显示，京津冀地区超标天气中，以 PM2.5 为首要污染物的天数最多，PM10 次之，且京津冀地区中这两种污染物的平均浓度表现为同比上升，因此，PM2.5 和 PM10 也是导致京津冀地区雾霾污染天气的重要成分。

鉴于此，下文进一步从产业层面揭示京津冀雾霾的成因时，我们将主要测算各产业排放的二氧化硫、氮氧化物、PM10 和 PM2.5 等污染物。

5.2.3 京津冀空气污染物分析：基于各行业能耗的测算数据

下面，我们进一步从行业层面测算各行业（特别是工业）排放的二氧化硫、氮氧化物、PM10 和 PM2.5 等大气污染物，揭示京津冀雾霾的成因。

一、河北省各行业大气污染物排放量的测算

1. 雾霾主要成分的测算方法

参考赵斌和马建中（2008）、关大博等（2014）、郑明等（2015）等文献的做法，本项研究测算各种大气污染物排放量的公式如下：

$$P = \sum_{i,j} E_{i,j} \times EF_{i,j} \times X_i \times (1 - \eta_i) \tag{5.1}$$

其中，P 表示某种大气污染物（如 SO_2、NO_x、PM2.5 一次源）的排放量；i、j 分别代表行业序号和能源类型；$E_{i,j}$ 为 i 行业对第 j 种能源的消耗量，统一以标准煤计量[②]；$EF_{i,j}$ 为排放系数，即 i 行业每消耗单位第 j 种能源排放某种大气污染物的数量，单位为"吨/万吨标准煤"；X_i 为控污技术在 i 行业的分布率（%）；η_i 为 i 行业控污技术去除污染物的效率（%）。

需要说明的是，国外对排放因子的研究相对较早也较多。例如，美国国家环保署（EPA）在 1970 年就已开始测算并完善各种能耗的排放因子；欧洲环保署也从 1992 年开始开展了有关排放因子的研究工作；日本也在 2007 年开发出关于各污染物的排放清单。但国外的这些研究大多是根据当地的具体情况测定或测算的，要研究我国的雾霾排放情况还需因地制宜，确立适合我国现状的排

---

① 关大博，刘竹. 雾霾真相：京津冀地区 PM2.5 污染解析及减排策略研究 [M]. 北京：中国环境出版社，2014：14—27.

② 在将各种能耗量换算为按标准煤计量时，本项研究参考的是《综合能耗计算通则》（GB/T 2589—2008）及《中国能源统计年鉴 2016》中的换算系数。

118

放因子。国内关于排放因子的研究较少，而且起步相对较晚。江小珂、唐孝炎
(2002)[1] 在进行课题研究时，确立了符合中国实际情况的各类污染物的排放因
子；此外，赵斌、马建中（2008）[2] 在确立天津市污染源排放清单时也采用了大
量能反映国内情况的排放因子。在现实中，每个企业每种能耗的排放因子的大
小取决于多方面的因素，如是否采用了控污技术、控污技术去除污染物的效率怎
样，等等。本项研究所采用的排放因子，引自江小珂、唐孝炎（2002）和赵斌、
马建中（2008）的研究，是综合考虑了上述因素（包括排放系数、控污技术的分
布率和去除污染物的效率）后的行业平均水平[3]。此时，式（5.1）简化为：

$$P = \sum_{i,j} E_{i,j} \times EF_j \tag{5.2}$$

其中，EF_j 为排放因子，即在现有技术水平下每单位第 j 种能源的消耗平
均排放某种大气污染物的数量，单位为"吨/万吨标准煤"。

表 5.4　各种能源的大气污染物排放因子

（单位：吨/万吨标准煤）

能源种类	原煤	焦炭	原油	汽油	柴油	燃料油	天然气	液化石油气	其他油制品
SO_2	139.997	195.594	19.250	10.874	15.373	15.680	1.353	1.050	16.000
NO_x	55.999	49.413	35.629	113.497	66.022	40.879	13.233	12.250	53.286
PM2.5—次源	10.360	1.482	0.420	0.850	2.128	2.170	1.278	0.875	2.214
PM10	22.540	2.965	11.200	1.699	2.128	2.170	1.805	1.283	2.214

资料来源：江小珂，唐孝炎. 北京市大气污染控制对策研究 [R]. 北京：北京市环保局，北京大
学，清华大学等，1－268；赵斌，马建中. 天津市大气污染源排放清单的建立 [J]. 环境科学学报，
2008, 28 (2)：368－375.

2. 河北省各行业雾霾排放量的测算结果

本节对河北省分行业雾霾排放量的测算采用的是全行业数据，但是限于数
据的可得性，同时考虑到规模以上工业企业的产值和能耗数据的占比较大，在
下文中对河北省分地市的研究所采用的数据是规模以上工业企业的。

为了测算因消耗能源而排放的雾霾，需要搜集各行业对各种能源的消耗量。
在我国的能源平衡表中，单列的能源种类达 26 种之多，但是从历年的能源统计

---

① 江小珂，唐孝炎. 北京市大气污染控制对策研究 [R]. 北京：北京市环保局，北京大
学，清华大学等，1－268.
② 赵斌，马建中. 天津市大气污染源排放清单的建立 [J]. 环境科学学报，2008 (2)：
368－375.
③ 在具体测算时，我们将其转换成了按标准煤计量的排放因子。

数据来看，主要的能耗品种是如下 10 种能源：煤、焦炭、天然气、原油、汽油、柴油、燃料油、液化石油气、电力和热力。由于对电力和热力这两种二次能源的消耗本身并不导致污染排放，在测算因消耗能源而排放的雾霾时无须将其考虑在内，因此，为简化和突出主要问题起见，本项研究对河北省各行业排放的雾霾主要成分的测算，仅选取前 7 种主要化石能源参与计算①。

由表 5.5 可知，河北省各行业因消耗能源排放的雾霾主要污染物总量在 2010 至 2013 年逐年增加，但是 2014 年有所下降，各类污染物也表现出相同的变化方向。其中，历年以排放的 SO_2 的占比均最高，占三种主要污染物总和的 69％以上，接近 70％；NO_x 排放量的占比在 27％左右浮动；PM2.5 一次源的占比最小，基本维持在 3％—4％之间。

表 5.5　河北省历年排放的雾霾主要成分

（单位：万吨）

年份		2010	2011	2012	2013	2014
SO_2	排放量	405.66	433.05	447.49	464.18	440.67
	占比（％）	69.67	69.19	69.28	69.59	69.70
NO_x	排放量	156.12	170.12	174.90	179.01	169.22
	占比（％）	26.81	27.18	27.08	26.84	26.77
PM2.5 一次源	排放量	20.44	22.76	23.53	23.80	22.33
	占比（％）	3.51	3.64	3.64	3.57	3.53
排放总量		582.22	625.93	645.92	666.99	632.22

分行业来看（见表 5.6），历年都是工业对各种大气污染物的排放量最大，其排放量占全行业的比例均在 90％以上，而其他行业的排放量占比要小很多。其中，工业行业对 SO_2 排放量的贡献率达 98％左右，对 NO_x 排放量的贡献率达 93％左右，对 PM2.5 一次源的贡献率达 97％左右。可见，工业是最主要的排放源。

进一步地，从表 5.7 可以看出，又以金属冶炼和压延加工品、电力、热力的生产和供应业、石油加工、炼焦和核燃料加工业、煤炭开采和洗选业、化学产品等 5 个工业部门对 SO_2、NO_x 和 PM2.5 一次源排放量的贡献最大，都进入

---

① 在下文中，我们对天津各行业排放的雾霾主要成分的测算，还考虑了其他油制品，也就是选取了原煤、焦炭、原油、汽油、柴油、燃料油、天然气及其他油制品等 8 种主要化石能源消耗参与计算；而对北京工业部门排放的雾霾主要成分的测算，则考虑了液化石油气，也就是选取原煤、焦炭、原油、汽油、柴油、燃料油、天然气及液化石油气等 8 种主要化石能源消耗参与计算。

了前 6 名。区别仅在于：金属冶炼和压延加工品对 SO_2 及 NO_x 的排放量最大，但对 PM2.5 一次源的排放量低于电力、热力的生产和供应业；而对 PM2.5 一次源的排放量最大的行业是电力、热力的生产和供应业；石油加工、炼焦和核燃料加工业、煤炭开采和洗选业对三种主要污染物的贡献率则均排在第 3 和第 4 位。因此，加强对这五个行业的排污治理，应该作为治理雾霾的主攻方向。此外，非金属矿物制品业对 SO_2 及 PM2.5 一次源排放量的贡献也较大，但是对 NO_x 排放量的贡献相对较小；交通运输仓储和邮政业对 NO_x 排放量的贡献也较大，但是对 SO_2 及 NO_x 排放量的贡献相对较小。交通运输仓储和邮政业之所以成为唯一的一个对 NO_x 排放量贡献较大的非工业行业，这主要是由于交通运输中大量的尾气排放导致的。

表 5.6　河北省各行业对雾霾主要成分排放量的贡献

（单位：%）

主要污染物	行业	2010	2011	2012	2013	2014
SO₂	农林牧渔业	0.25	0.29	0.40	0.40	0.38
	工业	97.98	98.04	98.07	98.39	98.41
	建筑业	0.10	0.08	0.08	0.05	0.05
	交通运输仓储和邮政业	0.36	0.35	0.37	0.33	0.31
	批发零售和住宿餐饮业	0.34	0.38	0.40	0.27	0.28
	其他行业	0.97	0.85	0.67	0.56	0.57
NOx	农林牧渔业	0.81	1.30	1.34	1.34	1.39
	工业	93.12	92.79	92.94	93.21	93.38
	建筑业	0.29	0.27	0.27	0.24	0.24
	交通运输仓储和邮政业	3.59	3.55	3.50	3.35	3.13
	批发零售和住宿餐饮业	0.54	0.56	0.59	0.49	0.51
	其他行业	1.66	1.53	1.36	1.37	1.36
PM2.5 一次源	农林牧渔业	0.42	0.49	0.64	0.65	0.62
	工业	96.63	96.80	96.88	97.21	97.19
	建筑业	0.16	0.12	0.12	0.09	0.09
	交通运输仓储和邮政业	0.82	0.79	0.80	0.76	0.74
	批发零售和住宿餐饮业	0.52	0.55	0.58	0.43	0.47
	其他行业	1.45	1.24	0.98	0.87	0.89

表 5.7 河北省雾霾主要成分排放量占比较大的行业部门

(单位:%)

主要污染物	行业	2010	2011	2012	2013	2014
SO₂	金属冶炼和压延加工品	44.79	42.60	41.84	44.49	45.44
	电力、热力的生产和供应业	23.55	23.78	22.86	23.24	23.44
	石油加工、炼焦和核燃料加工业	11.21	12.62	13.21	13.56	12.83
	煤炭开采和洗选业	8.73	9.73	10.30	8.74	8.39
	化学产品	3.36	2.80	3.14	2.80	2.93
	非金属矿物制品业	2.87	3.21	3.41	2.65	2.74
	占比合计	94.51	94.75	94.78	95.49	95.77
NOx	金属冶炼和压延加工品	33.59	31.95	31.16	33.42	34.28
	电力、热力的生产和供应业	24.52	24.25	23.44	24.13	24.44
	石油加工、炼焦和核燃料加工业	15.18	16.45	17.02	17.12	16.51
	煤炭开采和洗选业	9.12	9.93	10.59	9.12	8.76
	交通运输仓储和邮政业	3.59	3.55	3.50	3.35	3.13
	化学产品	3.53	2.96	3.31	3.04	3.22
	占比合计	89.51	89.09	89.02	90.18	90.35
PM2.5一次源	电力、热力的生产和供应业	34.58	33.49	32.17	33.54	34.23
	金属冶炼和压延加工品	20.47	21.11	19.34	20.70	21.25
	石油加工、炼焦和核燃料加工业	15.50	16.82	17.67	18.77	17.88
	煤炭开采和洗选业	12.83	13.70	14.50	12.62	12.25
	非金属矿物制品业	4.22	4.58	4.83	3.86	4.05
	化学产品	4.62	3.71	4.17	3.86	4.03
	占比合计	92.22	93.41	92.70	93.35	93.70

3. 河北省各地市雾霾排放量的测算结果

前已指出,从河北省三种主要大气污染物的排放情况来看,历年以排放的 SO₂ 的占比最高,占三种主要污染物总和的 69% 以上,接近 70%;NOx 排放量的占比在 27% 左右浮动;PM2.5 一次源的占比最小,基本维持在 3%—4% 之间。经测算,各地市排放的三种主要污染物的分布情况与之相似,大同小异,这里从略。下面,主要对比分析各地市排放三种主要污染物总量的空间分布情况。

从河北省各地市排放三种主要大气污染物的总量来看(如图 5.1 所示),唐山市、邯郸市、石家庄市是历年排放量占比最高的三个城市,三个城市三种主要大气污染物的总排放量占全省总排放量的 70% 左右。其中,又以唐山历年占比最高,占全省总排放量的 35% 左右;邯郸其次,占全省总排放量的 20% 左右；石家庄第三，占全省总排放量的 15% 左右；其余 8 个地市总计占全省排放量的 20% 左右。这既可能与它们的经济总量较大有关，也可能与其特殊的产业结构有关，在下文中我们还要对此做进一步的分析。

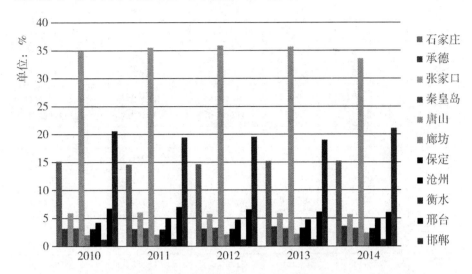

图 5.1　河北省各地市三种大气污染物的排放量占全省的比例

注：图中每年各地市的排列顺序从左至右依次是石家庄、承德、张家口、秦皇岛、唐山、廊坊、保定、沧州、衡水、邢台、邯郸。

二、天津市各行业大气污染物排放量的测算

1. 天津市各行业大气污染物排放量的变化趋势

根据式 (5.2)，我们计算得到 2003—2016 年天津市各行业因消耗能源[①]所排放的各种大气污染物（NO_x、SO_2、PM10、PM2.5 一次源）的排放量及其变化趋势（见表 5.8 和图 5.2）。从图中可看出，在 2013 年之前，四种大气污染物的排放量大都呈稳定上升的趋势（仅在 2009—2010 年期间波动较大[②]），四种大气污染物的排放总量从 2003 年的 242332.9 吨增加到 2013 年的 527441.0 吨；2014 年以来才有所下降，到 2016 年已下降至 465533.0 吨。其中，各年份又以 NO_x、SO_2 的排放量远高于 PM10、PM2.5 一次源的排放量。

[①]　这里选取了原煤、焦炭、原油、汽油、柴油、燃料油、天然气及其他油制品等 8 种主要化石能源消耗参与计算。

[②]　这可能与如下事实有关：2008 年成功协办北京奥运会之后，天津放松了对高能耗、高污染企业的管制，导致 2009 年大气污染物的排放显著增加，雾霾加重，2010 年不得不重新加强对高能耗、高污染企业的规制。

表 5.8　2003—2016 年天津大气污染物排放总量

（单位：吨）

年份	NOx	SO₂	PM10	PM2.5一次源	排放总量
2003	80316.1	134696.8	18785.1	8534.8	242332.9
2004	111568.1	174321.0	19124.6	9492.6	314506.3
2005	111874.6	173483.9	18953.5	9422.7	313734.7
2006	122769.5	212434.7	19283.9	9662.4	364150.5
2007	131901.6	240514.8	20318.2	10183.1	402917.7
2008	142226.2	250993.2	20646.6	10497.2	424363.1
2009	151784.3	279596.8	21105.9	10774.0	463260.4
2010	145585.2	247526.6	21757.3	11021.7	425890.8
2011	158502.9	263332.6	23040.8	11805.3	456681.6
2012	173211.4	300631.8	24191.2	12510.7	510545.1
2013	170491.3	318800.4	25215.0	12934.2	527441.0
2014	170381.2	310323.5	23915.6	12427.0	517047.3
2015	168567.1	288025.6	21759.5	11547.1	489899.4
2016	164286.5	270575.9	19914.1	10756.6	465533.0

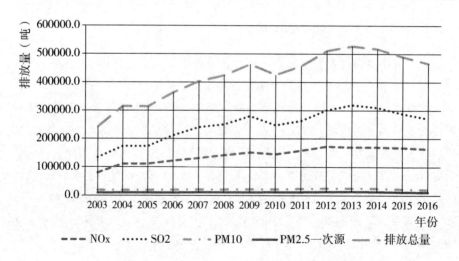

图 5.2　2003—2016 年天津大气污染物排放总量

2. 天津市大气污染物排放量的行业分布特征

为了进一步分析大气污染物的来源，看看哪些行业是排放大气污染物最多的行业，我们对各行业 2003—2016 年排放大气污染物（NOx、SO₂、PM10 和 PM2.5一次源）的总量进行了排名，见表 5.9。这类行业存在很大的节能减排潜力，这对政府制定减排政策、进行产业结构的调整有一定意义。

表 5.9　2003—2016 年天津各行业大气污染物累计排放量

（单位：吨）

序号	行业	NOₓ	SO₂	PM10	PM2.5 一次源	排放总量	占比	排名
1	农林牧渔业	48368.86	31116.64	4869.26	2690.81	87045.57	1.47%	11
2	采掘业	56972.91	62605.43	8474.59	2996.26	131049.19	2.21%	9
3	食品制造及烟草加工业	29128.24	64448.00	10493.23	4882.94	108952.40	1.84%	10
4	纺织业	9483.14	22176.99	3590.56	1658.65	36909.34	0.62%	17
5	纺织服装鞋帽皮革羽绒及其制品业	5496.23	10732.20	1735.16	803.62	18767.21	0.32%	19
6	木材加工及家具制造业	3080.95	5833.49	942.89	440.51	10297.85	0.17%	20
7	造纸印刷及文教体育用品制造业	13662.33	29481.67	4740.82	2194.80	50079.61	0.85%	14
8	石油加工、炼焦和核燃料加工业	86622.27	35743.37	5485.99	4387.27	132238.90	2.23%	8
9	化学工业	283356.01	303196.06	47527.12	26012.45	660091.64	11.15%	2
10	非金属矿物制品业	54207.82	110517.87	17051.77	8125.29	189902.75	3.21%	5
11	金属冶炼及压延加工业	690045.99	2338287.92	121462.29	57272.85	3207069.06	54.19%	1
12	金属制品业	18704.28	34552.54	5541.41	2561.80	61360.02	1.04%	13
13	通用、专用设备制造业	29109.28	38015.17	4963.97	2521.19	74609.62	1.26%	12
14	交通运输设备制造业	15316.19	24121.36	3915.63	1882.74	45235.92	0.76%	15
15	电气机械和器材制造业	6287.50	10401.86	1684.91	798.42	19172.68	0.32%	18
16	计算机、通信和其他电子设备制造业	3956.86	4027.98	742.18	385.93	9112.94	0.15%	21
17	仪器仪表制造业	1207.41	1106.84	182.18	87.97	2584.40	0.04%	23
18	其他制造业	2507.58	5168.98	835.96	389.82	8902.34	0.15%	22
19	废弃资源综合利用业	439.74	737.49	68.32	35.44	1280.99	0.02%	25
20	电力、热力的生产和供应业	11010.86	23858.09	3843.82	1778.24	40491.00	0.68%	16
21	燃气生产和供应业	968.13	1105.34	205.12	103.30	2381.99	0.04%	24
22	水的生产和供应业	356.26	451.38	72.49	33.77	913.91	0.02%	26
23	建筑业	109061.98	44851.08	6800.66	4523.14	165236.86	2.79%	7
24	交通运输、仓储和邮政业	304217.57	103740.40	15832.81	10923.38	434714.16	7.35%	3
25	批发、零售和住宿、餐饮业	107233.92	55721.00	10366.58	5651.39	178972.88	3.02%	6
26	其他服务业	112661.89	103258.42	16580.91	8427.36	240928.58	4.07%	4
	合　计	2003464.18	3465257.55	298010.72	151569.35	5918301.79	100.00%	

由表 5.9 可知，金属冶炼及压延加工业占全行业大气污染物排放总量的 54.19%，排名第一，其排放的 NO_x、SO_2、PM10 和 PM2.5 一次源分别占全行业排放总量的 34.44%、67.48%、40.76%、37.79%；化学工业占全行业大气污染物排放总量的 11.15%，排名第二，其排放的 NO_x、SO_2、PM10 和 PM2.5 一次源分别占全行业排放总量的 14.14%、8.75%、15.95%、17.16%。二者是大气污染物排放大户，属于重污染行业。此外，交通运输、仓储和邮政业占全行业大气污染物（NO_x、SO_2、PM10 和 PM2.5 一次源）排放总量的 7.35%，排名第三；非金属矿物制品业、石油加工炼焦和核燃料加工业、采掘业、食品制造及烟草加工业这些工业行业大气污染物的排放量也很高，排名也都进入了全行业前十名，分别占全行业大气污染物（NO_x、SO_2、PM10 和 PM2.5）排放总量的 3.21%、2.23%、2.21% 和 1.84%。

如果我们进一步将所有行业归并为工业、农林牧渔业、建筑业、交通运输仓储和邮政业、批发零售和住宿餐饮业、其他服务业（指交通运输仓储和邮政业、批发零售和住宿餐饮业之外的其他所有服务业）等六大行业，则 2003—2016 年这六大行业因消耗能源而累计排放的 NO_x、SO_2、PM10 和 PM2.5 一次源如表 5.10 所示。其中，工业累计排放的 NO_x、SO_2、PM10 和 PM2.5 一次源分别占全行业 NO_x、SO_2、PM10 和 PM2.5 一次源排放总量的 65.98%、90.23%、81.73%、78.74%，工业累计排放的大气污染物（NO_x、SO_2、PM10 和 PM2.5 一次源）总量占全行业大气污染物排放总量的 81.30%。可见，工业是天津大气污染物最主要的排放源。

表 5.10　2003—2016 年天津六大行业大气污染物累计排放量

（单位：吨）

		工业	农林牧渔业	建筑业	交通运输仓储和邮政业	批发零售和住宿餐饮业	其他行业	合计
NOx	排放量	1321920.0	48368.9	109062.0	304217.6	107233.9	112661.9	2003464.2
	占比	65.98%	2.41%	5.44%	15.18%	5.35%	5.62%	100.00%
SO₂	排放量	3126570.0	31116.6	44851.1	103740.4	55721.0	103258.4	3465257.5
	占比	90.23%	0.90%	1.29%	2.99%	1.61%	2.98%	100.00%
PM10	排放量	243560.5	4869.3	6800.7	15832.8	10366.6	16580.9	298010.7
	占比	81.73%	1.63%	2.28%	5.31%	3.48%	5.56%	100.00%
PM2.5 一次源	排放量	119353.3	2690.8	4523.1	10923.4	5651.4	8427.4	151569.4
	占比	78.74%	1.78%	2.98%	7.21%	3.73%	5.56%	100.00%
合计	排放量	4811403.7	87045.6	165236.9	434714.2	178972.9	240928.6	5918301.8
	占比	81.30%	1.47%	2.79%	7.35%	3.02%	4.07%	100.00%

3. 天津市各工业行业大气污染物排放情况分析

鉴于工业是天津大气污染物最主要的排放源，下面我们对天津工业分行业的大气污染物排放情况做进一步的分析。

从表 5.11 可以看出，2003 年排放大气污染物最多的前 10 个部门依次是：金属冶炼及压延加工业，化学工业，非金属矿物制品业，通用、专用设备制造业，食品制造及烟草加工业，石油加工、炼焦和核燃料加工业，采掘业，纺织业，金属制品业，造纸印刷及文教体育用品制造业；到了 2016 年，排放大气污染物最多的前 10 个部门依次是：金属冶炼及压延加工业，化学工业，采掘业，非金属矿物制品业，通用、专用设备制造业，食品制造及烟草加工业，石油加工、炼焦和核燃料加工业，金属制品业，造纸印刷及文教体育用品制造业，交通运输设备制造业。与 2003 年相比，2016 年纺织业已退出排放大气污染物最多的前 10，而交通运输设备制造业则进入排放大气污染物最多的前 10。另外，从排放的绝对量来看，与 2003 年相比，2016 年仍在增排大气污染物的行业仅有 4 个，分别为金属冶炼及压延加工业、化学工业、采掘业和废弃资源综合利用业。其中，如前所述，金属冶炼及压延加工业、化学工业、采掘业本身就属于大气污染物排放量最大的前 10 个行业之一，而且它们的排放量还在增加。尤其是金属冶炼及压延加工业，2016 年该行业的大气污染物排放总量比 2003 年增加了228280.59 吨，为整个工业增排量贡献了 119.49%，究其原因，主要是由于其能耗规模和产值规模都在扩大（该行业能耗比重从 2003 年的 21.17% 提高到了2016 年的 52.54%，总产值比重从 2003 年的 11.96% 提高到了 2016 年的13.56%），至于其按总产值计算的能源强度则是下降的（由 2003 年的 4822.31吨标准煤/亿元下降到了 2016 年的 2813.40 吨标准煤/亿元）。化学工业 2016 年比 2003 年多排放大气污染物 24332.89 吨，为整个工业增排量贡献了 12.74%。究其原因，主要是由于其能耗规模扩大（该行业能耗比重从 2003 年的 24.56%提高到 2016 年的 30.41%），至于其能源强度则是下降的（由 2003 年的 4896.45吨标准煤/亿元下降到 2016 年的 2873.45 吨标准煤/亿元），产值比重也较 2003年有所降低。采掘业 2016 年比 2003 年多排放大气污染物 1413.33 吨，为整个工业增排量贡献了 0.74%，究其原因，主要是因为其产值和能耗的绝对规模仍在扩大（尽管其产值比重和能耗比重都是下降的），至于其能源强度也是下降的（由 2003 年的 3336.99 吨标准煤/亿元下降到 2016 年的 789.22 吨标准煤/亿元）。

另外，从表 5.11 还可看出，金属冶炼及压延加工业、化学工业的能源强度远高于工业部门的平均能源强度，且二者在工业部门中的产值比重也属于较大者，正是因为这些方面的原因，使得过去了 10 多年之后的今天，金属冶炼及压延加工业、化学工业仍是天津大气污染物排放最多的 2 个部门。相反，纺织业、通用、专用设备制造业等工业行业则主要是由于能源强度的大幅下降，使得它们 2016 年排放的大气污染物较 2003 年有较大幅度的下降。当然，也正因为金属冶炼及压延加工业、化学工业的能源强度大，未来它们的减排潜力也很大，应成为减排重点关注的行业。

表 5.11　天津各工业行业 2003 年、2016 年大气污染物排放情况及相关指标

工业行业	能源消耗比重（%）		总产值比重（%）		能源强度（吨标准煤/亿元）		大气污染物排放总量（吨）		大气污染物排放总量变化	
	2003 年	2016 年	2003 年	2016 年	2003 年	2016 年	2003 年	2016 年	变化量（吨）	贡献（%）
采掘业	7.79	3.32	6.36	3.05	3336.99	789.22	8185.46	9598.79	1413.33	0.74
食品制造及烟草加工业	4.89	1.27	5.57	7.29	2392.23	126.39	11912.97	3609.85	−8303.12	−4.35
纺织业	2.81	0.10	1.88	0.28	4070.71	262.14	6929.48	338.93	−6590.55	−3.45
纺织服装鞋帽皮革羽绒及其制品业	0.89	0.16	2.67	1.51	905.15	77.30	2059.30	554.04	−1505.26	−0.79
木材加工及家具制造业	0.64	0.07	1.26	0.47	1376.62	101.28	1420.90	90.67	−1330.23	−0.70
造纸印刷及文教体育用品制造业	2.17	0.47	2.11	2.58	2801.73	131.29	5284.46	1388.74	−3895.71	−2.04
石油加工、炼焦和核燃料加工业	11.19	2.78	4.98	3.00	6119.85	672.30	9167.78	2791.74	−6376.04	−3.34
化学工业	24.56	30.41	13.66	7.69	4896.45	2873.45	41909.90	66242.79	24332.89	12.74
非金属矿物制品业	7.57	2.97	1.59	1.27	12975.54	1698.73	16597.13	6944.15	−9652.97	−5.05
金属冶炼及压延加工业	21.17	52.54	11.96	13.56	4822.31	2813.40	50795.34	279075.93	228280.59	119.49
金属制品业	3.30	1.81	3.99	3.66	2250.78	359.25	5597.29	2257.09	−3340.20	−1.75
通用、专用设备制造业	6.35	2.04	4.91	7.24	3524.56	204.92	15553.68	3874.56	−11679.12	−6.11
交通运输设备制造业	2.14	1.22	7.77	15.79	750.54	56.04	4824.50	1181.17	−3643.33	−1.91
电气机械和器材制造业	1.00	0.23	4.84	3.72	564.57	44.72	2241.46	335.15	−1906.31	−1.00
计算机、通信和其他电子设备制造业	0.95	0.20	21.88	25.40	118.78	5.66	1572.81	149.67	−1423.14	−0.74
仪器仪表制造业	0.66	0.02	0.99	0.37	1811.21	38.63	1133.61	43.44	−1090.18	−0.57
其他制造业	0.39	0.02	0.71	0.53	1501.15	28.42	972.53	48.31	−924.21	−0.48
废弃资源综合利用业	0.00	0.11	0.04	0.55	39.44	148.31	1.64	222.16	220.53	0.12
电力、热力的生产和供应业	0.82	0.23	2.46	1.67	911.25	100.00	1842.12	1119.75	−722.37	−0.38
燃气生产和供应业	0.67	0.03	0.20	0.29	9160.32	68.82	791.31	36.31	−755.00	−0.40
水的生产和供应业	0.04	0.01	0.17	0.07	598.72	83.02	90.86	25.84	−65.01	−0.03
各工业行业合计	100.00	100.00	100.00	100.00	64928.90	10683.29	188884.51	379929.09	191044.57	100.00

三、北京市各行业大气污染物排放量的测算

鉴于从河北省、天津市分行业大气污染物排放量的测算结果来看，工业是

最主要的大气污染物排放源,因此,接下来对北京分行业大气污染物排放量的测算,仅针对各工业行业。

1. 行业归并

根据数据可得性,本节选取的研究区间为 2005—2015 年。结合《国民经济行业分类 GB/T 4754—2002》和《国民经济行业分类 GB/T 4754—2011》,同时参考相关文献的行业归并原则[①],我们将北京的工业部门划分为 35 个行业(见表 5.12)。

表 5.12　行业归并及在国民经济行业分类中的代码

序号	工业分行业全称	GB/T 4754—2011 代码	GB/T 4754—2002 代码
1	煤炭采选业	6	6
2	石油和天然气开采业	7	7
3	黑色金属矿采选业	8	8
4	有色金属矿采选业	9	9
5	非金属矿采选业	10	10
6	农副食品加工业	13	13
7	食品制造业	14	14
8	酒、饮料和精制茶制造业	15	15
9	烟草制品业	16	16
10	纺织业	17	17
11	纺织服装、服饰业及皮革、毛皮、羽绒及其制品和制鞋业	18、19	18、19
12	木材加工和木、竹、藤、棕、草制品业	20	20
13	家具制造业	21	21
14	造纸和纸制品业	22	22
15	印刷和记录媒介复制业	23	23
16	文教、工美、体育和娱乐用品制造业	24	24
17	石油加工、炼焦及核燃料加工业	25	25
18	化学原料及化学制品制造业	26	26
19	医药制造业	27	27

---

① 陈诗一. 中国工业分行业统计数据估算:1980—2008 [J]. 经济学(季刊),2011(3):735—776.

（续表）

序号	工业分行业全称	GB/T 4754—2011 代码	GB/T 4754—2002 代码
20	化学纤维制造业	28	28
21	橡胶和塑料制品业	29	29、30
22	非金属矿物制品业	30	31
23	黑色金属冶炼及压延加工业	31	32
24	有色金属冶炼及压延加工业	32	33
25	金属制品业	33	34
26	通用设备制造业	34	35
27	专用设备制造业	35	36
28	交通运输设备制造业	36、37	37
29	电气机械及器材制造业	38	39
30	通信设备、计算机及其他电子设备制造业	39	40
31	仪器仪表及文化、办公用机械制造业	40	41
32	燃气生产和供应业	45	45
33	水的生产和供应业	46	46
34	其他工业	11、12、41、42、43	11、42、43
35	电力热力的生产和供应	44	44

2. 北京工业大气污染物排放总量的变化趋势

根据式（5.2），我们计算得到 2005—2015 年北京各工业部门排放的 SO_2、NO_x、PM2.5 一次源等三种主要大气污染物的总量、占比及减排率，见表 5.13。可以看出，在样本期间，北京工业部门排放的大气污染物以 SO_2 最多，占三种主要大气污染物总排放量的 66.1%，但无论是排放绝对量，还是排放占比，都呈逐年减少的趋势，其占三种污染物的比重已由 2005 年的 68.8% 下降至 2015 年的 55.3%；其次是 NO_x，其排放量约占样本期间三种主要大气污染物总排放量的 29.5%，但在排放量逐年下降的同时，排放占比却呈上升趋势，已由 2005 年的 27.1% 上升至 2015 年的 39.4%；第三才是直接排放的 PM2.5 一次源，约占三种主要大气污染物排放总量的 4.5%，但和 NO_x 类似，也是排放的绝对量在减少，而排放占比却呈上升趋势，只是升幅较小。分阶段来看，在"十一五"期间，除 2010 年之外，其他年份三种污染物减排率均为正数，但数值较小，只有 2008 年 SO_2、NO_x、PM2.5 一次源的减排率较高，分别为 13.8%、9.6%、7.3%，显然这是北京市为迎接奥运限产减排的结果。在"十二五"期间，整体减排力度加大，除 2012 年三种污染物减排率偏低之外，其余年份的减排率均在 10％以上。这说明，北京工业部门在减少大气污染物的排放方面还是取得了一定成效的。

表 5.13　2005—2015 年北京工业排放的雾霾主要成分、占比及减排率

年份	SO₂			NOₓ			PM2.5 一次源		
	排放量（吨）	占比（％）	减排率（％）	排放量（吨）	占比（％）	减排率（％）	排放量（吨）	占比（％）	减排率（％）
2005	317241.2	68.8	—	125068.0	27.1	—	18671.0	4.1	—
2006	300236.6	68.5	5.4	120213.8	27.4	3.9	18102.3	4.1	3.0
2007	299153.7	68.4	0.4	120203.2	27.5	0.0	17955.7	4.1	0.8
2008	257973.1	67.3	13.8	108604.6	28.3	9.6	16644.8	4.3	7.3
2009	243758.5	66.7	5.5	105751.6	28.9	2.6	15964.0	4.4	4.1
2010	246626.2	66.5	−1.2	108246.3	29.2	−2.4	16183.5	4.4	−1.4
2011	182803.5	64.1	25.9	88644.2	31.1	18.1	13837.6	4.9	14.5
2012	175293.5	63.4	4.1	87829.5	31.8	0.9	13460.0	5.1	2.7
2013	146662.2	63.3	16.3	73203.6	31.6	16.7	11801.4	5.1	12.3
2014	120289.7	61.6	18.0	64816.6	33.2	11.5	10052.3	5.2	14.8
2015	70045.1	55.3	41.8	49911.7	39.4	23.0	6802.4	5.4	32.3

3. 北京工业分能源类型的大气污染物排放量及其变化趋势

首先，分析 SO₂ 的排放情况。从表 5.14 可以看出，2005—2015 年，因消耗煤炭和焦炭所排放的 SO₂ 占 SO₂ 总排放量的 96.3％以上。其中，又以消耗煤炭所排放的 SO₂ 占比最大，且占比呈波动上升趋势。但是，因消耗煤炭所排放的 SO₂ 的绝对量是逐年下降的（2010 年除外），"十二五"期间的减排力度比"十一五"更明显。因消耗焦炭所排放的 SO₂ 占比波动下降，"十一五"期间从 23.8％降至 16.5％，"十二五"期间更是降到了 5％以下。可见，煤制品（包括煤炭和焦炭）是 SO₂ 的主要来源，且污染源逐渐集中于煤炭。

表 5.14　北京工业按能源类型划分的 SO₂ 排放量

（单位：吨）

	年份	合计	煤炭	焦炭	汽油	煤油	柴油	燃料油	液化石油气	天然气
SO₂ 排 放 量	2005	317241.2	239272.2	75504.6	277.5	6.6	618.8	1475.3	10.4	75.8
	2006	300236.6	231760.0	66237.8	304.2	7.2	653.0	1075.9	13.9	184.7
	2007	299153.7	228846.4	68053.8	314.6	4.9	708.5	959.8	15.0	249.8
	2008	257973.1	211604.5	44245.9	322.2	4.4	768.1	557.3	28.0	442.8

（续表）

	年份	合计	煤炭	焦炭	汽油	煤油	柴油	燃料油	液化石油气	天然气
SO$_2$排放量	2009	243758.5	200764.0	40276.2	347.7	3.1	872.0	940.4	3.9	551.2
	2010	246626.2	201417.7	41882.0	287.1	3.0	904.5	1487.3	13.7	630.9
	2011	182803.5	172922.8	6319.4	292.3	3.4	972.6	1647.7	17.7	627.7
	2012	175293.5	165308.0	6131.3	310.2	2.9	1012.5	1700.2	15.2	813.2
	2013	146662.2	144601.0	148.2	249.1	1.8	470.4	135.5	10.2	1045.8
	2014	120289.7	118091.0	119.7	270.1	1.1	432.3	82.7	7.5	1285.4
	2015	70045.1	67382.0	81.7	310.9	1.3	369.4	67.0	3.5	1829.3

接着分析 NO$_X$ 的排放情况（见表 5.15）。样本期间，煤炭是排放 NO$_X$ 的主要能源，2005—2014 年占比在 72.9%—79.0% 之间波动变化，2015 年首次降至 54.0%；但是，其绝对排放量不断下降，由 95708.9 吨降低到 26952.8 吨，年均减排率为 11.9%。相反，因消耗天然气而产生的 NO$_X$ 排放量由 741.3 吨增加至 17886.9 吨，占比逐年增长，2015 年达 35.8%，"十二五"期间天然气成为 NO$_X$ 的第二大来源，这也反映出能源结构的变化。

表 5.15　北京工业按能源类型划分的 NO$_X$ 排放量

（单位：吨）

	年份	合计	煤炭	焦炭	汽油	煤油	柴油	燃料油	液化石油气	天然气
NO$_X$排放量	2005	125068.0	95708.9	19074.8	2895.9	22.0	2657.6	3846.2	121.3	741.3
	2006	120213.8	92704.0	16733.8	3174.7	23.9	2804.2	2805.0	162.5	1805.8
	2007	120203.2	91538.6	17192.5	3283.3	16.3	3042.7	2502.3	184.7	2442.6
	2008	108604.6	84641.8	11177.9	3362.6	14.6	3298.8	1453.0	326.2	4329.6
	2009	105751.0	80305.6	10175.0	3628.9	10.4	3745.1	2451.9	45.8	5389.1
	2010	108246.3	80567.1	10580.7	2997.0	9.9	3884.3	3877.6	160.4	6169.3
	2011	88644.2	69169.1	1596.5	3051.1	11.2	4177.0	4295.9	206.3	6137.1
	2012	87829.5	66123.2	1549.0	3238.1	9.7	4348.2	4432.6	177.0	7951.7
	2013	73203.6	57840.4	37.4	2601.9	6.0	2020.2	353.3	118.9	10225.6
	2014	64816.6	47236.4	30.2	2819.0	3.7	1856.7	215.5	86.9	12568.2
	2015	49911.7	26952.8	20.6	3244.8	4.5	1586.3	174.6	41.2	17886.9

再来看 PM2.5 一次源（见表 5.16）。其主要的排放来源是煤炭，但是因消耗煤炭产生的 PM2.5 一次源逐年减少，占比也由 94.8% 降至 73.3%，年减排率均在

10.7%以上。相反，因燃烧天然气导致的PM2.5一次源排放量占比逐年上升，由0.4%上升到25.4%，且排放量逐年增长，这同样反映出能源结构的变化。

可见，煤炭始终是SO₂、NOₓ和PM2.5一次源等三种大气污染物的最主要污染源，而随着不断地提倡使用清洁能源，天然气开始成为NOₓ和PM2.5一次源的主要污染源。

表5.16 北京工业按能源类型划分的PM2.5一次源排放量

（单位：吨）

	年份	合计	煤炭	焦炭	汽油	煤油	柴油	燃料油	液化石油气	天然气
PM2.5一次源排放量	2005	18671.0	17706.1	572.2	21.7	0.9	85.6	204.2	8.7	71.6
	2006	18102.3	17150.2	502.0	23.8	1.0	90.4	148.9	11.6	174.4
	2007	17955.7	16934.6	515.8	24.6	0.7	98.1	132.8	13.2	235.9
	2008	16644.8	15658.7	335.3	25.2	0.6	106.3	77.1	23.3	418.2
	2009	15964.0	14856.5	305.5	27.2	0.4	120.7	130.1	3.3	520.5
	2010	16183.5	14904.9	317.4	22.4	0.4	125.2	205.8	11.5	595.9
	2011	13837.6	12796.3	47.9	22.8	0.5	134.6	228.0	14.7	592.8
	2012	13460.0	12232.8	46.5	24.2	0.4	140.1	235.3	12.6	768.1
	2013	11801.4	10700.5	1.1	19.5	0.2	65.1	18.8	8.5	987.7
	2014	10052.3	8738.7	0.9	21.1	0.2	59.8	11.4	6.2	1214.0
	2015	6802.4	4986.3	0.6	24.3	0.2	51.1	9.3	2.9	1727.7

4. 北京工业分行业视角的大气污染物排放量及其变化趋势

表5.17至表5.19显示，2005—2015年，电力、热力的生产和供应（35）、非金属矿物制品业（22）、交通运输设备制造业（28）、化学原料及化学制品制造业（18）和酒、饮料和精制茶制造业（8）始终是排放"大户"，这五个行业的SO₂、NOₓ和PM2.5一次源排放量之和占工业总排放量的比重波动上升，分别由52.9%上升至92.1%，57.6%上升至86.2%，67.1%上升至91.3%。其中，电力、热力的生产和供应（35）排放的SO₂、NOₓ、PM2.5一次源的占比分别从40.3%增加至77.8%，从42.7%波动增加至73.4%，从51.1%波动增加至79.2%。这说明污染源逐渐集中于电力、热力的生产和供应，这一行业应成为减排重点关注的行业。黑色金属冶炼及压延加工业（23）在"十一五"期间的排放量仅次于电力、热力的生产和供应（35），但排放量持续下降，在"十二五"期间骤减为污染较小的行业。而黑色金属矿采选业（3）情况相反，"十一五"期间排放量较少，"十二五"期间排放量猛增，成为第三"排放大户"。

表 5.17 2005—2015 年北京工业分行业 SO_2 排放量

（单位：吨）

行业编号	行业名称	2005	2006	2007	2008	2009	2010	2011	2012	2013	2014	2015
1	煤炭采选业	391	368	257	153	118	119	135	137	102	96	84
2	石油和天然气开采业	0	0	27	249	364	408	470	1	0	0	0
3	黑色金属矿采选业	740	673	358	108	118	71120	10178	9827	131	113	111
4	有色金属矿采选业	0	0	0	0	0	0	0	0	0	0	0
5	非金属矿采选业	353	741	965	268	370	456	329	27	36	18	12
6	农副食品加工业	1450	1439	1630	1569	1554	1666	1708	1788	1320	1232	840
7	食品制造业	1717	1782	1441	1126	1091	1266	962	819	673	751	498
8	酒、饮料和精制茶制造业	3759	4236	4127	3732	3519	3389	3518	3097	2561	2045	1470
9	烟草制品业	1	1	1	2	3	3	3	3	2	2	2
10	纺织业	1124	1053	1082	875	844	838	823	433	303	255	185
11	纺织服装、服饰业及皮革、毛皮、羽绒及其制品和制鞋业	1480	1523	1451	1235	1159	1086	1083	1441	776	709	509
12	木材加工和木、竹、藤、棕、草制品业	105	99	75	63	67	63	75	70	56	64	40
13	家具制造业	246	237	229	200	184	200	202	223	180	152	118
14	造纸和纸制品业	1098	1125	1106	1078	907	953	882	877	476	517	336
15	印刷和记录媒介复制业	508	481	453	425	442	417	403	405	231	241	166
16	文教、工美、体育和娱乐用品制造业	161	235	221	214	169	139	140	181	154	121	81
17	石油加工、炼焦及核燃料加工业	21798	12494	2116	1672	2433	1544	1847	1887	118	121	102
18	化学原料及化学制品制造业	5880	7655	10123	8494	7843	9005	8124	7245	1924	1314	404
19	医药制造业	1505	1456	1608	1203	1294	1192	1306	1217	928	773	535
20	化学纤维制造业	13	14	11	7	3	4	4	4	3	3	2
21	橡胶和塑料制品业	1848	1625	1192	1113	970	967	887	838	591	422	245
22	非金属矿物制品业	26721	27026	26148	21302	21238	18836	19309	15950	13208	10380	7462
23	黑色金属冶炼及压延加工业	108847	102809	105040	75105	71679	218	210	308	220	195	137
24	有色金属冶炼及压延加工业	184	150	160	210	188	196	171	146	49	28	15
25	金属制品业	838	814	749	665	669	643	666	727	523	506	424
26	通用设备制造业	1718	1721	1526	1306	962	1033	1076	873	328	368	283
27	专用设备制造业	1103	2104	2022	1907	1884	1139	1301	546	347	267	229

（续表）

行业编号	行业名称	2005	2006	2007	2008	2009	2010	2011	2012	2013	2014	2015
28	交通运输设备制造业	3798	3685	3642	3239	2963	2595	2235	2266	1620	1200	662
29	电气机械及器材制造业	328	383	351	285	257	713	678	692	243	310	172
30	通信设备、计算机及其他电子设备制造业	148	116	105	87	77	81	83	86	104	113	81
31	仪器仪表及文化、办公用机械制造业	87	104	84	73	81	57	70	77	75	73	49
32	燃气生产和供应业	10	17	31	20	18	18	21	20	90	103	81
33	水的生产和供应业	29	22	35	40	39	45	50	50	42	43	38
34	其他工业	1429	397	1002	342	326	513	279	970	320	239	165
35	电力热力的生产和供应	127821	123650	129784	129604	119926	125704	123573	122060	118931	97517	54505

表5.18 2005—2015年北京工业部分行业 NOx 排放量

（单位：吨）

行业编号	行业名称	2005	2006	2007	2008	2009	2010	2011	2012	2013	2014	2015
3	黑色金属矿采选业	399	371	235	148	168	22975	3736	3601	165	131	116
8	酒、饮料和精制茶制造业	1614	1813	1769	1614	1522	1462	1508	1363	1111	913	699
17	石油加工、炼焦及核燃料加工业	9672	5745	1822	1768	2783	3668	4326	4584	397	539	536
18	化学原料及化学制品制造业	2984	3684	4856	3930	3657	4060	3693	3358	1159	771	432
22	非金属矿物制品业	12049	12404	12027	9708	9798	8776	9042	7675	6512	5351	4027
23	黑色金属冶炼及压延加工业	33177	32174	32847	24254	23460	260	254	303	256	243	215
28	交通运输设备制造业	1977	1964	1942	1782	1823	1762	1646	1715	1485	1345	1253
35	电力热力的生产和供应	53359	51785	54263	55332	52206	55234	54285	55042	55383	48780	36636
	合 计	71983	71650	74858	72365	69007	71293	70173	69153	65649	57161	43046

表5.19 2005—2015年北京工业部分行业 PM2.5 一次源排放量

（单位：吨）

行业编号	行业名称	2005	2006	2007	2008	2009	2010	2011	2012	2013	2014	2015
3	黑色金属矿采选业	57	52	28	10	11	2592	409	387	12	10	9
8	酒、饮料和精制茶制造业	279	314	306	277	261	252	262	231	192	155	113
17	石油加工、炼焦及核燃料加工业	1640	954	215	206	258	235	271	281	39	52	51

（续表）

行业编号	行业名称	2005	2006	2007	2008	2009	2010	2011	2012	2013	2014	2015
18	化学原料及化学制品制造业	448	582	769	639	591	677	611	547	152	102	37
22	非金属矿物制品业	1982	1979	1915	1548	1557	1378	1429	1188	1007	798	579
23	黑色金属冶炼及压延加工业	3145	3368	3427	2746	2742	29	28	28	22	20	18
28	交通运输设备制造业	288	279	276	248	236	213	188	195	158	126	94
35	电力热力的生产和供应	9539	9282	9749	9861	9229	9715	9557	9577	9504	8104	5389
	合　计	12536	12436	13015	12573	11874	12235	12048	11739	11013	9285	6212

从排放的绝对量来看，2005—2010 年有 23 个行业实现了不同程度的减排。在此期间，减排力度最大的行业是黑色金属冶炼及压延加工业（23），年均减排 SO_2、NO_x、PM2.5 一次源 21725.81 吨、6583.5 吨和 623.0 吨；其次是石油加工、炼焦及核燃料加工业（17），年均减排 SO_2、NO_x、PM2.5 一次源 4050.65 吨、1200.8 吨、281.0 吨。而增排最多的行业是黑色金属矿采选业（3），年均增排 SO_2、NO_x、PM2.5 一次源 14075.99 吨、4515.1 吨和 507.2 吨。

2010—2015 年分别有 32 个行业实现了 SO_2 和 PM2.5 一次源不同程度的减排，有 29 个行业实现了 NO_x 不同程度的减排。但是，和前一阶段比较，主要的减排行业略有变化。年均减排最多的行业是电力、热力的生产和供应（35），然后依次是黑色金属矿采选业（3）、非金属矿物制品（22）和化学原料及化学制品制造业（18）。特别是黑色金属矿采选业（3），前一阶段还属于主要的增排行业，现已转型为主要的减排行业。

5.3 京津冀雾霾天气与产业结构的关联性：基于 IO—SDA 模型

5.3.1 结构分解技术简介

雾霾污染问题实际上是一个产业结构和能源强度的问题①，而结构分解分

---

① 周国富，田孟，刘晓琦. 雾霾污染、能源消耗与结构分解分析——基于混合型能源投入产出表 [J]. 现代财经，2017（6）：3—15.

析方法较适合用来分析能源消耗及环境污染与产业结构、能耗结构和能源强度等的关系，因此，下面拟用结构分解分析的方法分析京津冀地区的雾霾污染同产业结构、能耗结构和能源强度等因素的关联性。

常用的结构分解方法主要有两种：指数分解技术（IDA，Index Decomposition Analysis）和结构分解技术（SDA，Structural Decomposition Analysis）。Hoekstra et al.（2003）[①]、郭朝先（2010）[②] 曾对两种方法的异同做了如下比较：第一，在使用条件上，SDA 相对于 IDA 对数据的要求更高，SDA 使用来自投入产出表的数据，而 IDA 使用的是部门的综合数据；第二，在使用方法上，SDA 基于投入产出模型全面地分析各种直接或间接的影响因素，尤其是一部门的需求变动带给其他部门的间接影响，而这也是 IDA 所不具备的优势。鉴于本项研究需要从多个角度，运用多种数据，深入分析产业结构、能耗结构和能源强度等因素同雾霾污染的关系，故本节先采用基于投入产出模型的 SDA 方法分析京津冀地区产业结构、能耗结构和能源强度等因素同雾霾污染的关系，然后在下一节，采用 LMDI 分解技术从其他视角做必要的补充。

5.3.2 大气污染物排放量的结构分解模型

一、大气污染物排放量的结构分解方法：平均双极分解

长期以来，国内外学者基于 SDA 结构分解技术发展了许多具体的应用模型，但是，针对具体的分析对象，依据不同的分解方式会得到不同的经验结果[③]，其中，有的偏差大，有的偏差小。为了减少分解结果的偏差，很多学者进行了各种尝试。目前学术界普遍认可，平均双极分解形式的 SDA 模型能够有效地减少分解结果的偏差（Vaccara 和 Simon，1968[④]；Haan，2001[⑤]）。因此，本节也采用平均双极分解形式的 SDA 模型分析京津冀地区产业结构、能耗结构

---

① Hoekstraa R.，Jeroen J. C.，Bergha J. M. Comparing structural and index decomposition analysis [J]. Energy Economics，2003，25（1）：39 - 64.

② 郭朝先. 中国二氧化碳排放增长因素分析——基于 SDA 分解技术 [J]. 中国工业经济，2010（12）：47—56.

③ 周国富，田孟，刘晓琦. 雾霾污染、能源消耗与结构分解分析——基于混合型能源投入产出表 [J]. 现代财经，2017（6）：3—15.

④ Vaccara B. N.，Simon N. W. Factors Affecting Postwar Industry Composition of Real Product [M] // Kendrick J W. The Industrial Composition of Income and Product. New York：Columbia University Press，1968：19—58.

⑤ De Haan M. A Structural Decomposition Analysis of Pollution in the Netherlands [J]. Economic Systems Research，2001，13（2）：181—196.

和能耗强度等对大气污染物排放量的贡献度。

二、大气污染物排放量的结构分解表达式

设投入产出模型的基本表达式为：

$$X = (I - A)^{-1}Y \tag{5.3}$$

其中，X 表示各产业部门的总产出构成的列向量，Y 表示各产业部门的最终产品构成的列向量，$A = (a_{ij})_{n \times n}$ 代表直接消耗矩阵。那么，$\bar{B} = (I - A)^{-1} = (\bar{b}_{ij})_{n \times n}$ 表示列昂惕夫逆矩阵，其中的元素 $\bar{b}_{ij}$ 反映的是国民经济中 j 部门的最终需求在生产过程中对 i 部门直接和间接的诱发效果，即完全需求。

现在用 E_{rj} $(j=1, 2, \cdots, n; r=1, 2, \cdots, k)$ 表示第 j 产业部门为了生产产出 X_j 对第 r 种能源的消耗量，则 $e_{rj} = E_{rj}/X_j$ 表示第 j 产业部门对第 r 种能源的直接消耗强度。再将第 j 产业部门对第 r 种能源的直接消耗强度（e_{rj}）分解为如下三项驱动因素的乘积：

$$e_{rj} = s_{rj}^e \times i_j^e \times v_j \tag{5.4}$$

其中，等号右端各因素的计算公式如下：

$$S_{rj}^e = j \text{ 产业第 } r \text{ 种能耗的比重} = \frac{\text{该产业对第 } r \text{ 种能源的消耗量（标准煤）}}{\text{某产业 } j \text{ 的能源消耗总量（标准煤）}} \tag{5.5}$$

$$i_j^e = j \text{ 产业能源消耗强度} = \frac{\text{该产业能源消耗总量}}{\text{某产业 } j \text{ 的增加值}} \tag{5.6}$$

$$v_j = j \text{ 产业的增加值率} = \frac{\text{该产业增加值}}{\text{某产业 } j \text{ 的总产出}} \tag{5.7}$$

将式（5.4）写成矩阵形式，则有：

$$E = S^e \hat{I}^e \hat{V} \tag{5.8}$$

其中，$E = (e_{rj})_{k \times n}$ 为各产业的直接能耗强度矩阵，$S^e = (S_{rj}^e)_{k \times n}$ 为各产业的终端能源消耗结构矩阵，$\hat{I}^e$ 表示各产业部门的能源消耗强度（i_j^e）构成的对角矩阵，$\hat{V}$ 代表各产业部门的增加值率（v_j）构成的对角矩阵。

再令 $w_{\delta r}$ $(\delta=1, 2, \cdots, m; r=1, 2, \cdots, k)$ 代表各产业部门消耗单位第 r 种能源所排放的第 δ 种污染物的量，即各种能源排放污染物的排放因子，则 $W = (w_{\delta r})_{m \times k}$ 表示在现有技术条件下各产业部门消耗各种能源对各种大气污染物的排放因子矩阵。

再设 $p_{\delta j}$ 是 j 产业为生产单位产出消耗各种能源（$r=1, 2, \cdots, k$）所排放的第 δ 种污染物的量，即直接排放强度，则

$$p_{\delta j} = \sum_{r=1}^{k} w_{\delta r} e_{rj} \tag{5.9}$$

将上式写成矩阵形式，并用 P 表示所有产业部门对各种大气污染物的直接排放强度矩阵，则有下式成立：

$$P = (p_{\delta j})_{m \times n} = WE = WS^e \hat{I}^e \hat{V} \tag{5.10}$$

进一步地，用 $d_{\delta j}$（$\delta=1, 2, \cdots, m$；$j=1, 2, \cdots, n$）表示第 j 产业部门为了生产产出 X_j 而消耗各种能源所排放的第 δ 种大气污染物的总量，并记所有的 $d_{\delta j}$ 构成的矩阵为 D，则

$$D = (d_{\delta j})_{m \times n} = P\hat{X} \tag{5.11}$$

进一步结合式（5.3）和式（5.10），可得：

$$D = P\hat{X} = P(I-A)^{-1}\hat{Y} = PL\hat{Y} = WEL\hat{Y} = WS^e \hat{I}^e \hat{V} L\hat{Y} \tag{5.12}$$

其中，$\hat{X}$ 与 $\hat{Y}$ 分别代表列向量 X 与 Y 的对角化矩阵；$L=(I-A)^{-1}$ 为列昂惕夫逆矩阵，表示在现有技术条件下某产业部门提供单位最终产品而对各产业部门产出的完全需求，可称 L 为技术矩阵。于是，矩阵 D 就是为了满足最终需求 (Y)，各产业部门在生产过程中因消耗能源而排放的各种大气污染物总量，其中既包括直接排放量，也包括间接排放量，是各种大气污染物的完全排放量。

为了分析产业结构对各种大气污染物排放量的影响，现在将最终需求对角矩阵 $(\hat{Y})$ 进一步分解成最终需求结构对角矩阵 $(\hat{S}^Y)$ 和最终需求总量 (Y^T) 的乘积。其中，最终需求结构对角矩阵 $(\hat{S}^Y)$ 对角线上的每个元素分别表示对某产业的最终需求占最终需求总量的比重，也即某产业提供的最终产品占全社会最终产品的比重（可间接反映产业结构）。因此，进一步可以得到下式：

$$D = P\hat{X} = P(I-A)^{-1}\hat{Y} = PL\hat{Y} = WEL\hat{Y} = WS^e \hat{I}^e \hat{V} L\hat{S}^Y Y^T \tag{5.13}$$

接下来，采用平均双极分解形式对 D 的变化 ΔD 进行结构分解分析。考虑到 $W=(w_{\delta r})_{m \times k}$ 为在现有技术条件下各产业部门消耗各种能源对各种大气污染物的排放因子矩阵，我们可假定其在短期内不变，即 $W_t = W_0 = W$。于是，可以首先从两极（两个方向）对 ΔD 做如下分解：

$$\begin{aligned}
\Delta D =&\, W(\Delta S^e)\hat{I}_0^e \hat{V}_0 L_0 \hat{S}_0^Y Y_0^T + WS_t^e (\Delta \hat{I}^e) \hat{V}_0 L_0 \hat{S}_0^Y Y_0^T \\
&+ WS_t^e \hat{I}_t^e (\Delta \hat{V}) L_0 \hat{S}_0^Y Y_0^T + WS_t^e \hat{I}_t^e \hat{V}_t (\Delta L) \hat{S}_0^Y Y_0^T \\
&+ WS_t^e \hat{I}_t^e \hat{V}_t L_t (\Delta \hat{S}^Y) Y_0^T + WS_t^e \hat{I}_t^e \hat{V}_t L_t \hat{S}_t^Y (\Delta Y^T)
\end{aligned} \tag{5.14}$$

$$\begin{aligned}
\Delta D =&\, W(\Delta S^e)\hat{I}_t^e \hat{V}_t L_t \hat{S}_t^Y Y_t^T + WS_0^e (\Delta \hat{I}^e) \hat{V}_t L_t \hat{S}_t^Y Y_t^T \\
&+ WS_0^e \hat{I}_0^e (\Delta \hat{V}) L_t \hat{S}_t^Y Y_t^T + WS_0^e \hat{I}_0^e \hat{V}_0 (\Delta L) \hat{S}_t^Y Y_t^T \\
&+ WS_0^e \hat{I}_0^e \hat{V}_0 L_0 (\Delta \hat{S}^Y) Y_t^T + WS_0^e \hat{I}_0^e \hat{V}_0 L_0 \hat{S}_0^Y (\Delta Y^T)
\end{aligned} \tag{5.15}$$

其中，下标 0 和 t 分别表示基期和报告期。

然后，将上述两极分解加以平均，就可得到最终的平均双极分解形式如下：

$$\Delta D = \frac{1}{2}W\left[(\Delta S^e)\hat{I}_0{}^e\hat{V}_0 L_0 \hat{S}_0^Y Y_0^T + (\Delta S^e)\hat{I}_t{}^e\hat{V}_t L_t \hat{S}_t^Y Y_t^T\right]$$
$$+ \frac{1}{2}W\left[S_t{}^e(\Delta\hat{I}^e)\hat{V}_0 L_0 \hat{S}_0^Y Y_0^T + S_0{}^e(\Delta\hat{I}^e)\hat{V}_t L_t \hat{S}_t^Y Y_t^T\right]$$
$$+ \frac{1}{2}W\left[S_t{}^e\hat{I}_t{}^e(\Delta\hat{V})L_0 \hat{S}_0^Y Y_0^T + S_0{}^e\hat{I}_0{}^e(\Delta\hat{V})L_t \hat{S}_t^Y Y_t^T\right]$$
$$+ \frac{1}{2}W\left[S_t{}^e\hat{I}_t{}^e\hat{V}_t(\Delta L)\hat{S}_0^Y Y_0^T + S_0{}^e\hat{I}_0{}^e\hat{V}_0(\Delta L)\hat{S}_t^Y Y_t^T\right]$$
$$+ \frac{1}{2}W\left[S_t{}^e\hat{I}_t{}^e\hat{V}_t L_t(\Delta\hat{S}^Y)Y_0^T + S_0{}^e\hat{I}_0{}^e\hat{V}_0 L_0(\Delta\hat{S}^Y)Y_t^T\right]$$
$$+ \frac{1}{2}W\left[S_t{}^e\hat{I}_t{}^e\hat{V}_t L_t \hat{S}_t^Y(\Delta Y^T) + S_0{}^e\hat{I}_0{}^e\hat{V}_0 L_0 \hat{S}_0^Y(\Delta Y^T)\right] \quad (5.16)$$

为了下文的分析过程更加简洁清晰，我们将式（5.16）的各分解因素分别记为Ⅰ—Ⅵ，即

$$\mathrm{I} = \frac{1}{2}W\left[(\Delta S^e)\hat{I}_0{}^e\hat{V}_0 L_0 \hat{S}_0^Y Y_0^T + (\Delta S^e)\hat{I}_t{}^e\hat{V}_t L_t \hat{S}_t^Y Y_t^T\right]$$
$$\mathrm{II} = \frac{1}{2}W\left[S_t{}^e(\Delta\hat{I}^e)\hat{V}_0 L_0 \hat{S}_0^Y Y_0^T + S_0{}^e(\Delta\hat{I}^e)\hat{V}_t L_t \hat{S}_t^Y Y_t^T\right]$$
$$\mathrm{III} = \frac{1}{2}W\left[S_t{}^e\hat{I}_t{}^e(\Delta\hat{V})L_0 \hat{S}_0^Y Y_0^T + S_0{}^e\hat{I}_0{}^e(\Delta\hat{V})L_t \hat{S}_t^Y Y_t^T\right]$$
$$\mathrm{IV} = \frac{1}{2}W\left[S_t{}^e\hat{I}_t{}^e\hat{V}_t(\Delta L)\hat{S}_0^Y Y_0^T + S_0{}^e\hat{I}_0{}^e\hat{V}_0(\Delta L)\hat{S}_t^Y Y_t^T\right]$$
$$\mathrm{V} = \frac{1}{2}W\left[S_t{}^e\hat{I}_t{}^e\hat{V}_t L_t(\Delta\hat{S}^Y)Y_0^T + S_0{}^e\hat{I}_0{}^e\hat{V}_0 L_0(\Delta\hat{S}^Y)Y_t^T\right]$$
$$\mathrm{VI} = \frac{1}{2}W\left[S_t{}^e\hat{I}_t{}^e\hat{V}_t L_t \hat{S}_t^Y(\Delta Y^T) + S_0{}^e\hat{I}_0{}^e\hat{V}_0 L_0 \hat{S}_0^Y(\Delta Y^T)\right] \quad (5.17)$$

其中，Ⅰ中包括ΔS^e，其反映的是当其他变量保持不变时，由于各产业部门能源消耗结构的变化而导致大气污染物的排放量的变化；Ⅱ中包含$\Delta\hat{I}^e$，其反映的是当其他变量保持不变时，由于各产业部门能源消耗强度的变化所引起的大气污染物排放量的变化；Ⅲ中包含ΔV，其反映的是当其他变量保持不变时，由于各产业部门增加值率的变化导致的大气污染物排放量的变化；Ⅳ中包含ΔL，其反映的是当其他变量保持不变时，由于各产业部门的生产技术水平的变化所导致的大气污染物排放量的变化；Ⅴ中包括$\Delta\hat{S}^Y$，其反映的是当其他变量保持不变时，由于最终需求结构（间接反映产业结构）的变化而导致的大气污染物排放量的变化；Ⅵ中包括ΔY^T，其反映的是当其他变量保持不变时，由于最终需求总量的变化而导致的大气污染物排放量的变化。

总之，通过上述步骤，可最终分解出各产业部门的能源消耗结构、能源消

耗强度、增加值率、技术水平、产业结构和最终需求总量等六种因素变动对各种大气污染物排放量的影响，同时也能够分析各个产业部门对各种大气污染物排放量变化的贡献度。

三、京津冀大气污染物的确定

由 5.1.2 节可知，二氧化硫（SO_2）、氮氧化物（NO_x）等二次源和直接排放的 PM10、PM2.5 等一次颗粒物是雾霾的主要成分，而且相较于其他地区而言，京津冀地区空气中 NO_x、SO_2 的含量异常高，PM10 和 PM2.5 一次源对空气的污染也十分严重，因此，这里仍从 NO_x、SO_2、PM10 和 PM2.5 一次源这四种构成雾霾主要成分的大气污染物入手，分析上述因素对雾霾污染的影响效应。

四、产业分类及数据来源

为了利用投入产出表（42 部门）对京津冀地区的雾霾污染进行结构分解，还需要统一基期和报告期的投入产出表及能耗数据的产业分类。为此，需要综合考虑京津冀三地基期（2007 年）和报告期（2012 年）投入产出表的产业分类以及京津冀三地分行业能源消耗总量和主要能源品种消耗量的产业分类，将四方面的产业分类协调一致。最终，我们将 2012 年投入产出表中的 42 个产业部门合并成 26 个产业部门（见表 5.20）。

表 5.20　投入产出表的产业部门分类与能耗数据的产业部门分类的对应关系

2012 年投入产出表的产业部门	与京津冀三地能耗数据对应的产业部门
农林牧渔业	农林牧渔业
煤炭开采和洗选业	煤炭开采和洗选业
石油和天然气开采业	石油和天然气开采业
金属矿采选业	金属及非金属矿采选业
非金属矿及其他矿采选业	
食品制造及烟草加工业	食品制造及烟草加工业
纺织业	纺织业
纺织服装鞋帽皮革羽绒及其制品业	纺织服装鞋帽皮革羽绒及其制品业
木材加工及家具制造业	木材加工及家具制造业
造纸印刷及文教体育用品制造业	造纸印刷及文教体育用品制造业
石油加工、炼焦及核燃料加工业	石油加工、炼焦及核燃料加工业
化学工业	化学工业
非金属矿物制品业	非金属矿物制品业
金属冶炼及压延加工业	金属冶炼及压延加工业
金属制品业	金属制品业

（续表）

2012 年投入产出表的产业部门	与京津冀三地能耗数据对应的产业部门
通用、专用设备制造业	通用、专用设备制造业
交通运输设备制造业	交通运输设备制造业
电气机械及器材制造业	电气机械及器材制造业
通信设备、计算机及其他电子设备制造业	通信设备、计算机及其他电子设备制造业
仪器仪表及文化办公用机械制造业	仪器仪表及文化办公用机械制造业
工艺品及其他制造业	其他制造品
废品废料	
电力、热力的生产和供应业	电力、热力及燃气的生产和供应业
燃气生产和供应业	
水的生产和供应业	水的生产和供应业
建筑业	建筑业
交通运输及仓储业	交通运输、仓储和邮政业
邮政业	
批发和零售业	批发零售和住宿餐饮业
住宿和餐饮业	
信息传输、计算机服务和软件业	其他服务业
金融业	
房地产业	
租赁和商务服务业	
研究与试验发展业	
综合技术服务业	
水利、环境和公共设施管理业	
居民服务和其他服务业	
教育业	
卫生、社会保障和社会福利业	
文化、体育和娱乐业	
公共管理和社会组织	

数据来源：根据《中国 2012 年投入产出表编制方法》，京津冀三地分行业能源消费总量和主要能源品种消费量表整理而得。

根据上述产业分类方法，利用京津冀三地的 2007 年和 2012 年的投入产出表、能源平衡表（实物量），以及分行业能源消费总量和主要能源品种消费量数据，就可以对京津冀特殊的产业结构、能耗结构、能耗强度等因素对雾霾天气的影响进行结构分解分析了。

5.3.3　北京市各产业部门对各种大气污染物排放量的贡献与结构分解

基于上节提及的相关数据，同时结合基于式（5.2）测算得到的 2007 年和 2012 年北京市各产业部门排放的四种大气污染物（NO_x、SO_2、PM10 和 PM2.5 一次源）的排放量，采用式（5.16）可分解得到北京各产业部门的能耗结构、能耗强度、增加值率、技术水平、产业结构和最终需求总量变动对四种大气污染物的影响效应。具体见表 5.21 至表 5.26。

表 5.21　各行业对北京市 2007—2012 年 NO_x 排放量的贡献

（单位：万吨）

序号	产业部门	能耗结构效应	能耗强度效应	增加值率效应	技术进步效应	产业结构效应	最终需求总量效应	NO_x排放量总变动	贡献度（%）
1	农林牧渔业	0.01	0.81	−0.11	−0.10	0.00	−0.37	0.24	−6.24
2	煤炭开采和洗选业	0.00	0.11	−0.29	0.30	1.26	−0.34	1.04	−26.73
3	石油和天然气开采业	−0.40	14.55	−3.82	2.17	−5.30	−2.78	4.43	−113.85
4	金属及非金属矿采选业	0.00	−0.28	0.21	0.16	2.15	−0.50	1.74	−44.78
5	食品制造及烟草加工业	−0.04	−1.90	0.19	0.40	−0.46	0.88	−0.93	23.91
6	纺织业	0.01	0.43	−0.05	−0.26	−0.18	−0.09	−0.13	3.38
7	纺织服装鞋帽皮革羽绒及其制品业	−0.01	−0.46	0.05	0.24	0.01	0.15	−0.02	0.49
8	木材加工及家具制造业	0.01	0.45	−0.04	−0.08	−0.17	−0.14	0.03	−0.78
9	造纸印刷及文教体育用品制造业	0.05	3.48	−0.20	−0.95	−1.36	−0.95	0.06	−1.62
10	石油加工、炼焦及核燃料加工业	0.00	7.59	−3.46	0.41	3.72	−3.08	5.18	−133.24
11	化学工业	0.03	2.83	−0.38	0.18	0.26	−1.27	1.64	−42.15
12	非金属矿物制品业	0.02	5.05	−0.60	−0.39	−1.78	−1.56	0.73	−18.84
13	金属冶炼及压延加工业	0.11	13.66	3.61	−1.69	−5.30	−4.97	5.42	−139.26
14	金属制品业	0.02	1.70	0.22	−0.26	0.28	−0.81	1.14	−29.40
15	通用、专用设备制造业	−0.02	−1.39	−0.02	0.28	−0.90	0.79	−1.26	32.50
16	交通运输设备制造业	−0.11	−6.39	0.40	1.31	3.99	1.47	0.67	−17.20
17	电气机械及器材制造业	0.00	0.55	0.02	−0.07	0.79	−0.43	0.86	−21.99
18	通信设备、计算机及其他电子设备制造业	0.01	0.31	−0.02	−0.05	0.19	−0.18	0.27	−6.97
19	仪器仪表及文化办公用机械制造业	0.01	0.74	−0.05	−0.25	−0.58	−0.12	−0.25	6.37
20	其他制造产品	0.02	1.54	−0.12	0.49	−2.24	−0.20	−0.52	13.42

（续表）

序号	产业部门	能耗结构效应	能耗强度效应	增加值率效应	技术进步效应	产业结构效应	最终需求总量效应	NOₓ排放量总变动	贡献度（%）
21	电力、热力及燃气的生产和供应业	−0.21	−2.87	−2.68	2.65	6.69	0.31	3.89	−99.94
22	水的生产和供应业	0.00	−0.07	−0.01	0.00	−0.03	0.04	−0.06	1.62
23	建筑业	−0.24	−23.59	0.65	3.70	3.07	8.67	−7.72	198.53
24	交通运输、仓储和邮政业	−0.17	−11.04	4.77	1.17	0.12	3.13	−2.02	51.81
25	批发零售和住宿餐饮业	−0.15	−5.47	0.96	1.23	1.82	1.64	0.03	−0.82
26	其他服务业	−1.13	−35.11	3.92	1.28	−3.89	16.58	−18.36	471.79
	合计	−2.16	−34.79	3.13	11.89	2.15	15.88	−3.89	100.00

表 5.22　各行业对北京市 2007—2012 年 SO_2 排放量的贡献

（单位：万吨）

序号	产业部门	能耗结构效应	能耗强度效应	增加值率效应	技术进步效应	产业结构效应	最终需求总量效应	SO_2排放量总变动	贡献度（%）
1	农林牧渔业	0.18	1.42	0.01	−0.26	0.00	−0.67	0.69	−5.30
2	煤炭开采和洗选业	0.04	0.24	−0.71	0.72	2.92	−0.80	2.42	−18.48
3	石油和天然气开采业	3.73	49.81	−13.94	6.69	−18.81	−9.55	17.93	−137.11
4	金属及非金属矿采选业	0.34	−0.72	0.20	0.40	3.95	−1.08	3.09	−23.65
5	食品制造及烟草加工业	−0.60	−3.32	−0.14	0.91	−0.87	1.63	−2.38	18.21
6	纺织业	0.08	0.81	0.05	−0.57	−0.33	−0.15	−0.10	0.79
7	纺织服装鞋帽皮革羽绒及其制品业	−0.12	−0.84	−0.04	0.53	0.02	0.26	−0.20	1.51
8	木材加工及家具制造业	0.12	0.82	0.04	−0.18	−0.33	−0.24	0.22	−1.66
9	造纸印刷及文教体育用品制造业	0.86	6.24	0.50	−2.13	−2.56	−1.64	1.27	−9.69
10	石油加工、炼焦及核燃料加工业	2.69	12.59	−4.28	0.67	7.40	−6.19	12.87	−98.44
11	化学工业	1.05	4.62	−0.09	0.31	0.49	−2.36	4.02	−30.75
12	非金属矿物制品业	1.40	8.80	0.21	−0.83	−3.49	−2.80	3.29	−25.17
13	金属冶炼及压延加工业	4.34	23.82	9.17	−2.85	−10.71	−9.63	14.14	−108.11
14	金属制品业	0.68	2.88	0.75	−0.56	0.56	−1.59	2.72	−20.80
15	通用、专用设备制造业	−0.64	−2.31	−0.32	0.58	−1.75	1.54	−2.89	22.12
16	交通运输设备制造业	−1.35	−11.61	−0.86	2.78	7.68	2.45	−0.91	6.93
17	电气机械及器材制造业	0.33	0.83	0.12	−0.16	1.54	−0.85	1.81	−13.83
18	通信设备、计算机及其他电子设备制造业	0.14	0.52	0.04	−0.11	0.37	−0.34	0.61	−4.69

（续表）

序号	产业部门	能耗结构效应	能耗强度效应	增加值率效应	技术进步效应	产业结构效应	最终需求总量效应	SO₂排放量总变动	贡献度（%）
19	仪器仪表及文化办公用机械制造业	0.12	1.38	0.10	−0.55	−1.10	−0.17	−0.22	1.68
20	其他制造产品	0.22	3.07	0.12	0.97	−4.65	−0.31	−0.58	4.40
21	电力、热力及燃气的生产和供应业	−0.73	−7.71	−6.31	7.08	15.37	0.52	8.22	−62.86
22	水的生产和供应业	−0.03	−0.12	−0.03	0.01	−0.05	0.09	−0.14	1.10
23	建筑业	−7.25	−40.81	−4.12	7.39	5.93	15.92	−22.95	175.51
24	交通运输、仓储和邮政业	−2.40	−19.02	6.16	2.58	0.20	4.99	−7.50	57.35
25	批发零售和住宿餐饮业	−1.20	−9.62	0.37	2.84	3.20	2.64	−1.77	13.50
26	其他服务业	−12.91	−60.81	−1.40	5.15	−7.38	30.62	−46.73	357.44
	合计	−10.92	−39.04	−14.40	31.40	−2.42	22.31	−13.07	100.00

表 5.23 北京市 NOₓ 和 SO₂ 的增排产业和增排因素

NOₓ增排产业

排名	增排产业	增排因素
1	金属冶炼及压延加工业	能耗强度、增加值率、能耗结构
2	石油加工、炼焦及核燃料加工业	能耗强度、产业结构、技术进步
3	石油和天然气开采业	能耗强度、技术进步
4	电力、热力及燃气的生产和供应业	产业结构、技术进步、最终需求总量
5	金属及非金属矿采选业	产业结构、增加值率、技术进步
6	化学工业	能耗强度、产业结构、技术进步、能耗结构
7	金属制品业	能耗强度、产业结构、增加值率、能耗结构
8	煤炭开采和洗选业	产业结构、技术进步、能耗强度
9	电气机械及器材制造业	产业结构、能耗强度、增加值率
10	非金属矿物制品业	能耗强度、能耗结构
11	交通运输设备制造业	产业结构、最终需求总量、技术进步、增加值率
12	通信设备、计算机及其他电子设备制造业	能耗强度、产业结构、能耗结构
13	农林牧渔业	能耗强度、能耗结构
14	造纸印刷及文教体育用品制造业	能耗强度、能耗结构
15	批发零售和住宿餐饮业	产业结构、最终需求总量、技术进步、增加值率
16	木材加工及家具制造业	能耗强度、能耗结构

（续表）

	SO₂ 增排产业	
排名	增排产业	增排因素
1	石油和天然气开采业	能耗强度、技术进步、能耗结构
2	金属冶炼及压延加工业	能耗强度、增加值率、能耗结构
3	石油加工、炼焦及核燃料加工业	能耗强度、产业结构、能耗结构、技术进步
4	电力、热力及燃气的生产和供应业	产业结构、技术进步、最终需求总量
5	化学工业	能耗强度、能耗结构、产业结构、技术进步
6	非金属矿物制品业	能耗强度、能耗结构、增加值率
7	金属及非金属矿采选业	产业结构、技术进步、能耗结构、增加值率
8	金属制品业	能耗强度、增加值率、能耗结构、产业结构
9	煤炭开采和洗选业	产业结构、技术进步、能耗强度、能耗结构
10	电气机械及器材制造业	产业结构、能耗强度、能耗结构、增加值率
11	造纸印刷及文教体育用品制造业	能耗强度、能耗结构、增加值率
12	农林牧渔业	能耗强度、能耗结构、增加值率
13	通信设备、计算机及其他电子设备制造业	能耗强度、产业结构、能耗结构、增加值率
14	木材加工及家具制造业	能耗强度、能耗结构、增加值率

注：本表根据表 5.21 至表 5.22 整理编制而得。

一、北京市各产业部门对 NOₓ 排放量的贡献与结构分解

从表 5.21 中可以看出，与 2007 年相比，2012 年北京市的其他服务业，建筑业，交通运输、仓储和邮政业，通用、专用设备制造业，食品制造及烟草加工业，其他制造产品，仪器仪表及文化办公用机械制造业，纺织业，水的生产和供应业，纺织服装鞋帽皮革羽绒及其制品业等 10 个产业的 NOₓ 排放量在减少，其余产业的 NOₓ 排放量均在增加。其中，减排幅度最大的产业是其他服务业，其减排量对北京市各产业 NOₓ 减排的贡献度为 471.79%；其次是建筑业，其减排量对北京市各产业 NOₓ 减排量的贡献度为 198.53%；然后依次是交通运输、仓储和邮政业，通用、专用设备制造业，食品制造及烟草加工业，其他制造产品，仪器仪表及文化办公用机械制造业，纺织业，水的生产和供应业，纺织服装鞋帽皮革羽绒及其制品业等 8 个产业，其减排量对北京市各产业 NOₓ 减排量的贡献度合计为 133.50%。增排幅度最大的产业是金属冶炼及压延加工业，对各产业 NOₓ 减排量的贡献度为 −139.26%；然后，依次是石油加工、炼焦及核燃料加工业，石油和天然气开采业，电力、热力及燃气的生产和供应业，金属及非金属矿采选业，对各产业 NOₓ 减排的贡献度分别为 −133.24%、−

113.85%、−99.94%、−44.78%。由于以上 10 个 NO_x 减排产业排放量的减少超过了其余 NO_x 增排产业排放量的增加，最终导致北京市总体 NO_x 排放量减少 3.89 万吨。

下面，重点考察 NO_x 主要的增排因素。可以看出，金属冶炼及压延加工业之所以增排 NO_x 的幅度最大，主要的增排因素依次是能耗强度效应、增加值率效应和能耗结构效应；而引起石油加工、炼焦及核燃料加工业的 NO_x 排放量增加的因素依次是能耗强度效应、产业结构效应和技术进步效应；引起石油和天然气开采业的 NO_x 排放量增加的因素依次是能耗强度效应和技术进步效应。我们对其他 NO_x 增排产业各自的增排因素也进行了整理，见表 5.23。整体来看，北京市各产业的增加值率效应、技术进步效应、产业结构效应和最终需求总量效应相抵为正，均是 NO_x 的增排因素；而各产业的能耗结构效应和能耗强度效应相抵为负，是 NO_x 的减排因素；但由于能耗强度效应引起了 NO_x 排放量的显著下降，因此，北京市各产业总的 NO_x 排放量是减少的。

二、北京市各产业部门对 SO_2 排放量的贡献与结构分解

从表 5.22 中可以看出，与 2007 年相比，2012 年北京市的其他服务业，建筑业，交通运输、仓储和邮政业，通用、专用设备制造业，食品制造及烟草加工业，批发零售和住宿餐饮业，交通运输设备制造业，其他制造产品，仪器仪表及文化办公用机械制造业，纺织服装鞋帽皮革羽绒及其制品业，水的生产和供应业，纺织业等 12 个产业的 SO_2 排放量在减少，其余 14 个产业的 SO_2 排放量在增加。其中，减排幅度最大的产业是其他服务业，其减排量对北京市各产业 SO_2 减排量的贡献度为 357.44%；其次是建筑业，其减排量对北京市各产业 SO_2 减排量的贡献度为 175.51%；然后依次是交通运输、仓储和邮政业，通用、专用设备制造业，食品制造及烟草加工业，批发零售和住宿餐饮业，交通运输设备制造业，其他制造产品，仪器仪表及文化办公用机械制造业，纺织服装鞋帽皮革羽绒及其制品业，水的生产和供应业，纺织业等 10 个产业，其减排量对北京市各产业 SO_2 减排量的贡献度合计为 127.58%。增排 SO_2 幅度较大的前五名产业依次是石油和天然气开采业，金属冶炼及压延加工业，石油加工、炼焦及核燃料加工业，电力、热力及燃气的生产和供应业，化学工业，对各产业 SO_2 减排的贡献度分别为 − 137.11%、− 108.11%、− 98.44%、− 62.86% 和 −30.75%。由于 SO_2 减排产业排放量的减少超过了增排产业 SO_2 排放量的增加，最终导致北京市 SO_2 排放量减少了 13.07 万吨。

下面，重点考察 SO_2 主要的增排因素。可以看出，石油和天然气开采业之所以增排 SO_2 幅度最大，主要的增排因素依次是能耗强度效应、技术进步效应

和能耗结构效应；而引起金属冶炼及压延加工业的 SO_2 排放量增加的因素则依次是能耗强度效应、增加值率效应和能耗结构效应；引起石油加工、炼焦及核燃料加工业的 SO_2 排放量增加的因素依次是能耗强度效应、产业结构效应、能耗结构效应和技术进步效应。同样地，我们对北京市其他 SO_2 增排产业各自的增排因素也进行了整理，见表 5.23。从整体上看，北京市各产业的技术进步效应和最终需求总量效应相抵为正，是 SO_2 的增排因素；而能耗结构效应、能耗强度效应、增加值率效应和产业结构效应相抵为负，是 SO_2 的减排因素；而由于各产业减排因素的作用合计大于增排因素的作用合计，因此，北京市各产业总的 SO_2 排放量是减少的。

三、北京市各产业部门对 PM10 排放量的贡献与结构分解

由表 5.24 可知，与 2007 年相比，2012 年北京市的其他服务业，建筑业，通用、专用设备制造业，食品制造及烟草加工业，交通运输、仓储和邮政业，其他制造产品，仪器仪表及文化办公用机械制造业，纺织业，造纸印刷及文教体育用品制造业，水的生产和供应业，石油和天然气开采业等 11 个产业的 PM10 排放量在减少，其余产业的 PM10 排放量均在增加。其中，减排幅度最大的产业是其他服务业，其减排量对北京市各产业 PM10 减排量的贡献度为 390.63%；其次是建筑业，其减排量对北京市各产业 PM10 减排量的贡献度为 162.81%；然后依次是通用、专用设备制造业，食品制造及烟草加工业，交通运输、仓储和邮政业，其他制造产品，仪器仪表及文化办公用机械制造业，纺织业，造纸印刷及文教体育用品制造业，水的生产和供应业，石油和天然气开采业等 9 个产业，其减排量对北京市各产业 PM10 减排量的贡献度合计为 99.54%。增排 PM10 幅度较大的前五位产业依次是电力、热力及燃气的生产和供应业，金属冶炼及压延加工业，石油加工、炼焦及核燃料加工业，金属及非金属矿采选业，煤炭开采和洗选业，对 PM10 减排的贡献度分别是 -141.87%、-120.56%、-87.91%、-37.91%、-37.42%。因为 PM10 减排产业减少的 PM10 排放量大于 PM10 增排产业增加的排放量，所以，北京市总体 PM10 排放量减少了 0.96 万吨。

下面，重点考察 PM10 主要的增排因素。可以看出，电力、热力及燃气的生产和供应业之所以增排 PM10 幅度最大，主要的增排因素依次是产业结构效应、技术进步效应和最终需求总量效应；而引起金属冶炼及压延加工业增排 PM10 较多的增排因素依次是能耗强度效应、增加值率效应和能耗结构效应；引起石油加工、炼焦及核燃料加工业增排 PM10 较多的增排因素依次是能耗强度效应、产业结构效应和技术进步效应。同样地，我们整理了其余增排 PM10 较

表 5.24　各行业对北京市 2007—2012 年 PM10 排放量的贡献

(单位：万吨)

序号	产业部门	能耗结构效应	能耗强度效应	增加值率效应	技术进步效应	产业结构效应	最终需求总量效应	PM10 排放量总变动	贡献度(%)
1	农林牧渔业	−0.01	0.19	−0.01	−0.03	0.00	−0.09	0.05	−4.92
2	煤炭开采和洗选业	−0.01	0.05	−0.11	0.11	0.44	−0.11	0.36	−37.42
3	石油和天然气开采业	−1.09	1.91	−0.26	0.21	−0.46	−0.30	0.00	0.15
4	金属及非金属矿采选业	−0.03	−0.03	0.04	0.04	0.45	−0.10	0.37	−37.91
5	食品制造及烟草加工业	0.02	−0.44	0.00	0.11	−0.11	0.21	−0.20	20.69
6	纺织业	0.00	0.09	0.00	−0.07	−0.04	−0.02	−0.04	3.82
7	纺织服装鞋帽皮革羽绒及其制品业	0.00	−0.10	0.00	0.07	0.00	0.04	0.00	−0.06
8	木材加工及家具制造业	0.00	0.10	0.00	−0.02	−0.04	−0.03	0.00	−0.34
9	造纸印刷及文教体育用品制造业	−0.01	0.73	0.02	−0.27	−0.29	−0.21	−0.03	3.34
10	石油加工、炼焦及核燃料加工业	−0.43	1.92	−0.85	0.08	0.73	−0.60	0.85	−87.91
11	化学工业	−0.05	0.59	−0.05	0.03	0.05	−0.26	0.31	−31.79
12	非金属矿物制品业	−0.04	1.07	−0.04	−0.18	−0.37	−0.33	0.10	−10.76
13	金属冶炼及压延加工业	0.02	2.89	1.02	−0.31	−1.26	−1.20	1.16	−120.56
14	金属制品业	0.00	0.37	0.08	−0.07	0.07	−0.19	0.25	−26.35
15	通用、专用设备制造业	0.01	−0.31	−0.02	0.07	−0.21	0.18	−0.28	29.47
16	交通运输设备制造业	−0.01	−1.34	−0.03	0.34	0.91	0.35	0.21	−21.53
17	电气机械及器材制造业	−0.01	0.13	0.01	−0.02	0.18	−0.10	0.19	−19.85
18	通信设备、计算机及其他电子设备制造业	0.00	0.07	0.00	−0.01	0.04	−0.04	0.06	−5.94
19	仪器仪表及文化办公用机械制造业	0.00	0.16	0.00	−0.07	−0.13	−0.03	−0.06	6.69
20	其他制造产品	0.02	0.38	0.00	0.11	−0.59	−0.05	−0.14	14.08
21	电力、热力及燃气的生产和供应业	−0.09	−0.63	−1.17	0.75	2.39	0.10	1.37	−141.87
22	水的生产和供应业	0.00	−0.02	0.00	0.00	−0.01	0.01	−0.01	1.54
23	建筑业	0.15	−5.11	−0.18	0.93	0.69	1.95	−1.57	162.81
24	交通运输、仓储和邮政业	0.23	−2.51	1.17	0.29	0.02	0.60	−0.19	19.77
25	批发零售和住宿餐饮业	0.00	−1.18	0.11	0.34	0.41	0.38	0.06	−5.80
26	其他服务业	0.36	−8.04	0.22	0.77	−0.89	3.81	−3.76	390.63
	合计	−0.98	−9.07	−0.05	3.20	1.98	3.96	−0.96	100.00

多的产业各自的增排因素，详见表 5.26。整体来看，北京市各产业的技术进步效应、产业结构效应和最终需求总量效应相抵为正，是 PM10 的增排因素；而能耗结构效应、能耗强度效应和增加值率效应相抵为负，是 PM10 的减排因素；由于能耗强度效应引起了 PM10 的显著下降，最终导致了北京市各产业总的 PM10 排放量减少。

四、北京市各产业部门对 PM2.5 一次源排放量的贡献与结构分解

从表 5.25 可以看出，与 2007 年相比，2012 年北京市的其他服务业，建筑业，通用、专用设备制造业，交通运输、仓储和邮政业，食品制造及烟草加工业，其他制造产品，仪器仪表及文化办公用机械制造业，纺织业，批发零售和住宿餐饮业，水的生产和供应业，纺织服装鞋帽皮革羽绒及其制品业，造纸印刷及文教体育用品制造业等 12 个产业的 PM2.5 一次源排放量在减少，其余产业的 PM2.5 一次源排放量均在增加。其中，减排幅度最大的产业是其他服务业，其减排量对北京市各产业 PM2.5 一次源减排量的贡献度为 284.45%；其次是建筑业，其减排量对北京市各产业 PM2.5 一次源减排量的贡献度为 129.78%；然后依次是通用、专用设备制造业，交通运输、仓储和邮政业，食品制造及烟草加工业，其他制造产品，仪器仪表及文化办公用机械制造业，纺织业，批发零售和住宿餐饮业，水的生产和供应业，纺织服装鞋帽皮革羽绒及其制品业，造纸印刷及文教体育用品制造业等 10 个产业，其减排量对北京市各产业 PM2.5 减排量的贡献度合计为 77.69%。增排 PM2.5 一次源幅度较大的前五位产业依次是电力、热力及燃气的生产和供应业，金属冶炼及压延加工业，石油加工、炼焦及核燃料加工业，煤炭开采和洗选业，金属及非金属矿采选业，对 PM2.5 一次源减排的贡献度分别是 -117.67%、-93.15%、-39.74%、-30.20%、-24.77%。由于 PM2.5 一次源减排产业减少的 PM2.5 一次源排放量大于增排产业增加的排放量，所以，北京市总体 PM2.5 一次源排放量减少了 0.53 万吨。

下面，重点考察 PM2.5 一次源主要的增排因素。可以看出，电力、热力及燃气的生产和供应业之所以增排 PM2.5 一次源幅度最大，主要的增排因素依次是产业结构效应、技术进步效应和最终需求总量效应；而导致金属冶炼及压延加工业增排 PM2.5 一次源较多的增排因素依次是能耗强度效应、增加值率效应和能耗结构效应；引起石油加工、炼焦及核燃料加工业增排 PM2.5 一次源较多的增排因素依次是能耗强度效应、产业结构效应和技术进步效应。类似地，其他 PM2.5 一次源增排产业的增排因素详见表 5.26。总体来看，北京市各产业的技术进步效应、产业结构效应和最终需求总量效应相抵为正，是 PM2.5 一次源的增排因素；而能耗结构效应、能耗强度效应和增加值率效应相抵为负，是

PM2.5一次源的减排因素；由于各产业的减排因素作用合计大于增排因素的作用合计，因此，北京市总体的 PM2.5 一次源排放量有所减少。

表 5.25　各行业对北京市 2007—2012 年 PM2.5 一次源排放量的贡献

（单位：万吨）

序号	产业部门	能耗结构效应	能耗强度效应	增加值率效应	技术进步效应	产业结构效应	最终需求总量效应	PM2.5排放量总变动	贡献度(%)
1	农林牧渔业	0.00	0.06	0.02	−0.02	0.00	−0.04	0.02	−4.03
2	煤炭开采和洗选业	−0.01	0.02	−0.05	0.05	0.19	−0.05	0.16	−30.20
3	石油和天然气开采业	−0.50	0.87	−0.10	0.06	−0.20	−0.13	0.00	−0.01
4	金属及非金属矿采选业	−0.01	0.01	−0.01	0.02	0.16	−0.04	0.13	−24.77
5	食品制造及烟草加工业	0.01	−0.13	−0.05	0.05	−0.04	0.08	−0.09	16.19
6	纺织业	0.00	0.03	0.00	−0.03	−0.02	−0.01	−0.01	2.35
7	纺织服装鞋帽皮革羽绒及其制品业	0.00	−0.03	−0.02	0.03	0.00	0.01	0.00	0.35
8	木材加工及家具制造业	0.00	0.03	0.01	−0.01	−0.02	0.00	0.00	−0.69
9	造纸印刷及文教体育用品制造业	0.00	0.21	0.12	−0.14	−0.11	−0.08	0.00	0.03
10	石油加工、炼焦及核燃料加工业	−0.17	0.46	−0.12	0.01	0.15	−0.12	0.21	−39.74
11	化学工业	−0.02	0.18	0.05	−0.01	0.02	−0.10	0.12	−23.04
12	非金属矿物制品业	−0.01	0.31	0.13	−0.11	−0.14	−0.12	0.06	−11.27
13	金属冶炼及压延加工业	0.02	1.01	0.78	−0.35	−0.50	−0.47	0.49	−93.15
14	金属制品业	0.00	0.12	0.08	−0.05	0.03	−0.07	0.10	−19.70
15	通用、专用设备制造业	0.00	−0.10	−0.04	0.04	−0.08	0.07	−0.11	21.76
16	交通运输设备制造业	−0.01	−0.38	−0.21	0.18	0.35	0.13	0.05	−9.18
17	电气机械及器材制造业	0.00	0.04	0.01	−0.01	0.07	−0.04	0.07	−14.17
18	通信设备、计算机及其他电子设备制造业	0.00	0.02	0.01	−0.01	0.02	−0.01	0.02	−4.30
19	仪器仪表及文化办公用机械制造业	0.00	0.04	0.03	−0.01	−0.05	−0.02	−0.02	3.97
20	其他制造产品	0.01	0.12	0.04	0.04	−0.24	−0.02	−0.05	8.86
21	电力、热力及燃气的生产和供应业	−0.04	−0.25	−0.58	0.35	1.09	0.05	0.62	−117.67
22	水的生产和供应业	0.00	−0.01	0.00	0.00	0.00	0.00	−0.01	1.15
23	建筑业	0.05	−1.55	−0.74	0.58	0.26	0.72	−0.68	129.78
24	交通运输、仓储和邮政业	0.08	−0.56	0.10	0.10	0.01	0.16	−0.11	21.15
25	批发零售和住宿餐饮业	−0.01	−0.32	−0.12	0.15	0.16	0.14	−0.01	1.88
26	其他服务业	0.12	−2.40	−0.88	0.58	−0.33	1.41	−1.50	284.45
	合计	−0.50	−2.19	−1.54	1.48	0.77	1.45	−0.53	100.00

表 5.26　北京市 PM10 和 PM2.5 一次源的增排产业和增排因素

PM10 增排产业

排名	增排产业	增排因素
1	电力、热力及燃气的生产和供应业	产业结构、技术进步、最终需求总量
2	金属冶炼及压延加工业	能耗强度、增加值率、能耗结构
3	石油加工、炼焦及核燃料加工业	能耗强度、产业结构、技术进步
4	金属及非金属矿采选业	产业结构、技术进步、增加值率
5	煤炭开采和洗选业	产业结构、技术进步、能耗强度
6	化学工业	能耗强度、产业结构、技术进步
7	金属制品业	能耗强度、增加值率、产业结构
8	交通运输设备制造业	产业结构、技术进步
9	电气机械及器材制造业	产业结构、能耗强度、增加值率
10	非金属矿物制品业	能耗强度
11	通信设备、计算机及其他电子设备制造业	能耗强度、产业结构
12	批发零售和住宿餐饮业	产业结构、最终需求总量、技术进步、增加值率
13	农林牧渔业	能耗强度
14	木材加工及家具制造业	能耗强度
15	纺织服装鞋帽皮革羽绒及其制品业	技术进步、最终需求总量
16	石油和天然气开采业	能耗强度、技术进步

PM2.5 一次源增排产业

排名	增排产业	增排因素
1	电力、热力及燃气的生产和供应业	产业结构、技术进步、最终需求总量
2	金属冶炼及压延加工业	能耗强度、增加值率、能耗结构
3	石油加工、炼焦及核燃料加工业	能耗强度、产业结构、技术进步
4	煤炭开采和洗选业	产业结构、技术进步、能耗强度
5	金属及非金属矿采选业	产业结构、技术进步、能耗强度
6	化学工业	能耗强度、增加值率、产业结构
7	金属制品业	能耗强度、增加值率、产业结构
8	电气机械及器材制造业	产业结构、能耗强度、增加值率
9	非金属矿物制品业	能耗强度、增加值率
10	交通运输设备制造业	产业结构、技术进步、最终需求总量
11	通信设备、计算机及其他电子设备制造业	能耗强度、产业结构、增加值率
12	农林牧渔业	能耗强度、增加值率
13	木材加工及家具制造业	能耗强度、增加值率
14	石油和天然气开采业	能耗强度、技术进步

注：本表根据表 5.24 至表 5.25 整理编制而得。

综上，从 2007 年到 2012 年，北京市总体的 NO_x、SO_2、PM10 和 PM2.5 一次源的排放量均是减少的。具体而言，北京市 26 个产业部门中，农林牧渔业，煤炭开采和洗选业，金属及非金属矿采选业，木材加工及家具制造业，石油加工、炼焦及核燃料加工业，化学工业，非金属矿物制品业，金属冶炼及压延加工业，金属制品业，电气机械及器材制造业，通信设备、计算机及其他电子设备制造业，电力、热力及燃气的生产和供应业等 12 个产业的 NO_x、SO_2、PM10 和 PM2.5 一次源的排放量均在增加；食品制造及烟草加工业，纺织业，通用、专用设备制造业，仪器仪表及文化办公用机械制造业，其他制造产品，水的生产和供应业，建筑业，交通运输、仓储和邮政业，其他服务业等 9 个产业的 NO_x、SO_2、PM10 和 PM2.5 一次源的排放量则都在减少。其中，四种污染物均减少且排名前五位的产业为其他服务业，建筑业，交通运输、仓储和邮政业，通用、专用设备制造业，食品制造及烟草加工业；四种污染物均增加且排名前五位的产业为金属冶炼及压延加工业，石油加工、炼焦及核燃料加工业，电力、热力及燃气的生产和供应业，化学工业，金属及非金属矿采选业。由于北京市的其他服务业对 NO_x、SO_2、PM10 和 PM2.5 一次源等污染物排放量减少的贡献度较高，显著降低了大气污染物的排放，直接导致了北京市总体 NO_x、SO_2、PM10 和 PM2.5 一次源的排放量的减少。另外，从因素分解结果来看，北京市各产业的能耗结构效应和能耗强度效应是四种大气污染物的减排因素；技术进步效应和最终需求总量效应均是四种大气污染物的增排因素；而增加值率效应是除 NO_x 以外的其他三种大气污染物的减排因素；产业结构效应是除 SO_2 以外的其他三种大气污染物的增排因素。由此可知，最终需求的扩张和技术进步是导致北京市雾霾天气加重的重要原因，同时，为了减少大气污染物的排放量，北京市的产业结构尚需进一步调整。

5.3.4 天津市各产业部门对各种大气污染物排放量的贡献与结构分解

采用类似于上一节的相关数据和方法，我们对 2007—2012 年天津市各产业部门因消耗能源而排放的四种大气污染物（NO_x、SO_2、PM10 和 PM2.5 一次源）的排放量的变化进行了结构分解，结果如表 5.27－5.32。

一、各产业部门对天津市 NO_x 排放量的贡献与结构分解

从表 5.27 中可以看出，与 2007 年相比，2012 年天津市交通运输、仓储和邮政业，其他服务业，建筑业，煤炭开采和洗选业，食品制造及烟草加工业，化学工业，批发零售和住宿餐饮业，金属制品业，金属冶炼及压延加工业，纺织服装鞋帽皮革羽绒及其制品业，交通运输设备制造业，其他制造产品等 12 个

表 5.27　各行业对天津市 2007—2012 年 NO_x 排放量的贡献

（单位：万吨）

序号	产业部门	能耗结构效应	能耗强度效应	增加值率效应	技术进步效应	产业结构效应	最终需求总量效应	NO_x排放量总变动	贡献度（%）
1	农林牧渔业	0.00	0.14	0.38	−0.30	−3.04	−0.23	−3.04	−24.75
2	煤炭开采和洗选业	0.00	−0.47	−0.89	0.28	6.07	−0.82	4.16	33.82
3	石油和天然气开采业	−0.27	−0.40	−0.45	−1.25	−2.90	2.62	−2.65	−21.58
4	金属及非金属矿采选业	0.02	0.19	0.45	−0.08	−0.37	−1.04	−0.82	−6.70
5	食品制造及烟草加工业	−0.04	−0.57	−1.13	0.27	3.06	2.26	3.84	31.20
6	纺织业	0.00	0.06	0.17	−0.04	−0.68	−0.22	−0.72	−5.82
7	纺织服装鞋帽皮革羽绒及其制品业	−0.01	−0.13	−0.29	−0.16	0.46	0.67	0.54	4.41
8	木材加工及家具制造业	0.00	0.02	0.03	0.03	0.02	−0.11	−0.02	−0.02
9	造纸印刷及文教体育用品制造业	0.00	0.03	0.06	−0.02	0.01	−0.16	−0.07	−0.58
10	石油加工、炼焦及核燃料加工业	−0.13	−0.47	−0.92	0.27	−4.12	3.62	−1.74	−14.15
11	化学工业	−0.02	−0.25	−0.48	0.29	2.21	0.60	2.37	19.25
12	非金属矿物制品业	0.05	0.78	1.10	−0.58	−0.69	−2.62	−1.96	−15.93
13	金属冶炼及压延加工业	−0.01	−0.16	−0.31	0.22	0.28	0.60	0.62	5.07
14	金属制品业	0.00	−0.02	−0.05	0.02	1.30	−0.27	0.99	8.06
15	通用、专用设备制造业	−0.04	−0.32	−0.56	0.03	−1.87	1.99	−0.77	−6.28
16	交通运输设备制造业	−0.13	−1.00	−1.73	−0.57	−1.29	5.12	0.41	3.30
17	电气机械及器材制造业	−0.04	−0.28	−0.52	0.11	−2.48	2.06	−1.16	−9.46
18	通信设备、计算机及其他电子设备制造业	−0.16	−0.95	−1.59	−0.19	−6.74	6.33	−3.29	−26.79
19	仪器仪表及文化办公用机械制造业	−0.01	−0.01	−0.02	0.00	−0.65	0.25	−0.44	−3.61
20	其他制造产品	0.00	−0.01	0.00	0.00	0.27	−0.06	0.20	1.61
21	电力、热力及燃气的生产和供应业	0.02	−0.01	2.51	−0.85	−3.83	−4.08	−6.24	−50.73
22	水的生产和供应业	0.01	0.03	0.15	−0.19	0.38	−0.38	−0.01	−0.12
23	建筑业	−0.23	−2.47	−4.74	0.68	−2.27	13.32	4.29	34.93
24	交通运输、仓储和邮政业	−0.03	−0.53	−0.86	0.57	10.87	−0.85	9.17	74.61
25	批发零售和住宿餐饮业	−0.14	−1.09	−0.50	−0.04	2.52	1.16	1.90	15.44
26	其他服务业	−0.22	−1.19	−2.75	1.87	3.36	5.67	6.74	54.80
	合计	−1.37	−9.08	−12.93	0.36	−0.13	35.44	12.30	100.00

产业的 NO_x 排放量在增加,其余各产业部门的 NO_x 排放量在减少。其中,交通运输、仓储和邮政业是 NO_x 排放量增幅最大的产业,其增排量对天津市各产业 NO_x 增排量的贡献度为 74.61%;然后依次是其他服务业、建筑业、煤炭开采和洗选业、食品制造及烟草加工业,对天津市各产业 NO_x 增排量的贡献度分别为 54.80%、34.93%、33.82% 和 31.20%;另外,其余 7 个增排产业对天津市各产业 NO_x 增排量的贡献度合计为 57.14%。减排 NO_x 幅度较大的前五位产业依次是电力、热力及燃气的生产和供应业,通信设备、计算机及其他电子设备制造业,农林牧渔业,石油和天然气开采业,非金属矿物制品业,对 NO_x 增排的贡献度分别为 −50.73%、−26.79%、−24.75%、−21.58% 和 −15.93%。由于天津市 NO_x 增排产业增加的 NO_x 排放量大于减排产业减少的 NO_x 排放量,最终导致天津市各产业总体 NO_x 排放量增加了 12.30 万吨。

下面,重点考察 NO_x 主要的增排因素。可以看出,交通运输、仓储和邮政业之所以 NO_x 增排幅度最大,其主要的增排因素依次是产业结构效应和技术进步效应;而导致其他服务业的 NO_x 排放量增加的因素依次是最终需求总量效应、产业结构效应和技术进步效应;导致建筑业的 NO_x 排放量增加的因素依次是最终需求总量效应和技术进步效应。我们对其他 NO_x 增排产业各自的增排因素也进行了整理,详见表 5.29。总体来看,天津市各产业的技术进步效应和最终需求总量效应相抵为正,是 NO_x 的增排因素;能耗结构效应、能耗强度效应、增加值率效应和产业结构效应相抵为负,是 NO_x 的减排因素;由于最终需求总量效应导致了 NO_x 排放量的显著上升,最终导致天津市总体 NO_x 排放量在增加。

二、各产业部门对天津市 SO_2 排放量的贡献与结构分解

由表 5.28 可知,与 2007 年相比,2012 年天津市其他服务业,交通运输、仓储和邮政业,煤炭开采和洗选业,建筑业,食品制造及烟草加工业,化学工业,批发零售和住宿餐饮业,金属制品业,交通运输设备制造业,金属冶炼及压延加工业,纺织服装鞋帽皮革羽绒及其制品业,其他制造产品,木材加工及家具制造等 13 个产业的 SO_2 排放量在增加,而其余产业在减少。其中,其他服务业对天津市各产业 SO_2 增排量的贡献度为 69.11%,是 SO_2 增排幅度最大的产业;交通运输、仓储和邮政业次之,其增排量对天津市各产业 SO_2 增排量的贡献度为 64.95%;然后依次是煤炭开采和洗选业、建筑业、食品制造及烟草加工业和化学工业,对天津市各产业 SO_2 增排量的贡献度分别为 44.46%、41.23%、36.89% 和 24.84%;其余 7 个增排产业的增排量对天津市各产业 SO_2 增排量的贡献度合计为 52.77%。减排 SO_2 幅度较大的前五位产业依次是电力、热力及燃

表 5.28 各行业对天津市 2007—2012 年 SO₂ 排放量的贡献

（单位：万吨）

序号	产业部门	能耗结构效应	能耗强度效应	增加值率效应	技术进步效应	产业结构效应	最终需求总量效应	SO₂排放量总变动	贡献度（%）
1	农林牧渔业	0.09	0.23	0.89	−0.85	−5.23	−0.40	−5.27	−26.32
2	煤炭开采和洗选业	−0.02	−1.24	−2.31	1.17	13.14	−1.83	8.90	44.46
3	石油和天然气开采业	−1.04	−0.72	−0.99	−2.45	−6.12	5.54	−5.79	−28.92
4	金属及非金属矿采选业	0.14	0.36	1.01	−0.16	−0.79	−2.22	−1.66	−8.31
5	食品制造及烟草加工业	−0.30	−0.91	−2.61	0.95	5.90	4.36	7.39	36.89
6	纺织业	0.03	0.10	0.42	−0.15	−1.46	−0.48	−1.54	−7.71
7	纺织服装鞋帽皮革羽绒及其制品业	−0.07	−0.20	−0.68	−0.23	0.95	1.40	1.16	5.78
8	木材加工及家具制造业	0.01	0.03	0.08	0.08	0.05	−0.23	0.01	0.06
9	造纸印刷及文教体育用品制造业	0.02	0.05	0.14	−0.06	0.03	−0.33	−0.16	−0.79
10	石油加工、炼焦及核燃料加工业	−0.82	−0.59	−1.52	0.68	−6.52	5.75	−3.02	−15.07
11	化学工业	−0.14	−0.49	−1.08	0.76	4.65	1.27	4.97	24.84
12	非金属矿物制品业	0.33	1.60	2.51	−1.59	−1.46	−5.55	−4.16	−20.78
13	金属冶炼及压延加工业	−0.09	−0.30	−0.70	0.63	0.57	1.25	1.36	6.79
14	金属制品业	0.00	−0.06	−0.13	0.11	2.62	−0.52	2.02	10.11
15	通用、专用设备制造业	−0.20	−0.49	−1.24	0.33	−3.73	3.96	−1.37	−6.84
16	交通运输设备制造业	−0.58	−1.53	−3.85	0.45	−2.44	9.84	1.89	9.46
17	电气机械及器材制造业	−0.19	−0.41	−1.17	0.50	−4.94	4.08	−2.13	−10.66
18	通信设备、计算机及其他电子设备制造业	−0.63	−1.35	−3.51	0.66	−13.02	12.23	−5.62	−28.06
19	仪器仪表及文化办公用机械制造业	−0.02	−0.01	−0.04	−0.01	−1.25	0.47	−0.86	−4.29
20	其他制造产品	0.00	−0.03	0.00	0.01	0.54	−0.11	0.40	2.01
21	电力、热力及燃气的生产和供应业	0.16	−0.11	6.22	−2.34	−9.28	−9.92	−15.27	−76.26
22	水的生产和供应业	0.02	0.04	0.37	−0.48	0.88	−0.89	−0.05	−0.25
23	建筑业	−1.81	−4.52	−10.73	3.62	−4.46	26.16	8.26	41.23
24	交通运输、仓储和邮政业	−0.19	−0.48	−1.53	0.87	15.67	−1.34	13.00	64.95
25	批发零售和住宿餐饮业	−0.13	−0.62	−1.20	0.01	3.71	1.95	3.72	18.56
26	其他服务业	−0.83	−1.54	−6.14	4.71	6.49	11.15	13.84	69.11
	合计	−6.26	−13.19	−27.79	7.22	−5.52	65.57	20.02	100.00

气的生产和供应业，石油和天然气开采业，通信设备、计算机及其他电子设备制造业，农林牧渔业，非金属矿物制品业，对各产业 SO_2 增排量的贡献度分别为 -76.26%、-28.92%、-28.06%、-26.32% 和 -20.78%。由于 SO_2 增排产业的增排量大于减排产业的减排量，因此，天津市各产业总体的 SO_2 排放量增加了 20.02 万吨。

下面，重点考察 SO_2 主要的增排因素。可以看出，其他服务业之所以增排 SO_2 幅度最大，主要的增排因素依次是最终需求总量效应、产业结构效应和技术进步效应；交通运输、仓储和邮政业增排 SO_2 的幅度也较大，其增排因素依次是产业结构效应和技术进步效应；而导致煤炭开采和洗选业增排 SO_2 较多的主要增排因素也是产业结构效应和技术进步效应。和上文一样，我们对其他增排 SO_2 的产业各自的增排因素也进行了整理，详见表 5.29。整体来看，天津市各产业的能耗结构效应、能耗强度效应、增加值率效应和产业结构效应相抵为负，是 SO_2 的减排因素；而各产业的最终需求总量效应和技术进步效应相抵为正，是 SO_2 的增排因素；而由于最终需求总量效应导致了 SO_2 排放量的显著增加，最终导致了天津市总体 SO_2 排放量在增加。

表 5.29　天津市 NO_x 和 SO_2 的增排产业和增排因素

	NO_x增排产业	
排名	增排产业	增排因素
1	交通运输、仓储和邮政业	产业结构、技术进步
2	其他服务业	最终需求总量、产业结构、技术进步
3	建筑业	最终需求总量、技术进步
4	煤炭开采和洗选业	产业结构、技术进步
5	食品制造及烟草加工业	产业结构、最终需求总量、技术进步
6	化学工业	产业结构、最终需求总量、技术进步
7	批发零售和住宿餐饮业	产业结构、最终需求总量
8	金属制品业	产业结构、技术进步
9	金属冶炼及压延加工业	最终需求总量、产业结构、技术进步
10	纺织服装鞋帽皮革羽绒及其制品业	最终需求总量、产业结构
11	交通运输设备制造业	最终需求总量
12	其他制造产品	产业结构

（续表）

排名	增排产业	增排因素
	SO₂增排产业	
1	其他服务业	最终需求总量、产业结构、技术进步
2	交通运输、仓储和邮政业	产业结构、技术进步
3	煤炭开采和洗选业	产业结构、技术进步
4	建筑业	最终需求总量、技术进步
5	食品制造及烟草加工业	产业结构、最终需求总量、技术进步
6	化学工业	产业结构、最终需求总量、技术进步
7	批发零售和住宿餐饮业	产业结构、最终需求总量、技术进步
8	金属制品业	产业结构、技术进步、能耗结构
9	交通运输设备制造业	最终需求总量、技术进步
10	金属冶炼及压延加工业	最终需求总量、技术进步、产业结构
11	纺织服装鞋帽皮革羽绒及其制品业	最终需求总量、产业结构
12	其他制造产品	产业结构、技术进步
13	木材加工及家具制造业	技术进步、增加值率、产业结构、能耗强度、能耗结构

注：本表根据表5.27至表5.28整理编制而得。

三、各产业部门对天津市PM10排放量的贡献与结构分解

由表5.30可知，与2007年相比，2012年天津市以下12个产业部门的PM10排放量在增加：其他服务业，交通运输、仓储和邮政业，建筑业，食品制造及烟草加工业，煤炭开采和洗选业，化学工业，批发零售和住宿餐饮业，交通运输设备制造业，金属制品业，金属冶炼及压延加工业，纺织服装鞋帽皮革羽绒及其制品业，其他制造产品。除此之外，其余产业的PM10排放量均在减少。而在增排PM10的产业中，其他服务业增排幅度最大，其增排量对天津市各产业PM10增排量的贡献度为66.21%；然后依次是交通运输、仓储和邮政业，建筑业，食品制造及烟草加工业，煤炭开采和洗选业，化学工业，对天津市各产业PM10增排量的贡献度分别为66.12%、37.94%、34.44%、32.33%和20.96%；其余6个增排产业的增排量对天津市各产业PM10增排量的贡献度合计为48.87%。减排PM10幅度排名前五位的产业依次是电力、热力及燃气的生产和供应业，农林牧渔业，通信设备、计算机及其他电子设备制造业，石油和天然气开采业，非金属矿物制品业，对天津市各产业PM10增排量的贡献度分别为-73.64%、-24.22%、-22.61%、-20.82%和-19.17%。由于全部增排

表 5.30 各行业对天津市 2007—2012 年 PM10 排放量的贡献

(单位：万吨)

序号	产业部门	能耗结构效应	能耗强度效应	增加值率效应	技术进步效应	产业结构效应	最终需求总量效应	PM10 排放量总变动	贡献度（%）
1	农林牧渔业	0.01	0.01	0.12	−0.10	−0.79	−0.07	−0.81	−24.22
2	煤炭开采和洗选业	0.00	−0.04	−0.15	−0.01	1.41	−0.14	1.08	32.33
3	石油和天然气开采业	−0.01	−0.04	−0.16	−0.42	−0.78	0.70	−0.70	−20.82
4	金属及非金属矿采选业	0.03	0.03	0.14	0.00	−0.11	−0.31	−0.22	−6.57
5	食品制造及烟草加工业	−0.01	−0.07	−0.38	0.08	0.87	0.66	1.15	34.44
6	纺织业	0.00	0.00	0.06	−0.01	−0.22	−0.07	−0.24	−7.11
7	纺织服装鞋帽皮革羽绒及其制品业	0.00	−0.01	−0.10	−0.05	0.14	0.21	0.18	5.51
8	木材加工及家具制造业	0.00	0.00	0.01	0.01	0.01	−0.03	0.00	0.00
9	造纸印刷及文教体育用品制造业	0.00	0.00	0.02	−0.01	0.00	−0.05	−0.03	−0.75
10	石油加工、炼焦及核燃料加工业	−0.05	−0.10	−0.27	0.10	−1.17	1.03	−0.46	−13.83
11	化学工业	−0.01	−0.03	−0.16	0.09	0.62	0.18	0.70	20.96
12	非金属矿物制品业	0.02	0.12	0.36	−0.17	−0.20	−0.78	−0.64	−19.17
13	金属冶炼及压延加工业	0.00	−0.02	−0.09	0.06	0.08	0.18	0.20	5.95
14	金属制品业	0.00	0.00	−0.01	0.00	0.37	−0.07	0.29	8.70
15	通用、专用设备制造业	0.00	−0.04	−0.18	0.01	−0.53	0.57	−0.18	−5.34
16	交通运输设备制造业	−0.01	−0.12	−0.56	−0.09	−0.35	1.44	0.31	9.13
17	电气机械及器材制造业	0.00	−0.03	−0.17	0.05	−0.71	0.58	−0.29	−8.64
18	通信设备、计算机及其他电子设备制造业	−0.02	−0.10	−0.53	*0.01	−1.88	1.76	−0.76	−22.61
19	仪器仪表及文化办公用机械制造业	0.00	0.00	−0.01	0.00	−0.18	0.07	−0.13	−3.75
20	其他制造产品	0.00	0.00	0.00	0.00	0.08	−0.02	0.06	1.68
21	电力、热力及燃气的生产和供应业	−0.02	−0.08	0.94	−0.31	−1.43	−1.56	−2.47	−73.64
22	水的生产和供应业	0.00	0.00	0.06	−0.07	0.13	−0.14	−0.01	−0.41
23	建筑业	−0.11	−0.35	−1.52	0.12	−0.64	3.77	1.27	37.94
24	交通运输、仓储和邮政业	−0.01	−0.05	−0.23	0.12	2.56	−0.17	2.21	66.12
25	批发零售和住宿餐饮业	0.00	−0.08	−0.18	−0.02	0.57	0.31	0.60	17.92
26	其他服务业	−0.04	−0.12	−0.92	0.58	0.99	1.73	2.22	66.21
	合计	−0.24	−1.11	−3.91	−0.01	−1.14	9.77	3.35	100.00

产业增加的 PM10 排放量超过了减排产业减少的 PM10 排放量，最终导致了天津市各产业总体的 PM10 排放量增加了 3.35 万吨。

下面，重点考察 PM10 主要的增排因素。可以看出，其他服务业之所以增排 PM10 幅度最大，主要的增排因素依次是最终需求总量效应、产业结构效应和技术进步效应；而导致交通运输、仓储和邮政业增排 PM10 幅度也较大，主要的增排因素依次是产业结构效应和技术进步效应；导致建筑业增排 PM10 较多的增排因素依次是最终需求总量效应和技术进步效应。类似地，其他增排 PM10 的产业各自的增排因素，详见表 5.32。从整体来看，只有各产业的最终需求总量效应相抵为正，是 PM10 的增排因素；而各产业的能耗结构效应、能耗强度效应、增加值率效应、产业结构效应和技术进步效应相抵均为负，都是 PM10 的减排因素；但是，由于最终需求总量效应导致了 PM10 的排放量显著增加，天津市各产业总体的 PM10 排放量仍是增加的。

四、各产业部门对天津市 PM2.5 一次源排放量的贡献与结构分解

从表 5.31 可以看出，与 2007 年相比，2012 年天津市其他服务业，交通运输、仓储和邮政业，建筑业，食品制造及烟草加工业，煤炭开采和洗选业，化学工业，批发零售和住宿餐饮业，交通运输设备制造业，金属制品业，金属冶炼及压延加工业，纺织服装鞋帽皮革羽绒及其制品业，其他制造产品，木材加工及家具制造业等 13 个产业的 PM2.5 一次源排放量在增加，其余产业均在减少。在增排 PM2.5 一次源的产业当中，增排幅度最大的五个产业依次是其他服务业，交通运输、仓储和邮政业，建筑业，食品制造及烟草加工业，煤炭开采和洗选业，对天津市各产业 PM2.5 一次源增排量的贡献度分别为 76.97％、63.72％、42.84％、41.22％和 35.69％。在减排 PM2.5 一次源的产业当中，减排幅度排名前五位的产业依次是电力、热力及燃气的生产和供应业，农林牧渔业，通信设备、计算机及其他电子设备制造业，石油和天然气开采业，非金属矿物制品业，对天津市各产业 PM2.5 一次源增排量的贡献度分别为 -94.20％、-29.19％、-25.15％、-23.90％和 -21.66％。由于全部增排产业增加的 PM2.5 一次源排放量超过了减排产业减少的 PM2.5 一次源排放量，最终导致了天津市各产业 PM2.5 一次源总体排放量增加了 1.19 万吨。

下面，重点考察天津市 PM2.5 一次源主要的增排因素。从表 5.32 不难看出，不仅天津市 PM2.5 一次源的增排产业同 PM10 的增排产业大体相同，而且这些增排产业的增排因素也高度相似。总体来看，各产业的最终需求总量效应和技术进步效应相抵为正，是 PM2.5 一次源的增排因素；而各产业的能耗结构效应、能耗强度效应、增加值率效应和产业结构效应相抵为负，是 PM2.5 一次

表 5.31 各行业对天津市 2007—2012 年 PM2.5 一次源排放量的贡献

（单位：万吨）

序号	产业部门	能耗结构效应	能耗强度效应	增加值率效应	技术进步效应	产业结构效应	最终需求总量效应	PM2.5排放量总变动	贡献度（%）
1	农林牧渔业	0.00	0.01	0.05	−0.05	−0.33	−0.03	−0.35	−29.19
2	煤炭开采和洗选业	0.00	−0.02	−0.07	0.02	0.54	−0.05	0.42	35.69
3	石油和天然气开采业	−0.01	−0.02	−0.07	−0.16	−0.32	0.29	−0.28	−23.90
4	金属及非金属矿采选业	0.02	0.01	0.06	0.00	−0.05	−0.13	−0.08	−6.63
5	食品制造及烟草加工业	−0.01	−0.03	−0.16	0.04	0.37	0.28	0.49	41.22
6	纺织业	0.00	0.00	0.03	−0.01	−0.09	−0.03	−0.10	−8.66
7	纺织服装鞋帽皮革羽绒及其制品业	0.00	−0.01	−0.04	−0.02	0.06	0.09	0.08	6.64
8	木材加工及家具制造业	0.00	0.00	0.01	0.00	0.00	−0.01	0.00	0.01
9	造纸印刷及文教体育用品制造业	0.00	0.00	0.01	0.00	0.00	−0.02	−0.01	−0.87
10	石油加工、炼焦及核燃料加工业	−0.04	−0.02	−0.08	0.04	−0.31	0.28	−0.13	−11.33
11	化学工业	−0.01	−0.01	−0.06	0.04	0.26	0.07	0.28	23.78
12	非金属矿物制品业	0.02	0.05	0.15	−0.07	−0.08	−0.32	−0.26	−21.66
13	金属冶炼及压延加工业	0.00	−0.01	−0.04	0.03	0.03	0.07	0.08	6.77
14	金属制品业	0.00	0.00	−0.01	0.00	0.15	−0.03	0.12	10.04
15	通用、专用设备制造业	0.00	−0.02	−0.08	0.00	−0.22	0.23	−0.07	−6.21
16	交通运输设备制造业	−0.02	−0.05	−0.23	0.00	−0.14	0.58	0.14	11.53
17	电气机械及器材制造业	0.00	−0.01	−0.07	0.02	−0.29	0.24	−0.12	−9.94
18	通信设备、计算机及其他电子设备制造业	−0.02	−0.04	−0.22	0.03	−0.76	0.72	−0.30	−25.15
19	仪器仪表及文化办公用机械制造业	0.00	0.00	0.00	0.00	0.03	0.03	−0.05	−4.31
20	其他制造产品	0.00	0.00	0.00	0.00	0.03	−0.01	0.02	1.90
21	电力、热力及燃气的生产和供应业	−0.01	−0.04	0.43	−0.15	−0.65	−0.71	−1.12	−94.20
22	水的生产和供应业	0.00	0.00	0.03	−0.03	0.06	−0.06	−0.01	−0.54
23	建筑业	−0.08	−0.14	−0.63	0.07	−0.26	1.55	0.51	42.84
24	交通运输、仓储和邮政业	−0.01	−0.02	−0.08	0.05	0.89	−0.07	0.76	63.72
25	批发零售和住宿餐饮业	0.00	−0.04	−0.08	0.00	0.25	0.13	0.26	21.50
26	其他服务业	−0.03	−0.05	−0.39	0.26	0.41	0.71	0.92	76.97
	合计	−0.21	−0.43	−1.56	0.12	−0.53	3.80	1.19	100.00

源的减排因素；但由于最终需求总量效应导致了 PM2.5 一次源的排放量显著增加，天津市各产业总的 PM2.5 一次源排放量仍是增加的。

表 5.32　天津市 PM10 和 PM2.5 一次源的增排产业和增排因素

PM10 增排产业		
排名	增排产业	增排因素
1	其他服务业	最终需求总量、产业结构、技术进步
2	交通运输、仓储和邮政业	产业结构、技术进步
3	建筑业	最终需求总量、技术进步
4	食品制造及烟草加工业	产业结构、最终需求总量、技术进步
5	煤炭开采和洗选业	产业结构
6	化学工业	产业结构、最终需求总量、技术进步
7	批发零售和住宿餐饮业	产业结构、最终需求总量
8	交通运输设备制造业	最终需求总量
9	金属制品业	产业结构、技术进步
10	金属冶炼及压延加工业	最终需求总量、产业结构、技术进步
11	纺织服装鞋帽皮革羽绒及其制品业	最终需求总量、产业结构
12	其他制造产品	产业结构
13	木材加工及家具制造业	技术进步、增加值率、产业结构

PM2.5 一次源增排产业		
排名	增排产业	增排因素
1	其他服务业	最终需求总量、产业结构、技术进步
2	交通运输、仓储和邮政业	产业结构、技术进步
3	建筑业	最终需求总量、技术进步
4	食品制造及烟草加工业	产业结构、最终需求总量、技术进步
5	煤炭开采和洗选业	产业结构、技术进步
6	化学工业	产业结构、最终需求总量、技术进步
7	批发零售和住宿餐饮业	产业结构、最终需求总量
8	交通运输设备制造业	最终需求总量
9	金属制品业	产业结构
10	金属冶炼及压延加工业	最终需求总量、产业结构、技术进步
11	纺织服装鞋帽皮革羽绒及其制品业	最终需求总量、产业结构
12	其他制造产品	产业结构
13	木材加工及家具制造业	技术进步、增加值率

　　注：本表根据表 5.30 至表 5.31 整理编制而得。

　　综上，从 2007 年到 2012 年，天津市 NO_x、SO_2、PM10 和 PM2.5 一次源等四种污染物的总体排放量均在增加。具体而言，天津市 26 个产业部门中，其他服务业，交通运输、仓储和邮政业，煤炭开采和洗选业，建筑业，食品制造及烟草加工业，化学工业，批发零售和住宿餐饮业，金属制品业，交通运输设备制造业，金属冶炼及压延加工业，纺织服装鞋帽皮革羽绒及其制品业，其他制造产品等 12 个产业对四种污染物的排放量均在增加；木材加工及家具制造业对于 SO_2 和 PM2.5 的排放量在增加，而对 NO_x 和 PM10 的排放量在减少；除上述 13 个产业之外，其他所有产业都是四种污染物的减排产业。在四种污染物均增排的产业当中，增幅最大的五个产业依次是交通运输、仓储和邮政业，其他服务业，煤炭开采和洗选业，建筑业，食品制造及烟草加工业；在四种污染物均减排的产业当中，减幅最大的五个产业依次是电力、热力及燃气的生产和供应业，农林牧渔业，通信设备、计算机及其他电子设备制造业，石油和天然气开采业，非金属矿物制品业。因为天津市各种污染物增排产业的增排量大于减排产业的减排量，所以天津市四种污染物的排放量都是增加的。从各种影响因素角度看，天津市各产业的最终需求总量效应是 NO_x、SO_2、PM10 和 PM2.5 一次源等四种污染物的增排因素；各产业的技术进步效应是 NO_x、SO_2 和 PM2.5 一次源的增排因素，是 PM10 的减排因素；能耗结构效应、能耗强度效应、增加值率效应和产业结构效应是 NO_x、SO_2、PM10 和 PM2.5 一次源等四种污染物的减排因素。而由于最终需求总量效应的增排作用显著，而各种减排因素的减排效应相对较弱，所以天津市各产业四种污染物的总体排放量都是增加的。由此可见，天津市雾霾天气的出现主要是由于最终需求和技术进步的增排效应较强，而各种减排因素的减排效应相对较弱。

5.3.5　河北省各产业部门对各种大气污染物排放量的贡献与结构分解

　　采用类似于上两节的相关数据和方法，我们对 2007—2012 年河北省各产业部门因消耗能源而排放的四种大气污染物（NO_x、SO_2、PM10 和 PM2.5 一次源）的排放量的变化进行了结构分解，结果如表 5.33 至表 5.38。

　　一、各产业部门对河北省 NO_x 排放量的贡献与结构分解

　　从表 5.33 中可以看出，与 2007 年相比，2012 年河北省 NO_x 排放量增加的产业依次是煤炭开采和洗选业，石油加工、炼焦及核燃料加工业，建筑业，金属制品业，交通运输设备制造业，交通运输、仓储和邮政业，通用、专用设备制造业，批发零售和住宿餐饮业，金属及非金属矿采选业，纺织服装鞋帽皮革羽绒及其制品业，纺织业，仪器仪表及文化办公用机械制造业，电气机械及器

表 5.33 各行业对河北省 2007—2012 年 NO_x 排放量的贡献

（单位：万吨）

序号	产业部门	能耗结构效应	能耗强度效应	增加值率效应	技术进步效应	产业结构效应	最终需求总量效应	NO_x排放量总变动	贡献度（%）
1	农林牧渔业	−0.04	−2.17	−1.23	−1.23	−0.94	5.74	0.13	0.27
2	煤炭开采和洗选业	0.01	20.42	−3.95	3.75	26.70	−17.96	28.97	61.47
3	石油和天然气开采业	0.02	1.62	0.02	1.40	−5.73	−1.40	−4.07	−8.63
4	金属及非金属矿采选业	0.05	0.99	1.73	−3.16	9.14	−6.47	2.28	4.83
5	食品制造及烟草加工业	−0.06	−3.59	−1.78	−1.48	−2.92	7.49	−2.33	−4.95
6	纺织业	−0.03	−2.43	−1.53	1.22	−0.80	4.91	1.34	2.85
7	纺织服装鞋帽皮革羽绒及其制品业	−0.03	−1.59	−0.81	0.10	1.08	2.83	1.58	3.36
8	木材加工及家具制造业	−0.01	−0.43	−0.44	0.84	−4.91	1.80	−3.15	−6.67
9	造纸印刷及文教体育用品制造业	0.00	−0.21	−0.13	0.14	−0.42	0.44	−0.19	−0.40
10	石油加工、炼焦及核燃料加工业	−0.02	3.43	0.11	0.17	26.38	−8.62	21.45	45.51
11	化学工业	−0.02	−1.77	−0.70	0.47	−1.74	3.21	−0.55	−1.17
12	非金属矿物制品业	−0.11	−4.86	−1.27	1.04	−20.64	11.05	−14.79	−31.39
13	金属冶炼及压延加工业	−0.31	−27.23	−5.06	0.20	−28.01	45.04	−15.38	−32.63
14	金属制品业	0.00	−0.83	0.39	0.08	18.08	−2.36	15.35	32.57
15	通用、专用设备制造业	−0.10	−6.78	−1.74	1.23	0.03	10.10	2.73	5.79
16	交通运输设备制造业	−0.05	−4.20	−0.66	0.45	7.23	4.88	7.66	16.26
17	电气机械及器材制造业	−0.04	−2.62	−0.83	0.85	−1.62	4.56	0.30	0.63
18	通信设备、计算机及其他电子设备制造业	0.00	0.30	0.12	0.06	−0.06	−0.51	−0.09	−0.18
19	仪器仪表及文化办公用机械制造业	0.00	0.09	0.05	−0.05	0.67	−0.28	0.49	1.03
20	其他制造产品	0.00	0.26	0.16	−0.51	−1.06	−0.25	−1.40	−2.98
21	电力、热力及燃气的生产和供应业	0.06	2.91	8.09	−2.45	−0.78	−12.71	−4.89	−10.37
22	水的生产和供应业	0.00	0.18	0.15	0.10	−1.30	−0.20	−1.06	−2.25
23	建筑业	−0.22	−18.60	−3.40	3.33	13.03	24.89	19.03	40.39
24	交通运输、仓储和邮政业	−0.18	−8.46	−0.80	1.12	0.23	10.93	2.84	6.02
25	批发零售和住宿餐饮业	−0.07	−1.25	−0.51	−2.85	5.09	2.03	2.44	5.19
26	其他服务业	−0.12	−7.28	−3.84	−7.89	−9.58	17.14	−11.57	−24.55
	合计	−1.26	−64.08	−17.86	−3.08	27.14	106.26	47.13	100.00

材制造业，农林牧渔业等 14 个产业；NO_x 减排的产业依次是金属冶炼及压延加工业，非金属矿物制品业，其他服务业，电力、热力及燃气的生产和供应业，石油和天然气开采业，木材加工及家具制造业，食品制造及烟草加工业，其他制造产品，水的生产和供应业，化学工业，造纸印刷及文教体育用品制造业，通信设备、计算机及其他电子设备制造业等 12 个产业。其中，增排量排名前五位的产业对河北省各产业 NO_x 增排量的贡献度分别为 61.47％、45.51％、40.39％、32.57％和 16.26％；而减排量排名前五位的产业对河北省各产业 NO_x 增排量的贡献度分别为 －32.63％、－31.39％、－24.55％、－10.37％和 －8.63％。由于 NO_x 增排产业的增排量大于减排产业的减排量，河北省各产业的 NO_x 排放量总计增加了 47.13 万吨。

下面，重点考察 NO_x 主要的增排因素。可以看出，河北省煤炭开采和洗选业之所以增排 NO_x 的幅度最大，主要的增排因素依次是产业结构效应、能耗强度效应、增加值率效应和技术进步效应。其余 13 个 NO_x 增排产业的增排因素，详见表 5.35。整体来说，河北省各产业的最终需求效应和产业结构效应相抵为正，是 NO_x 排放量的增排因素；而各产业的能耗结构效应、能耗强度效应、增加值率效应和技术进步效应相抵为负，是 NO_x 排放量的减排因素。由于 NO_x 各增排因素的作用合力大于各减排因素的作用合力，最终导致河北省各产业总的 NO_x 排放量是增加的。

二、各产业部门对河北省 SO_2 排放量的贡献与结构分解

由表 5.34 可知，与 2007 年相比，2012 年河北省以下 13 个产业部门的 SO_2 排放量是增加的：煤炭开采和洗选业，建筑业，石油加工、炼焦及核燃料加工业，金属制品业，交通运输设备制造业，通用、专用设备制造业，交通运输、仓储和邮政业，批发零售和住宿餐饮业，金属及非金属矿采选业，纺织服装鞋帽皮革羽绒及其制品业，纺织业，电气机械及器材制造业，仪器仪表及文化办公用机械制造业等；而其他 13 个产业部门 SO_2 排放量均在减少。其中，增排 SO_2 幅度较大的前五个产业依次为煤炭开采和洗选业，建筑业，石油加工、炼焦及核燃料加工业，金属制品业，交通运输设备制造业，对河北省各产业 SO_2 增排量的贡献度分别为 56.06％、42.74％、38.26％、31.39％和 16.84％；而减排 SO_2 幅度较大的前五个产业依次为非金属矿物制品业，金属冶炼及压延加工业，其他服务业，电力、热力及燃气的生产和供应业，石油和天然气开采业，对河北省各产业 SO_2 增排量的贡献度分别为 －28.05％、－24.46％、－21.93％、－9.67％和 －9.01％。由于各增排产业增加的 SO_2 排放量大于各减排产业减少的 SO_2 排放量，因此，河北省各产业总体的 SO_2 排放量增加了 129.18 万吨。

表 5.34 各行业对河北省 2007—2012 年 SO_2 排放量的贡献

（单位：万吨）

序号	产业部门	能耗结构效应	能耗强度效应	增加值率效应	技术进步效应	产业结构效应	最终需求总量效应	SO_2排放量总变动	贡献度（%）
1	农林牧渔业	0.28	−6.53	−3.19	−3.12	−2.22	13.35	−1.44	−1.11
2	煤炭开采和洗选业	0.05	51.08	−9.87	9.34	66.69	−44.88	72.41	56.06
3	石油和天然气开采业	−0.18	4.29	−0.03	3.40	−15.22	−3.90	−11.64	−9.01
4	金属及非金属矿采选业	−0.79	0.11	5.20	−7.91	24.33	−17.12	3.81	2.95
5	食品制造及烟草加工业	0.29	−9.35	−4.55	−3.93	−7.07	18.09	−6.52	−5.05
6	纺织业	0.07	−6.09	−3.88	2.76	−1.96	12.01	2.92	2.26
7	纺织服装鞋帽皮革羽绒及其制品业	0.13	−4.05	−2.07	0.11	2.66	6.94	3.71	2.87
8	木材加工及家具制造业	0.04	−1.02	−1.14	2.13	−12.34	4.50	−7.84	−6.07
9	造纸印刷及文教体育用品制造业	0.01	−0.52	−0.34	0.36	−1.06	1.10	−0.44	−0.34
10	石油加工、炼焦及核燃料加工业	−0.60	8.11	0.33	0.42	60.96	−19.80	49.42	38.26
11	化学工业	0.14	−4.36	−1.85	1.18	−4.47	8.24	−1.12	−0.87
12	非金属矿物制品业	0.88	−11.87	−3.35	3.09	−53.19	28.20	−36.23	−28.05
13	金属冶炼及压延加工业	3.71	−69.20	−14.10	2.36	−74.48	120.12	−31.60	−24.46
14	金属制品业	0.05	−2.05	1.00	0.15	47.22	−5.82	40.55	31.39
15	通用、专用设备制造业	0.87	−17.24	−4.63	4.00	0.07	26.45	9.53	7.38
16	交通运输设备制造业	0.50	−10.55	−1.75	1.74	18.81	13.01	21.76	16.84
17	电气机械及器材制造业	0.37	−6.41	−2.27	2.26	−4.21	11.93	1.68	1.30
18	通信设备、计算机及其他电子设备制造业	−0.04	0.77	0.30	0.12	−0.15	−1.32	−0.31	−0.24
19	仪器仪表及文化办公用机械制造业	−0.01	0.21	0.13	−0.14	1.73	−0.70	1.23	0.95
20	其他制造产品	−0.02	0.64	0.40	−1.29	−2.72	−0.66	−3.64	−2.82
21	电力、热力及燃气的生产和供应业	0.04	7.21	20.27	−6.26	−1.95	−31.79	−12.49	−9.67
22	水的生产和供应业	−0.01	0.45	0.38	0.25	−3.25	−0.50	−2.67	−2.07
23	建筑业	2.21	−44.08	−8.74	10.48	32.44	62.91	55.21	42.74
24	交通运输、仓储和邮政业	0.57	−17.89	−1.99	1.67	0.47	22.80	5.63	4.36
25	批发零售和住宿餐饮业	0.17	−2.88	−1.40	−6.64	11.70	4.65	5.61	4.34
26	其他服务业	0.41	−17.49	−9.93	−19.41	−22.95	41.05	−28.33	−21.93
	合计	9.16	−158.74	−47.06	−2.89	59.86	268.85	129.18	100.00

下面，重点考察 SO_2 主要的增排因素。可以看出，河北省的煤炭开采和洗选业之所以增排 SO_2 的幅度最大，主要的增排因素依次是产业结构效应、能耗强度效应、技术进步效应和能耗结构效应；建筑业之所以增排 SO_2 的幅度也较大，主要的增排因素依次是最终需求效应、产业结构效应、技术进步效应和能耗结构效应；而石油加工、炼焦及核燃料加工业主要的增排因素依次是产业结构效应、能耗强度效应、技术进步效应和增加值率效应。其余 10 个 SO_2 增排产业的增排因素，详见表 5.35。整体来看，河北省各产业的最终需求总量效应、产业结构效应和能耗结构效应相抵为正，对河北省各产业总的 SO_2 排放量起着增排作用；而各产业的能耗强度效应、增加值率效应和技术进步效应相抵为负，对河北省各产业总的 SO_2 排放量均起着减排作用。由于最终需求效应、产业结构效应和能耗结构效应对 SO_2 的增排作用合力远大于能耗强度效应、增加值率效应和技术进步效应等减排因素的作用合力，因此，河北省各产业总的 SO_2 排放量是显著增加的。

表 5.35 河北省 NO_x 和 SO_2 的增排产业和增排因素

NO_x 增排产业		
排名	增排产业	增排因素
1	煤炭开采和洗选业	产业结构、能耗强度、技术进步、能耗结构
2	石油加工、炼焦及核燃料加工业	产业结构、能耗强度、技术进步、增加值率
3	建筑业	最终需求总量、产业结构、技术进步
4	金属制品业	产业结构、增加值率、技术进步
5	交通运输设备制造业	产业结构、最终需求总量、技术进步
6	交通运输、仓储和邮政业	最终需求总量、技术进步、产业结构
7	通用、专用设备制造业	最终需求总量、技术进步、产业结构
8	批发零售和住宿餐饮业	产业结构、最终需求总量
9	金属及非金属矿采选业	产业结构、增加值率、能耗强度、能耗结构
10	纺织服装鞋帽皮革羽绒及其制品业	最终需求总量、产业结构、技术进步
11	纺织业	最终需求总量、技术进步
12	仪器仪表及文化办公用机械制造业	产业结构、能耗强度、增加值率
13	电气机械及器材制造业	最终需求总量、技术进步
14	农林牧渔业	最终需求总量

（续表）

<table>
<tr><td colspan="3" align="center">SO₂增排产业</td></tr>
<tr><td>排名</td><td>增排产业</td><td>增排因素</td></tr>
<tr><td>1</td><td>煤炭开采和洗选业</td><td>产业结构、能耗强度、技术进步、能耗结构</td></tr>
<tr><td>2</td><td>建筑业</td><td>最终需求总量、产业结构、技术进步、能耗结构</td></tr>
<tr><td>3</td><td>石油加工、炼焦及核燃料加工业</td><td>产业结构、能耗强度、技术进步、增加值率</td></tr>
<tr><td>4</td><td>金属制品业</td><td>产业结构、增加值率、技术进步、能耗结构</td></tr>
<tr><td>5</td><td>交通运输设备制造业</td><td>产业结构、最终需求总量、技术进步、能耗结构</td></tr>
<tr><td>6</td><td>通用、专用设备制造业</td><td>最终需求总量、技术进步、能耗结构、产业结构</td></tr>
<tr><td>7</td><td>交通运输、仓储和邮政业</td><td>最终需求总量、技术进步、能耗结构、产业结构</td></tr>
<tr><td>8</td><td>批发零售和住宿餐饮业</td><td>产业结构、最终需求总量、能耗结构</td></tr>
<tr><td>9</td><td>金属及非金属矿采选业</td><td>产业结构、增加值率、能耗强度</td></tr>
<tr><td>10</td><td>纺织服装鞋帽皮革羽绒及其制品业</td><td>最终需求总量、产业结构、能耗结构、技术进步</td></tr>
<tr><td>11</td><td>纺织业</td><td>最终需求总量、技术进步、能耗结构</td></tr>
<tr><td>12</td><td>电气机械及器材制造业</td><td>最终需求总量、技术进步、能耗结构</td></tr>
<tr><td>13</td><td>仪器仪表及文化办公用机械制造业</td><td>产业结构、能耗强度、增加值率</td></tr>
</table>

注：本表根据表 5.33—5.34 整理编制而得。

三、各产业部门对河北省 PM10 排放量的贡献与结构分解

从表 5.36 可以看出，与 2007 年相比，2012 年河北省以下 12 个产业部门的 PM10 排放量是增加的：煤炭开采和洗选业，石油加工、炼焦及核燃料加工业，金属制品业，建筑业，交通运输设备制造业，金属及非金属矿采选业，批发零售和住宿餐饮业，交通运输、仓储和邮政业，纺织服装鞋帽皮革羽绒及其制品业，纺织业，通用、专用设备制造业，仪器仪表及文化办公用机械制造业等；而其余 14 个产业部门的 PM10 排放量均在减少。其中，PM10 增排幅度最大的是煤炭开采和洗选业，然后依次是石油加工、炼焦及核燃料加工业，金属制品业，建筑业，交通运输设备制造业，这五个产业的增排量对河北省各产业 PM10 增排量的贡献度分别为 91.56%、64.11%、39.43%、38.97% 和 17.24%。PM10 减排幅度较大的前五位产业依次为金属冶炼及压延加工业，非金属矿物制品业，其他服务业，电力、热力及燃气的生产和供应业，石油和天然气开采业，它们对河北省各产业 PM10 增排量的贡献度分别为 -49.25%、-44.18%、-37.24%、-15.04% 和 -9.08%。由于各增排产业的增排总量大于各减排产业的减排总量，所以河北省各产业总的 PM10 排放量增加了 12.27 万吨。

表 5.36 各行业对河北省 2007—2012 年 PM10 排放量的贡献

(单位：万吨)

序号	产业部门	能耗结构效应	能耗强度效应	增加值率效应	技术进步效应	产业结构效应	最终需求总量效应	PM10 排放量总变动	贡献度（%）
1	农林牧渔业	0.00	−1.01	−0.48	−0.44	−0.33	1.96	−0.31	−2.51
2	煤炭开采和洗选业	−0.07	8.11	−1.58	1.38	10.36	−6.97	11.24	91.56
3	石油和天然气开采业	0.00	0.50	0.04	0.53	−1.78	−0.40	−1.11	−9.08
4	金属及非金属矿采选业	0.07	0.90	0.46	−1.07	2.81	−2.01	1.16	9.49
5	食品制造及烟草加工业	−0.02	−1.39	−0.70	−0.54	−1.03	2.63	−1.04	−8.51
6	纺织业	0.02	−0.94	−0.61	0.48	−0.29	1.77	0.44	3.58
7	纺织服装鞋帽皮革羽绒及其制品业	−0.01	−0.59	−0.32	0.03	0.38	0.99	0.48	3.90
8	木材加工及家具制造业	0.00	−0.16	−0.17	0.32	−1.73	0.63	−1.10	−9.00
9	造纸印刷及文教体育用品制造业	0.00	−0.07	−0.05	0.05	−0.15	0.16	−0.07	−0.56
10	石油加工、炼焦及核燃料加工业	0.03	1.25	0.05	0.06	9.65	−3.17	7.87	64.11
11	化学工业	0.00	−0.65	−0.26	0.18	−0.59	1.09	−0.23	−1.85
12	非金属矿物制品业	−0.18	−1.84	−0.48	0.25	−6.98	3.79	−5.42	−44.18
13	金属冶炼及压延加工业	0.12	−9.16	−1.74	−0.36	−8.48	13.58	−6.04	−49.25
14	金属制品业	−0.01	−0.29	0.14	0.02	5.80	−0.82	4.84	39.43
15	通用、专用设备制造业	−0.05	−2.27	−0.65	0.18	0.01	3.21	0.43	3.48
16	交通运输设备制造业	−0.01	−1.43	−0.26	−0.02	2.32	1.51	2.12	17.24
17	电气机械及器材制造业	−0.01	−0.94	−0.29	0.26	−0.52	1.45	−0.06	−0.49
18	通信设备、计算机及其他电子设备制造业	0.00	0.10	0.04	0.03	−0.02	−0.17	−0.01	−0.09
19	仪器仪表及文化办公用机械制造业	0.00	0.03	0.02	−0.02	0.22	−0.09	0.16	1.32
20	其他制造产品	0.00	0.09	0.06	−0.19	−0.37	−0.09	−0.48	−3.94
21	电力、热力及燃气的生产和供应业	0.03	1.12	3.24	−0.92	−0.31	−4.99	−1.85	−15.04
22	水的生产和供应业	0.00	0.06	0.06	0.05	−0.49	−0.07	−0.39	−3.17
23	建筑业	−0.15	−6.51	−1.15	0.62	4.17	7.81	4.78	38.97
24	交通运输、仓储和邮政业	−0.04	−2.82	−0.30	0.26	0.07	3.48	0.63	5.17
25	批发零售和住宿餐饮业	0.01	−0.44	−0.22	−1.01	1.78	0.70	0.82	6.65
26	其他服务业	−0.07	−2.66	−1.54	−2.99	−3.43	6.12	−4.57	−37.24
	合计	−0.35	−21.02	−6.67	−2.86	11.08	32.09	12.27	100.00

下面，重点考察 PM10 主要的增排因素。可以看出，河北省石油加工、炼焦及核燃料加工业之所以增排 PM10 幅度最大，主要的增排因素依次是产业结构效应、能耗强度效应和技术进步效应；而导致金属制品业增排 PM10 较多的主要增排因素依次是产业结构效应、能耗强度效应、技术进步效应、增加值率效应和能耗结构效应；导致建筑业增排 PM10 较多的主要增排因素依次是产业结构效应、增加值率效应和能耗结构效应。其余 9 个 PM10 增排产业各自的增排因素，详见表 5.38。整体来看，各产业的最终需求总量效应和产业结构效应相抵为正，是河北省 PM10 的增排因素；而各产业的能耗结构效应、能耗强度效应、增加值率效应和技术进步效应相抵为负，是河北省 PM10 的减排因素。由于最终需求效应和产业结构效应对 PM10 的增排作用合力大于能耗结构效应、能耗强度效应、增加值率效应和技术进步效应等四个减排因素的作用合力，因此，河北省各产业总的 PM10 排放量是增加的。

四、各产业部门对河北省 PM2.5 一次源排放量的贡献与结构分解

由表 5.37 可知，同 2007 年相比，2012 年河北省的煤炭开采和洗选业，石油加工、炼焦及核燃料加工业，建筑业，金属制品业，交通运输设备制造业，金属及非金属矿采选业，批发零售和住宿餐饮业，交通运输、仓储和邮政业，纺织服装鞋帽皮革羽绒及其制品业，纺织业，通用、专用设备制造业，仪器仪表及文化办公用机械制造业等 12 个产业的 PM2.5 一次源排放量在增加，其余 14 个产业的 PM2.5 一次源排放量均在减少。其中，增排 PM2.5 一次源幅度较大的前五位产业依次是煤炭开采和洗选业，石油加工、炼焦及核燃料加工业，建筑业，金属制品业，交通运输设备制造业，对河北省各产业 PM2.5 一次源增排量的贡献度分别为 94.30%、60.14%、39.86%、39.77% 和 17.40%。减排 PM2.5 一次源幅度较大的前五位产业依次是金属冶炼及压延加工业，非金属矿物制品业，其他服务业，电力、热力及燃气的生产和供应业，石油和天然气开采业，对河北省各产业 PM2.5 一次源增排量的贡献度分别为 −48.54%、−44.94%、−37.17%、−15.57% 和 −9.21%。由于各增排产业的增排量合计大于各减排产业的减排量合计，所以河北省各产业总的 PM2.5 一次源排放量增加了 5.45 万吨。

下面，重点考察 PM2.5 一次源主要的增排因素。可以看出，河北省煤炭开采和洗选业之所以增排 PM2.5 一次源幅度最大，主要的增排因素依次是产业结构效应、能耗强度效应和技术进步效应；而导致石油加工、炼焦及核燃料加工业 PM2.5 一次源排放量增加较多的增排因素依次是产业结构效应、能耗强度效应、增加值率效应和技术进步效应；导致建筑业 PM2.5 一次源排放量增加较多

表 5.37　各行业对河北省 2007—2012 年 PM2.5 一次源排放量的贡献

(单位：万吨)

序号	产业部门	能耗结构效应	能耗强度效应	增加值率效应	技术进步效应	产业结构效应	最终需求总量效应	PM2.5 排放量总变动	贡献度（%）
1	农林牧渔业	0.01	−0.43	−0.23	−0.21	−0.15	0.88	−0.13	−2.35
2	煤炭开采和洗选业	−0.04	3.72	−0.73	0.62	4.74	−3.19	5.14	94.30
3	石油和天然气开采业	0.00	0.22	0.02	0.23	−0.79	−0.18	−0.50	−9.21
4	金属及非金属矿采选业	0.03	0.38	0.22	−0.46	1.25	−0.90	0.53	9.65
5	食品制造及烟草加工业	0.00	−0.61	−0.33	−0.25	−0.46	1.19	−0.46	−8.52
6	纺织业	0.01	−0.42	−0.28	0.22	−0.13	0.80	0.21	3.76
7	纺织服装鞋帽皮革羽绒及其制品业	0.00	−0.26	−0.15	0.17	0.45	0.22	4.02
8	木材加工及家具制造业	0.00	−0.07	−0.08	0.15	−0.78	0.29	−0.50	−9.13
9	造纸印刷及文教体育用品制造业	0.00	−0.03	−0.02	−0.07	0.07	−0.03	−0.57
10	石油加工、炼焦及核燃料加工业	−0.01	0.53	0.03	0.03	4.02	−1.32	3.28	60.14
11	化学工业	0.00	−0.29	−0.12	0.08	−0.27	0.49	−0.10	−1.81
12	非金属矿物制品业	−0.07	−0.82	−0.22	0.10	−3.14	1.71	−2.45	−44.94
13	金属冶炼及压延加工业	0.10	−4.03	−0.83	−0.16	−3.77	6.04	−2.64	−48.54
14	金属制品业	0.00	−0.13	0.06	0.01	2.59	−0.37	2.17	39.77
15	通用、专用设备制造业	−0.01	−1.00	−0.31	0.07	0.00	1.44	0.19	3.57
16	交通运输设备制造业	0.00	−0.63	−0.12	−0.02	1.04	0.68	0.95	17.40
17	电气机械及器材制造业	0.00	−0.41	−0.14	0.11	−0.23	0.65	−0.02	−0.43
18	通信设备、计算机及其他电子设备制造业	0.00	0.05	0.02	0.01	−0.01	−0.07	−0.01	−0.10
19	仪器仪表及文化办公用机械制造业	0.00	0.01	0.01	−0.01	0.10	−0.04	0.07	1.32
20	其他制造产品	0.00	0.04	0.03	−0.08	−0.17	−0.04	−0.22	−4.02
21	电力、热力及燃气的生产和供应业	0.01	0.51	1.49	−0.42	−0.14	−2.29	−0.85	−15.57
22	水的生产和供应业	0.00	0.03	0.03	0.02	−0.22	−0.03	−0.18	−3.25
23	建筑业	−0.03	−2.87	−0.56	0.28	1.86	3.49	2.17	39.86
24	交通运输、仓储和邮政业	0.00	−1.22	−0.16	0.08	0.03	1.53	0.27	4.98
25	批发零售和住宿餐饮业	0.01	−0.19	−0.10	−0.45	0.79	0.31	0.37	6.82
26	其他服务业	−0.01	−1.16	−0.72	−1.34	−1.53	2.73	−2.02	−37.17
	合计	−0.01	−9.09	−3.18	−1.33	4.75	14.31	5.45	100.00

的增排因素是最终需求效应、产业结构效应和技术进步效应。其余 9 个 PM2.5 一次源增排产业各自的增排因素，详见表 5.38。总体来看，各产业的最终需求效应和产业结构效应相抵为正，是河北省 PM2.5 一次源的增排因素；而各产业的能耗结构效应、能耗强度效应、增加值率效应和技术进步效应相抵为负，是河北省 PM2.5 一次源的减排因素。由于最终需求效应和产业结构效应对 PM2.5 一次源的增排作用合力大于能耗结构效应、能耗强度效应、增加值率效应和技术进步效应等减排因素的作用合力，因此，河北省各产业总的 PM2.5 一次源排放量是显著增加的。

综上，从 2007 年到 2012 年，河北省各产业总的 NO$_x$、SO$_2$、PM10 和 PM2.5 一次源的排放量均在增加。具体而言，河北省 26 个产业部门中，四种污染物均增加的产业依次是煤炭开采和洗选业，石油加工、炼焦及核燃料加工业，建筑业，金属制品业，交通运输设备制造业，通用、专用设备制造业，交通运输、仓储和邮政业，批发零售和住宿餐饮业，金属及非金属矿采选业，纺织服装鞋帽皮革羽绒及其制品业，纺织业，仪器仪表及文化办公用机械制造业；四种污染物均在减少的产业依次是非金属矿物制品业，金属冶炼及压延加工业，其他服务业，电力、热力及燃气的生产和供应业，石油和天然气开采业，木材加工及家具制造业，食品制造及烟草加工业，其他制造产品，水的生产和供应业，化学工业，造纸印刷及文教体育用品制造业，通信设备、计算机及其他电子设备制造业。由于河北省四种污染物增排产业的增排量大于减排产业的减排量，所以河北省四种污染物的排放量都是增加的。从因素分解结果来看，河北省各产业的能耗强度效应、增加值率效应和技术进步效应是四种大气污染物的减排因素；而能耗结构效应是除 SO$_2$ 以外的其他三种大气污染物的减排因素；产业结构效应和最终需求总量效应均是四种大气污染物的增排因素。由于最终需求总量效应和产业结构效应的增排作用显著，所以河北省各产业四种污染物的总排放量都是增加的。由此可见，河北省目前的产业结构并不利于各种大气污染物排放量的减少，雾霾天气的出现主要是由于最终需求的扩张和产业结构不合理引起的。但是，以钢铁行业为代表的金属冶炼及压延加工业，电力、热力及燃气的生产和供应业，造纸印刷及文教体育用品制造业对四种污染物的排放均在减少，也说明河北省按照"十一五"规划目标要求，深化"双三十"节能减排示范工程，完成了钢铁、电力、造纸等重点行业的去产能任务，有效地控制了主要污染物的排放。

表 5.38 河北省 PM10 和 PM2.5 一次源的增排产业和增排因素

	PM10 增排产业	
排名	增排产业	增排因素
1	煤炭开采和洗选业	产业结构、能耗强度、技术进步
2	石油加工、炼焦及核燃料加工业	产业结构、能耗强度、技术进步、增加值率、能耗结构
3	金属制品业	产业结构、增加值率、技术进步
4	建筑业	最终需求总量、产业结构、技术进步
5	交通运输设备制造业	产业结构、最终需求总量
6	金属及非金属矿采选业	产业结构、能耗强度、增加值率、能耗结构
7	批发零售和住宿餐饮业	产业结构、最终需求总量、能耗结构
8	交通运输、仓储和邮政业	最终需求总量、技术进步、产业结构
9	纺织服装鞋帽皮革羽绒及其制品业	最终需求总量、产业结构、技术进步
10	纺织业	最终需求总量、技术进步、能耗结构
11	通用、专用设备制造业	最终需求总量、技术进步、产业结构
12	仪器仪表及文化办公用机械制造业	产业结构、能耗强度、增加值率

	PM2.5 一次源增排产业	
排名	增排产业	增排因素
1	煤炭开采和洗选业	产业结构、能耗强度、技术进步
2	石油加工、炼焦及核燃料加工业	产业结构、能耗强度、增加值率、技术进步
3	建筑业	最终需求总量、产业结构、技术进步
4	金属制品业	产业结构、增加值率、技术进步
5	交通运输设备制造业	产业结构、最终需求总量、能耗结构
6	金属及非金属矿采选业	产业结构、能耗强度、增加值率、能耗结构
7	批发零售和住宿餐饮业	产业结构、最终需求总量、能耗结构
8	交通运输、仓储和邮政业	最终需求总量、技术进步、产业结构、能耗结构
9	纺织服装鞋帽皮革羽绒及其制品业	最终需求总量、产业结构、技术进步
10	纺织业	最终需求总量、技术进步、能耗结构
11	通用、专用设备制造业	最终需求总量、技术进步、产业结构
12	仪器仪表及文化办公用机械制造业	产业结构、能耗强度、增加值率

注：本表根据表 5.36 至表 5.37 整理编制而得。

5.4 京津冀雾霾天气与产业结构的关联性：
基于 LMDI 模型

基于投入产出表的 SDA 结构分解模型尽管有其优势，但是在没有投入产出表的场合，或者没有与投入产出表的产业分类对应的能耗数据的情况下，就不能采用这种方法分析雾霾天气与产业结构的关联性了。相反，LMDI 模型则不受这些限制，而且分解结果无残差。所以，在这一节，我们采用 LMDI 模型做几个辅助的结构分解分析。

5.4.1 LMDI 分解模型简介

指数分解法最早产生于 20 世纪 70 年代，随后经过逐步地完善被逐渐运用到能源和环境以及其他领域的研究当中。指数分解法的原理是将某指标分解为几个因素，然后分析这几个因素对该指标变化的贡献度，从而判断出影响该指标变化的关键因素，并针对分解结果提出行之有效的政策建议。Hulten (1973)[1] 首次将指数分解方法运用到能源领域，但是直到 20 世纪 90 年代，并没有形成一种大家公认的、标准的指数分解方法。Ang（2004）[2] 对不同的指数分解方法及其实际应用结果进行了对比研究，最终确定了 LMDI 分解法是最佳的分解方法，并于 2005 年给出了其具体的应用指南。此后，Ang 和 Liu (2007)[3] 又对存在零值和负值时如何进行 LMDI 分解做了深入的研究，提出了可行的解决办法，消除了 LMDI 分解方法在实际运用中面临的唯一困难，LMDI 分解方法从此被广泛接受。

从国内来看，近年来 LMDI 分解法主要被用于能源尤其是碳排放的分解上，而在雾霾主要成分的影响因素分析方面该方法的运用还相对较少。

LMDI 分解法因能将所有因素完全分解，保证分解后的残差为 0，因此得到

---

[1] C. R. Hulten. Divisia Index numbers [J]. Econometrica, 1973, 41 (6): 1017−1025.

[2] B. W. Ang. Decomposition analysis for policy making in energy: which is the preferred method? [J]. Energy Policy, 2004, 32 (9): 1131−1139.

[3] B. W. Ang, Na Liu. Handling zero values in the logarithmic mean Divisia index decomposition approach [J]. Energy Policy, 2007, 35 (1): 238−246; B. W. Ang, Na Liu. Negative−value problems of the logarithmic meanDivisia index decomposition approach [J]. Energy Policy, 2007, 35 (1): 739−742.

众学者的青睐。其分解方法有加法和乘法之分，乘法分解结果和加法分解结果之间可相互转化。通常情况下，LMDI 分解基于如下定义的权重函数：

$$L(x,y) = \begin{cases} \dfrac{x-y}{\ln x - \ln y}, & \text{当 } x \neq y \\ y, & \text{当 } x = y \end{cases} \tag{5.18}$$

其中，$x>0$，$y>0$。对任何一个因式分解，比如：$P_t = X_t \cdot Y_t$，与函数 $L(x,y)$ 相结合，可得各因素的独立效应如下所示：

$$\begin{cases} \Delta P_x = L(P_t, P_0)\ln \dfrac{X_t}{X_0} \\ \Delta P_y = L(P_t, P_0)\ln \dfrac{Y_t}{Y_0} \end{cases} \tag{5.19}$$

其中，P 为目标被解释变量，比如某种大气污染物的排放量；X、Y 为解释变量（当存在多个解释变量时，与之类似）；角标 t 和 0 分别表示观察期和基期，ΔP_x、ΔP_y 分别表示 P 单独受 X、Y 因素影响时的变化。分解的目的，即为比较被解释变量受各个因素作用的影响有多大。

5.4.2 北京市各工业行业排放雾霾主要成分的 LMDI 分解[①]

一、LMDI 模型的建立：基于行业和能源类型双重视角

为了采用 LMDI 模型系统分析各种因素对某种大气污染物排放量的贡献，这里我们首先对按式（5.2）测算得到的某种大气污染物的排放量 P 做如下分解：

$$\begin{aligned} P &= \sum_{i=1}^{35} P_i = \sum_{i=1}^{35}\sum_j P_{i,j} \\ &= \sum_{i=1}^{35}\left[\sum_j \frac{P_{i,j}}{E_{i,j}} \times \frac{E_{i,j}}{E_i} \times \frac{E_i}{Y_i} \times \frac{Y_i}{G} \times \frac{G}{L} \times L \right] \\ &= \sum_{i=1}^{35}\left[\sum_j EF_j \times ES_{i,j} \times EI_i \times YS_i \times GL \times L \right] \end{aligned} \tag{5.20}$$

其中，P_i 为 i（$i=1, 2, \cdots, 35$）行业[②]某种大气污染物的排放量，$P_{i,j}$ 是 i 行业消耗第 j 种能源所排放的该种污染物数量；$E_{i,j}$ 是 i 行业对第 j 种能源的消耗量，E_i 是 i 行业的能源消耗总量，均以标准煤计量；Y_i 代表 i 行业的增加值；

---

① 这部分文字已作为阶段性成果发表。参阅：田孟，王毅凌. 工业结构、能源消耗与雾霾主要成分的关联性——以北京为例 [J]. 经济问题. 2018（7）：50－58. 但这里的行业分类与发表的前期成果稍有不同。

② 关于行业分类，见表 5.9.

G、L 分别代表所研究地区的生产总值 GDP 和常住人口。$EF_j = P_{i,j}/E_{i,j}$ 的含义同上，代表在现有技术水平下各行业消耗第 j 种能源对该种污染物的排放因子，反映各种能源的排污水平；$ES_{i,j} = E_{i,j}/E_i$ 代表 i 行业消耗的第 j 种能源占其总能耗的比重，反映 i 行业的能源消耗结构；$EI_i = E_i/Y_i$ 代表 i 行业每生产单位增加值所消耗的能源，反映 i 行业的能源强度；$YS_i = Y_i/G$ 代表 i 行业增加值占 GDP 的比重，反映产业结构；$GL = G/L$ 是人均 GDP，用于衡量经济发展水平；L 为人口总数。

下面，我们将在式（5.20）的基础上构建各种大气污染物排放量的 LMDI 分解模型。本节借鉴 Ang 和 Liu 等（2003）[1] 的做法，采用加法分解，并分别从行业和能源两个视角对各种污染物的排放变动水平进行因素分解。

1. 行业视角的 LMDI 分解模型

首先，定义权重函数如下：

$$W_{i,j} = L(P_{i,j}^t, P_{i,j}^0) \tag{5.21}$$

其中，上标 0 和 t 分别代表基期和报告期，$P_{i,j}^0$ 和 $P_{i,j}^t$ 分别表示基期和报告期 i 行业消耗第 j 种能源所排放的某种污染物的数量。于是，依据式（5.18），有下式成立：

$$W_{i,j} = L(P_{i,j}^t, P_{i,j}^0) = \begin{cases} \dfrac{P_{i,j}^t - P_{i,j}^0}{\ln(P_{i,j}^t) - \ln(P_{i,j}^0)}, & \text{当 } P_{i,j}^t \neq P_{i,j}^0 \\ P_{i,j}^0, & \text{当 } P_{i,j}^t = P_{i,j}^0 \end{cases} \tag{5.22}$$

然后，在式（5.20）的基础上，将各行业因消耗能源所排放的某种污染物的变化量按加法分解如下：

$$\Delta P = P^t - P^0 = \sum_{i,j}(P_{i,j}^t - P_{i,j}^0) = \sum_{i,j}\frac{P_{i,j}^t - P_{i,j}^0}{\ln(P_{i,j}^t) - \ln(P_{i,j}^0)} \times \ln\left(\frac{P_{i,j}^t}{P_{i,j}^0}\right)$$

$$= \sum_{i,j}W_{i,j}\ln\left(\frac{P_{i,j}^t}{P_{i,j}^0}\right) = \sum_{i=1}^{35}\left[\sum_j W_{i,j} \times \ln\left(\frac{P_{i,j}^t}{P_{i,j}^0}\right)\right]$$

$$= \sum_{i=1}^{35}\left[\sum_j W_{i,j}\ln\left(\frac{EF_j^t}{EF_j^0}\right) + \sum_j W_{i,j}\ln\left(\frac{ES_{i,j}^t}{ES_{i,j}^0}\right)\right.$$

$$\left. + \sum_j W_{i,j}\ln\left(\frac{EI_i^t}{EI_i^0}\right) + \sum_j W_{i,j}\ln\left(\frac{YS_i^t}{YS_i^0}\right)\right]$$

$$+ \sum_{i=1}^{35}\left[\sum_j W_{i,j}\ln\left(\frac{GL^t}{GL^0}\right) + \sum_j W_{i,j}\ln\left(\frac{L^t}{L^0}\right)\right]$$

① Ang B. W., Liu F. L., Chew E. P. Perfect Decomposition Techniques in Energy and Environmental Analysis [J]. Energy Policy, 2003 (31)：1561－1566.

$$= \sum_{i=1}^{35} (\Delta P_{i,EF} + \Delta P_{i,ES} + \Delta P_{i,EI} + \Delta P_{i,YS} + \Delta P_{i,GL} + \Delta P_{i,L}) \quad (5.23)$$

其中，上标 0 和 t 仍分别代表基期和报告期。对 i（$i=1, 2, \cdots, 35$）行业而言，$\Delta P_{i,EF}$ 代表排放因子效应，$\Delta P_{i,ES}$ 代表能源结构效应，$\Delta P_{i,EI}$ 代表能源强度效应，$\Delta P_{i,YS}$ 代表产业结构效应，$\Delta P_{i,GL}$ 代表经济发展水平效应，$\Delta P_{i,L}$ 代表人口规模效应。

2. 能源视角的 LMDI 分解模型

上述行业视角的分解，实际上是将每个行业因消耗各种能源所产生的某种大气污染物的增量（$P_{i,j}^t - P_{i,j}^0$）在行业 i 内求和，然后分析各种因素对该行业排放的该种污染物是增排效应还是减排效应，同时也可分析各行业对该种污染物的贡献及其变化。如果我们换一个角度，将每个行业因消耗各种能源所排放的某种污染物的增量（$P_{i,j}^t - P_{i,j}^0$）分能源类型 j 求和，那么就可以得到不同种类能源消耗产生的该种污染物的变化量，并据此分析各个因素对该种能源消耗排放的该种污染物是增排效应还是减排效应，同时也可分析各种能源对该种污染物的贡献及其变化。分解式子如下：

$$\Delta P = P^t - P^0 = \sum_{j,i} (P_{i,j}^t - P_{i,j}^0) = \sum_{j,i} \frac{P_{i,j}^t - P_{i,j}^0}{\ln(P_{i,j}^t) - \ln(P_{i,j}^0)} \times \ln\left(\frac{P_{i,j}^t}{P_{i,j}^0}\right)$$

$$= \sum_{j,i} W_{i,j} \ln\left(\frac{P_{i,j}^t}{P_{i,j}^0}\right) = \sum_j \left[\sum_{i=1}^{35} W_{i,j} \ln\left(\frac{P_{i,j}^t}{P_{i,j}^0}\right) \right]$$

$$= \sum_j \left[\sum_{i=1}^{35} W_{i,j} \ln\left(\frac{EF_{i,j}^t}{EF_{i,j}^0}\right) \right] + \sum_j \left[\sum_{i=1}^{35} W_{i,j} \ln\left(\frac{ES_{i,j}^t}{ES_{i,j}^0}\right) \right]$$

$$+ \sum_j \left[\sum_{i=1}^{35} W_{i,j} \ln\left(\frac{EI_i^t}{EI_i^0}\right) \right] + \sum_j \left[\sum_{i=1}^{35} W_{i,j} \ln\left(\frac{YS_i^t}{YS_i^0}\right) \right]$$

$$+ \sum_j \left[\sum_{i=1}^{35} W_{i,j} \ln\left(\frac{GL^t}{GL^0}\right) \right] + \sum_j \left[\sum_{i=1}^{35} W_{i,j} \ln\left(\frac{L^t}{L^0}\right) \right]$$

$$= \sum_j \Delta P_{j,EF} + \sum_j \Delta P_{j,ES} + \sum_j \Delta P_{j,EI} + \sum_j \Delta P_{j,YS}$$

$$+ \sum_j \Delta P_{j,GL} + \sum_j \Delta P_{j,L} \quad (5.24)$$

可见，从能源角度，可将每一种能源消耗排放的某种污染物变化量分解成 6 个因素的贡献。其中，$\Delta P_{j,EF}$ 代表第 j 种能源的排放因子效应；$\Delta P_{j,ES}$ 代表第 j 种能源在各行业总能耗中的比重变化对该种污染物变化量的贡献，可简称为能源结构效应（或对第 j 种能源的依赖效应）；$\Delta P_{j,EI}$ 代表各行业能源消耗强度的变化对第 j 种能源消耗排放的该种污染物变化量的贡献，可简称为能源强度效应；$\Delta P_{j,YS}$ 代表行业产值比重的变化对第 j 种能源消耗排放的该种污染物变化量的贡献，可简称为产业结构效应；类似地，$\Delta P_{j,GL}$ 代表经济发展水平提升对第 j 种能源消耗排放的该种污染物变化量的贡献，可简称为经济发展水平效应；$\Delta P_{j,L}$ 代表人口规模的变化对第 j 种能源消耗排放的该种污染物变化量的贡献，可简称为人口规模效应。

显然，正如式（5.23）和式（5.24）所示，上述分行业或分能源类型对某种污染物变化量的分解结果，在各行业 i 之间或各种能源 j 之间都是可加的，加总之和就是全部工业行业排放的某种污染物的变化量 ΔP。因此，存在下面的关系式：

$$\Delta P = \sum_{i,j} (P_{i,j}^t - P_{i,j}^0) = \sum_{j,i} (P_{i,j}^t - P_{i,j}^0)$$

$$= \Delta P_{EF} + \Delta P_{ES} + \Delta P_{EI} + \Delta P_{YS} + \Delta P_{GL} + \Delta P_L \qquad (5.25)$$

据此，可以分析排放因子效应 ΔP_{EF}、能源结构效应 ΔP_{ES}、能源强度效应 ΔP_{EI}、产业结构效应 ΔP_{YS}、经济发展水平效应 ΔP_{GL} 和人口规模效应 ΔP_L 等各自对整个工业部门排放的该种污染物的贡献率。需要说明的是，由于各种能源的大气污染物排放因子在中短期可以假定基本不变，本项研究在计算中采用固定不变的排放因子。相应地，ΔP_{EF} 假定为 0。因此，在下文的实证分析部分，我们只给出其他 5 个因素的贡献。

如式（5.20）所示，在已经按式（5.2）测算得到各工业行业因消耗能源对各种大气污染物的排放量的基础上，为了进行上述因素分解，还需要用到各工业行业的增加值，以及 GDP 和人口数据。这里，我们拟以 2005—2015 年北京工业部门排放的几种大气污染物（SO_2、NO_x 和 PM2.5 一次源）为考察对象，相应地，各工业行业的增加值、GDP 和人口数据均取自历年《北京统计年鉴》。为剔除价格因素的影响，我们以 2005 年为基年，使用各工业行业的出厂价格指数、地区生产总值指数（后者为物量指数），分别采用价格指数缩减法和物量指数外推法将各年各工业行业的增加值和 GDP 调整成了可比价数据。此外，在具体进行 LMDI 分解时，对于部分行业的部分能耗数据为 0 的情形，我们参照 Ang（2005）[①] 的做法，用 1×10^{-15} 替代。

二、北京工业排放大气污染物的行业贡献及因素分解

为便于比较和说明问题，我们将整个样本期间分为 2005—2010 年和 2010—2015 年这样前后两个时间段。显然，前者为"十一五"时期，后者为"十二五"

---

① Ang B. W. The LMDI Approach to Decomposition Analysis: A Practical Guide [J]. Energy Policy，2005（33）：867—871.

时期。

1. 北京工业部门排放大气污染物的年均变化量及其因素分解

表 5.39 给出了 2005—2010 年和 2010—2015 年北京工业部门因消耗能源而排放的 SO_2、NO_x 和 PM2.5 一次源的年均变化量及其因素分解结果。可以看出，虽然影响因素有正有负，但是 3 种主要污染物在前后两个时间段的年均变化量均为负数，而且从年均变化率来看，后一阶段的下降更快。这说明整体来讲，北京工业部门因消耗能源而排放的大气污染物不仅绝对量在减少，而且减排效果日趋显著。

表 5.39　北京市工业部门排放大气污染物的年均变化量及其因素分解

（单位：吨）

影响因素	2005—2010 年均变化量			2010—2015 年均变化量		
	SO_2	NO_x	PM2.5 一次源	SO_2	NO_x	PM2.5 一次源
能源结构	−18621.69	−6083.68	−1116.18	−30250.22	−9595.80	−1571.03
能源强度	−10904.03	−4822.68	−755.82	−7032.79	−3208.02	−541.92
产业结构	−7058.77	−2373.35	−251.47	−6638.57	−3419.83	−467.80
经济发展水平	12344.46	5449.31	893.60	6212.75	3289.80	508.64
人口	10117.04	4466.05	732.36	2392.61	1266.94	195.88
合计	−14122.99	−3364.35	−497.50	−35316.22	−11666.91	−1876.23
年均变化率	−4.9%	−2.8%	−2.8%	−22.3%	−14.3%	−15.9%

2. 北京各工业行业排放 SO_2 的年均变化量及因素分解结果

表 5.40 和表 5.41 分别给出了 2005—2010 年和 2010—2015 年北京各工业行业 SO_2 排放量的年均变化及其分解结果。

从表 5.40 的 LMDI 分解结果来看，2005—2010 年北京整个工业部门排放的 SO_2 年均减少了 14122.99 吨。其中，能源结构和能源强度是最大的减排因素，贡献率分别为 131.9%、77.2%；经济发展水平和人口总量是最大的增排因素，对减排的贡献率分别为 −87.4%、−71.6%；产业结构的减排作用有限，贡献率为 50.0%。分行业来看，黑色金属矿采选业（3）之所以年均增排 SO_2 最多（14075.99 吨），是因为除了经济发展水平和人口总量为增排效应之外，能源结构、能源强度、产业结构也都表现为增排效应，分别贡献了 51.7%、27.9%、13.5%。究其原因，是因为 2005—2010 年该行业对煤制品的消耗比重由 73.03% 增加至 97.38%，该行业增加值也扩大了 6.53 倍，而其能源强度并未下降。黑色金属冶炼及压延加工业（23）之所以成为减排 SO_2 最多的行业，是因为能源结构对减排贡献了 57.7%，产业结构对减排也贡献了 37.3%。究其原因，是因为该行业的生产规模有较大幅度的下降，而且对煤制品的消耗比重由 97.80％下降至 10.58％，而对天然气的消耗比重则由 0.86％上升至 86.51％。石油加工、炼焦及核燃料加工业（17）的最大减排因素也是能源结构，对减排的贡献率达 96.5％。

表 5.40　2005—2010 年北京各工业行业排放 SO_2 年均变化量及因素分解

（单位：吨）

行业序号	行业名称	能源结构	能源强度	产业结构	经济发展水平	人口	各因素合计
		(1)	(2)	(3)	(4)	(5)	(6)
1	煤炭采选业	−37.67	−32.13	−9.41	13.59	11.13	−54.50
2	石油和天然气开采业	61.76	12.20	6.23	0.75	0.61	81.55
3	黑色金属矿采选业	7275.69	3929.47	1896.02	535.74	439.08	14075.99
4	有色金属矿采选业	0.00	0.00	0.00	0.00	0.00	0.00
5	非金属矿采选业	26.12	30.43	−61.57	14.12	11.57	20.67
6	农副食品加工业	−35.51	99.18	−188.00	92.06	75.45	43.17
7	食品制造业	−83.37	74.39	−240.28	87.36	71.60	−90.30
8	酒、饮料和精制茶制造业	−137.86	−78.79	−243.26	212.11	173.84	−73.97
9	烟草制品业	0.21	0.02	0.05	0.09	0.07	0.44
10	纺织业	13.08	−27.19	−148.40	57.84	47.40	−57.27
11	纺织服装、服饰业及皮革、毛皮、羽绒及其制品和制鞋业	−17.34	−149.26	−49.82	75.60	61.96	−78.87
12	木材加工和木、竹、藤、棕、草制品业	−7.51	−10.83	0.91	4.87	3.99	−8.56
13	家具制造业	−11.62	−26.48	4.79	13.16	10.78	−9.38
14	造纸和纸制品业	−25.99	−91.07	−22.66	60.78	49.81	−29.13
15	印刷和记录媒介复制业	−32.10	−38.39	2.41	27.39	22.45	−18.24
16	文教、工美、体育和娱乐用品制造业	−7.84	3.57	−16.19	8.87	7.27	−4.32
17	石油加工、炼焦及核燃料加工业	−3906.98	−602.76	−167.22	344.21	282.10	−4050.65
18	化学原料及化学制品制造业	661.47	−71.59	−755.13	434.33	355.96	625.04
19	医药制造业	−146.65	−209.78	148.65	79.68	65.31	−62.79
20	化学纤维制造业	−2.40	1.26	−1.41	0.45	0.37	−1.74
21	橡胶和塑料制品业	−155.65	−93.82	−73.60	80.78	66.21	−176.08
22	非金属矿物制品业	−1110.73	−2569.17	−328.95	1336.59	1095.42	−1576.84
23	黑色金属冶炼及压延加工业	−12528.23	−2609.70	−8157.75	862.78	707.10	−21725.81
24	有色金属冶炼及压延加工业	−11.66	6.37	−11.92	10.78	8.83	2.41

（续表）

行业序号	行业名称	能源结构	能源强度	产业结构	经济发展水平	人口	各因素合计
		(1)	(2)	(3)	(4)	(5)	(6)
25	金属制品业	−68.73	−44.28	−4.23	42.93	35.19	−39.12
26	通用设备制造业	−184.60	−189.75	93.28	79.14	64.86	−137.08
27	专用设备制造业	−77.09	−108.18	71.72	66.38	54.40	7.23
28	交通运输设备制造业	−477.41	−571.61	468.42	186.88	153.16	−240.57
29	电气机械及器材制造业	19.81	−23.31	26.90	29.40	24.09	76.90
30	通信设备、计算机及其他电子设备制造业	−14.48	−5.10	−5.24	6.21	5.09	−13.51
31	仪器仪表及文化、办公用机械制造业	−9.66	−1.88	−2.06	4.13	3.38	−6.09
32	燃气生产和供应业	−0.54	1.60	−0.33	0.47	0.39	1.59
33	水的生产和供应业	−0.67	5.64	−5.50	2.15	1.76	3.37
34	其他工业	−147.14	−71.20	−61.11	52.86	43.32	−183.27
35	电力热力的生产和供应	−7440.38	−7441.85	775.88	7520.00	6163.10	−423.26
	合计	−18621.69	−10904.03	−7058.77	12344.46	10117.04	−14122.99

再来看表5.41，可以看出，2010—2015年北京市整个工业部门排放的SO_2年均减少了35316.22吨；而且在所有35个行业中，32个行业均有不同程度的减排。从LMDI分解结果看，能源结构是主要减排因素，对减排的贡献率为85.7%；能源强度和产业结构的减排作用有限，对减排的贡献率仅为19.9%和18.8%；至于经济发展水平、人口规模则都表现为增排效应。与2005—2010年相比，能源结构的减排效果有所增强，年平均多减排11628.53吨；经济发展水平和人口规模的增排作用得到较好控制，增排量仅为前一阶段的50.3%和23.6%；相反，产业结构和能源强度的年均减排量分别仅是前一阶段的94.0%和64.5%，减排力度有所下降。分行业来看，黑色金属矿采选业（3）之所以减排最多，年均变化量为−14201.81吨，主要是因为该行业2010—2015年对煤制品的消耗在其总能耗中的占比由97.38%下降至34.53%，也即肮脏能源的占比显著下降，能源结构的显著改善成为其最主要的减排因素，对该行业减排的贡献率高达66.1%；然后依次是产业结构和能源强度，对减排的贡献率分别为26.6%和10.6%；至于经济发展水平和人口总量，仍表现为增排效应，但影响较小。

表 5.41　2010—2015 年北京各工业行业排放 SO$_2$ 年均变化量及因素分解

（单位：吨）

行业序号	行业名称	能源结构	能源强度	产业结构	经济发展水平	人口	各因素合计
		(1)	(2)	(3)	(4)	(5)	(6)
1	煤炭采选业	−3.94	19.26	−29.52	5.28	2.03	−6.89
2	石油和天然气开采业	−62.91	−12.04	−7.52	0.67	0.26	−81.54
3	黑色金属矿采选业	−9380.37	−1501.00	−3781.12	332.59	128.08	−14201.81
4	有色金属矿采选业	0.00	0.00	0.00	0.00	0.00	0.00
5	非金属矿采选业	−68.94	475.33	−499.44	3.06	1.18	−88.81
6	农副食品加工业	−134.98	−82.02	−35.48	62.99	24.26	−165.24
7	食品制造业	−139.93	47.32	−120.44	43.02	16.57	−153.46
8	酒、饮料和精制茶制造业	−171.87	−224.97	−153.95	120.48	46.40	−383.91
9	烟草制品业	−0.22	−0.08	−0.11	0.10	0.04	−0.27
10	纺织业	−33.25	64.89	−193.57	22.64	8.72	−130.57
11	纺织服装、服饰业及皮革、毛皮、羽绒及其制品和制鞋业	−112.83	−55.75	−1.97	39.87	15.36	−115.33
12	木材加工和木、竹、藤、棕、草制品业	−3.79	−1.13	−3.20	2.63	1.01	−4.48
13	家具制造业	−21.23	−3.01	−3.29	8.11	3.12	−16.30
14	造纸和纸制品业	−90.06	−62.80	−13.32	30.98	11.93	−123.28
15	印刷和记录媒介复制业	−46.96	2.77	−25.63	14.16	5.45	−50.20
16	文教、工美、体育和娱乐用品制造业	−19.67	−4.88	5.16	5.57	2.15	−11.67
17	石油加工、炼焦及核燃料加工业	−278.85	−8.95	−17.86	12.45	4.80	−288.42
18	化学原料及化学制品制造业	−1431.31	−245.05	−242.29	143.22	55.16	−1720.26
19	医药制造业	−168.97	−78.20	56.44	42.91	16.52	−131.29
20	化学纤维制造业	−0.39	0.93	−1.18	0.13	0.05	−0.46
21	橡胶和塑料制品业	−115.15	−17.88	−49.22	27.34	10.53	−144.39
22	非金属矿物制品业	−569.14	−1113.26	−1465.85	630.48	242.81	−2274.97
23	黑色金属冶炼及压延加工业	−10.39	57.66	−70.83	7.51	2.89	−16.17
24	有色金属冶炼及压延加工业	−28.30	0.95	−13.63	3.40	1.31	−36.27
25	金属制品业	−55.98	−42.41	16.76	27.39	10.55	−43.69
26	通用设备制造业	−124.29	−20.85	−39.69	25.14	9.68	−150.01
27	专用设备制造业	−142.86	−54.32	−25.00	29.05	11.19	−181.93
28	交通运输设备制造业	−467.82	−117.12	97.96	72.49	27.92	−386.57
29	电气机械及器材制造业	−94.24	−27.57	−13.67	19.71	7.59	−108.18
30	通信设备、计算机及其他电子设备制造业	−5.64	−2.46	2.37	4.20	1.62	0.08

（续表）

行业序号	行业名称	能源结构	能源强度	产业结构	经济发展水平	人口	各因素合计
		(1)	(2)	(3)	(4)	(5)	(6)
31	仪器仪表及文化、办公用机械制造业	−3.66	0.50	−2.20	2.75	1.06	−1.55
32	燃气生产和供应业	0.60	8.50	0.93	1.81	0.70	12.54
33	水的生产和供应业	−3.93	−7.48	6.87	2.17	0.84	−1.53
34	其他工业	−55.08	−178.76	142.25	15.89	6.12	−69.57
35	电力热力的生产和供应	−16403.87	−3848.90	−154.34	4452.55	1714.73	−14239.82
	合计	−30250.22	−7032.79	−6638.57	6212.75	2392.61	−35316.22

3. 北京各工业行业排放 NO_x 的年均变化量及因素分解结果

从表 5.42 的 LMDI 分解结果来看，2005—2010 年北京整个工业排放的 NO_x 年均减少了 3364.35 吨。其中，能源结构和能源强度是最大的减排因素，对 NO_x 减排的贡献率分别为 180.8%和 143.3%；经济发展水平和人口总量是最大的增排因素，对 NO_x 减排的贡献率分别为 −162.0%和 −132.7%；产业结构的减排作用有限，对减排的贡献率为 70.5%。分行业来看，黑色金属矿采选业（3）之所以成为增排 NO_x 最多的行业，是因为各种因素均表现为增排效应，其中又以能源结构、能源强度和产业结构的贡献率较大，分别为 38.60%、30.84%和 21.76%。黑色金属冶炼及压延加工业（23）之所以成为减排 NO_x 最多的行业，是因为除经济发展水平和人口规模表现为增排效应之外，其他因素均表现为减排效应，特别是能源结构和产业结构对减排的贡献较大，二者的贡献率分别为 52.87%和 41.49%。类似地，石油加工、炼焦及核燃料加工业（17）减排 NO_x 的力度也较大，最主要的贡献因素是能源结构，贡献率为 91.87%；第二位的贡献因素为能源强度，贡献率为 32.46%。

表 5.42　2005—2010 年北京各工业行业排放 NO_x 年均变化量及因素分解结果

（单位：吨）

行业序号	行业名称	能源结构	能源强度	产业结构	经济发展水平	人口	各因素合计
		(1)	(2)	(3)	(4)	(5)	(6)
1	煤炭采选业	−19.23	−17.31	−5.07	7.32	6.00	−28.29
2	石油和天然气开采业	232.71	58.09	29.69	3.57	2.93	326.99
3	黑色金属矿采选业	1742.97	1601.82	772.90	218.39	178.99	4515.07
4	有色金属矿采选业	0.00	0.00	0.00	0.00	0.00	0.00
5	非金属矿采选业	1.58	20.77	−42.01	9.63	7.89	−2.14

（续表）

行业序号	行业名称	能源结构	能源强度	产业结构	经济发展水平	人口	各因素合计
		(1)	(2)	(3)	(4)	(5)	(6)
6	农副食品加工业	−22.64	49.74	−94.29	46.17	37.84	16.82
7	食品制造业	−42.14	40.11	−129.56	47.10	38.61	−45.87
8	酒、饮料和精制茶制造业	−57.98	−33.82	−104.41	91.04	74.61	−30.55
9	烟草制品业	0.25	0.15	0.51	0.82	0.67	2.41
10	纺织业	6.73	−13.14	−71.73	27.96	22.91	−27.28
11	纺织服装、服饰业及皮革、毛皮、羽绒及其制品和制鞋业	−7.92	−75.81	−25.31	38.40	31.47	−39.17
12	木材加工和木、竹、藤、棕、草制品业	−5.81	−8.63	0.73	3.88	3.18	−6.65
13	家具制造业	−5.81	−20.27	3.66	10.07	8.25	−4.09
14	造纸和纸制品业	−19.60	−46.01	−11.45	30.71	25.17	−21.19
15	印刷和记录媒介复制业	−23.76	−32.68	2.05	23.32	19.11	−11.95
16	文教、工美、体育和娱乐用品制造业	−5.80	1.93	−8.75	4.79	3.93	−3.90
17	石油加工、炼焦及核燃料加工业	−1103.19	−409.46	−113.59	233.82	191.63	−1200.79
18	化学原料及化学制品制造业	232.41	−33.88	−357.41	205.57	168.48	215.17
19	医药制造业	−54.08	−101.80	72.13	38.67	31.69	−13.38
20	化学纤维制造业	−1.16	1.60	−1.79	0.57	0.46	−0.32
21	橡胶和塑料制品业	−68.88	−47.06	−36.92	40.52	33.21	−79.13
22	非金属矿物制品业	−441.27	−1176.04	−150.58	611.83	501.43	−654.63
23	黑色金属冶炼及压延加工业	−3480.85	−880.34	−2751.87	291.04	238.53	−6583.49
24	有色金属冶炼及压延加工业	−7.93	3.40	−6.36	5.75	4.71	−0.42
25	金属制品业	−29.15	−33.70	−3.22	32.67	26.78	−6.62
26	通用设备制造业	−59.19	−105.06	51.64	43.81	35.91	−32.88
27	专用设备制造业	−29.35	−63.73	42.25	39.10	32.05	20.32
28	交通运输设备制造业	−180.35	−331.76	271.87	108.46	88.89	−42.89
29	电气机械及器材制造业	1.77	−17.59	20.29	22.18	18.18	44.84
30	通信设备、计算机及其他电子设备制造业	−12.53	−9.88	−10.14	12.03	9.86	−10.67
31	仪器仪表及文化、办公用机械制造业	0.46	−2.89	−3.16	6.34	5.20	5.94
32	燃气生产和供应业	5.37	13.74	−2.80	4.05	3.32	23.68
33	水的生产和供应业	−0.57	8.82	−8.60	3.36	2.75	5.76
34	其他工业	−53.26	−32.97	−28.30	24.48	20.06	−69.99
35	电力热力的生产和供应	−2575.49	−3129.03	326.23	3161.88	2591.36	374.95
	合计	−6083.68	−4822.68	−2373.35	5449.31	4466.05	−3364.35

从表 5.43 的 LMDI 分解结果来看，2010—2015 年北京市整个工业部门排放的 NO_x 年均减少了 11666.91 吨。其中，能源结构是最主要的减排因素，对 NO_x 减排的贡献率为 82.2%；产业结构和能源强度的减排作用有限，对 NO_x 减排的贡献率分别为 29.3% 和 27.5%；经济发展水平、人口规模均表现为增排效应，但与 2005—2010 年相比经济发展水平和人口规模的增排效应有所减弱。分行业来看，黑色金属矿采选业（3）减排 NO_x 的力度较大，是因为除经济发展水平和人口规模表现为增排效应之外，其他因素均表现为减排效应，特别是能源结构的改善和产业结构的优化对减排的贡献较大，二者的贡献率分别为 56.79% 和 33.88%。类似地，非金属矿物制品（22）、化学原料及化学制品制造业（18）和石油加工、炼焦及核燃料加工业（17）的减排力度较大，都是因为除经济发展水平和人口规模表现为增排效应之外，其他因素均表现为减排效应。可见，能源结构的改善和能源利用效率的提高可以在较大程度上减少 NO_x 的排放，产业结构优化对部分行业减少 NO_x 的排放也发挥了一定的作用。但是，经济发展水平的提升、人口规模的扩大，对能源结构和能源强度的减排效应的抵消作用也非常明显。

表 5.43　2010—2015 年北京各工业行业排放 NO_x 年均变化量及因素分解结果

（单位：吨）

行业序号	行业名称	能源结构	能源强度	产业结构	经济发展水平	人口	各因素合计
		（1）	（2）	（3）	（4）	（5）	（6）
1	煤炭采选业	−3.27	10.00	−15.33	2.74	1.06	−4.80
2	石油和天然气开采业	−236.72	−58.29	−36.37	3.25	1.25	−326.88
3	黑色金属矿采选业	−2596.41	−614.92	−1549.01	136.25	52.47	−4571.61
4	有色金属矿采选业	0.00	0.00	0.00	0.00	0.00	0.00
5	非金属矿采选业	−12.04	528.85	−555.68	3.41	1.31	−34.14
6	农副食品加工业	−54.23	−42.70	−18.47	32.79	12.63	−69.99
7	食品制造业	−44.99	31.60	−80.44	28.73	11.07	−54.03
8	酒、饮料和精制茶制造业	−58.38	−99.94	−68.39	53.52	20.61	−152.57
9	烟草制品业	−0.31	−0.75	−1.05	0.97	0.37	−0.77
10	纺织业	−9.63	33.33	−99.43	11.63	4.48	−59.62
11	纺织服装、服饰业及皮革、毛皮、羽绒及其制品和制鞋业	−36.32	−32.47	−1.15	23.22	8.94	−37.77
12	木材加工和木、竹、藤、棕、草制品业	3.38	−1.26	−3.57	2.93	1.13	2.61
13	家具制造业	−4.88	−3.07	−3.36	8.28	3.19	0.15

（续表）

行业序号	行业名称	能源结构 (1)	能源强度 (2)	产业结构 (3)	经济发展水平 (4)	人口 (5)	各因素合计 (6)
14	造纸和纸制品业	−27.53	−35.06	−7.44	17.30	6.66	−46.07
15	印刷和记录媒介复制业	−9.17	3.30	−30.55	16.88	6.50	−13.03
16	文教、工美、体育和娱乐用品制造业	−3.79	−3.24	3.43	3.70	1.43	1.52
17	石油加工、炼焦及核燃料加工业	−599.52	−25.27	−50.43	35.15	13.54	−626.52
18	化学原料及化学制品制造业	−577.48	−125.62	−124.21	73.42	28.28	−725.61
19	医药制造业	−65.31	−47.74	34.46	26.20	10.09	−42.31
20	化学纤维制造业	0.17	2.75	−3.49	0.39	0.15	−0.03
21	橡胶和塑料制品业	−28.68	−11.84	−32.60	18.10	6.97	−48.05
22	非金属矿物制品业	−99.64	−554.78	−730.49	314.19	121.00	−949.71
23	黑色金属冶炼及压延加工业	0.10	90.76	−116.22	11.82	4.55	−9.00
24	有色金属冶炼及压延加工业	−8.22	0.76	−11.00	2.74	1.06	−14.65
25	金属制品业	−16.19	−42.91	16.95	27.71	10.67	−3.76
26	通用设备制造业	−28.09	−20.91	−39.80	25.21	9.71	−53.88
27	专用设备制造业	−38.18	−47.27	−21.75	25.28	9.74	−72.18
28	交通运输设备制造业	−183.49	−117.67	98.42	72.83	28.05	−101.86
29	电气机械及器材制造业	−31.91	−26.37	−13.07	18.85	7.26	−45.25
30	通信设备、计算机及其他电子设备制造业	−7.80	−6.51	6.26	11.12	4.28	7.35
31	仪器仪表及文化、办公用机械制造业	−1.86	1.25	−5.53	6.93	2.67	3.46
32	燃气生产和供应业	7.55	80.65	8.84	17.22	6.63	120.89
33	水的生产和供应业	−5.11	−12.72	11.69	3.70	1.42	−1.02
34	其他工业	−8.34	−121.49	96.68	10.80	4.16	−18.19
35	电力热力的生产和供应	−4809.51	−1938.50	−77.73	2242.54	863.63	−3719.58
	合计	−9595.80	−3208.02	−3419.83	3289.80	1266.94	−11666.91

4. 北京各工业行业排放 PM2.5 一次源的年均变化量及因素分解结果

从表 5.44 的 LMDI 分解结果来看，2005—2010 年北京整个工业排放的 PM2.5 一次源年均减少了 497.5 吨。其中，能源结构和能源强度是主要的减排因素，对 PM2.5 一次源减排的贡献率分别为 224.4% 和 151.9%；经济发展水平和人口规模是主要的增排因素，对 PM2.5 一次源减排的贡献率分别为 −179.6% 和 −147.2%；产业结构的变化对 PM2.5 一次源减排的贡献率为 50.5%，潜力有待开发。分行业来看，黑色金属矿采选业（3）之所以成为增排 PM2.5 一次源最多的行业，是因为各因素均表现为增排效应，其中，又以能源强度和产业结构的贡献率较高，分别为45.08％和31.80％。黑色金属冶炼及压延加工业（23）之所以成为PM2.5一次源减排力度较大的行业，产业结构效应和能源结构效应是最主要减排因素，贡献率分别为50.84％和42.68％，而能源强度的贡献率仅为16.26％。类似地，石油加工、炼焦及核燃料加工业（17）的PM2.5一次源减排力度较大，最主要的减排因素也是能源结构，贡献率为95.75％；能源强度等其他因素的影响较小。

表5.44 2005—2010年北京各工业行业排放PM2.5一次源年均变化量及因素分解结果

（单位：吨）

行业序号	行业名称	能源结构	能源强度	产业结构	经济发展水平	人口	各因素合计
		(1)	(2)	(3)	(4)	(5)	(6)
1	煤炭采选业	−2.81	−2.41	−0.70	1.02	0.83	−4.07
2	石油和天然气开采业	8.79	1.62	0.83	0.10	0.08	11.42
3	黑色金属矿采选业	51.96	263.05	126.92	35.86	29.39	507.18
4	有色金属矿采选业	0.00	0.00	0.00	0.00	0.00	0.00
5	非金属矿采选业	−2.28	2.31	−4.67	1.07	0.88	−2.69
6	农副食品加工业	−2.64	7.43	−14.09	6.90	5.65	3.25
7	食品制造业	−5.71	5.70	−18.42	6.70	5.49	−6.24
8	酒、饮料和精制茶制造业	−10.05	−5.85	−18.05	15.74	12.90	−5.31
9	烟草制品业	0.00	0.01	0.05	0.08	0.06	0.21
10	纺织业	1.01	−2.03	−11.08	4.32	3.54	−4.24
11	纺织服装、服饰业及皮革、毛皮、羽绒及其制品和制鞋业	−1.28	−11.13	−3.72	5.64	4.62	−5.86
12	木材加工和木、竹、藤、棕、草制品业	−0.82	−0.90	0.08	0.40	0.33	−0.91
13	家具制造业	−0.85	−2.00	0.36	1.00	0.82	−0.68
14	造纸和纸制品业	−1.93	−6.85	−1.70	4.57	3.75	−2.17
15	印刷和记录媒介复制业	−2.22	−3.14	0.20	2.24	1.84	−1.08
16	文教、工美、体育和娱乐用品制造业	−0.59	0.27	−1.20	0.66	0.54	−0.33
17	石油加工、炼焦及核燃料加工业	−269.00	−50.15	−13.91	28.64	23.47	−280.96
18	化学原料及化学制品制造业	48.42	−5.41	−57.10	32.84	26.92	45.66
19	医药制造业	−10.28	−15.94	11.30	6.06	4.96	−3.91
20	化学纤维制造业	−0.18	0.12	−0.14	0.04	0.04	−0.12
21	橡胶和塑料制品业	−11.54	−6.99	−5.48	6.02	4.93	−13.06
22	非金属矿物制品业	−86.43	−189.60	−24.28	98.64	80.84	−120.83
23	黑色金属冶炼及压延加工业	−265.94	−101.32	−316.73	33.50	27.45	−623.03

行业序号	行业名称	能源结构	能源强度	产业结构	经济发展水平	人口	各因素合计
		(1)	(2)	(3)	(4)	(5)	(6)
24	有色金属冶炼及压延加工业	−0.13	0.40	−0.74	0.67	0.55	0.74
25	金属制品业	−3.53	−3.31	−0.32	3.20	2.63	−1.32
26	通用设备制造业	−6.23	−9.80	4.82	4.09	3.35	−3.77
27	专用设备制造业	−5.50	−8.15	5.40	5.00	4.10	0.85
28	交通运输设备制造业	−33.37	−44.49	36.46	14.55	11.92	−14.93
29	电气机械及器材制造业	1.62	−1.79	2.07	2.26	1.85	6.01
30	通信设备、计算机及其他电子设备制造业	−1.42	−0.62	−0.64	0.76	0.62	−1.30
31	仪器仪表及文化、办公用机械制造业	−0.64	−0.15	−0.17	0.33	0.27	−0.36
32	燃气生产和供应业	1.26	0.53	−0.11	0.16	0.13	1.97
33	水的生产和供应业	0.10	0.60	−0.58	0.23	0.19	0.53
34	其他工业	−10.64	−5.32	−4.57	3.95	3.24	−13.34
35	电力热力的生产和供应	−493.31	−560.49	58.44	566.37	464.18	35.19
	合计	−1116.18	−755.82	−251.47	893.60	732.36	−497.50

从表 5.45 的 LMDI 分解结果来看，2010—2015 年北京市整个工业部门排放的 PM2.5 一次源年均减少 1876.23 吨。其中，能源结构是减排的主因，贡献率为 83.7％；能源强度和产业结构的减排效果有限，贡献率分别为 28.9％和 24.9％；经济发展水平和人口规模表现为增排效应，对减排的贡献率分别为 −27.1％和 −10.4％。与 2005—2010 年相比，能源结构和产业结构的减排效果有所增强，年均多减排 PM2.5 一次源分别为 454.85 吨和 216.34 吨；能源强度减排效果减弱，年均少减排 213.9 吨；经济发展水平和人口规模的变化导致年均少增排 PM2.5 一次源 385.0 吨和 536.5 吨。分行业看，燃气生产和供应业（32）之所以增排 PM2.5 一次源较多，是因为各因素均表现为增排效应，且以能源强度因素的增排效应最大。黑色金属矿采选业（3）之所以成为 PM2.5 一次源减排力度最大的行业，主要的减排因素是产业结构，然后是能源结构和能源强度，贡献率分别为 46.91％、40.18％和 18.62％。类似地，化学原料及化学制品制造业（18）的减排力度之所以较大，主要的减排因素是能源结构，然后是能源强度和产业结构，贡献率分别为 82.70％、14.67％和 14.50％。非金属矿物制品业（22）的最大减排因素是产业结构，贡献率为 70.05％；第二减排因素是能源强度，贡献率为 53.20％；而经济发展水平则是其最大的增排因素，对减排的贡献率为 −30.13％；其他因素的贡献相对较小。

表 5.45 2010—2015 年北京各工业行业排放 PM2.5 一次源年均
变化量及因素分解结果

（单位：吨）

行业序号	行业名称	能源结构 (1)	能源强度 (2)	产业结构 (3)	经济发展水平 (4)	人口 (5)	各因素合计 (6)
1	煤炭采选业	−0.29	1.44	−2.21	0.40	0.15	−0.51
2	石油和天然气开采业	−8.95	−1.59	−0.99	0.09	0.03	−11.41
3	黑色金属矿采选业	−207.56	−96.21	−242.36	21.32	8.21	−516.61
4	有色金属矿采选业	0.00	0.00	0.00	0.00	0.00	0.00
5	非金属矿采选业	−0.99	35.67	−37.48	0.23	0.09	−2.48
6	农副食品加工业	−9.40	−6.27	−2.71	4.81	1.85	−11.72
7	食品制造业	−9.36	3.95	−10.07	3.60	1.38	−10.49
8	酒、饮料和精制茶制造业	−11.88	−16.88	−11.55	9.04	3.48	−27.79
9	烟草制品业	−0.01	−0.07	−0.10	0.09	0.04	−0.05
10	纺织业	−2.36	4.88	−14.56	1.70	0.66	−9.69
11	纺织服装、服饰业及皮革、毛皮、羽绒及其制品和制鞋业	−8.26	−4.19	−0.15	3.00	1.15	−8.45
12	木材加工和木、竹、藤、棕、草制品业	−0.30	−0.09	−0.25	0.20	0.08	−0.35
13	家具制造业	−1.52	−0.23	−0.25	0.63	0.24	−1.14
14	造纸和纸制品业	−6.29	−4.84	−1.03	2.39	0.92	−8.85
15	印刷和记录媒介复制业	−3.63	0.24	−2.26	1.25	0.48	−3.91
16	文教、工美、体育和娱乐用品制造业	−1.39	−0.36	0.39	0.42	0.16	−0.79
17	石油加工、炼焦及核燃料加工业	−34.22	−2.43	−4.85	3.38	1.30	−36.81
18	化学原料及化学制品制造业	−105.76	−18.76	−18.54	10.96	4.22	−127.87
19	医药制造业	−11.95	−6.45	4.66	3.54	1.36	−8.85
20	化学纤维制造业	0.03	0.18	−0.22	0.02	0.01	0.02
21	橡胶和塑料制品业	−7.81	−1.38	−3.79	2.11	0.81	−10.06
22	非金属矿物制品业	−29.53	−85.02	−111.95	48.15	18.54	−159.81
23	黑色金属冶炼及压延加工业	−1.48	8.85	−11.33	1.15	0.44	−2.36
24	有色金属冶炼及压延加工业	−1.81	0.07	−1.08	0.27	0.10	−2.44
25	金属制品业	−3.78	−3.55	1.40	2.30	0.88	−2.76
26	通用设备制造业	−5.19	−1.66	−3.16	2.00	0.77	−7.24
27	专用设备制造业	−10.31	−4.34	−2.00	2.32	0.89	−13.43
28	交通运输设备制造业	−31.77	−11.45	9.58	7.09	2.73	−23.83
29	电气机械及器材制造业	−7.00	−2.20	−1.09	1.57	0.61	−8.12
30	通信设备、计算机及其他电子设备制造业	−0.80	−0.32	0.31	0.55	0.21	−0.05

（续表）

行业序号	行业名称	能源结构	能源强度	产业结构	经济发展水平	人口	各因素合计
		（1）	（2）	（3）	（4）	（5）	（6）
31	仪器仪表及文化、办公用机械制造业	−0.23	0.04	−0.20	0.25	0.10	−0.04
32	燃气生产和供应业	2.38	6.78	0.74	1.45	0.56	11.91
33	水的生产和供应业	−0.50	−0.86	0.79	0.25	0.10	−0.23
34	其他工业	−3.56	−14.31	11.39	1.27	0.49	−4.72
35	电力热力的生产和供应	−1045.54	−320.57	−12.85	370.85	142.82	−865.30
	合计	−1571.03	−541.92	−467.80	508.64	195.88	−1876.23

三、北京工业排放大气污染物分能源类型的因素分解

鉴于在 2005—2015 年期间北京市工业部门排放的大气污染物一直以 SO_2 最多（占 60% 左右，见表 5.13），不失一般性，这里仅对分能源类型的 SO_2 排放情况做一个分解分析。

表 5.46 的测算结果显示，在 2005—2010 年期间，北京工业部门因消耗各种能源所排放的 SO_2 年均减少 14123.0 吨，与表 5.40 基于行业视角的测算结果一致。其中，煤炭和焦炭是减排"大户"，年均减排量分别为 7570.9 吨和 6724.5 吨，贡献率分别为 53.6% 和 47.6%。具体就煤炭而言，能源结构是减排的最主要因素，贡献率为 214.18%；能源强度下降是减排的第二主要因素，贡献率为 127.29%；产业结构的优化对煤炭减排的贡献率为 37.49%，效果有限；经济发展水平和人口规模则是煤炭增排的主要因素。就焦炭而言，产业结构的调整成为其减排的最主要因素，贡献率为 62.09%；能源结构的改善和能源强度的下降对其减排也有重要贡献，贡献率分别为 37.51% 和 16.57%；经济发展水平和人口规模的影响较小，但都表现为增排效应，对减排的贡献率分别为 −8.88% 和 −7.28%。与之相反，天然气是增排 SO_2 最多的能源类型，年均增排量为 111.0 吨；能源结构也即工业对天然气的需求是增排 SO_2 的最主要因素，贡献率为 95.91%；经济发展水平、人口规模也都表现为增排效应，但贡献较小；能源强度和产业结构因素则表现为减排效应。

表 5.46　2005—2010 年北京市工业部门分能源 SO_2 排放量的年均变化量及因素分解结果

（单位：吨）

能源类型	能源结构	能源强度	产业结构	经济发展水平	人口总量	各因素合计
煤炭	−16215.3	−9636.9	−2838.5	11607.1	9512.7	−7570.9
焦炭	−2522.1	−1114.2	−4175.2	597.3	489.6	−6724.5

（续表）

能源类型	能源结构	能源强度	产业结构	经济发展水平	人口总量	各因素合计
汽油	−8.5	−17.0	−2.3	16.3	13.4	1.9
煤油	−0.9	−0.5	0.3	0.2	0.2	−0.7
柴油	20.8	−15.8	−8.6	33.3	27.3	57.1
燃料油	−2.9	−102.1	−30.0	75.5	61.9	2.4
液化石油气	0.7	−0.8	−0.3	0.6	0.5	0.7
天然气	106.5	−16.8	−4.3	14.1	11.5	111.0
合计	−18621.7	−10904.0	−7058.8	12344.5	10117.0	−14123.0

　　类似地，表 5.47 给出了 2010—2015 年北京市工业部门分能源类型的 SO_2 排放量的年均变化量及因素分解结果。可以看出，在此期间北京工业部门因消耗各种能源所排放的 SO_2 年均减排了 35316.2 吨，与表 5.41 结果一致。其中，煤炭和焦炭然仍是减排"大户"，年均减排量分别为 26807.1 吨和 8360.1 吨，是 2005—2010 年年均减排量的 3.5 倍和 1.2 倍。具体就煤炭而言，能源结构仍是减排的最主要因素，贡献率为 84.3%；能源强度下降仍是煤炭减排 SO_2 的第二主要因素，贡献率为 25.5%；产业结构的优化对煤炭减排的贡献率下降为 21.46%，效果有限；经济发展水平和人口规模仍表现为增排因素，但是年均增排量仅是 2005—2010 年年均增排量的 52.1% 和 24.5%。就焦炭而言，能源结构的改善是减排最主要因素，减排量为 7583.4 吨，贡献率为 90.71%；其余因素的影响较小。与之相反，天然气是所列能源类型中增排 SO_2 最多的能源，年均增排 239.7 吨。其中，能源结构也即工业对天然气的需求是增排 SO_2 的主要原因，贡献率为 88.4%；其余因素的影响较小。

表 5.47　2010—2015 年北京市工业部门分能源 SO_2 排放量的年均变化量及因素分解结果

（单位：吨）

能源类型	能源结构	能源强度	产业结构	经济发展水平	人口总量	各因素合计
煤炭	−22590.5	−6841.5	−5752.9	6048.5	2329.3	−26807.1
焦炭	−7583.4	−158.5	−698.0	57.7	22.2	−8360.1
汽油	12.8	−16.4	−13.0	15.4	5.9	4.7
煤油	−0.3	0.0	0.0	0.0	0.0	−0.3
柴油	−28.0	34.5	−146.4	23.7	9.1	−107.0
燃料油	−270.7	−12.4	−13.7	9.3	3.6	−284.1
液化石油气	−1.9	−0.2	−0.3	0.3	0.1	−2.0
天然气	211.9	−38.1	−14.2	57.8	22.3	239.7
合计	−30250.2	−7032.8	−6638.6	6212.8	2392.6	−35316.2

四、小结

本节采用 LMDI 加法分解技术，从行业和能源类型两个角度，对 2005—2010 年、2010—2015 年两个时间段北京工业部门因消耗能源排放的三种主要大气污染物的年均变化量进行了结构分解分析，得到以下结论。

（1）在"十一五"和"十二五"期间，都是能源结构的优化和能源强度的下降导致了各种污染物的排放量稳步下降，成为主要的减排因素；产业结构的优化虽然也发挥了减排作用，但效应相对较弱。类似地，在前后两个时间段，都是经济发展水平的提升和人口总量的扩张导致了各种污染物排放量的增加。不过，分阶段看，各种因素的贡献力度有增有减。与 2005—2010 年相比，2010—2015 年能源结构优化对 SO_2、NO_x 的减排效果更加明显，而能源强度下降的减排效果有所减弱；经济发展水平和人口总量的增排效应也有所减弱；产业结构优化的减排效果则没有明显改善，对 SO_2 的减排力度甚至有所下降。

（2）从行业角度看，就 SO_2 的排放而言，2005—2010 年有 23 个行业实现了不同程度的减排，其中减排力度最大的行业是黑色金属冶炼及压延加工业，其次是石油加工、炼焦及核燃料加工业，而增排较多的行业是黑色金属矿采选业；2010—2015 年实现了不同程度减排的行业增至 32 个，其中减排较多的行业是黑色金属矿采选业、电力热力的生产和供应、非金属矿物制品、化学原料及化学制品制造业；特别是黑色金属矿采选业，前一阶段还属于主要的增排行业，后一阶段已转型为主要的减排行业。这些增排或减排产业的影响因素不尽相同。

（3）从能源角度看，样本期间北京工业部门因消耗煤炭和焦炭所排放的 SO_2 快速下降，而能源结构的改善是减排最主要因素，能源强度的下降和产业结构的优化也是二者主要的减排因素；相反，因消耗天然气所排放的 SO_2 呈稳步上升趋势。但是，结合表 5.14 至表 5.16，我们仍应清醒地认识到，煤炭仍是目前 SO_2 最主要的污染源。

5.4.3 河北省各地市对雾霾排放量的贡献：基于地区视角的 LMDI 分解

河北省总共有 11 个地市，那么，各地市对大气污染物的排放是在增加还是减少？各自分别受到哪些因素的影响？这一节我们拟采用 LMDI 分解模型，对河北省各地市对雾霾排放量的贡献做一个比较分析和结构分解分析。

一、基于地区视角的雾霾排放量结构分解模型的建立

这里，对河北省各地市雾霾排放量的测算，仍基于前文所述 7 种主要化石能源。而且，鉴于工业是各种大气污染物的主要排放源，这一节的实证分析仅限于各地市规模以上工业企业。

由前文所述可知，LMDI 分解技术有加法分解和乘法分解之分。本节仍采用加法分解方式。具体而言，本节首先将雾霾主要成分的排放量分解如下：

$$M = \sum_{i=1}^{11} \sum_{j=1}^{7} M_{ij}$$

$$= \sum_{i=1}^{11} \sum_{j=1}^{7} P \cdot \frac{G}{P} \cdot \frac{G_i}{G} \cdot \frac{E_i}{G_i} \cdot \frac{E_{ij}}{E_i} \cdot \frac{M_{ij}}{E_{ij}}$$

$$= \sum_{i=1}^{11} \sum_{j=1}^{7} P \cdot ED \cdot IS_i \cdot EI_i \cdot ES_{ij} \cdot EF_{ij} \qquad (5.26)$$

其中，等式左侧的 M 为规模以上工业企业的能耗导致的某类大气污染物的排放量；等式右侧的 P 为全省总人口，G 为全省规模以上工业企业增加值，G_i 为 i 地区规模以上工业企业的增加值，E_i 为 i 地区规模以上工业企业的能源消耗总量，E_{ij} 为 i 地区规模以上工业企业对第 j 种能源的消耗量，M_{ij} 为 i 地区规模以上工业企业因消耗第 j 种能源产生的某类大气污染物的排放量。相应地，ED 表示全省人均规模以上工业企业增加值，衡量经济发展水平；IS_i 表示 i 地区规模以上工业企业的增加值占全省规模以上工业企业增加值的比重，衡量地区产值结构；EI_i 表示 i 地区规模以上工业企业单位增加值所消耗的能源量，即能源消耗强度；ES_{ij} 表示 i 地区规模以上工业企业对第 j 种能源的消耗量占其能源消耗总量的比重，衡量能源结构；EF_{ij} 表示 i 地区规模以上工业企业因消耗第 j 种能源导致的某类大气污染物的排放量。

然后，将某类大气污染物排放量的增量 ΔM 分解为人口总量 P 的变化、经济发展水平 ED 的提高、地区产值结构 IS_i 的演进、能耗强度 EI_i 的变化、能耗结构 ES_{ij} 的变化与各种能耗的排放因子 r_{ij} 的变化等各个因素的影响，并分别称之为人口规模效应 ΔM_P、经济发展水平效应 ΔM_{ED}、地区产值结构效应 ΔM_{IS}、能耗强度效应 ΔM_{EI}、能耗结构效应 ΔM_{ES} 和排放因子效应 ΔM_{EF}。也即，有下面的 $LMDI$ 加法分解式子成立：

$$\Delta M = M^t - M^0 = \sum_{i=1}^{11} \sum_{j=1}^{7} M_{ij}^t - \sum_{i=1}^{11} \sum_{j=1}^{7} M_{ij}^0$$

$$= \sum_{i=1}^{11} \sum_{j=1}^{7} \frac{M_{ij}^t - M_{ij}^0}{\ln M_{ij}^t - \ln M_{ij}^0} \ln \frac{M_{ij}^t}{M_{ij}^0}$$

$$= \sum_{i=1}^{11} \sum_{j=1}^{7} W_{ij} \ln \frac{M_{ij}^t}{M_{ij}^0}$$

$$= \sum_{i=1}^{11} \sum_{j=1}^{7} W_{ij} \ln \frac{P^t ED^t IS_i^t EI_i^t ES_{ij}^t EF_{ij}^t}{P^0 ED^0 IS_i^0 EI_i^0 ES_{ij}^0 EF_{ij}^0}$$

$$= \sum_{i=1}^{11} \sum_{j=1}^{7} W_{ij} \ln\left(\frac{P^t}{P^0}\right) + \sum_{i=1}^{11} \sum_{j=1}^{7} W_{ij} \ln\left(\frac{ED^t}{ED^0}\right) + \sum_{i=1}^{11} \sum_{j=1}^{7} W_{ij} \ln\left(\frac{IS_i^t}{IS_i^0}\right)$$

$$+ \sum_{i=1}^{11} \sum_{j=1}^{7} W_{ij} \ln\left(\frac{EI_i^t}{EI_i^0}\right) + \sum_{i=1}^{11} \sum_{j=1}^{7} W_{ij} \ln\left(\frac{ES_{ij}^t}{ES_{ij}^0}\right) + \sum_{i=1}^{11} \sum_{j=1}^{7} W_{ij} \ln\left(\frac{EF_{ij}^t}{EF_{ij}^0}\right)$$

$$= \Delta M_p + \Delta M_{ED} + \Delta M_{IS} + \Delta M_{EI} + \Delta M_{ES} + \Delta M_{EF} \tag{5.27}$$

其中，各变量的上标 t、0 分别表示报告期和基期。而由于短期内各种能源消耗的排放因子 EF_{ij} 基本不变，可设定 ΔM_{EF} 为 0，因此，实际影响某类大气污染物排放量的因素是 5 个，分别为：人口规模效应、经济发展水平效应、地区产值结构效应、能耗强度效应和能耗结构效应。即：

$$\Delta M = \Delta M_p + \Delta M_{ED} + \Delta M_{IS} + \Delta M_{EI} + \Delta M_{ES} \tag{5.28}$$

二、河北省各类大气污染物排放量的地区分解结果

1. 河北省各地市大气污染物排放量占全省比重及因素分解

根据河北省 2010—2014 年各地市规模以上工业企业的能耗数据，采用式 (5.2)，我们测算得到各地市各类主要大气污染物（SO_2、NO_x、PM2.5 一次源）的排放量，然后计算了各地市的排放量占全省的比重。表 5.48 至表 5.50 是有关的测算结果。可以看出，各年各类大气污染物的排放量都是唐山、邯郸和石家庄位列前三。其中，又以唐山的比重最大，约占全省排放量的 1/3；邯郸次之，约占全省排放量的 1/5；石家庄第三，约占全省排放量的 1/6。而且，各地市几类主要大气污染物的排放量占全省的比重在各年份之间仅有小幅波动，没有明显的上升或下降趋势（见前文图 5.1，以及表 5.48 至表 5.50 的每一行）。

表 5.48　河北省各地市规模以上工业企业 SO_2 排放量占全省比重

（单位：%）

	2010	2011	2012	2013	2014	平均
石家庄	14.54	14.05	14.15	14.72	14.78	14.45
承德	3.27	3.20	3.23	3.62	3.67	3.40
张家口	5.90	6.00	5.72	5.83	5.64	5.82
秦皇岛	3.14	3.16	3.26	3.14	3.17	3.17
唐山	36.05	36.71	37.06	36.73	34.65	36.25
廊坊	2.00	2.05	2.11	2.17	2.39	2.15
保定	3.00	2.90	2.98	3.19	3.07	3.03
沧州	3.41	4.14	4.05	4.09	4.26	4.00
衡水	1.17	1.18	1.17	1.17	1.14	1.17
邢台	6.67	6.95	6.50	6.09	5.89	6.41
邯郸	20.85	19.66	19.76	19.24	21.33	20.15

表 5.49　河北省各地市规模以上工业企业 NOₓ排放量占全省比重

(单位:%)

	2010	2011	2012	2013	2014	平均
石家庄	16.30	15.66	15.72	16.06	16.09	15.96
承德	2.87	2.80	2.88	3.26	3.33	3.03
张家口	5.79	5.98	5.77	5.85	5.66	5.81
秦皇岛	3.42	3.38	3.40	3.32	3.37	3.38
唐山	32.39	33.01	33.45	33.41	31.20	32.71
廊坊	2.04	2.07	2.10	2.16	2.30	2.14
保定	3.19	3.09	3.19	3.46	3.34	3.26
沧州	6.33	6.99	6.78	6.69	6.84	6.74
衡水	1.27	1.29	1.28	1.29	1.27	1.28
邢台	6.65	7.00	6.54	6.19	6.13	6.50
邯郸	19.75	18.72	18.88	18.30	20.45	19.20

表 5.50　河北省各地市规模以上工业企业 PM2.5 一次源排放量占全省比重

(单位:%)

	2010	2011	2012	2013	2014	平均
石家庄	18.01	17.28	17.26	18.18	18.07	17.75
承德	2.37	2.32	2.48	2.82	2.94	2.59
张家口	6.48	6.85	6.65	6.59	6.35	6.59
秦皇岛	3.37	3.34	3.27	3.15	3.16	3.26
唐山	29.89	30.55	31.07	31.05	28.28	30.19
廊坊	2.16	2.19	2.18	2.22	2.23	2.20
保定	3.93	3.83	3.97	4.35	4.24	4.07
沧州	3.82	4.04	3.91	3.91	4.06	3.95
衡水	1.66	1.68	1.66	1.67	1.66	1.67
邢台	7.58	8.12	7.53	7.14	7.36	7.54
邯郸	20.74	19.80	20.02	18.92	21.64	20.20

那么,是什么因素促成这种地区分布格局? 我们进一步利用式 (5.27) 对各地市几类主要大气污染物 (SO₂、NOₓ、PM2.5 一次源) 排放量的变化进行了结构分解,结果如表 5.51 所示。

表 5.51　河北省各类大气污染物排放量的地区分解

（单位：吨）

大气污染物	时段	人口规模效应	经济发展水平效应	地区产值结构效应	能源强度效应	能耗结构效应
SO₂	2010—2011	25030.3	652481.7	−49458.6	−246462.5	16049.0
	2011—2012	26574.5	411090.7	−34867.2	−298341.6	1609.6
	2012—2013	25852.9	340593.2	−56703.2	−280464.4	28111.3
	2013—2014	28850.9	208449.5	−45020.7	−340571.9	18437.4
NOₓ	2010—2011	9269.3	241629.3	−17100.7	−90055.5	2038.1
	2011—2012	9825.2	151988.9	−9386.5	−116039.8	−107.3
	2012—2013	9519.2	125408.7	−16905.6	−108056.8	1639.4
	2013—2014	10563.8	76324.2	−13433.8	−125347.8	−3487.6
PM2.5一次源	2010—2011	1293.0	33705.4	−2513.5	−13106.4	980.7
	2011—2012	1371.4	21214.2	−1218.8	−16301.6	340.9
	2012—2013	1331.0	17534.4	−2737.6	−14679.4	540.3
	2013—2014	1468.3	10608.3	−1785.0	−17153.5	−3693.9

可以看出，各影响因素在各阶段对雾霾排放量的影响方向较为一致。经济发展水平对各类大气污染物排放量的影响最大，而且是增排效应。能源强度对各类大气污染物排放量的影响略低于经济发展水平，且为减排效应。相对而言，地区产值结构、能耗结构、人口规模对各类大气污染物排放量的影响较小，其中，地区产值结构的调整对大气污染物有减排效应，人口规模对各类大气污染物有增排效应，而能耗结构在 2013 年之前主要表现为增排效应，仅在 2012 年和 2014 年对 NOₓ 和 PM2.5 一次源表现为减排效应。

2. 河北省各地市大气污染物排放量的影响因素比较

（1）人口规模效应

人口规模效应，是指人口数量的变化对于大气污染的影响程度。从各年的累积效应来看，研究区间内，人口规模对各污染物的影响均为增排效应，使 SO₂、NOₓ、PM2.5 一次源排放量分别累计增加了 10.6 万吨、3.9 万吨和 0.5 万吨。分年度来看，人口规模的影响比较稳定，对三种污染物一直呈现为增排效应，但是影响较小。河北省一直是中国的人口大省，人口总数约占全国的 5.4% 左右，人口的增加势必导致对能源和其他社会资源需求的增加，进而对环境带来一定的压力。但是，通过控制人口规模来控制大气污染物的排放，最多只能是一种辅助手段，不能作为主要努力方向。

（2）经济发展水平效应

经济发展水平效应，是指经济发展水平的提升对于大气污染的影响程度。从各年的累积效应来看，经济发展水平的提高使 SO_2、NO_x、PM2.5 一次源排放量分别累计增加了 161.3 万吨、59.5 万吨和 8.3 万吨。分年度来看，虽然经济发展水平逐年影响的绝对量存在明显的下降趋势，但是其对大气污染物的影响程度却未改变。但是，通过放缓经济发展速度来缓解大气污染，也是不切实际的。因为尽管我国经济已由高速增长转向中高速增长，但经济发展水平仍会进一步提高，这是毋庸置疑的。

（3）地区产值结构效应

地区产值结构效应，是指由于地区产值结构的变化而对大气污染产生的影响。河北省下设 11 个地市，各市经济发展水平和增长速度不尽相同。如表 5.52 所示，从各市规模以上工业增加值占全省规模以上工业增加值的比重来看，居前三位的依次是唐山、石家庄、邯郸，这也与其能源消耗量占全省的比重较高相对应；三个市的规模以上工业增加值占全省的比重之和各年均在 50％以上，但占比呈下降趋势，已从 2010 年的 56.21％下降至 2014 年的 53.79％。与此相对应，保定、沧州、衡水近几年的产值比重有所提高，承德、张家口、廊坊相对较稳定，秦皇岛、邢台的产值比重有所下降。这体现出河北省的地区产值结构正发生着一定的变化，但是这种变化还很小。表现在其对大气污染物排放量的影响方面，就是有减排效应，但影响较小。

表 5.52　河北省规模以上工业增加值的地区分布

（单位：％）

	2010	2011	2012	2013	2014
石家庄	16.38	16.62	16.26	16.75	17.61
承德	4.24	4.55	4.37	4.52	4.51
张家口	3.69	3.45	3.59	3.58	3.64
秦皇岛	3.46	3.17	3.19	3.03	2.90
唐山	27.44	26.99	26.24	26.24	25.94
廊坊	5.52	6.32	6.08	6.05	6.00
保定	8.39	8.42	9.22	9.12	9.09
沧州	9.87	9.91	10.35	10.90	11.07
衡水	3.00	3.08	3.23	3.52	3.80
邢台	5.62	5.41	5.43	5.38	5.19
邯郸	12.39	12.09	12.05	10.91	10.24

（4）能源强度效应

能源强度效应，是指单位经济产出能源消耗量的变化对大气污染的影响。从表5.51我们已经注意到，能源强度效应仅次于经济发展水平效应，而且是抑制大气污染物排放的最重要因素。从各年的累积效应来看，能源强度变化使 SO_2、NO_x、PM2.5 一次源排放量分别累计减少了116.6万吨、43.9万吨和6.1万吨。分年度来看，其减排效应呈逐渐加强的趋势。如以能源强度对 SO_2 排放量的影响为例，2013—2014的减排量约为2010—2011年减排量的1.4倍。究其原因，可从河北省各地市能源强度的变化得到解释（见表5.53）。可以看出，除邯郸市外，其他各市规模以上工业企业单位增加值的能耗呈逐年下降趋势。相反，邯郸规模以上工业企业的能源强度远高于其他各市，且在2014年有较大幅度的反弹。正是因为多数地市规模以上工业企业的能源强度都在下降，导致了河北全省规模以上工业企业整体的能源强度也是下降的，并对全省大气污染物的排放发挥了抵消和减排的作用。但是表5.53也告诉我们，邯郸、张家口、唐山、邢台、秦皇岛规模以上工业企业的能源强度高于全省平均水平，在统筹治理雾霾的过程中，应有针对性地降低这些地市规模以上工业企业的能源强度。

表 5.53　河北省各地市规模以上工业企业的能源强度及其变化

（单位：吨标准煤/万元）

	2010	2011	2012	2013	2014
石家庄	3.14	2.75	2.60	2.34	2.05
承德	2.11	1.78	1.75	1.76	1.65
张家口	4.75	4.86	4.13	3.90	3.40
秦皇岛	3.21	3.25	2.98	2.83	2.77
唐山	3.67	3.53	3.39	3.14	2.70
廊坊	1.18	0.98	0.94	0.90	0.89
保定	1.14	1.02	0.89	0.90	0.79
沧州	2.57	2.59	2.21	1.90	1.73
衡水	1.25	1.15	1.01	0.87	0.72
邢台	3.61	3.67	3.15	2.78	2.59
邯郸	4.88	4.40	4.10	4.06	4.40
全省平均	3.16	2.93	2.70	2.49	2.27

（5）能耗结构效应

能耗结构效应，是指能源消耗结构的变化对大气污染产生的影响。从表

5.51 我们已经注意到,能耗结构在 2013 年之前主要表现为增排效应,仅在 2012 年和 2014 年对 NO_x 和 PM2.5 一次源表现为减排效应。如果将各年的效应累加,那么能耗结构对 SO_2、NO_x 的影响表现为增排效应,而对 PM2.5 一次源的影响表现为减排效应。究其原因,与河北省能耗结构"一煤独大"的特点有关,同时也是因为能耗结构的调整是一个相对长期的过程。如表 5.54 所示,河北省各地市规模以上工业企业的原煤消耗占全部能源的比重从 2010 年 66.65% 下降至 2014 年的 65.62%,4 年时间仅下降 1 个百分点;同期焦炭的占比反而上升了近 2 个百分点;而相对"清洁"的天然气的占比上升幅度则非常有限。具体从各地市来看,只有廊坊、秦皇岛、衡水的原煤消耗占全部能源的比重,以及承德、邢台、保定的焦炭消耗占全部能源的比重降幅较大;而承德、邢台、保定、石家庄的原煤消耗占全部能源的比重,以及廊坊、沧州、秦皇岛、石家庄的焦炭消耗占全部能源的比重反而都有明显的上升;在所有 11 个地市中,只有廊坊的天然气占比较高,以及衡水、秦皇岛的天然气占比上升明显。可见,如果将原煤和焦炭作为"煤炭"一起考虑,那么河北省各地市规模以上工业企业的能耗结构变化并不大,"一煤独大"的格局并未有实质性改变。这从表 5.55 河北全省的能耗结构也能得到佐证。所以,河北省各地市的能耗结构仍有待进一步优化。

表 5.54 河北省各地市规模以上工业企业的能耗结构

(单位:%)

	年份	原煤	焦炭	原油	汽油	柴油	燃料油	天然气	合计
全省	2010	66.65	23.89	7.77	0.12	0.36	0.16	1.05	100
	2014	65.62	25.69	6.73	0.13	0.31	0.09	1.42	100
石家庄	2010	76.24	8.70	14.32	0.21	0.30	0.00	0.23	100
	2014	77.17	12.10	9.25	0.30	0.27	0.00	0.92	100
承德	2010	52.16	46.01	0.00	0.16	1.56	0.00	0.00	100
	2014	56.57	41.86	0.00	0.09	1.41	0.00	0.07	100
张家口	2010	79.43	20.03	0.00	0.06	0.38	0.00	0.09	100
	2014	78.31	19.80	0.00	0.13	0.77	0.00	0.99	100
秦皇岛	2010	63.54	17.52	12.99	0.09	0.82	3.09	1.95	100
	2014	57.67	22.80	14.06	0.05	0.35	1.22	3.86	100
唐山	2010	60.48	38.47	0.00	0.00	0.35	0.00	0.63	100
	2014	57.97	40.85	0.00	0.03	0.27	0.04	0.83	100
廊坊	2010	70.12	19.83	0.00	0.83	1.19	0.11	7.91	100
	2014	60.60	30.80	0.00	0.53	0.65	0.01	7.40	100

（续表）

	年份	原煤	焦炭	原油	汽油	柴油	燃料油	天然气	合计
保定	2010	90.32	7.07	0.01	0.45	0.79	0.03	1.34	100
	2014	92.02	4.92	0.00	0.45	0.49	0.03	2.09	100
沧州	2010	29.93	3.15	61.99	0.18	0.13	0.15	4.46	100
	2014	29.37	10.40	56.47	0.19	0.15	0.06	3.36	100
衡水	2010	98.23	0.98	0.00	0.33	0.29	0.01	0.17	100
	2014	95.15	0.94	0.00	0.53	0.32	0.00	3.05	100
邢台	2010	80.45	17.52	0.00	0.10	0.20	0.46	1.27	100
	2014	84.69	12.33	0.00	0.13	0.22	0.46	2.17	100
邯郸	2010	72.47	26.88	0.00	0.03	0.16	0.00	0.46	100
	2014	72.17	27.21	0.00	0.02	0.13	0.00	0.47	100

注：表中各种能耗的比重是指各种能耗占煤、焦炭、原油、汽油、柴油、燃料油、天然气等7种化石能源合计数的比重。

表 5.55 河北省历年能源消耗结构

（单位：%）

年份	煤炭	石油	天然气	电力及其他能源
2010	89.71	7.75	1.51	1.03
2011	89.09	8.12	1.66	1.13
2012	88.86	7.48	2.04	1.62
2013	88.69	7.22	2.23	1.86
2014	88.46	6.98	2.54	2.02
2015	86.55	7.99	3.30	2.17
2016	85.01	8.63	3.14	3.22

资料来源：根据各年份《河北经济年鉴》整理得到。

5.4.4 唐山市 PM2.5 一次源排放量的 LMDI 分解[①]

鉴于唐山市不仅产值规模位居河北省各地市之首，其各年各类大气污染物的排放量占全省的比重也是最大的（见上文表5.48至表5.50），约占全省排放量的1/3，所以，在这一节，我们拟采用LMDI分解法进一步对唐山市大气污染

---

① 这一节已作为阶段性成果公开发表，参见：陈菡彬，李璞璞. 唐山市 PM2.5 一次源的结构分解分析［J］. 华北理工大学学报（社会科学版），2018，（2）：28－35.

物排放量的影响因素做一个量化分析,以便对唐山市大气污染物的排放情况有一个更深入的认识。限于篇幅,同时不失一般性,这里仅对唐山市 PM2.5 一次源的排放量进行 LMDI 分解。

一、数据说明

限于数据可得性,同时考虑到规模以上工业企业的产值和能耗的占比均较大[①],本节仍采用唐山市 2004—2015 年规模以上工业企业的数据进行测算与分析。

首先,为使前后年份的产业分类具有可比性,我们参考陈诗一(2011)[②] 的思路对国民经济分类中的两位数工业行业进行了适当归并或分拆整理。其中,由于部分产业的规模很小,我们将其他采矿业、开采辅助业、文教体育用品制造业、工艺品和其他制造业、烟草制品业以及金属制品、机械和设备修理业合并为"其他工业"。为了与以前年份可比,我们将 2013—2016 年统计年鉴中的汽车制造业和铁路船舶航空航天和其他运输设备制造业合并为交通运输设备制造业。并利用 2012 年统计年鉴中橡胶制品业和塑料制品业的比例,将 2013—2016 年统计年鉴中的橡胶和塑料制品业分拆为两个子行业。经过上述归并或分拆,我们最终确定了 36 个工业行业。

需要说明的是,对于各年份所有工业行业的现价增加值,我们均利用工业品出厂价格指数将其调整成了以 2004 年为基期的可比价数据。

其次,为了测算唐山市规模以上各工业行业因消耗能源而排放的 PM2.5 一次源,需要搜集这些工业行业对各种能源的消耗量。基于数据可得性,同时考虑到电由化石能源等其他能源转换而来,对电的消耗本身并不导致污染排放,在测算唐山规模以上工业企业因消耗能源而排放的 PM2.5 一次源时,本节仍以主要的化石能源为研究对象,具体包括煤、焦炭、焦炉煤气、高炉煤气、天然气、原油、汽油、柴油、燃料油、液化石油气等 10 种化石能源。

二、唐山市规模以上工业企业 PM2.5 一次源排放量的测算结果

利用式(5.2),我们测算得到 2004—2015 年唐山市规模以上工业企业的 PM2.5 一次源的排放总量,见表 5.56。

---

① 以 2014 年为例,唐山市规模以上工业的终端能源消费量占全部工业终端能源消费量的比重为 96.5%。

② 陈诗一. 中国工业分行业统计数据估算:1980—2008 [J]. 经济学(季刊),2011(3):735-776.

表 5.56　2004—2014 年唐山市规模以上工业企业排放的 PM2.5 一次源

年份	排放量（吨）	年份	排放量（吨）
2004	33194.73	2010	63674.92
2005	40978.20	2011	78989.75
2006	45382.98	2012	81608.92
2007	49292.51	2013	84648.53
2008	50280.18	2014	76209.69
2009	53680.64	2015	75027.20

可以看出，唐山市规模以上工业企业排放的 PM2.5 一次源总量逐年增长，从 2004 年的 33194.73 吨增长到 2015 年的 75027.20 吨，增长了 1.26 倍，年均增长速度达到了 7.70%。那么，是什么原因导致了唐山市规模以上工业企业排放的 PM2.5 一次源快速增长？下面，我们采用 LMDI 分解技术做一个系统的分析。

三、唐山市规模以上工业企业 PM2.5 一次源排放量的因素分解

（一）PM2.5 一次源排放量的因素分解模型

LMDI 分解技术有加法分解和乘法分解之分。本节仍采用加法分解方式。具体而言，我们首先将 PM2.5 一次源的排放量分解如下：

$$M = \sum_{i=1}^{36} \sum_{j=1}^{10} M_{ij} = \sum_{i=1}^{36} \sum_{j=1}^{10} P \times \frac{G}{P} \times \frac{G_i}{G} \times \frac{E_i}{G_i} \times \frac{E_{ij}}{E_i} \times \frac{M_{ij}}{E_{ij}}$$

$$= \sum_{i=1}^{36} \sum_{j=1}^{10} P \times ED \times IS_i \times EI_i \times ES_{ij} \times EF_{ij} \qquad (5.29)$$

其中，等式左侧的 M 为规模以上工业企业的能耗导致的 $PM_{2.5}$ 一次源的排放总量；等式右侧的 P 为总人口，G 为 GDP，G_i 为 i 行业规模以上工业企业增加值，E_i 为 i 行业规模以上工业企业能源消耗总量，E_{ij} 为 i 行业规模以上工业企业对第 j 种能源的消耗量，M_{ij} 为 i 行业规模以上工业企业因消耗第 j 种能源产生的 $PM_{2.5}$ 一次源排放量。相应地，ED 为人均 GDP，表示经济发展水平；IS_i 为 i 行业规模以上工业企业的增加值占 GDP 的比重，衡量产业结构；EI_i 为 i 行业规模以上工业企业单位增加值的能耗，衡量能耗强度；ES_{ij} 为 i 行业规模以上工业企业能源消耗总量中第 j 种能源所占比重，衡量能耗结构；EF_{ij} 为 i 行业规模以上工业企业消耗第 j 种能源的 $PM2.5$ 一次源排放因子。

然后，将 $PM_{2.5}$ 一次源排放量的增量 ΔM 分解为人口总量 P 的变化、经济发展水平 ED 的提高、产业结构 IS_i 的演进、能耗强度 EI_i 的变化、能耗结构 ES_{ij} 的变化与 $PM_{2.5}$ 一次源排放因子 EF_{ij} 的变化等各个因素的影响，并分别称之

为人口规模效应 ΔM_P、经济发展水平效应 ΔM_{ED}、产业结构效应 ΔM_{IS}、能耗强度效应 ΔM_{EI}、能耗结构效应 ΔM_{ES} 和 $PM_{2.5}$ 一次源排放因子效应 ΔM_{EF}。也即，有下面的 $LMDI$ 加法分解式子成立：

$$\Delta M = M^t - M^0 = \sum_{i=1}^{36} \sum_{j=1}^{10} M_{ij}^t - \sum_{i=1}^{36} \sum_{j=1}^{10} M_{ij}^0$$

$$= \sum_{i=1}^{36} \sum_{j=1}^{10} \frac{M_{ij}^t - M_{ij}^0}{\ln M_{ij}^t - \ln M_{ij}^0} \ln \frac{M_{ij}^t}{M_{ij}^0}$$

$$= \sum_{i=1}^{36} \sum_{j=1}^{10} W_{ij} \ln \frac{M_{ij}^t}{M_{ij}^0}$$

$$= \sum_{i=1}^{36} \sum_{j=1}^{10} W_{ij} \ln \frac{P^t ED^t IS_i^t EI_i^t ES_{ij}^t EF_{ij}^t}{P^0 ED^0 IS_i^0 EI_i^0 ES_{ij}^0 EF_{ij}^0}$$

$$= \sum_{i=1}^{36} \sum_{j=1}^{10} W_{ij} \ln \left(\frac{P^t}{P^0}\right) + \sum_{i=1}^{36} \sum_{j=1}^{10} W_{ij} \ln \left(\frac{ED^t}{ED^0}\right)$$

$$+ \sum_{j=1}^{10} \sum_{i=1}^{36} W_{ij} \ln \left(\frac{IS_i^t}{IS_i^0}\right) + \sum_{j=1}^{10} \sum_{i=1}^{36} W_{ij} \ln \left(\frac{EI_i^t}{EI_i^0}\right)$$

$$+ \sum_{i=1}^{36} \sum_{j=1}^{10} W_{ij} \ln \left(\frac{ES_{ij}^t}{ES_{ij}^0}\right) + \sum_{i=1}^{36} \sum_{j=1}^{10} W_{ij} \ln \left(\frac{EF_{ij}^t}{EF_{ij}^0}\right)$$

$$= \Delta M_P + \Delta M_{ED} + \Delta M_{IS} + \Delta M_{EI} + \Delta M_{ES} + \Delta M_{EF} \qquad (5.30)$$

其中，各变量的右上标 t 表示报告期，右上标 0 表示基期；$W_{ij} = \dfrac{M_{ij}^t - M_{ij}^0}{\ln M_{ij}^t - \ln M_{ij}^0}$ 为权重函数。但鉴于在短期内各种能源的 $PM2.5$ 一次源排放因子几乎不变，$PM2.5$ 一次源的排放因子效应 ΔM_{EF} 可设定为 0，因此，实际影响 $PM2.5$ 一次源排放量的因素是 5 个，分别为：人口规模效应、经济发展水平效应、产业结构效应、能耗强度效应和能耗结构效应。即：

$$\Delta M = \Delta M_P + \Delta M_{ED} + \Delta M_{IS} + \Delta M_{EI} + \Delta M_{ES} \qquad (5.31)$$

（二）唐山市规模以上工业企业 PM2.5 一次源排放量的因素分解结果

运用上述 LMDI 模型对唐山市 2004—2015 年规模以上工业企业 PM2.5 一次源的排放量进行因素分解，得到历年人口规模因素、经济发展水平因素、产业结构因素、能耗强度因素和能耗结构因素的累积贡献值（如图 5.3）以及各因素的逐年贡献值（见表 5.57）。

从图 5.3 可以看出，能耗强度的累积效应始终为负，且从 2009 年开始呈加速之势；而人口规模、经济发展水平、能耗结构的累积效应均为正值；至于产业结构的累积效应，则表现出一定的阶段性特征，2008 年之前累积效应由正变负，表现为"减排"效应，而 2008 年之后则由负转正，表现为"增排"效应。

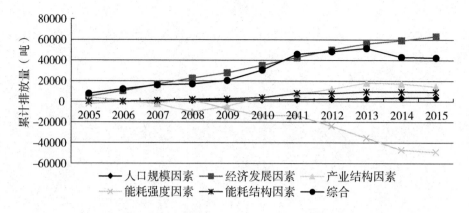

图 5.3 2004—2015 年唐山市规模以上工业 PM2.5 一次源的累计排放量及因素分解

表 5.57 唐山市规模以上工业 PM2.5 一次源排放量各影响因素的逐年贡献值

（单位：吨）

年份	人口规模 效应	经济发展水平 效应	产业结构 效应	能耗强度 效应	能耗结构 效应	综合
2004—2005	229.80	4952.51	4061.76	−2016.21	555.62	7783.47
2005—2006	276.65	5588.73	−3084.07	2110.72	−487.25	4404.78
2006—2007	361.99	6237.38	−2977.69	−720.89	1008.72	3909.53
2007—2008	324.49	5783.93	−8049.49	1829.19	1099.55	987.67
2008—2009	318.37	5236.08	5553.45	−8143.44	436.01	3400.46
2009—2010	87.75	7093.75	8343.55	−6818.91	1288.14	9994.28
2010—2011	198.13	7622.75	3091.51	236.66	4165.77	15314.83
2011—2012	510.86	7415.83	5183.92	−10198.24	−293.18	2619.18
2012—2013	626.56	5991.05	6129.66	−11456.44	1748.78	3039.61
2013—2014	614.73	3373.37	−923.07	−11647.73	143.86	−8438.84
2014—2015	181.69	3964.13	−2952.09	−1938.43	−410.54	−1155.24

　　从各因素的逐年贡献看（见表 5.57），经济发展水平、人口规模对 PM2.5
一次源的排放量一直稳定地表现为增排效应；而能耗强度在多数年份是抑制
PM2.5 一次源排放量增长的，仅在 2005—2006 年、2007—2008 年和 2010—
2011 年有所反复；相反，能耗结构在大部分年份都表现为 PM2.5 一次源的增排
因素，仅在 2005—2006 年、2011—2012 年和 2014—2015 年表现为减排效应；
而产业结构在 2008 年之前对 PM2.5 一次源主要表现为减排效应（2004—2005
年除外），在 2008 年之后则主要表现为增排效应（2013—2014 年和 2014—2015

年除外）。

那么，原因何在？鉴于我们不可能机械地采取压缩人口规模或减缓经济发展速度的办法来减少 PM2.5 一次源的排放，下面我们重点分析能耗强度因素、产业结构因素和能耗结构因素三个方面的影响效应及其存在的问题。

（1）能耗强度因素。如上所述，能耗强度因素是唐山市 PM2.5 一次源的最大减排因素。这主要得益于唐山市多年来对节能减排工作的稳步推进，如对工业企业实施深度治理，在钢铁、水泥、燃煤发电厂推广实施脱硫、脱硝、除尘等升级改造，淘汰燃煤锅炉等。数据显示，"十二五"期间，唐山市单位 GDP 能耗下降了 26.1%[1]，仅 2013—2015 年就淘汰燃煤锅炉 1751 台[2]，在 2015 年建成 11 家洁净型煤生产配送企业，全市使用清洁燃烧炉具用户累计达到 64 万户。

（2）产业结构因素。如上所述，产业结构因素对唐山市 PM2.5 一次源的排放量也有重要影响，但是图 5.3 显示，其影响效应分为明显不同的两个阶段。2008年之前，产业结构对 PM2.5 一次源的排放有明显的抑制作用，这可能是因为为办好"奥运"，在此期间各级政府对于高耗能、高污染企业采取了一系列短期减排措施所致。而从 2009 年开始，产业结构对 PM2.5 一次源的排放重新表现为增排效应，甚至在个别年份上升为最主要的增排因素（见表 5.57）。为分析其中的原因，我们考察了 2009 年以来唐山市主要的高能耗产业是哪些，结果见表 5.58。

表 5.58　唐山市六大高耗能产业的能耗占比

（单位：%）

年份 行业	2009	2010	2011	2012	2013	2014	2015
黑色金属冶炼及压延加工业	49.68	45.14	46.23	46.49	46.57	48.64	48.99
煤炭开采和洗选业	20.51	24.76	24.49	26.41	24.40	22.45	22.08
石油加工、炼焦及核燃料加工业	11.87	13.67	14.11	13.89	15.80	14.95	14.19
电力、热力的生产和供应业	9.37	8.69	7.90	7.03	6.60	6.64	6.63
化学原料及化学制品制造业	3.05	2.22	2.05	2.15	2.58	3.05	3.38
非金属矿物制品业	2.93	2.62	2.48	1.67	1.50	1.76	1.59

可以看出，唐山市前六大高耗能产业分别是：黑色金属冶炼及压延加工业，煤炭开采和洗选业，石油加工、炼焦及核燃料加工业，电力、热力的生产和供应业，非金属矿物制品业，化学燃料及化学制品制造业，它们的能耗占据了历

---

① 引自 2016 年唐山市政府工作报告。

② 引自 2015 年唐山市环境状况公报。

年能耗总量的97%以上。其中，以钢铁工业为代表的黑色金属冶炼及压延加工业的能耗就占据了能耗总量的50%左右。正是这些行业的高耗能企业排放的PM2.5一次源不仅占比大，而且呈稳定的上升趋势。比如，据测算（见图5.4），煤炭开采和洗选业、黑色金属冶炼及压延加工业以及电力、热力的生产和供应业是排放PM2.5一次源最多的三个行业，其排放量占PM2.5一次源总排放量的80%以上，近几年甚至达到了90%以上。其中，煤炭开采和洗选业排放的PM2.5一次源的占比在2008年之前稳步下降，但是2009—2013年有所反弹，基本在40%左右的高位浮动，仅在2014—2015年才重新趋于下降；黑色金属冶炼及压延加工业排放的PM2.5一次源的占比从2004年的17.36%持续增长至2015年的42.67%；相反，电力、热力的生产和供应业排放的PM2.5一次源的占比自2006年以来呈稳步下降的趋势，2015年已下降至14.26%。可见，从产业层面看，2009年以来PM2.5一次源增排最多的产业又主要是煤炭开采和洗选业，以及黑色金属冶炼及压延加工业。特别是黑色金属冶炼及压延加工业，其排放的PM2.5一次源年均增长速度达16.87%，远远高于规模以上工业企业排放PM2.5一次源的年均增长速度（为7.70%）。

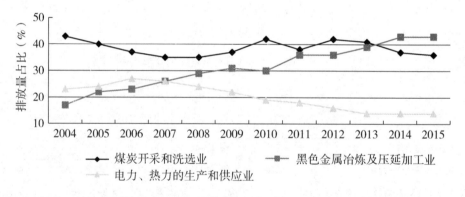

图5.4　唐山市PM2.5一次源排放量最大的三个行业的占比（%）及其变化

（3）能耗结构因素。如上所述，能耗结构在多数年份都表现为PM2.5一次源的增排因素，仅在2005—2006年、2011—2012年和2014—2015年等个别年份表现为减排效应。从其累积效应来看，历年均为正值，但对PM2.5一次源排放量的影响相对较小。究其原因，与能耗结构的调整是一个相对长期的过程有关。表5.59对2007—2015年唐山市全部工业企业的能耗结构进行了对比。从表中可以看出，煤、石油、天然气、焦炭、热力、电力的消耗占据了终端能源消耗量的80%以上。2007年，煤和焦炭的消耗量占能耗总量的66.73%，其中煤和焦炭的占比分别为19.67%和47.06%。但是，二者在唐山市能耗总量中的占比呈明显的下降趋势，到 2015 年已分别下降到 13.87% 和 40.20%。用于炼铁、炼钢的原煤、焦炭的占比的下降，而天然气等其他能源消耗量的占比上升，反映出唐山市正从主要依靠煤炭提供能源向能源利用多元化转型。但是，由于化石能源的占比并未显著下降，能耗结构的改善对 PM2.5 一次源的减排效应尚未体现出来。

表 5.59　唐山市全部工业企业历年终端能源消耗中几种主要能源的占比

（单位：%）

能耗品种 年份	煤	石油	天然气	焦炭	热力	电力
2007	19.67	1.03	0.33	47.06	1.96	26.92
2008	22.47	0.84	0.52	44.54	1.67	25.84
2009	21.80	0.59	0.72	45.42	1.74	26.57
2010	18.74	0.56	0.64	39.19	2.00	33.08
2011	16.44	0.40	0.59	35.28	1.74	28.34
2012	18.97	1.42	0.70	42.64	2.49	24.13
2013	15.67	1.33	0.77	43.67	2.39	24.26
2014	12.31	0.59	0.78	39.07	2.91	29.46
2015	13.87	0.73	0.85	40.20	3.95	24.16

三、结论及政策建议

本节以 2004—2015 年唐山市规模以上工业企业为研究对象，选取其消耗的 10 种主要化石能源测算其排放的 PM2.5 一次源，然后采用 LMDI 分解法，分析人口规模、经济发展水平、产业结构、能耗强度和能耗结构等 5 种因素对其排放的 PM2.5 一次源的影响，结果发现：

（1）经济发展水平是导致 PM2.5 一次源增排的最大影响因素，而人口规模虽然也是增排因素，但是其作用不大。

（2）产业结构因素对 PM2.5 一次源排放量的影响分为前后两个不同的阶段：2008 年之前主要表现为减排效应，而 2009 年之后则主要表现为增排效应。分行业看，前六大高耗能产业分别是：黑色金属冶炼及压延加工业，煤炭开采和洗选业，石油加工、炼焦及核燃料加工业，电力、热力的生产和供应业，非金属矿物制品业，化学燃料及化学制品制造业，它们的能耗占据了历年能耗总量的 97% 以上。其中，又以煤炭开采和洗选业、黑色金属冶炼及压延加工业近年来排放的 PM2.5 一次源最多，特别是黑色金属冶炼及压延加工业排放的 PM2.5 一次源呈持续快速增长的态势。

（3）能耗强度因素是抑制唐山市 PM2.5 一次源排放量增长的最大减排因素。这主要得益于唐山市近几年采取了整治城市燃煤锅炉、对重点行业工业企业进行脱硫、脱硝、除尘等工程改造、搬迁重污染企业等一系列减排措施。

（4）能耗结构因素对 PM2.5 一次源的影响有限，但主要表现为增排效应。这主要是因为，以重工业为主的产业结构以及独特的资源优势决定了唐山市的能耗结构一直呈"一煤独大"的特点，近几年来原煤、焦炭在总能耗中的占比虽呈不断下降的趋势，能耗结构有所改善，但进展缓慢，化石能源的占比仍非常高。

基于上述实证分析结论，我们认为，唐山市要减少 PM2.5 一次源的排放，尽快改善空气质量，必须从以下几个方面入手。

一是应继续降低能耗强度。唐山作为我国重要的煤炭开采基地及钢铁大市，应加强节能技术、清洁技术在工业企业部门的推广应用。例如，钢铁行业应逐步完成从湿法熄焦到干法熄焦的改造，同时要大力推广循环经济，充分利用生产过程中产生的余热、余压，综合利用"三废"。

二是继续优化能源结构。政府应鼓励并支持企业使用天然气等清洁能源和风能、太阳能等可再生能源，严格控制燃煤项目，改造和取缔燃煤锅炉，逐渐改善唐山市"一煤独大"的能源结构现状。

三是下大力优化产业结构。当前，钢铁、煤炭、水泥等行业仍存在产能过剩，而这些产业既是唐山市一直倚重的主导产业，也是污染排放大户。唐山市应充分利用国家为化解过剩产能所出台的各项优惠政策，加快发展新经济、新业态，同时引导产能过剩产业的生产要素流动、配置到这些新兴行业，力争在较短的时间内使产业结构有一个较明显的改观。比如，可以通过实施更加严厉的排放标准和能耗标准来提高钢铁企业吨钢的环保成本，迫使小型钢铁企业尽快退出市场。同时，注重发展装备制造业、信息技术等新兴产业，将劳动力引向第三产业。

5.5 本章小结

本章主要对京津冀雾霾天气与产业结构的关联性进行了分析。首先，区分了雾和霾，明确了治理大气污染，消除霾才是根本。进一步地给出了雾霾的普遍成因（自然环境因素和人为经济因素）及主要成分（NO_x、SO_2、PM10 和 PM2.5）。然后，基于环保部的环境监测数据和各行业大气污染物排放量的测算数据，对京津冀大气污染物排放总量的变化趋势、各行业大气污染物排放量的占比，以及分能源类型的大气污染物排放量及其变化趋势等进行了描述分析，明确了主要的污染源。最后，利用基于投入产出表的 SDA 结构分解技术，将京津冀各产业部门为了满足最终需求而在生产过程中排放的各种大气污染物总量分解为能耗结构效应、能耗强度效应、增加值率效应、技术进步效应、产业结构效应和最终需求总量效应等六大影响因素的影响作用；并采用 LMDI 分解技术，对北京市各工业行业排放雾霾主要成分、河北省各地市对雾霾排放量的贡献以及唐山市 PM2.5 一次源的排放量进行了分解分析。结果表明：

（1）2010—2014 年，河北省以排放的 SO_2 的占比最高，占三种主要污染物总和的 69％以上，接近 70％；NO_x 排放量的占比在 27％左右浮动；PM2.5 一次源的占比最小，基本维持在 3％—4％之间。工业对各种大气污染物的排放量最大，占河北省全行业排放量的比例均在 90％以上，其中又以金属冶炼和压延加工品、电力、热力的生产和供应业、石油加工、炼焦和核燃料加工业、煤炭开采和洗选业、化学产品等 5 个工业部门对 SO_2、NO_x 和 PM2.5 一次源排放量的贡献最大。天津类似，2003—2016 年期间工业累计排放的 NO_x、SO_2、PM10 和 PM2.5 一次源分别占全行业 NO_x、SO_2、PM10 和 PM2.5 一次源排放总量的 65.98％、90.23％、81.73％、78.74％，工业累计排放的大气污染物（NO_x、SO_2、PM10 和 PM2.5 一次源总量占全行业大气污染物排放总量的 81.30％。其中，金属冶炼及压延加工业、化学工业、采掘业不仅属于大气污染物排放量最大的前 10 个行业之一，而且它们的排放量也在增加。2005—2015 年，北京工业部门排放的大气污染物以 SO_2 最多，占三种主要大气污染物（SO_2、NO_x 和 PM2.5 一次源）总排放量的 66.1％，但无论是排放绝对量，还是排放占比，都呈逐年减少的趋势。煤炭始终是三种大气污染物的最主要污染源，而随着不断地提倡使用清洁能源，天然气开始成为 NO_x 和 PM2.5 一次源的主要污染源。

（2）从 2007 年到 2012 年，北京市四种大气污染物的排放量均在增加且排名前五位的产业为金属冶炼及压延加工业，石油加工、炼焦及核燃料加工业，电力、热力及燃气的生产和供应业，化学工业，金属及非金属矿采选业。但由于北京市的其他服务业对 NO_x、SO_2、PM10 和 PM2.5 一次源等污染物排放量减少的贡献度较高，显著降低了大气污染物的排放，直接导致了北京市总体 NO_x、SO_2、PM10 和 PM2.5 一次源的排放量的减少。从 SDA 分解结果来看，在 2007—2012 年期间，北京市各产业的能耗结构效应和能耗强度效应是四种大气污染物的减排因素；技术进步效应和最终需求总量效应是四种大气污染物的增排因素；而增加值率效应是除 NO_x 以外的其他三种大气污染物的减排因素；

产业结构效应是除 SO_2 以外的其他三种大气污染物的增排因素。可见，最终需求的扩张和技术进步是导致北京市雾霾天气加重的重要原因，而为了减少大气污染物的排放量，北京市的产业结构、能源结构尚需进一步调整。

（3）从 2007 年到 2012 年，天津市四种大气污染物的排放量均在增加且幅度较大的五个产业依次是交通运输、仓储和邮政业，其他服务业，煤炭开采和洗选业，建筑业，食品制造及烟草加工业；四种大气污染物均在减排且减幅最大的五个产业依次是电力、热力及燃气的生产和供应业，农林牧渔业，通信设备、计算机及其他电子设备制造业，石油和天然气开采业，非金属矿物制品业。但由于天津市各种污染物增排产业的增排量大于减排产业的减排量，所以天津市四种大气污染物的排放量都是增加的。从 SDA 分解结果来看，天津市各产业对大气污染物的减排因素有能耗结构效应、能耗强度效应、增加值率效应和产业结构效应，增排因素有最终需求总量效应和技术进步效应（PM10 除外）。但由于最终需求总量效应的增排作用显著，而各种减排因素的减排效应相对较弱，所以天津市各产业四种大气污染物的总体排放量都是增加的。可见，天津市雾霾天气的出现主要是由于最终需求和技术进步的增排效应较强，而各种减排因素的减排效应相对较弱。

（4）从 2007 年到 2012 年，河北省四种大气污染物均在增加的产业依次是煤炭开采和洗选业，石油加工、炼焦及核燃料加工业，建筑业，金属制品业，交通运输设备制造业，通用、专用设备制造业，交通运输、仓储和邮政业，批发零售和住宿餐饮业，金属及非金属矿采选业，纺织服装鞋帽皮革羽绒及其制品业，纺织业，仪器仪表及文化办公用机械制造业；四种大气污染物均在减少的产业依次是非金属矿物制品业，金属冶炼及压延加工业，其他服务业，电力、热力及燃气的生产和供应业，石油和天然气开采业，木材加工及家具制造业，食品制造及烟草加工业，其他制造产品，水的生产和供应业，化学工业，造纸印刷及文教体育用品制造业，通信设备、计算机及其他电子设备制造业。由于河北省四种大气污染物增排产业的增排量大于减排产业的减排量，所以河北省四种大气污染物的排放量都是增加的。从 SDA 分解结果来看，河北省各产业的能耗强度效应、增加值率效应和技术进步效应是四种大气污染物的减排因素；而能耗结构效应是除 SO_2 以外的其他三种大气污染物的减排因素；产业结构效应和最终需求总量效应是四种大气污染物的增排因素。由于最终需求总量效应和产业结构效应的增排作用显著，而各种减排因素的减排效应相对较弱，所以河北省各产业四种大气污染物的总排放量都是增加的。可见，河北省雾霾天气的出现主要是由于最终需求的扩张和产业结构不合理，同时各种减排因素的减排效应相对较弱。

（5）从关于北京工业行业的 LMDI 分解结果来看，与"十一五"相比，"十二五"期间北京能源结构的优化对 SO_2、NO_x 的减排效果更加明显，而能源强度下降的减排效果有所减弱；经济发展水平和人口总量的增排效应也有所减弱；产业结构优化的减排效果则没有明显改善，对 SO_2 的减排力度甚至有所下降。分能源类型看，样本期间北京工业部门因消耗煤炭和焦炭所排放的 SO_2 快速下降，而且能源结构的改善、能源强度的下降和产业结构的优化是二者主要的减排因素；但是，煤炭仍是目前 SO_2 最主要的污染源。

（6）从河北省各地市来看，基于 2010—2014 年规模以上工业企业数据的测算结果表明，各年各类大气污染物的排放量都是唐山、邯郸和石家庄位列前三。其中，又以唐山的比重最大，约占全省排放量的 1/3；邯郸次之，约占全省排放量的 1/5；石家庄第三，约占全省排放量的 1/6。而且，各地市几类主要大气污染物的排放量占全省的比重在各年份之间仅有小幅波动，没有明显的上升或下降趋势。从基于地区视角的 LMDI 分解结果来看，经济发展水平对各类大气污染物排放量的影响最大，且为增排效应；能源强度对各类大气污染物排放量的影响略低于经济发展水平，且为减排效应；相对而言，地区产值结构、能耗结构、人口规模对各类大气污染物排放量的影响较小，其中，地区产值结构的调整对大气污染物有减排效应，人口规模对各类大气污染物有增排效应，而能耗结构在 2013 年之前主要表现为增排效应，仅在 2012 年和 2014 年对 NO_x 和 PM2.5 一次源表现为减排效应。究其原因，是因为河北省的地区产值结构虽然发生了一定的变化，并有减排效应，但这种变化较小；多数地市规模以上工业企业的能源强度都在下降，导致了河北全省规模以上工业企业整体的能源强度也是下降的，并对全省大气污染物的排放发挥了抵消和减排的作用；河北省各地市规模以上工业企业的能耗结构"一煤独大"的格局并未有实质性改变，仍有待进一步优化。

（7）对河北省唐山市规模以上工业企业排放 PM2.5 一次源的 LMDI 分解结果显示：经济发展水平是导致 PM2.5 一次源增排的最大影响因素；人口规模也是增排因素，但是影响较小；产业结构因素在 2008 年之前主要表现为减排效应，而2009 年之后则主要表现为增排效应；分行业看，以煤炭开采和洗选业、黑色金属冶炼及压延加工业排放的 PM2.5 一次源最多，特别是黑色金属冶炼及压延加工业排放的 PM2.5 一次源呈持续快速增长的态势；能耗强度因素是 PM2.5 一次源的最大减排因素；唐山市的能耗结构一直呈"一煤独大"的特点，近几年来原煤、焦炭在总能耗中的占比虽呈不断下降的趋势，能耗结构有所改善，但进展缓慢，化石能源的占比仍非常高，能耗结构因素对 PM2.5 一次源的影响表现为增排效应。

第 6 章

京津冀特殊的产业集聚模式对产业一体化和经济发展的影响

在第 3 章，我们对京津冀产业集聚模式的典型特征进行了统计描述分析，发现对于多样化集聚而言，北京市产业的无关多样化程度最高，天津市次之，河北省最低；而河北省的相关多样化程度最高，北京市次之，天津市最低。从总体上看，京津冀 13 个城市都表现为产业的无关多样化水平高于其相关多样化水平，其中，尤以北京市、秦皇岛、天津、石家庄、衡水、承德、唐山等几个城市更为突出。对于专业化集聚而言，北京市的专业化水平最高，天津市次之，河北省最低，其中，唐山、保定、廊坊和衡水的专业化水平在河北省内较高，而张家口、石家庄、承德和邯郸的产业专业化水平在河北省内较低。从总体上看，除北京市外，京津冀地区产业的专业化程度较低。

在第 4 章，我们进一步对京津冀的产业一体化水平进行了综合评价，发现京津冀的产业一体化程度整体表现为"先在波动中下降、然后缓慢上行"的走势，转折点为 2006 年；其薄弱环节表现在要素市场一体化程度不高，产品市场一体化波动明显，且产业分工程度偏低；但是，在 2006—2012 年期间京津冀地区间的产业分工指数是稳步走高的。那么，京津冀的这种产业集聚模式是否对其产业一体化进程和经济发展产生了显著的不利影响呢？在本章中，我们拟在第 3、4 章的基础上，对此做一个实证检验。

6.1 京津冀产业集聚模式对市场一体化的影响：基于面板模型①

如前所述，产业多样化是指一个地区中产业发展的多样化程度。富林肯等

---

① 本部分已作为阶段性成果发表。参阅：周国富，叶亚珂，彭星. 产业的多样化、专业化对京津冀市场一体化的影响 [J]. 城市问题，2016 (4)：4—10.

(Frenken 等，2007)① 采用熵指标的方法对产业多样化进行了分解，将其分为相关多样化和无关多样化两个部分。其中，相关多样化是指一系列存在较强经济技术联系的产业在特定地区分布的产业格局；无关多样化是一组没有明显技术联系的产业在特定地区分布的产业格局。专业化是指一个地区凭借其自然资源、劳动资源或者社会经济基础，形成一批各具特色的生产部门的过程。专业化的结果是各市场主体通过分工协作，节约了社会劳动并且提高了劳动生产率，从而促进区域经济增长。而区域一体化是指区域内相邻的两个或多个地区通过制定统一的经济贸易政策、建设完善的基础设施等途径，实现区域内资源的优化配置和协调发展。在这一过程中，市场是最重要的力量，通过市场作用消除区域内各种商品和要素流动的经济和非经济壁垒，实现地区间资源的自由流动，并最终实现区域一体化发展。所以，市场一体化也被认为是区域一体化的前提和基础。

考虑到一个区域产业的专业化或多样化集聚模式很可能对该区域的市场一体化进程产生深远的影响，本节拟首先从京津冀特殊的产业集聚模式切入，揭示其对京津冀市场一体化的作用机制和影响效应，进而为加快推进京津冀市场一体化提出相应的政策建议。

6.1.1 作用机制分析

前文已指出，MAR 外部性理论认为，知识溢出多发生在同一产业内部的不同企业之间，同一产业的企业可以通过共享资源、信息和知识等节约成本，也可以通过专业化协作、共享劳动力市场和某些公共设施，享受到规模经济的好处，进而促进地区经济增长，相关的实证研究也支持这一理论。而 Jacobs 外部性理论认为，重要的知识溢出往往出现在相近的不同部门之间，产业的多样化集聚比专业化集聚更能促进经济的增长。为了检验雅各布斯外部性理论的正确性，自 Frenken 等（2007）将产业的多样化划分为相关多样化和无关多样化以来，国内外许多学者在更深层次上研究了产业的多样化对经济增长的作用，其中多数学者都通过实证检验得出了相关多样化对经济增长有促进作用，而无关多样化对经济增长的促进作用不明显甚至有负面影响的结论。

既然如此，要探究产业的专业化和多样化（包括相关与无关多样化）对市场一体化进程的作用机制，只需要进一步回答"经济增长是否促进了市场一体

① Frenken K. et al. Related Variety, Unrelated Variety and Regional Economic Growth [J]. Regional Studies, 2007 (5): 685－697.

化"或者"经济增长与市场一体化是否表现为相互促进的关系",就可以形成清晰的结论。所幸的是,国内外已有学者进行相关的实证研究。Poncet(2003)[①]通过对中国国内市场整合程度的研究,认为经济增长和对内开放程度可能存在内生关系;范爱军等(2007)[②]基于1985—2005年省际面板数据则证明了经济发展程度越高的地区,进行市场分割的动力越弱,也即经济增长和市场分割存在负相关;柯善咨和郭素梅(2010)[③]基于1995—2007年相关数据,通过建立商品市场对内开放与经济增长的联立方程模型,也得出了与Poncet(2003)类似的研究结果,从而证实了"经济增长与市场一体化表现为相互促进的关系"这一结论。基于此,我们可以按照"多样化和专业化影响经济增长,经济增长影响市场一体化"这一传导路径,系统阐述产业的多样化和专业化对市场一体化的作用机制。

一、相关多样化与市场一体化

相关多样化一方面可以通过相关产业间的知识溢出促进技术创新与扩散,另一方面可以通过共享相关资源、信息、知识等提高地区生产率,进而促进本地区的经济增长。而经济增长则可以通过投资驱动和消费拉动促进区域市场向着一体化的方向发展:(1)投资驱动。根据经济学理论,投资的增加会在投资乘数的作用下使产出加速增长,而产出规模的扩大客观上要求进一步拓展市场,包括挖掘本地市场的潜力和开拓域外其他市场,这时市场分割的机会成本将明显增大,在逐利动机驱使下,本地市场将趋向于与邻近地区的其他市场建立更广泛、更紧密的商业渠道,进而促进区域市场的一体化。(2)消费拉动。随着经济的增长,居民收入增加,消费水平也会随之增加,这时人们对商品的质量和商品的差异化要求也会相应提高,客观上需要市场提供更丰富多彩的商品。然而,由于一个地区自身的资源有限,加之受技术水平的限制,本地生产的商品往往难以满足这些新的消费需求,于是,从消费者角度看,也希望开放本地市场,促进区域内市场一体化的发展。

二、无关多样化与市场一体化

无关多样化是与相关多样化相对应的无关产业在一个地区集聚的产业格局。

① Poncet S. Domestic Market Fragmentation and Economic Growth in China [R]. ERSA Conference, 2003.

② 范爱军,李真,刘小勇. 国内市场分割及其影响因素的实证分析——以我国商品市场为例 [J]. 南开经济研究,2007(5):111—119.

③ 柯善咨,郭素梅. 中国市场一体化与区域经济增长互动:1995—2007年 [J]. 数量经济技术经济研究,2010(5):62—87.

由于企业之间差别较大，生产力相对落后的企业不能有效地吸收技术先进的企业的相关技术成果，也不能对先进企业施加压力促使其继续进行技术创新，于是，该地区生产率的提高就会受到阻碍，经济增长缺乏应有的活力。而经济缺乏活力的地区其产品一般也缺乏竞争力，当地政府为了保障自己原有的经济份额不被蚕食，就会采取种种地方保护政策保护当地企业免受外界的冲击，其结果必然阻碍区域内市场一体化的发展。

三、专业化与市场一体化

一般认为，专业化可以促进地区经济增长。而正如上文所指出的，经济增长又会通过投资驱动和消费拉动促进区域内市场一体化的发展。从这个意义上讲，产业的专业化也有利于市场一体化的发展。但是，如果某地区的产业结构过于专业化、过于单一，也会导致该地区很容易受外部经济环境恶化的冲击，不能做到灵活调整，难以保持经济的持续增长。而经济增长一旦放缓，投资需求和消费需求也会相应下降，为了免受外界的冲击，往往地方保护盛行，进而阻碍区域内市场一体化的发展。

6.1.2　模型构建和变量选取

一、模型构建

本节采用 2003—2013 年京津冀三省市面板数据，以市场一体化水平为被解释变量，产业多样化（相关多样化和无关多样化）与专业化水平为核心解释变量，检验和分析产业集聚模式对市场一体化的影响效应。建立模型如下：

$$INT_{it} = \alpha_0 + \varphi(RV_{it}, UV_{it}, SP_{it}) + \alpha X_{it} + \varepsilon_{it} \quad (6.1)$$

其中，下标 i 和 t 分别表示地区和时期，INT_{it} 为第 i 个地区在 t 时期的市场一体化指标；RV_{it} 和 UV_{it} 分别代表产业的相关多样化水平和无关多样化水平，SP_{it} 代表专业化水平，是本节要重点考察的三个核心解释变量；X_{it} 代表影响市场一体化的其他因素；ε_{it} 为随机扰动项。参考相关文献，本节选取对外开放、交通基础设施和地方政府保护这三个变量作为影响市场一体化发展的控制变量。

二、变量说明

1. 被解释变量

被解释变量为市场一体化水平 INT_{it}。一般而言，市场可以分为要素市场和商品市场两类，计算市场一体化指数的常用方法包括生产法、贸易法、专业化指数法和价格法（杨凤华、王国华，2012）[①]。其中，以"价格法"相对更为科学。因此，这里采用"价格法"，先用价格指数计算得到衡量各地区商品市场分割程度的相对价格方差（桂琦寒等，2006）[②]，然后根据市场分割程度和市场一体化程度具有的反向关系最终确定一体化程度（盛斌、毛其淋，2011）[③]。而且，考虑到社会商品既包括消费品，也包括生产资料，在价格指数的选择上，我们不仅利用了京津冀三地食品、烟酒及用品、衣着、家庭服务、居住等八大类消费品和服务的消费者价格指数，而且将工业生产者出厂价格指数作为生产资料价格指数的代表，加入到相对价格方差的计算中。

2. 核心解释变量

（1）相关多样化 RV_{it} 和无关多样化 UV_{it}：正如第 2 章所指出的，Frenken 等（2007）采用式（2.7）所示的熵指标描述某地区 i 第 t 期的产业多样化水平。假定 n 个产业部门可以归类为 S 个大类部门（$S < n$），那么，无关多样化 UV_{it} 是指 S 个大类部门之间的多样化熵指标，代表产业关联程度相对较低的产业多样化水平；而相关多样化 RV_{it} 是衡量大类部门内部存在较强经济技术联系的细分产业的多样化程度的熵指标。二者的计算公式如式（2.9）所示。这里，我们也采用上述公式测度京津冀的相关多样化与无关多样化水平，其中 P_{ijt} 为地区 i 某产业 j（$j=1$，2，…，n）第 t 期的就业比重。

（2）专业化 SP_i：正如第 2 章所指出的，关于地区专业化的度量方法有很多，但学术界还没有形成统一的比较有权威的说法。这里，我们采用如式（2.10）所示的 $Krugman$ 专业化指数，其中 P_{ijt} 为地区 i 产业 j 第 t 期的就业人数所占比重；$\overline{P_{ijt}}$ 为地区 i 以外的其他地区产业 j 第 t 期就业比重的均值。

3. 控制变量

（1）对外开放。已有研究显示，对外开放程度较低的区域，国际贸易壁垒较多，地方政府在相对封闭的环境中比较倾向于推动自身资源的自给自足，因而与外部相邻区域之间的交流也较少，使得区域一体化程度较低。相反，若一个地区的对外开放程度较高，随着外部环境的改变和外资的进入也会带动该地区的内资企业和地方政府进行跨区域的投资和交流，进而提升该地区与外地区

---

① 杨凤华，王国华. 长江三角洲区域市场一体化水平测度与进程分析 [J]. 管理评论，2012（1）：32-38.

② 桂琦寒，陈敏，陆铭，陈钊. 中国国内商品市场区域分割还是整合：基于相对价格法的分析 [J]. 世界经济，2006（2）：20-30.

③ 盛斌，毛其淋. 贸易开放、国内市场一体化与中国省际经济增长：1985—2008 年 [J]. 世界经济，2011（11）：44-66.

的一体化水平。这里用各省市的外贸依存度衡量其开放程度，并用 $trade_{it}$ 表示。

（2）交通基础设施。从理论上讲，各个省份之间交通基础设施的改善能够降低区域之间的贸易成本，提高贸易效率，从而对区域之间贸易往来、市场规模的扩大及专业化分工有很好的促进作用，会促进区域之间一体化的发展。刘生龙和胡鞍钢（2011）[①] 利用 2008 年交通部对省际货物运输周转量的普查数据，通过引入引力模型及边际效应模型证明了交通基础设施的改善可以促进我国区际贸易，也即交通设施改善能够促进区域一体化的发展。由于京津冀区域空间较小，公路是货物的最主要运输通道，故这里用各地的公路密度（即每平方公里的公路里程）来代表各地的交通基础设施水平，并用 $road_{it}$ 表示。

（3）地方政府保护。由于我国财政分权及官员晋升机制的存在，各地政府为了发展地方经济，常常不考虑本地方的要素禀赋，不是有针对性地发展特色经济，而是对当地企业进行地方市场保护，从而不利于区域间一体化的发展。对于地方政府对经济的干预力度，这里用政府财政支出占 GDP 的比重来衡量，并用 $govs_{it}$ 表示。

三、样本数据

本节所使用的数据主要来源于《中国城市统计年鉴（2004—2014）》和中经网统计数据库，其中，对于以美元计价的进出口总额，我们用平均汇率转换为以人民币表示。

表 6.1 列出了京津冀 2003—2013 年各变量的描述性统计结果。可以看出，京津冀三省市的市场一体化水平非常相近，但是，北京作为首都物价水平偏高，因而以相对价格法衡量，其与津冀两地的市场分割现象更为明显；三省市的无关多样化指数略高于相关多样化指数，前者对产业多样化指数的贡献约为56.7%，说明京津冀整体的产业关联度不是很高；与此对应，三省市的 Krugman 专业化指数均较低，其均值仅为 0.55，说明三省市的产业专业化水平都不高，确实存在着产业同构现象。控制变量方面，外贸依存度最高的北京（142.19%）是最低的河北（13.16%）的近 11 倍，天津（82.61%）也远高于河北，说明受经济发展水平和相关政策的限制，三省市对外开放程度差异明显；类似地，三省市的公路密度和政府财政支出占 GDP 的比重也有一定的差异，特别是北京和河北之间差异尤为明显。

---

① 刘生龙，胡鞍钢. 交通基础设施与中国区域经济一体化 [J]. 经济研究，2011（3）：72－82.

表 6.1 变量的衡量指标、符号及其描述统计

	变量	衡量指标	符号	单位	均值				标准差
					平均	北京	天津	河北	
被解释变量	市场一体化	市场一体化指数	INT	—	9.07	8.94	9.07	9.19	1.56
核心解释变量	相关多样化	相关多样化指数	UV	—	1.06	1.09	0.96	1.12	0.07
	无关多样化	无关多样化指数	RV	—	1.39	1.57	1.32	1.28	0.13
	专业化	Krugman 专业化指数	SP	—	0.55	0.57	0.53	0.55	0.05
控制变量	对外开放	外贸依存度	trade	%	79.32	142.19	82.61	13.16	56.15
	交通基础设施	公路密度	road	公里/平方公里	0.99	1.17	1.09	0.70	0.28
	地方政府保护	政府财政支出占 GDP 比重	govs	%	14.64	17.76	13.96	12.21	3.27

6.1.3 模型的估计与检验

为了考察京津冀地区产业的多样化和专业化对市场一体化的影响，在具体建模时，我们采取了核心变量逐步加入、控制变量固定加入的方法建立模型。其中，模型 Ⅰ 为只加入专业化指数的估计结果，模型 Ⅱ 为加入多样化指数的估计结果，模型 Ⅲ 为同时加入专业化和多样化指数的估计结果。

一、模型的形式

由于是面板数据，首先需要确定模型是不变参数模型、变截距模型还是变系数模型。经常使用的检验方法是协方差分析检验。经计算，得到各个模型的 F_1 和 F_2 统计量及模型形式的判定结果如表 6.2 所示。结果显示，模型 Ⅰ 的正确形式为变截距模型；模型 Ⅱ 和 Ⅲ 的正确形式均为不变参模型。

表 6.2 面板模型种类的判定

模型	F_2	F_1	模型判定
Ⅰ	2.274（1.98）	1.668（2.04）	变截距模型
Ⅱ	1.001（2.07）	不必计算	不变参模型
Ⅲ	1.712（2.17）	不必计算	不变参模型

注：括号里面的数字表示在 10% 的显著性水平下 F 统计量的临界值。F_2 检验的原假设为"H_2：模型为不变参数模型"，F_1 检验的原假设为"H_1：模型为变截距模型"。

其次，对于变截距模型，还需要确定个体影响是固定影响还是随机影响。考虑到当回归分析仅局限于对一些特定的个体进行分析时（比如本节主要是对

京津冀三省市进行分析），固定影响模型是更合适的选择（高铁梅，2006）①，因此，我们对模型Ⅰ估计固定影响变截距模型。

二、模型估计结果

确定了三个模型的最终形式之后，我们得到如表 6.3 所示的回归估计结果。

表 6.3 模型估计结果

解释变量	模型Ⅰ	模型Ⅱ	模型Ⅲ
C	−0.0398 (0.9929)	5.6008 (0.3176)	4.1015 (0.5598)
RV		18.9774*** (0.0081)	19.0282*** (0.0091)
UV		−14.9843** (0.0145)	−14.6704** (0.0195)
SP	6.2727 (0.4232)		2.7346 (0.7186)
trade	0.0331* (0.0633)	0.0249* (0.0602)	0.0254* (0.0609)
road	5.4177** (0.0492)	5.6193** (0.0282)	5.8081** (0.0292)
govs	−0.1589 (0.5116)	−0.2241 (0.3261)	−0.2739 (0.3120)
调整后的 R^2	0.1710	0.2231	0.1973
F 统计量	2.1004 (0.0877)	2.8374 (0.0348)	2.3106 (0.0639)
DW 统计量	2.0741	2.0197	2.0251

注：括号内数字为参数估计值（或检验统计量）对应的 P 值，***，**和*分别表示在1%、5%和10%的水平下显著。由于变截距不是本研究的分析重点，所以模型Ⅰ的变截距从略。

可以看出，在模型Ⅰ和模型Ⅱ中，专业化与市场一体化都呈正相关关系，说明产业专业化程度的提高可以促进市场一体化的发展；但是该回归系数在10%的显著性水平下不显著。联系到前面表 6.1 的分析结论，我们认为这主要

① 高铁梅. 计量经济分析方法与建模：Eviews 应用及实例［M］. 北京：清华大学出版社，2006：316。

是由于京津冀三省市的产业专业化水平普遍较低，产业的专业化对京津冀经济增长的促进作用不明显，进而对市场一体化的促进作用也有限。

在模型Ⅱ和模型Ⅲ中，相关多样化的回归系数在1％的显著性水平下显著为正，平均而言，相关多样化指数 RV 每增加1个单位，可以使市场一体化指数增加约19个单位，说明产业的相关多样化有利于推进市场一体化的发展。同时，无关多样化的回归系数在5％的显著性水平下显著为负，平均而言，无关多样化指数 UV 每增加1个单位，可以使市场一体化指数降低约15个单位。这可以从以下几个方面得到解释：一方面，相关多样性强调产业之间具有较强的经济技术联系，相关产业的集聚既有利于当地企业共享信息与技术资源，降低搜寻成本，产生规模经济效应，促进企业更好的发展，同时也可能会吸引邻近地区的相关产业向这一地区集聚，从而促进当地与周边区域市场向着一体化的方向发展；但是另一方面，对于不相关的产业来说，由于它们之间没有明显的技术联系，这样的企业集聚在一起不仅没有给彼此带来新的竞争压力和动力，反而会使彼此的搜索成本和交易成本都增加，不利于经济的增长，从而无关多样化程度越深，越不利于市场一体化的发展。而正如前面表6.1的描述统计所显示的那样，京津冀三省市的产业多样化更突出地表现为无关多样化，这暗示我们，正是由于受此影响，京津冀的市场一体化进展也非常缓慢。

最后来看控制变量的影响。可以看出，三个模型中对外开放水平的回归系数都在10％的显著性水平下显著为正，说明当地市场越开放，对国内市场形成的"内外联动"作用就越大，进而促进当地与其他地区形成一体化的区域市场；交通基础设施的回归系数也都在5％的显著水平下显著为正，说明交通基础设施的改善，能够冲击和削弱地方割据的意识，促进一体化市场的形成；而体现地方保护的政府财政支出占 GDP 比重的回归系数在三个模型中都为负，只是在统计上都不显著，这说明地方政府的干预确实在一定程度上阻碍了地区间的商品贸易和生产要素流动，阻碍了市场一体化的发展，只是随着京津冀协同发展战略的出台，这种阻碍作用受到一定程度的抑制，变得不那么明显罢了。

6.1.4 结论与政策建议

本节首先分析了产业的多样化和专业化对区域市场一体化的作用机制，然后利用相对价格方差度量京津冀市场一体化程度（逆指标），并通过建立面板数据模型实证检验了产业的相关多样化、无关多样化和专业化这三个核心变量，以及对外开放、地方保护和交通基础设施这三个控制变量对区域市场一体化进程的影响效应。本节的作用机制分析和实证检验结果都表明，产业的相关多样化有利于市场向着一体化的方向发展，而无关多样化则对市场一体化有明显的阻碍作用；专业化虽然也能通过促进经济增长进而促进市场一体化的发展，但是在京津冀地区这种促进作用不显著；交通基础设施、对外开放程度均有利于促进市场一体化，而地方保护对市场一体化有一定的阻碍作用，但随着京津冀协同发展战略的出台，这种阻碍作用受到一定程度的抑制。此外，本节的测算结果还表明，京津冀三省市的产业多样化更突出地表现为无关多样化，而且产业的专业化水平普通较低，这与3.2节的分析结论一致。这说明，京津冀整体的产业关联度不是很高；同时也暗示我们，正是由于产业的无关多样化和低水平专业化，使其市场一体化进程受到了明显的负面影响。

由此，关于京津冀市场一体化的发展和深化，我们得到如下启示：第一，中央政府应改革地方政府官员的考核机制和晋升机制，应确保他们真正站在统筹区域发展的角度，制定能够充分利用本地资源禀赋和比较优势的产业政策，而不是为了守住自己的"一亩三分地"不顾后果地盲目"保护"当地经济，排斥区域间的合理分工与协作。第二，各地政府应该重视产业的相关多样化对经济增长和市场一体化的重要促进作用，在招商引资和培育产业集群时应优先引进与区内产业关联度较高的企业和产业，应采取适当的政策鼓励地区间相关产业的优化重组。第三，各地政府应主动与周边地区政府进行合作、形成合力，通过适当的分工，有主次、有重点地在当地核心产业的基础上，发展和完善产业链，提升本地区产业的专业化水平。第四，各地政府还应明确自己的定位，认识到基础设施建设对一体化发展的重要作用。应通过与周边地区政府积极协商，统一规划，既避免基础设施的重复建设，又要加强各地区间现有基础设施的互联互通，以此促进区域市场一体化再上新台阶。

6.2 京津冀产业集聚模式对经济发展的影响： 基于空间面板模型[①]

京津冀地区作为我国北方重要的增长极和城市群，战略地位十分重要，因此，其经济发展态势一直备受关注。上一节主要是讨论了产业的多样化和专业化对区域市场一体化进程可能的影响机制，并实证检验了京津冀三省市产业的

---

① 本部分已作为阶段性成果发表。参阅：周国富 徐莹莹 高会珍. 产业多样化对京津冀经济发展的影响 [J]. 统计研究，2016（12）：28-36.

多样化和专业化特征及其对该区域市场一体化的影响。结果表明，京津冀三省市产业的专业化水平普通较低，而产业多样化更突出地表现为无关多样化；正是由于产业的无关多样化和低水平专业化，使其市场一体化进程受到了明显的负面影响。那么，京津冀所特有的这种产业集聚模式对京津冀的经济发展产生了怎样的影响？本节拟进一步对此做个实证检验。而鉴于京津冀三省市产业的专业化水平普通较低，其产业集聚模式以多样化集聚为主要特征，特别是更突出地表现为无关多样化（见 3.2 节），本节将重点放在实证检验京津冀产业的多样化集聚对其经济发展究竟产生了怎样的影响。

6.2.1 研究思路

前已指出，Frenken 等（2007）[1] 是第一篇对产业多样化的内涵进行深度挖掘的文献，该文从产业关联的角度区分了产业多样化的层次，提出了"相关多样化"与"无关多样化"的概念。受此启发，近年来西方学者开始对相关与无关多样化在经济增长或经济稳定中的作用进行实证检验（Hartog 等，2012[2]；Boschma 等，2012[3]；Oort 等，2015[4]），国内也涌现了一批相关的实证研究（孙晓华、柴玲玲，2012[5]；苏红键、赵坚，2012[6]；魏玮、郑延平，2013[7]；李福柱、厉梦泉，2013[8]；魏玮、周晓博等，2015[9]；孙晓华、郭旭

[1] K. Frenken, F. Van Oort, T. Verburg. Related Variety, Unrelated Variety and Regional Economic Growth [J]. Regional Studies, 2007 (5): 685-697.

[2] M. Hartog, R. Boschma, M. Sotarauta. The impact of related variety on regional employment growth in Finland 1993—2006 [J]. Industry & Innovation, 2012 (6): 459-476.

[3] R. Boschma, A. Minondo, M. Navarro. Related variety and regional growth in Spain [J]. Papers in Regional Science, 2012 (2): 241-256.

[4] F. Van Oort, S. D. Geus, T. Dogaru. Related Variety and Regional Economic Growth in a Cross-Section of European Urban Regions [J]. European Planning Studies, 2015 (6): 1110-1127.

[5] 孙晓华，柴玲玲. 相关多样化、无关多样化与地区经济发展——基于中国 282 个地级市面板数据的实证研究 [J]. 中国工业经济，2012 (6)：5-17.

[6] 苏红键，赵坚. 相关多样化、不相关多样化与区域工业发展——基于中国省级工业面板数据 [J]. 产业经济研究，2012 (2)：26-32.

[7] 魏玮，郑延平. 相关与无关多样化对地区经济发展的影响研究——基于省际面板数据的实证检验 [J]. 统计与信息论坛，2013 (10)：49-55.

[8] 李福柱，厉梦泉. 相关多样性、非相关多样性与地区工业劳动生产率增长——兼对演化经济地理学理论观点的拓展研究 [J]. 山东大学学报（哲学社会科学版），2013 (4)：10-20.

[9] 魏玮，周晓博，牛林祥. 产业多样化、职能专业化与城市经济发展——基于长三角和中原城市群面板数据的分析 [J]. 财经论丛，2015 (11)：3-9.

等，2015①）。然而，现有的相关文献大多是采用普通面板数据模型进行定量分析，没有考虑区域间的经济联系及其对实证分析结果可能产生的影响；也没有剔除解释变量间的多重共线性对回归参数的影响。再者，这些文献在变量选取上存在一些共性，所得结论也几乎一致，都认为相关多样化对地区经济增长存在显著的促进作用，而无关多样化不利于经济增长但有利于经济稳定；他们的分歧仅在于相关多样化对经济稳定是否有显著影响，孙晓华、柴玲玲（2012）②认为相关多样化有利于经济稳定，而魏玮、郑延平（2013）③认为相关多样化不利于经济稳定。那么，上述文献的分析结论是否也适用于京津冀地区？京津冀各地市产业的相关或无关多样化对京津冀地区的经济发展究竟产生了怎样的影响？这正是本节要回答的问题。

与现有文献相比，本节拟在以下几个方面对该领域的研究有所贡献：一是基于产业的相关多样化和无关多样化的内涵，对二者在不同的宏观经济环境下对经济增长和经济稳定可能的传导机制做出系统的分析；二是在理论模型的设定环节，针对现有文献在变量选取上存在的问题，通过恰当地选取乃至重新构造有关的变量，使变量的设计更加合理；三是在计量模型的估计环节，通过提取主成分和建立空间面板主成分回归模型，然后还原得到真实的回归参数，剔除空间相关性和多重共线性对回归参数的大小乃至符号可能带来的影响，以使回归结果更真实；四是联系现实背景，对模型估计结果做出切合实际的解释，并给出具有针对性的政策建议。

6.2.2　传导机制分析

关于产业的多样化对经济增长和经济稳定的传导机制，相关文献有一些表述，但都不是很系统。鉴于对一个地区的经济发展态势可从经济增长和经济稳定两方面去考察，其中，前者侧重经济增长的速度快慢及其增长动力源的分析，后者则侧重考察经济运行的平稳性及其波动的根源。这里给出本研究的观点。

一、产业的相关与无关多样化对经济增长的传导机制

（1）相关多样化对经济增长的传导机制。产业的相关多样化意味着产业间

---

① 孙晓华，郭旭，张荣佳. 产业集聚的地域模式及形成机制［J］. 财经科学，2015（3）：76－86.

② 孙晓华，柴玲玲. 相关多样化、无关多样化与地区经济发展——基于中国 282 个地级市面板数据的实证研究［J］. 中国工业经济，2012（6）：5－17.

③ 魏玮，郑延平. 相关与无关多样化对地区经济发展的影响研究——基于省际面板数据的实证检验［J］. 统计与信息论坛，2013（10）：49－55.

存在着较密切的经济联系，当宏观经济形势良好时，这种密切的联系无疑会在产业间产生正向的连锁反应，使各产业都表现出较好的增长势头，进而有利于地区的经济增长；但是，当宏观经济形势欠佳时，产业间密切的经济联系则会使得各产业都容易受到外部经济环境的冲击，进而在产业间产生一系列向下的连锁反应，使经济形势进一步恶化，从而不利于地区的经济增长。

（2）无关多样化对经济增长的传导机制。产业的无关多样化意味着产业间的经济联系不够紧密，因此无论外部宏观经济形势好还是不好，即使有部分产业受到影响，这种影响也不容易在产业间引起连锁反应，故而无关多样化对地区经济增长的促进作用不明显。

二、产业的相关与无关多样化对经济稳定的传导机制

（1）相关多样化对经济稳定的传导机制。既然相关多样化会通过产业间较紧密的经济联系，在外部经济环境良好时加速经济增长，而在外部经济形势不好时也会使各相关产业更易受到外部冲击的影响，进而使经济形势进一步恶化，因此，产业的相关多样化程度较高的地区，其经济增长的波动幅度也可能较大，进而不利于地区的经济稳定。

（2）无关多样化对经济稳定的传导机制。既然产业的无关多样化意味着产业间的联系不紧密，从而无论外部的经济形势好或不好，在各产业间都不容易产生连锁反应，经济不会出现较大的波动，因此，产业的无关多样化程度较高的地区其经济运行会较为平稳。换句话说，产业的无关多样化有利于地区的经济稳定。

总之，将上述传导机制用图形概括，那么如图 6.1 所示：

6.2.3　模型设定与变量选取

一、模型的设定

基于上文关于传导机制的分析，我们通过如下两个计量模型来分别考察产业的无关多样化和相关多样化对京津冀经济增长及经济稳定的影响：

模型 I：$EG_{it} = \alpha_0 + \varphi(RV_{it}, UV_{it}) + \alpha X_{it} + \mu_{it}$ （6.2）

模型 II：$ES_{it} = \beta_0 + \psi(RV_{it}, UV_{it}) + \beta Z_{it} + \upsilon_{it}$ （6.3）

其中，i 表示京津冀各地市，t 表示年份；EG 代表经济增长（Economic growth），ES 代表经济稳定（Economic stability）；RV、UV 分别代表产业的相关多样化和无关多样化水平，φ 和 ψ 分别代表二者对经济增长或经济稳定可能的影响关系；X、Z 分别代表控制变量，反映除产业的相关和无关多样化之外的因素对经济增长或经济稳定的影响；α_0 和 β_0 为常数项，α 和 β 为控制变量的系数；

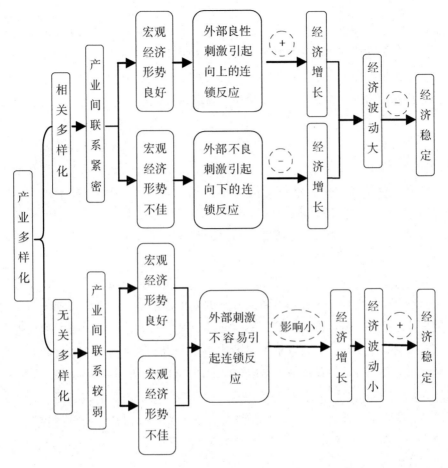

图 6.1　产业的多样化特征对经济增长和经济稳定的传导机制

μ、v 为随机误差项。

二、变量的选取

1. 关于经济增长（EG）

实证分析中，有些学者用人均 GDP 代表一个地区的经济增长，然而确切地讲，人均 GDP 主要用来近似衡量一国或地区所达到的经济发展水平，而要恰当地衡量一国或地区经济增长的快慢，则最直接的衡量指标是按可比价格计算的 GDP 增长率。因此，这里采用京津冀各城市的 GDP 增长率来反映其经济增长速度。

2. 关于经济稳定（ES）

经济稳定是一个地区经济健康发展的重要标志，国内有学者选择失业率来衡量区域经济稳定。但是，我国官方仅公布城镇登记失业率指标，且该指标在各年份之间近乎一条水平的直线，并不能真实反映各时期的经济景气与否，该指标对经济波动的灵敏度远不如 CPI 等反映物价涨跌的统计指标来得真实。因此，这里首先利用京津冀各城市的月度 CPI 计算其在一年中不同月份间的离散系数，来衡量各城市一年中物价水平的波动幅度，然后用该离散系数衡量各城市的经济波动幅度。显然，它是衡量经济稳定的一个逆指标。

3. 关于核心解释变量（RV、UV）

这里仍采用式（2.9）测度京津冀的相关多样化与无关多样化水平，其中 P_{ijt} 为地区 i 某产业 j（$j=1,2,\cdots,n$）第 t 期的就业比重。而关于产业的划分，和第 3 章一样，我们仍借鉴孙晓华和柴玲玲（2012）[①]、魏玮和郑延平（2013）[②] 等文献的做法，将全部产业划分为第一产业、第二产业、生产性服务业、流通性服务业、消费性服务业和社会性服务业等 6 大类。所有产业的就业人数均取自《中国城市统计年鉴》。

4. 关于控制变量

除产业多样化外，还有其他的因素影响着地区经济增长和经济稳定，相关文献多从地区资本劳动投入状况、地区劳动力成本和地区劳动力密集程度等方面选择控制变量，并分别选取资本劳动比率、人均工资水平、人口密度等指标来表征上述几个方面（孙晓华、柴玲玲，2012；魏玮、郑延平，2013；孙晓华，郭旭等，2015[③]）。但是我们认为，经济增长和经济稳定的影响因素是不完全一样的，需要区别对待；而且，解释变量的选取还要考虑被解释变量的构造，二者应具有一定的匹配性。因此，这里拟在兼顾数据可得性的基础上，对模型Ⅰ、Ⅱ分别选取不同的控制变量。

鉴于在现行的政绩考核和晋升机制下，我国各地方政府对发展本地区的经济具有较高的积极性，并经常性地通过财政支出和基础设施建设等来干预和促进本地方的经济增长，借鉴相关文献的做法，在分析产业的多样化对经济增长的影响效应时，我们选取财政支出水平和基础设施水平作为控制变量。同时，考虑到在市场经济条件下，一个地区的经济外向度越高，与区外的经济联系越紧密，其受到外部经济环境的冲击会越大；而当经济因受到内部或外部某些因

---

①　孙晓华，柴玲玲. 相关多样化、无关多样化与地区经济发展——基于中国 282 个地级市面板数据的实证研究［J］. 中国工业经济，2012（6）：5—17.

②　魏玮，郑延平. 相关与无关多样化对地区经济发展的影响研究——基于省际面板数据的实证检验［J］. 统计与信息论坛，2013（10）：49—55.

③　孙晓华，郭旭，张荣佳. 产业集聚的地域模式及形成机制［J］. 财经科学，2015（3）：76—86.

素的影响而出现波动时，为了平抑这种波动，使经济重回平稳增长的轨道，政府往往通过政策的微调来进行逆向调节，因此，在分析产业的多样化特征对经济稳定的影响效应时，我们从经济的外向性和政府对经济的干预力度两方面选择控制变量。具体而言，我们用各城市的财政支出占本地区生产总值的比重（FSL）代表各城市的财政支出水平；用各城市的市辖区道路面积与该城市的行政区域面积之比，即城市道路建成比率（RD）代表各城市的基础设施水平；用各城市当年实际利用外资额与本地区生产总值的比值（FCL）反映该城市对区域外经济的依赖度；同时，基于地市级数据的可得性，我们仍用各城市的财政支出占本地区生产总值的比重（FSL）代表本地区政府对经济的干预力度。

综上，结合被解释变量和各解释变量之间的散点关系图，我们将模型Ⅰ、Ⅱ的具体表达式最终设计为如下的形式：

模型 Ⅰ ：$EG_{it} = \alpha_0 + \alpha_1 RV_{it} + \alpha_2 UV_{it} + \alpha_3 \ln FSL_{it} + \alpha_4 \ln RD_{it} + \mu_{it}$　　(6.4)

模型 Ⅱ ：$ES_{it} = \beta_0 + \beta_1 RV_{it} + \beta_2 UV_{it} + \beta_3 \ln FCL_{it} + \beta_4 FSL_{it} + \upsilon_{it}$　　(6.5)

6.2.4　模型的估计与检验

在估计和检验产业的相关与无关多样化对区域经济增长或经济稳定的影响时，目前国内外学者普遍采用普通面板数据模型。考虑到一国内部各地区之间人员、商品、资金的往来非常频繁，客观上存在一定的空间相关性，特别是京津冀地区，虽然其经济一体化水平不如长三角和珠三角，但是各城市之间仍存在广泛的经济联系，如果在估计模型时没有考虑这种空间相关性，那么所估计的模型结果很可能是有偏的，乃至是错误的。因此，为了揭示产业的多样化类型对京津冀经济增长和经济稳定的真实影响关系，我们选择建立空间面板数据模型。

1. 空间权重矩阵与空间相关性检验

无论进行空间相关性检验，还是建立空间面板数据模型，都需要选择合适的空间权重矩阵，但是恰好在这一点上不同的文献做法不尽一致。鉴于京津冀的城市分布不太均匀，以相邻与否为判断标准的位置矩阵无法全面地说明问题，因此，本项研究首先构建基于球面距离的地理空间权重矩阵，具体而言，通过测算，我们发现以 140 公里为辐射半径构建地理空间权重矩阵最为合理；然后计算考察期间各城市实际 GDP 占所有 13 个城市实际 GDP 之和的比重，并以其为对角元构成对角矩阵，以体现各城市经济实力的强弱；最后将二者相乘，得到最终的经济空间权重矩阵 W。这相当于既考虑了各城市之间空间距离的远近，又假定经济实力较强的城市对其他城市的影响力也较大，反之，影响力则较弱。

这里，我们采用 2003—2014 年京津冀 13 个城市的面板数据进行实证检验。利用上述经济空间权重矩阵检验样本数据的空间相关性，结果显示：模型Ⅰ的被解释变量（EG）的 Moran's I 值为 0.378715，对应的检验统计量 Z 值为 6.238333，P 值为 0.0000；模型Ⅱ的被解释变量（ES）的 Moran's I 值为 0.329573，对应的检验统计量 Z 值为 5.427286，P 值为 0.0000。这说明，京津冀各地市的经济增长（或经济稳定）之间确实存在显著的正向溢出效应，因此，建立空间面板数据模型是合理的。

2. 多重共线性的处理

通过观察，我们发现各个解释变量之间存在着错综复杂的相关关系（限于篇幅，从略），为了避免由于存在多重共线性而导致模型结果的不真实，本项研究借鉴 Klein 和 Ozmucur（2002）[1]、周国富和申博等（2015）[2] 等文献的处理方法，首先从各个解释变量中提取互不相干的主成分，并在考虑空间相关性的基础上构建空间面板主成分回归模型，然后根据该回归模型的回归系数及所提取主成分同原始解释变量之间的相关系数等信息，还原得到被解释变量同原始的各个解释变量之间真实的回归系数。

具体而言，我们先对模型Ⅰ的 4 个解释变量提取前 3 个主成分（记做 f1－f3），其累计方差贡献率为 84.11%；对模型Ⅱ的 4 个解释变量也提取前 3 个主成分（记做 F1－F3），其累计方差贡献率为 88.50%（见表 6.4）。同时，将模型Ⅰ和模型Ⅱ的被解释变量都进行正态标准化，以便与拥有正态标准化性质的主成分变量相匹配，用于下文的空间计量分析。

表 6.4　对模型Ⅰ和Ⅱ的解释变量分别提取的主成分

	模型Ⅰ				模型Ⅱ		
	f1	f2	f3		F1	F2	F3
RV	0.873	0.222	0.018	RV	−0.822	0.347	−0.117
UV	−0.093	0.116	0.977	UV	0.113	0.181	0.973
lnFSL	0.058	0.941	0.112	lnFCL	0.861	0.301	0.066
lnRD	−0.657	0.383	0.312	FSL	0.002	0.929	0.201

注：主成分 f1－f3 的累计方差贡献率为 84.11%；主成分 F1－F3 的累计方差率为 88.50%。

[1] L. R. Klein, S. Ozmucur. The Estimation of China's Economic Growth Rate [EB/0L]. ICAS Spring Symposium, No. 2002−0508−LRK.

[2] 周国富，申博，李瑶. 中国经济的真实收敛速度——基于模型方法的改进 [J]. 商业经济与管理，2015（1）：88−97.

3. 空间面板数据模型的选择

在确认存在空间相关性后，还需要确定采用何种空间面板数据模型。通过将模型Ⅰ、Ⅱ经正态标准化的被解释变量与对应的主成分变量相匹配，分别计算空间滞后面板模型和空间误差面板模型的拉格朗日乘子并对其进行稳健性检验，得到相应的检验结果如表6.5所示。

表 6.5　模型Ⅰ和Ⅱ的空间面板模型设定检验

模型	原假设	检验方法	统计值	P 值
模型Ⅰ （经济增长）	不存在空间滞后	LMSAR	27.2371	0.0000
		R−LMSAR	0.4243	0.5150
	不存在空间误差	LMERR	26.8733	0.0000
		R−LMERR	0.0605	0.8060
模型Ⅱ （经济稳定）	不存在空间滞后	LMSAR	25.0517	0.0000
		R−LMSAR	0.0230	0.8790
	不存在空间误差	LMERR	25.2581	0.0000
		R−LMERR	0.2294	0.6320

可以看出，对于模型Ⅰ而言，在1%的显著水平下，LMSAR与LMERR都通过了检验，而R−LMERR与R−LMSAR都未通过检验，但是R−LMSAR大于R−LMERR。对于模型Ⅱ，在1%的显著水平下，LMSAR与LMERR也都通过了检验，R−LMSAR与R−LMERR则未通过检验，但是R−LMSAR小于R−LMERR。因此，对于模型Ⅰ而言，应选择空间滞后面板模型；而对于模型Ⅱ而言，选择空间误差面板模型更为合适。

下面，进一步确定空间因素的影响是固定效应的还是随机效应的。从定性角度看，当样本是有限个体，且回归分析局限于这些特定的个体时，一般选取固定效应更加合适。从定量角度看（见表6.6），模型Ⅰ和Ⅱ的LR for FE检验和Hausman检验均拒绝原假设，说明固定效应模型更合适。因此，对于模型Ⅰ和Ⅱ，本项研究分别选择建立固定效应的空间滞后面板模型和固定效应的空间误差面板模型。

表 6.6　模型Ⅰ和Ⅱ的固定效应和随机效应检验

模型	检验方法	T 统计量	P 值
模型Ⅰ（经济增长）	LR for FE	70.3890	0.0000
	Hausman	−37.3539	0.0000

（续表）

模型	检验方法	T统计量	P值
模型Ⅱ（经济稳定）	LR for FE	160.8110	0.0000
	Hausman	−42.9982	0.0000

4. 空间面板数据模型的估计结果

首先，对模型Ⅰ标准化之后的 EG 和对应的 3 个主成分变量 f1－f3 建立固定效应的 SAR Panel 模型；然后，对模型Ⅱ标准化之后的 ES 和对应的 3 个主成分变量 F1－F3 建立固定效应的 SEM Panel 模型，具体结果见表 6.7。

表 6.7　模型Ⅰ和Ⅱ的空间面板主成分回归估计结果

	变量	系数	p 值
模型Ⅰ（SAR Panel）	f1	−0.4060	0.0372
	f2	−0.1944	0.0503
	f3	−0.0174	0.9428
	W * dep. var.	0.5470	0.0000
	R²	0.5738	
	变量	系数	p 值
模型Ⅱ（SEM Panel）	F1	−0.1095	0.4002
	F2	−0.2781	0.0477
	F3	−0.5415	0.0055
	spat. aut.	0.1920	0.0325
	R²	0.7071	

最后，根据表 6.4、表 6.7 和各主成分与标准化的各解释变量之间的相关系数矩阵以及各解释变量和被解释变量的标准差等信息，可还原得到模型Ⅰ和Ⅱ的被解释变量与各解释变量之间真实的回归系数。还原结果如表 6.8 所示。

表 6.8　由空间面板主成分回归还原得到的模型Ⅰ和Ⅱ的回归系数

	解释变量	还原之后的回归系数
模型Ⅰ（经济增长）	RV	−0.1254
	UV	−0.0055
	lnFSL	−0.0089
	lnRD	0.0038

（续表）

	解释变量	还原之后的回归系数
模型Ⅱ （经济稳定）	RV	−0.0038
	UV	−0.0300
	lnFCL	0.0002
	FSL	−0.0210

5. 模型结果的经济含义

（1）关于模型Ⅰ的经济含义。由表6.7可知，模型Ⅰ除第三个主成分（f3）没有通过显著性检验之外，其他两个主成分分别在5%和10%的显著性水平下通过了检验，而且系数为负。结合表6.4可知，f1主要与产业的相关多样化水平（RV）正相关，同时与基础设施变量（lnRD）负相关；f2主要与财政支出变量（lnFSL）正相关；而f3主要代表的是产业的无关多样化水平（UV）。这说明，尽管表6.8显示，京津冀地区产业的无关多样化（UV）对经济增长有负面影响，但是这种影响在统计上并不显著；而相关多样化（RV）对经济增长具有显著的抑制作用；财政支出（lnFSL）对经济增长也有显著的负面影响；而基础设施的改善（lnRD）则对经济增长有显著的正向促进作用。

需要指出的是，如前所述，众多学者（Hartog等，2012；Boschma等，2012；魏玮、郑延平，2013；孙晓华、郭旭等，2015）的结论是相关多样化对经济增长具有正向的促进作用，而本研究的结论刚好相反，京津冀地区的相关多样化（RV）对经济增长具有显著的抑制作用。我们认为，本研究所得到的这一分析结论同样是符合实际的，是合理的。因为京津冀地区是中国重要的钢铁基地，特别是河北省，其粗钢产量和钢材产量均居全国第一位，而围绕钢铁行业的发展，该地区又进一步发展了一大批上下游产业，所以客观来讲，京津冀地区产业的相关多样化实际上是一种以钢铁工业为主业的产业多样化，而且如表3.15所示，这种相关多样化程度在三地均呈上升的趋势。但是我们知道，近几年来中国经济下行的趋势明显，钢铁产能过剩的矛盾也日益突出，在这种大环境下，这种紧紧围绕钢铁工业发展起来的相关多样化必然拖累该地区的经济增长。

实际上，京津冀各地市的财政支出（lnFSL）对经济增长也存在显著的负面影响，和上面的道理是一样的。因为大型钢铁企业基本都是国有企业，产能过剩的产业也大多是国有企业所占比重较大的产业，但是前些年面对这样的国企效益下滑甚至连年亏损，各地方政府不但没有引导其去库存和化解过剩的产能，反而对其亏损给予了巨额的财政补贴，可想而知，政府财政对国有企业的这种过度补贴只会导致产能过剩的问题更加严重，更加不利于本地区的经济增长。

至于基础设施的改善（lnRD）对于经济增长有着正向的促进作用（见表6.8），也与预期一致，因为交通等基础设施的建设和完善无疑可以为地区经济的加速发展提供必要的物质基础。而且结合表6.4中该变量与主成分f1高度负相关，以及表6.7中f1对标准化的被解释变量（EG）的影响显著为负的事实，我们有理由相信这种正向影响也是显著的。

（2）关于模型Ⅱ的经济含义。表6.7显示，模型Ⅱ中的第一个主成分（F1）没有通过显著性检验，其他两个主成分分别在5%和1%的显著性水平下通过了检验，而且系数都为负，与反映经济波动的被解释变量（ES）呈反向关系。结合表6.4可知，F1主要与产业的相关多样化（RV）负相关，同时和经济外向度（lnFCL）高度正相关；F2主要代表的是财政支出水平（FSL），而且与其高度正相关；而F3主要代表的是产业的无关多样化（UV），而且与其高度正相关。可见，样本期间京津冀地区产业的相关多样化对经济稳定的作用不显著；类似地，经济外向度与地区经济波动虽表现为正向关系（见表6.8），但同样不显著，即一个地区的经济外向度越高，其越有可能受到外部环境的冲击，但是其也有可能通过全方位的对外开放化解一部分不利冲击，进而在经济外向度与经济波动之间并不存在显著的正向关系。而无关多样化（UV）对经济波动有显著的抑制作用，从而有利于地区的经济稳定，与前文的传导机制分析结论完全吻合。政府财政支出（FSL）对经济波动有显著的抑制作用，同样符合预期。

6.2.5 结论与政策建议

本节基于京津冀的产业集聚模式更突出地体现为多样化集聚，首先系统分析了产业的相关与无关多样化对经济增长和经济稳定可能的传导机制，然后通过建立空间面板数据模型实证检验了京津冀地区的传导路径属于何种类型。理论分析表明，不能笼统地说产业的相关或无关多样化有利于或不利于经济增长，而应当结合当时所处的外部经济环境来分析。当宏观经济形势较好时，产业的相关多样化有利于经济增长；而当宏观经济形势不好时，产业的相关多样化完全可能不利于经济增长。而无论宏观经济形势好坏，产业的无关多样化对经济增长的促进作用可能都不明显。与此一致，产业的相关多样化程度较高的地区其经济波动可能较大；而产业的无关多样化程度较高的地区其经济波动可能较小，经济运行更平稳。运用京津冀13个城市2003—2014年的面板数据进行实证检验的结果表明，样本期间京津冀地区产业的相关多样化对经济增长具有显著的抑制作用，我们认为这主要是因为该地区产业的相关多样化实际上是以钢铁工业为主业的相关多样化，而目前钢铁产能严重过剩，也就是近几年来不利的外部环境导致了京津冀地区产业的相关多样化对经济增长具有显著的抑制作用。显然，这一实证分析结论与前文关于传导机制的理论分析结论完全一致。实证检验结果同时表明，样本期间京津冀地区产业的无关多样化对经济波动有显著的抑制作用，也即对经济稳定发挥了重要作用，与前文的传导机制分析结论也保持一致。控制变量方面，样本期间京津冀各地市的财政支出虽然对经济稳定做出了贡献，但是对经济增长具有显著的抑制作用。我们认为，后者同样与产能过剩有关，也即政府财政对产能过剩进而连年亏损的国有企业给予补贴，进一步加剧了产能过剩的矛盾，这种财政支出显然不利于经济增长。至于交通等基础设施的改善对经济增长有显著的正向促进作用，经济外向度与经济波动之间表现为不显著的正向关系等实证分析结论，同样符合预期。

上述分析结论具有重要的启示意义。它启示我们，无论产业的相关多样化还是无关多样化，都是既有利也有弊的，而且与外部经济环境有关。在经济下行明显，钢铁、水泥、煤炭等产业产能明显过剩的大背景下，如果某个地区产业的高度相关多样化是以这些产业为主业的相关多样化，那么其"去库存"和化解过剩产能的压力会更大，措施也要更得力。特别是在这样的地区，政府尤其要慎用财政补贴手段，减少乃至停止对亏损国企的财政补贴，把有限的财政资源用于基础设施的改善、公共服务的提供或引导产能过剩产业的企业向新的产业转型上去。相反，对于某些无关多样化相对突出的地区，虽然在外部经济形势不利时其受到的冲击较小，但也要居安思危，着力培育本地区的主导产业和龙头企业，逐步延伸产业链，提升其产业的专业化和相关多样化水平，克服无关多样化对经济增长的不利影响。

6.3 京津冀行政壁垒的量化分析

改革开放以来，京津冀的一体化进程进展缓慢，受到了全社会的关注。正如我们在第1章的文献综述部分所看到的那样，很多学者认为，其中一个很重要的原因是京津冀长期行政分割，地区之间各自为政，行政壁垒突出。但是，这些认识主要停留于定性分析层面，缺乏实证检验。前面两节关于京津冀特有的产业集聚模式对其市场一体化和经济发展影响的实证研究，我们也还没有将行政壁垒作为重要的控制变量引入模型，显然这是不够的。而要将行政壁垒作为重要的控制变量引入模型，首先应实证检验京津冀地区的行政壁垒是否显著，并解决如何量化行政壁垒的问题。所以，本节拟对京津冀地区的行政壁垒做一个量化分析和评价。如果京津冀地区确实存在明显的行政壁垒，那么实证检验京津冀的产业集聚模式对其产业一体化进程的影响时，就需要将行政壁垒以控制变量的形式引入模型，将其影响考虑在内。

6.3.1　京津冀边界效应模型的构建

区域间的行政壁垒阻碍各种要素在区域间的有效流动，这种阻碍作用可用边界效应进行实证检验。因此，这里也通过构建边界效应模型来检验京津冀各地区间是否还存在着明显的行政壁垒。

McCallum（1995）[①] 是第一个利用重力模型[②]测算边界效应对国内和跨境贸易量影响的学者。在国内，李郇、徐现祥（2006）[③] 最早采用 Barro 回归方程，结合重力模型，检验了长江三角洲各城市间是否存在边界效应。下面，我们借鉴李郇、徐现祥（2006）的方法，构建京津冀行政边界效应模型，来检验京津冀各地区间是否也存在行政壁垒的影响。

一、基本模型

Barro 回归方程用于揭示不同经济体（比如各地市）的经济增长速度与其初始状态是否存在负相关的关系，也即经济体之间是否存在绝对收敛，具体形式如下：

$$g_{i,t,t+T} = \alpha_i + \beta_i ln(y_{i,t}) + \varepsilon_{i,t} \tag{6.6}$$

其中，$g_{i,t,t+T}$是经济体 i 从 t 期到 $t+T$ 期的平均增长速度；$y_{i,t}$是经济体 i 在 t 期的人均产出，一般用人均 GDP 衡量；α_i 为常数项，$\varepsilon_{i,t}$为残差。如果回归系数 $\beta_i < 0$，那么就说明不同经济体的经济增长速度与其初始状态存在负相关的关系，即经济体之间存在绝对收敛。

在式（6.6）的基础上进一步引入适当的控制变量，那么可进一步检验各经济体之间是否存在条件收敛，具体形式如下：

---

① 　McCallum J. National Borders Matter：Canada－U. S. Regional Trade Patterns [J]. American Economic Review，1995，85（3）：615－23.

② 　重力模型是在 20 世纪 40 年代由天文学家 James Q. Stewart 发展起来的。他认为社会科学能够利用物理学的方法分析变量间的关系，模仿牛顿重力公式提出了人口重力模型。后来，经过不断的修正和发展，重力模型在经济学领域已经有了广泛的应用。参见《新帕尔格雷夫经济学大辞典》，中文本，1992，Vol. 2，pp. 603－605。

③ 　李郇，徐现祥. 边界效应的测定方法及其在长江三角洲的应用 [J]. 地理研究，2006（5）：792－802.

$$g_{i,t,t+T} = \alpha_i + \beta_i ln(y_{i,t}) + \Psi_i X_{i,t} + \varepsilon_{i,t} \tag{6.7}$$

其中，$X_{i,t}$ 表示控制变量，Ψ_i 为对应的回归系数向量。

关于控制变量，我们在众多影响地方经济增长速度的因素中选择了如下两个有代表性的变量进行分析：一是人均公共财政支出（afis），代表政府财政支出水平；二是产业结构变化总值（ind），衡量产业结构变化速度。其中，关于产业结构变化总值，我们用不同时期的静态产业结构指标做差，得到一系列产业结构变化值，再将这些变化值的绝对值求和得到，即：

$$ind_{it} = \sum_{j} | x_{ij,t+T} - x_{ij,t} |$$

其中，x_{ij} 为经济体 i 第 j 产业的从业人员比重。于是，得到下式：

$$g_{i,t,t+T} = \alpha_0 + \alpha_1 ln(y_{i,t}) + \alpha_2 ln(afis_{i,t}) + \alpha_3 ln(ind_{i,t}) + \varepsilon_{i,t} \tag{6.8}$$

对于任意的两个经济体 m 和 n，由式（6.8）可得：

$$g_{m,t,t+T} - g_{n,t,t+T} = (\alpha_m - \alpha_n) + \alpha_1 ln\left(\frac{y_{m,t}}{y_{n,t}}\right) + \alpha_2 ln\left(\frac{afis_{m,t}}{afis_{n,t}}\right)$$

$$+ \alpha_3 ln\left(\frac{ind_{m,t}}{ind_{n,t}}\right) + (\varepsilon_{m,t} - \varepsilon_{n,t}) \tag{6.9}$$

由于 $g_{i,t,t+T} \approx (ln(y_{i,t+T}/y_{i,t}))/T$，如果我们将经济体 m 和 n 的各个变量之比记做 V^*，V 代表变量，比如 $y^* = y_m/y_n$，则式（6.9）可以整理为：

$$\frac{ln y_{t+T}^* - ln y_t^*}{T} = \alpha_0 + \alpha_1 ln y_t^* + \alpha_2 ln afis_t^* + \alpha_3 ln ind_t^* + \varepsilon_t \tag{6.10}$$

其中的 y_t^* 与 y_{t+T}^*，就本项研究而言，分别为京津冀地区两两地市之间 t 期与 $t+T$ 期人均 GDP 的比值。显然，被解释变量衡量从 t 期到 $t+T$ 期两两地市之间人均 GDP 相对差异的年均变化率。

下面，进一步考察"行政边界"对两两地市之间经济增长速度差异的影响。为度量边界效应，我们引入一个虚拟变量 dum。具体而言，dum 为对省界的度量，当对比的两个地市来自京津冀不同省市（跨省市比较）时，dum 的取值为 1；否则，dum 的取值为 0。于是，在式（6.10）的基础上，我们进一步得到下式：

$$\frac{ln y_{t+T}^* - ln y_t^*}{T} = \alpha_0 + \alpha_1 ln y_t^* + \alpha_2 ln afis_t^* + \alpha_3 ln ind_t^* + \alpha_4 dum + \varepsilon_t$$

$$\tag{6.11}$$

为了充分利用年度数据提供的样本信息，具体建模时我们将式（6.10）与（6.11）中的 T 取值为 1，同时令 $ragdp = ln y_{t+T}^* - ln y_t^*$，换言之，我们最终检验边界效应是否显著的计量模型如下所示：

$$ragdp = \alpha_0 + \alpha_1 \ln y_t^* + \alpha_2 \ln afis_t^* + \alpha_3 \ln ind_t^* + \alpha_4 dum + \varepsilon_t \qquad (6.12)$$

二、数据来源

本研究选取 2003—2016 年北京市、天津市以及河北省 11 个地级市的数据进行实证检验。所有基础数据，包括北京市、天津市以及河北省 11 个地级市历年的人均 GDP、地方公共财政支出、年平均人口数和各产业从业人员数等，均取自 2004—2017 年《中国城市统计年鉴》。

6.3.2 京津冀边界效应模型的估计

一、多重共线的处理

为了更加准确地估计京津冀的边界效应，我们首先采用方差比例法[①]对上述边界效应模型中的各个解释变量之间是否存在共线性进行了诊断（见表 6.9）。结果显示，上述边界效应模型的各个解释变量之间存在一定的共线性。

表 6.9　多重共线诊断结果

维数	特征值	条件索引	方差比例				
			（常量）	$\ln y^*$	lnafis	lnind	dum
1	3.132	1.000	0.03	0.02	0.01	0.00	0.01
2	1.027	1.746	0.03	0.00	0.00	0.89	0.00
3	0.546	2.396	0.85	0.01	0.02	0.10	0.02
4	0.239	3.623	0.03	0.52	0.00	0.00	0.25
5	0.056	7.457	0.05	0.46	0.98	0.00	0.71

资料来源：根据 2004—2017 年《中国城市统计年鉴》的相关数据计算而得。

为了避免由于存在多重共线性而导致模型结果的不真实问题，本项研究借鉴 Klein 和 Ozmucur（2002）[②]、周国富和申博等（2015）[③]、周国富和徐莹莹等（2016）[④] 的处理方法，首先从各个解释变量中提取互不相干的主成分，同时，将模型的被解释变量进行正态标准化，使其与拥有正态标准化性质的主成分变

[①] 利用方差比例诊断多重共线性的标准是：若方差比例大于 0.5，则存在多重共线性，特别地，若方差比例接近 1，则存在较严重的共线性；反之，若方差比例小于 0.5，则不存在多重共线性。

[②] Klein L. R., Özmucur S. The Estimation of China's Economic Growth Rate [J]. Journal of Economic & Social Measurement，2003，28 (4)：277－285.

[③] 周国富，申博，李瑶. 中国经济的真实收敛速度——基于模型方法的改进 [J]. 商业经济与管理，2015 (1)：88－97.

[④] 周国富，徐莹莹，高会珍. 产业多样化对京津冀经济发展的影响 [J]. 统计研究，2016 (12)：28－36.

量相匹配，建立主成分回归模型。然后，根据该回归模型的回归系数及所提取主成分同原始解释变量之间的相关系数等信息，还原得到被解释变量同原始的各个解释变量之间真实的回归系数。如表6.10所示，这里选取了前3个主成分 F_1-F_3，它们的累计方差贡献率达到97.99%。

表6.10　主成分提取结果

主成分	lny*	lnafis	lnind	dum
F_1	0.39	0.784	0.056	0.945
F_2	0.915	0.574	0.032	0.286
F_3	0.031	0.072	0.998	0.054

资料来源：根据2004—2017年《中国城市统计年鉴》的相关数据计算而得。

二、主成分面板回归模型的估计

在构建面板数据模型之前，应该先对模型的设定形式进行检验。经检验 F_1 = 0.3855 小于 $F_{0.05}$（231，702）= 1.1879，且 F_2 = 1.1317 小于 $F_{0.05}$（308，702）= 1.1692，故不拒绝原假设，这里应构建不变系数形式的面板模型。

下面，进一步采用 Hausman（1978）检验方法来判断是采用固定效应模型还是随机效应模型。结果显示，Hausman 检验统计量为258.2751，对应的P值为0.0000，小于0.05，说明适合采用固定效应模型的形式。

采用标准化之后的 ragdp 和对应的3个主成分变量建立不变系数的固定效应面板模型，结果见表6.11。

表6.11　主成分面板回归估计结果

变量	回归系数	P值
F_1	0.0349	0.0000
F_2	−0.0277	0.0000
F_3	0.0695	0.0000
R^2	0.9492	

三、还原得到的真实回归系数

最后，根据表6.11的主成分面板回归估计结果和各主成分与标准化的各解释变量之间的相关系数矩阵，以及各解释变量和被解释变量的标准差等信息，还原得到模型的被解释变量与各解释变量之间真实的回归系数，结果如表6.12所示。

表 6.12　还原得到的真实回归系数

解释变量	回归系数
lny*	−0.0080
lnafis	0.0010
lnind	0.0090
dum	0.0091

注：对应的被解释变量为 ragdp。

6.3.3　京津冀边界效应模型的结果分析

由表 6.10 可知，主成分 F_1 主要代表地方公共财政支出水平（lnafis）和边界效应（dum），主成分 F_2 主要代表初始经济发展水平（lny*），主成分 F_3 主要代表产业结构变化速度（lnind）。表 6.11 显示，三个主成分均在 5% 的显著性水平下通过检验，F_1 和 F_3 的回归系数为正，F_2 的回归系数为负。结合表 6.12，我们可以得出，京津冀各地市的公共财政支出水平、产业结构变化速度对其经济增长有显著的正向促进作用；而体现初始经济发展水平的 lny* 的回归系数显著为负，说明各地市的经济增长速度与其初始水平存在负相关的关系，存在条件收敛特征。

再来重点看表 6.12 中的边界效应变量 dum。dum 的回归系数大于 0，且其对应的主成分在 5% 的显著性水平下显著，可见在 2003—2016 年期间，京津冀地区存在显著的行政边界效应，也即存在一定的行政壁垒。这说明，尽管京津冀各地市之间的经济增长存在一定的条件收敛特征，但是行政壁垒对这种收敛过程有一定的阻碍作用。

6.3.4　京津冀行政壁垒的综合评价

一、行政壁垒评价指标的设定

通过前文的分析可知，京津冀地区各城市之间存在着边界效应，即存在一定的行政壁垒。那么，这种行政壁垒是在逐渐弱化，还是越来越严重了呢？显然，这涉及如何对行政壁垒进行量化和综合评价的问题。就我国现阶段而言，地区间的行政壁垒可能更突出地通过地区间基础设施水平和基本公共服务的悬殊差距表现出来。因为基础设施投资和财政对基本公共服务的支出主要由各地方政府决定，当存在较严重的行政壁垒时，各地区对基础设施的投资、提供的基本公共服务必然存在较大的差距，如果各地区间的基础设施水平、基本公共服务差距较大，那么就可以间接认定它们之间的行政壁垒较为突出。同时，各地方政府税费和财政补贴力度不同,导致各地区的经济发展快慢不一,对各地区的居民可支配收入水平也有直接影响,那么当各地区的经济发展水平或居民可支配收入水平差距较大时,也可以间接认定各地之间的行政壁垒较大。因此,本项研究选用两两地市间的基础设施水平差距、基本公共服务差距和经济发展水平差距来衡量京津冀各地市之间的行政壁垒强度。具体而言,分别采用公路密度差距、人均财政支出差距和人均可支配收入差距①来代表基础设施水平差距、基本公共服务差距和经济发展水平差距。

公路密度为各地区公路里程数与该地区的行政区划面积数之比,公路密度越大,可以认为该区域的基础设施水平越高;反之,基础设施水平就越低。因此,这里选择公路密度差距来衡量基础设施水平差距。具体而言,用京津冀某地市的公路密度与除去该地市的京津冀其他所有城市的公路密度的均值之比来表示基础设施水平的差距:

$$公路密度差距 = \frac{某地市公路里程/该地市行政区划面积}{其他地市公路里程之和/其他地市行政区划面积之和}$$

(6.13)

显然,这个比值偏离 1 越远(大于 1 或小于 1),说明该地市的基础设施水平与京津冀其他地市的差距愈大,各地市间的行政壁垒也就愈高,政策一体化程度愈低;反之,这个比值越接近 1,说明该地市的基础设施水平与其他地市的差距越小,各地市间的行政壁垒越低。所以,它是一个衡量各地市基础设施水平差距的适度指标,且适度值为 1。

类似地,人均财政支出为各地区公共财政支出额与该地区的年平均人口数之比,人均财政支出越多,可以认为该地区的基本公共服务水平越高;反之,该地区的基本公共服务水平就越低。这里用京津冀某地市消除价格因素影响后的人均财政支出与除该地市之外的京津冀其他所有地市这一指标的均值之比来衡量该地市与其他地市的人均财政支出差距:

$$人均财政支出差距 = \frac{某地市财政支出/该地市年平均人口数}{其他地市财政支出之和/其他地市年平均人口数之和}$$

(6.14)

---

① 理论上讲,用人均地区生产总值(也即人均 GDP)衡量各地区的经济发展水平应该更全面,但是由于我国长期以来针对地方政府官员的政绩考核机制过于关注 GDP 和 GDP 增长速度,导致这方面的数据质量备受质疑。而与此形成对比,居民人均可支配收入的数据质量相对更真实可靠一些。因此,为慎重起见,这里采用京津冀各地市之间的居民人均可支配收入差距来衡量京津冀各地市之间的经济发展水平差距。

显然，这个比值偏离 1 越远（大于 1 或小于 1），说明该地市与京津冀其他地市间的基本公共服务水平差距越大，各地市间的行政壁垒也就越高，政策一体化程度越低；反之，这个比值越接近 1，说明该地市的基本公共服务水平与其他地市的差距越小，各地市间的行政壁垒越低。所以，它也是一个衡量各地市基本公共服务水平差距的适度指标，且适度值为 1。

某地市的人均可支配收入越多，可以认为该地市的经济发展水平越高；反之，其经济发展水平就越低。这里用京津冀某地市消除价格因素影响后的人均可支配收入与除该地市之外的京津冀其他所有地市的这一指标的均值之比来衡量该地市与其他地市的人均可支配收入差距：

$$
人均可支配收入差距 = \frac{人均可支配收入_i}{\dfrac{\sum\limits_{j=1, j\neq i} 人均可支配收入_j \times 年平均常住人口数_j}{\sum\limits_{j=1, j\neq i} 年平均常住人口数_j}}
$$

$$(6.15)$$

式中，i 和 j 表示京津冀不同的地市，分母为除地市 i 之外的其他地市人均可支配收入的均值。同样地，这个比值偏离 1 越远（大于 1 或小于 1），说明该地市与京津冀其他地市间的经济发展水平差距越大，各地市间的行政壁垒也就越高，政策一体化程度越低；反之，这个比值越接近 1，说明该地市的经济发展水平与其他地市的差距越小，各地市间的行政壁垒越低。所以，它也是一个衡量各地市经济发展水平差距的适度指标，且适度值为 1。

二、评价指标的正向化处理

由上文可知，公路密度差距、人均财政支出差距和人均可支配收入差距三个指标太大或太小都说明该地市与其他地市的平均水平差异较大，均属于反映行政壁垒的适度指标，因此，还需要进行正向化处理。对于这种适度值为 1 且没有负值的适度指标，本项研究采取的正向化处理方法是"将其先取对数，再取绝对值"，具体参见 4.2.3 节。按这种方法正向化处理所得结果，其值越接近 0，表示差异越小，行政壁垒越低；反之，其值越大，表示差异越大，行政壁垒越高。

三、京津冀行政壁垒综合评价指数分析

同 4.2.3 节的处理方式一致，这里先利用功效系数法计算京津冀 13 个地市各年每个指标的功效得分；然后根据变异系数法所得各评价指标的权重（见表 6.13 最后一行），对每个指标的功效得分进行加权算术平均，得到京津冀各地市历年行政壁垒的综合评价结果；最后将京津冀各地市历年行政壁垒的综合评价

结果简单算术平均，得到京津冀 13 个地市每年的行政壁垒综合评价指数，见表
6.13 最后一列。同时，为观察京津冀行政壁垒的具体表现，我们还对京津冀 13
个地市各年每个指标的功效得分进行简单算术平均，得到每年每个指标的平均
得分，见表 6.13 的前 3 列。

表 6.13 京津冀行政壁垒各评价指标的权重、功效得分及综合评价指数

年份	基本公共服务差距综合指数	基础设施差距综合指数	经济发展水平差距综合指数	行政壁垒综合指数
2003	98.46	74.61	81.59	85.68
2004	98.13	74.88	81.65	85.66
2005	96.42	73.87	82.51	85.01
2006	96.21	71.69	82.86	84.39
2007	95.98	71.98	83.15	84.48
2008	94.84	72.08	83.23	84.12
2009	94.48	72.55	83.45	84.20
2010	92.89	72.60	83.00	83.49
2011	92.38	73.07	82.01	83.12
2012	92.12	73.24	81.36	82.86
2013	93.70	73.12	77.41	82.10
2014	93.98	73.70	77.09	82.28
2015	93.79	73.18	78.29	82.44
2016	95.12	73.19	77.95	82.83
权重	0.37	0.30	0.33	1

资料来源：根据 2004—2017 年《中国城市统计年鉴》《北京统计年鉴》《天津统计年鉴》和《河北
经济年鉴》的相关数据计算而得。

从表 6.13 可知，2003—2016 年京津冀各地市间的行政壁垒综合指数在
82.10—85.68 之间取值。其中，基本公共服务差距综合指数高于行政壁垒综合
指数，而经济发展水平差距综合指数和基础设施差距综合指数则低于行政壁垒
综合指数。这说明，京津冀各地市间的行政壁垒更突出地体现在以公共财政支
出为代表的基本公共服务的悬殊差距上。同时，观察行政壁垒综合指数的变化
趋势可以发现，京津冀各地市间的行政壁垒呈缓慢下降的趋势，个别年份甚至
有所反复。这也说明，长期以来京津冀各地市间的行政壁垒未得到实质性的消
减，个别年份甚至有所加强。

6.4 京津冀产业集聚模式、行政壁垒对产业一体化的影响：基于 SEM 模型

通过上文分析可知，产业集聚主要有专业化集聚和多样化集聚两种类型，后者又可分为相关多样化和无关多样化。具体到京津冀地区，13 个地市都表现为产业的无关多样化水平高于其相关多样化水平，而产业的专业化程度较低。而产业一体化是一个动态的过程，可以从区域内各地区间的贸易联系紧密程度和产业分工程度去衡量。通过从产品市场和要素市场两方面去衡量地区间的市场一体化水平进而间接衡量地区间的贸易联系是否紧密，以及采用区域分工指数衡量地区间的产业分工程度，共同构成产业一体化的综合评价体系，我们发现，在 2003—2015 年期间京津冀的产业一体化程度整体表现为"先在波动中下降、然后缓慢上行"的走势，转折点为 2006 年，其薄弱环节表现在要素市场一体化程度不高，产品市场一体化波动明显，且产业分工程度偏低。此外，上一节的分析表明，京津冀地区确实存在一定的行政壁垒，尽管呈缓慢下降的趋势，但个别年份仍有反复。那么，在京津冀特殊的产业集聚模式和产业一体化水平之间究竟存在怎样的影响机制？京津冀各地市间的行政壁垒对其产业一体化进程又产生了怎样的影响？考虑到无论各种产业集聚模式，还是产业一体化的各子要素，还是行政壁垒，都难以直接量化，我们都是通过若干代理变量间接衡量的，从其性质来讲都属于"潜变量"，而且不同的产业集聚模式和产业一体化的各子要素之间，以及行政壁垒与产业一体化的各子要素之间可能存在错综复杂的影响关系和传导路径，传统的统计方法难以揭示这种多变量间的交互关系。鉴于此，本节拟通过构造结构方程模型实证检验京津冀产业集聚模式对其产业一体化的影响效应，同时将行政壁垒作为控制变量引入模型。

6.4.1 结构方程模型 (SEM) 简介

一、结构方程模型的特点

结构方程模型（Structural Equation Modeling，简记为 SEM）最早由瑞典统计学家卡尔·约尔斯科（Karl Joreskog）和达格·索邦（Dag Sorbom）于 20 世纪 60 年代末提出。结构方程模型由结构模型和测量模型两部分组成，其基本形式如下：

结构模型：$\eta = B\eta + \Gamma\xi + \zeta$

测量模型：$\begin{cases} X = \Lambda_x \xi + \delta \\ Y = \Lambda_y \eta + \varepsilon \end{cases}$

其中 η 是内生潜变量；ξ 是外生潜变量；ζ 是随机干扰项；B 是内生潜变量的系数矩阵，反映内生潜变量之间的关系；Γ 是外生潜变量的系数矩阵，反映外生潜变量对内生潜变量的影响；X 是外生潜变量的观测变量（也称为可测变量或观测指标），Y 是内生潜变量的观测变量；δ 是 X 的测量误差；ε 是 Y 的测量误差；Λ_x 和 Λ_y 分别是 X 在 ξ 上的因子载荷矩阵和 Y 在 η 上的因子载荷矩阵。可见，结构模型用于反映不可观测的潜变量之间的因果关系；而测量模型则将每个不可观测的潜变量与若干个可测变量联系了起来，通过若干可测变量来间接反映每个不可观测的潜变量。虽然人们主要关注的是结构模型中潜变量之间的因果关系，但是对于一个完整的 SEM 模型而言，测量模型同样必不可少，结构模型和测量模型一起构成一个有机整体。

二、结构方程模型的评价

对于结构方程模型的估计，大多采用最大似然估计法（ML）、未加权最小二乘法（ULS）和广义最小二乘法（GLS），其中又以最大似然估计最为常见。估计得到模型参数之后，需要结合经济含义判断参数的符号是否合理，以及模型整体的拟合程度（适配度）是否优良。如果发现理论模型与实际数据拟合程度不好，就需要根据模型修正指标给出的提示对模型进行修正，直到满意为止。

在已有的研究中，学者们给出了许多模型适配度指标对结构方程模型的适配度进行判断。其中，卡方值（χ^2）越小代表结构方程整体的因果路径图与实际资料越适配，一个不显著（$P > 0.05$）的 χ^2 表明二者不一致的可能性较小，但是 χ^2 受样本量大小的影响非常大，样本量越大，则 χ^2 越真实，关于模型适配度的检验结论越可靠，相反，如果样本量偏小，那么模型整体适配与否需再考虑其他的适配指标。比如，残差均方和平方根（RMR）愈小代表结构方程的适配度愈佳，一般而言，RMR 的值小于 0.05（较宽松的规定值是 0.08）时，模型是可接受的适配模型。GFI 为良适性适配指标，其数值介于 0—1 间，其值越接近 1，表示模型的适配度越佳，若 GFI 在 0.9 之上，则说明模型契合度十分完美；反之，则表示模型的适配度越差。同样地，比较适配指数（CFI）也介于 0 与 1 之间，愈接近 1 表示模型适配度愈佳，若 CFI 大于 0.9，则说明模型契合度十分完美，同时，CFI 即使在小样本情况下也十分稳定①。因此，受样本容量大

---

① Bentler P. M. EQS：Structural equations program manual [M]. Encino, CA：Multivariate Software Inc, 2006：337—364.

小的影响，在判别模型是否可以接受时，最好参考多个适配度指标，进行综合判断。

此外，一般来讲，结构方程模型处理的是整体模型的比较问题，因此，人们大多仅关注模型整体的拟合程度及其显著性。但是，就本研究的研究重点来讲，我们更关注在行政壁垒的外生作用下，京津冀地区产业集聚的各种模式对产业一体化各子要素以及产业一体化总体水平的影响方向及作用路径，也就是我们更关注潜变量之间的影响路径及影响效应的显著性，而模型整体的适配度不是本项研究关注的重点。

6.4.2　结构方程模型的变量

根据产业集聚模式和产业一体化的内涵，在上文分析的基础之上，本节采用表 6.14 中所列的各项指标分析产业集聚模式对产业一体化水平及其各要素的影响。

需要强调的是，一般而言，利用调查问卷构建结构方程模型之前，需要对调查问卷的信度和效度进行检查。但是本项研究在构建结构方程模型之前，并未做信度检验，因为本项研究所采用的样本数据均为官方统计的地区层面的汇总数据，不同于问卷调查数据，其数据的可信度有保障。

表 6.14　结构方程模型各观测变量及潜变量符号说明

潜变量		观测变量		指标说明
ξ: 产业 集聚	$\xi 1$：相关多样化	$x1$	相关多样化指数（就业）	基于就业数据
		$x2$	相关多样化指数（产值）	基于产值数据
	$\xi 2$：无关多样化	$x3$	无关多样化指数（就业）	基于就业数据
		$x4$	无关多样化指数（产值）	基于产值数据
	$\xi 3$：专业化	$x5$	专业化指数（就业）	基于就业数据
		$x6$	专业化指数（产值）	基于产值数据
$\xi 4$：行政壁垒		$x7$	人均财政支出差距	反映基本公共服务方面的差异
		$x8$	公路密度差距	反映基础设施水平方面的差异
		$x9$	人均可支配收入差距	反映经济发展水平方面的差异
η: 产业 一体化	$\eta 1$：市场一体化	$y1$	工资水平差异	衡量要素市场一体化的逆指标
		$y2$	相对价格方差	衡量产品市场一体化的逆指标
	$\eta 2$：产业分工	$y3$	产业分工指数（就业）	基于就业数据
		$y4$	产业分工指数（产值）	基于产值数据

6.4.3 结构方程模型的构建与结果分析

下面，根据表 6.14 中列出的观测变量和潜变量，利用 AMOS 软件，分别分析在行政壁垒的外生作用下，京津冀地区产业集聚的各种模式对产业一体化各子要素以及产业一体化总体水平的影响方向及作用路径。

一、相关多样化、无关多样化、专业化集聚与行政壁垒对市场一体化的影响

1. 模型估计结果

为方便起见，我们把实证检验产业的相关多样化、无关多样化、专业化集聚与行政壁垒对市场一体化的影响的结构方程模型简称为"模型 I"。图 6.2 是相关多样化、无关多样化、专业化与行政壁垒对市场一体化影响的标准化路径图，可以看到，在样本期间，京津冀地区产业的相关多样化（ξ1）与行政壁垒（ξ4）对市场一体化（η1）有负向的影响作用，产业的无关多样化（ξ2）和专业化集聚（ξ3）对市场一体化（η1）有正向的影响作用。

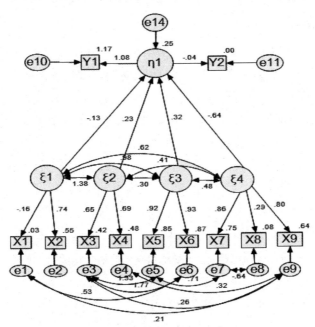

图 6.2　相关多样化、无关多样化、专业化与行政壁垒
对市场一体化影响的标准化路径图

表 6.15 进一步给出了潜变量与潜变量之间的影响路径系数及影响效应的显著性。由表 6.15 可知，相关多样化、无关多样化、专业化集聚与行政壁垒对市

场一体化的标准化路径系数分别为-0.126、0.229、0.324和-0.641。其中，相关多样化对应的 T 值为-1.863，P 值为0.062；行政壁垒对应的 T 值为-7.432，P 值小于0.001；无关多样化与专业化对应的 T 值分别为3.457和4.186，P 值均小于0.001。可见，京津冀地区产业相关多样化（$\xi1$）与行政壁垒（$\xi4$）对市场一体化（$\eta1$）均有显著的负向影响作用，而产业无关多样化（$\xi2$）与专业化（$\xi3$）对市场一体化（$\eta1$）产生了显著的正向影响作用。

表6.15 模型Ⅰ潜变量之间的影响路径及影响效应的显著性

影响路径	非标准化路径系数	标准化路径系数	T检验值	p 值	是否通过显著性检验
相关多样化 $\xi1\rightarrow$ 市场一体化 $\eta1$	-1.406	-0.126	-1.863	0.062	是
无关多样化 $\xi2\rightarrow$ 市场一体化 $\eta1$	3.720	0.229	3.457	＊＊＊	是
专业化 $\xi3\rightarrow$ 市场一体化 $\eta1$	2.264	0.324	4.186	＊＊＊	是
行政壁垒 $\xi4\rightarrow$ 市场一体化 $\eta1$	-3.311	-0.641	-7.432	＊＊＊	是

注：根据 AMOS18 估计结果编制。"＊＊＊"的意思指 p 值小于0.001。

2. 模型拟合优度评价

模型Ⅰ中的 χ^2 在自由度为26时，数值145.345，其对应的 P 值为0.000，表示在0.01的显著性水平下，拒绝"数据与理论模型拟合良好"的原假设。但是，RMR 的值为0.080，GFI 的值为0.878，CFI 的值为0.898，GFI 和 CFI 都近似于0.9，说明虽然 χ^2 指标不佳，但是其他适配指标显示的模型适配度较好，整体的适配度在可接受范围内。

二、相关多样化、无关多样化、专业化集聚与行政壁垒对产业分工的影响

1. 模型估计结果

同样地，我们把实证检验相关多样化、无关多样化、专业化与行政壁垒对产业分工的影响的结构方程模型简称为模型Ⅱ。由图6.3可知，京津冀地区产业相关多样化（$\xi1$）、无关多样化（$\xi2$）和行政壁垒（$\xi4$）不利于区域的产业分工（$\eta2$），但是产业的专业化集聚（$\xi3$）促进了区域的产业分工（$\eta2$）。

进一步结合表6.16可知，相关多样化、无关多样化、专业化集聚与行政壁垒对产业分工的标准化路径系数分别为-0.551、-0.652、0.276和-0.012。其中，相关多样化、无关多样化与行政壁垒对应的 T 值分别为-2.128、-1.768和-0.140，P 值分别为0.033、0.077和0.889；专业化对应的 T 值为5.401，P 值小于0.001。可见，京津冀地区产业的相关多样化（$\xi1$）与无关多样化（$\xi2$）对于区域产业分工（$\eta2$）的负面影响是显著的，而行政壁垒（$\xi4$）对

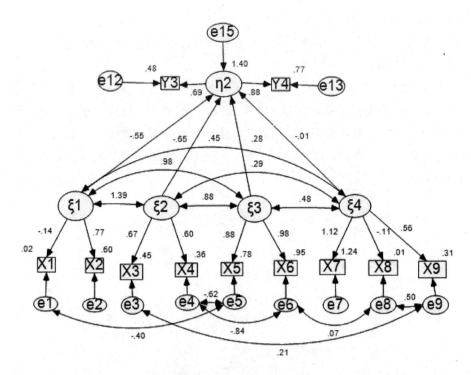

**图 6.3 相关多样化、无关多样化、专业化与行政壁垒
对产业分工影响的标准化路径图**

区域产业分工（$\eta2$）的阻碍作用不显著，专业化集聚（$\xi3$）显著地促进了区域的产业分工（$\eta2$）。

表 6.16 模型 II 潜变量之间的影响路径及影响效应的显著性

影响路径	非标准化路径系数	标准化路径系数	T 检验值	p 值	是否通过显著性检验
相关多样化 $\xi1$→产业分工 $\eta2$	−0.389	−0.551	−2.128	0.033	是
无关多样化 $\xi2$→产业分工 $\eta2$	−0.814	−0.652	−1.768	0.077	是
专业化 $\xi3$→产业分工 $\eta2$	0.905	0.276	5.401	* * *	是
行政壁垒 $\xi4$→产业分工 $\eta2$	−0.006	−0.012	−0.140	0.889	否

注：根据 AMOS18 估计结果编制。"＊＊＊"的意思指 p 值小于 0.001。

2. 模型拟合优度评价

模型 II 中的 χ^2 在自由度为 28 时，数值为 304.835，其对应的 P 值为 0.000，表示在 0.01 的显著性水平下，拒绝"数据与理论模型拟合良好"的原假设。但是，RMR 的值为 0.008，GFI 的值为 0.795，CFI 的值为 0.826，说明模型的整体适配度虽然不十分完美，但是尚可接受。

三、相关多样化、无关多样化、专业化与行政壁垒对产业一体化的影响

1. 模型估计结果

我们把反映相关多样化、无关多样化、专业化与行政壁垒对产业一体化的影响的结构方程模型简称为模型Ⅲ。从图 6.4 可以看出，就对产业一体化整体的影响作用而言，京津冀产业的相关多样化（$\xi1$）、无关多样化（$\xi2$）与行政壁垒（$\xi4$）阻碍了产业一体化（η）的发展，产业的专业化（$\xi3$）则促进了产业一体化（η）。

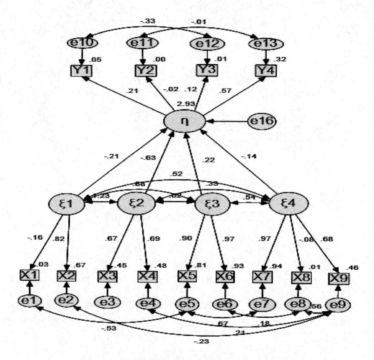

**图 6.4　相关多样化、无关多样化、专业化与行政壁垒
对产业一体化影响的标准化路径图**

由表 6.17 可知，相关多样化、无关多样化、专业化集聚与行政壁垒对产业一体化的标准化路径系数分别为 -0.207、-0.630、0.222 和 -0.135。其中，相关多样化与行政壁垒对应的 T 值分别为 -1.499 和 -2.110，P 值分别为 0.134 和 0.035；无关多样化对应的 T 值为 -4.135，P 值小于 0.001；专业化集聚对应的 T 值为 5.703，P 值也小于 0.001。可见，产业的相关多样化集聚（$\xi1$）对产业一体化（η）有不显著的负向影响效应；产业的无关多样化集聚（$\xi2$）与行政壁垒（$\xi4$）对产业一体化（η）有显著的负向影响效应；而产业的专

业化集聚（$\xi3$）对产业一体化（η）有显著的正向影响效应。

表 6.17　模型Ⅲ潜变量之间的影响路径及影响效应的显著性

影响路径	非标准化路径系数	标准化路径系数	T 检验值	p 值	是否通过显著性检验
相关多样化 $\xi1$→产业一体化 η	−0.413	−0.207	−1.499	0.134	否
无关多样化 $\xi2$→产业一体化 η	−2.072	−0.630	−4.135	＊＊＊	是
专业化 $\xi3$→产业一体化 η	2.855	0.222	5.703	＊＊＊	是
行政壁垒 $\xi4$→产业一体化 η	−0.157	−0.135	−2.110	0.035	是

2. 模型拟合优度评价

模型Ⅲ中的 χ^2 在自由度为 47 时，数值为 572.934，其对应的 P 值为 0.000，表示在 0.01 的显著性水平下，拒绝"数据与理论模型拟合良好"的原假设。但是，RMR 的值为 0.082，GFI 的值为 0.724，CFI 的值为 0.720，说明虽然与模型Ⅰ和模型Ⅱ相比，模型Ⅲ的整体适配度较低，但尚可接受。

进一步地，表 6.18 是根据模型Ⅰ、Ⅱ与Ⅲ的结果整理而得的，在行政壁垒的外生作用下，京津冀地区产业集聚的各种模式对产业一体化各子要素以及一体化总体水平的作用方向。其中"（−）"表示路径系数为负值且不显著，"（＋）"表示路径系数为正且不显著，"（−显）"表示路径系数为负且显著，"（＋显）"表示路径系数为正且显著。

表 6.18　各个结构方程模型结果整理

路径	模型Ⅰ	模型Ⅱ	模型Ⅲ
$\xi1$→$\eta1$	（−显）		
$\xi2$→$\eta1$	（＋显）		
$\xi3$→$\eta1$	（＋显）		
$\xi4$→$\eta1$	（−显）		
$\xi1$→$\eta2$		（−显）	
$\xi2$→$\eta2$		（−显）	
$\xi3$→$\eta2$		（＋显）	
$\xi4$→$\eta2$		（−）	
$\xi1$→η			（−）
$\xi2$→η			（−显）
$\xi3$→η			（＋显）
$\xi4$→η			（−显）

表 6.18 的汇总结果表明,京津冀地区产业相关多样化对产业一体化有不显著的阻碍作用,是因为产业相关多样化对产业一体化的两个子要素(市场一体化和产业分工)都有显著的阻碍作用;京津冀地区产业无关多样化对产业一体化有显著的阻碍作用,则是因为产业无关多样化对产业分工显著的阻碍作用超过了它对市场一体化的显著促进作用;而京津冀地区产业专业化对产业一体化发挥着显著的促进作用,则是因为它对市场一体化和产业分工都有显著的促进作用;而行政壁垒对产业一体化的阻碍作用显著,是因为它对产业一体化两个子要素均有阻碍作用,且对市场一体化的阻碍作用显著。这与上文的分析结论一致。

6.5 本章小结

鉴于市场一体化是产业一体化的前提和基础,本章首先讨论了产业的多样化和专业化对区域市场一体化进程可能的影响机制,并采用普通面板模型对京津冀特有的产业集聚模式对其市场一体化的影响进行了实证检验。然后,在传导机制分析的基础上,采用空间面板模型,对京津冀特有的产业集聚模式对其经济发展的影响进行了实证检验。但是,前两节的分析都没有考虑京津冀地区的行政壁垒及其可能存在的影响,结果不一定真实。为此,我们通过构建边界效应模型对京津冀地区是否存在显著的行政边界效应进行了实证检验,得到的结论是京津冀之间存在一定的行政壁垒;在此基础上,进一步讨论了如何间接衡量行政壁垒。最后,以第 3、4 章对京津冀的产业集聚模式和产业一体化的测度指标为基础,并将行政壁垒作为重要的控制变量,通过构建结构方程模型,分析了产业集聚的各种模式对产业一体化的各子要素和总体水平的影响,归纳出京津冀的产业集聚模式对京津冀产业一体化的影响方向和路径。结果表明:

1. 如果既不考虑空间相关性,也不考虑行政壁垒的潜在影响,那么由于京津冀三省市的产业集聚模式更突出地表现为无关多样化和低水平专业化,使其市场一体化进程受到了明显的负面影响。

2. 不能笼统地说产业的相关或无关多样化有利于或不利于经济增长,而应当结合当时所处的外部经济环境来分析。当宏观经济形势较好时,产业的相关多样化有利于经济增长;而当宏观经济形势不好时,产业的相关多样化完全可能不利于经济增长。而无论宏观经济形势好坏,产业的无关多样化对经济增长的促进作用可能都不明显。与此一致,产业的相关多样化程度较高的地区其经济波动可能较大；而产业的无关多样化程度较高的地区其经济波动可能较小，经济运行更平稳。

3. 如果考虑空间相关性，但不考虑行政壁垒的潜在影响，那么估计的空间面板模型结果表明，京津冀地区产业的相关多样化对经济增长具有显著的抑制作用，无关多样化对经济波动有显著的抑制作用。

4. 通过构建边界效应模型发现，京津冀地区存在显著的行政边界效应，也即存在一定的行政壁垒。而且，通过从基础设施水平差距、基本公共服务差距和经济发展水平差距三方面间接衡量行政壁垒发现，京津冀各地市间的行政壁垒更突出地体现在以公共财政支出为代表的基本公共服务的悬殊差距上；京津冀各地市间的行政壁垒呈缓慢下降的趋势，个别年份甚至有所反复。

5. 通过考虑行政壁垒的潜在影响，构建结构方程模型发现，京津冀地区产业相关多样化与行政壁垒对市场一体化有显著的负面影响，产业无关多样化和专业化集聚对京津冀地区市场一体化有显著的促进作用。京津冀地区产业相关多样化、无关多样化和行政壁垒对区域产业分工有负面影响，产业的专业化集聚对产业分工有正面影响，但只有行政壁垒对区域分工的影响效应是不显著的。京津冀产业的相关多样化对产业一体化的发展有不显著的阻碍作用，无关多样化与行政壁垒对产业一体化的发展有显著的阻碍作用，产业的专业化集聚则对产业一体化的进程有显著的促进作用。上述几方面的因素综合作用，最终导致了京津冀产业一体化的进程缓慢。

第 7 章

京津冀雾霾治理与产业协同发展：
基于高技术制造业的视角

7.1 问题背景与研究现状[①]

2015 年 4 月 30 日，中央政治局会议审议通过的《京津冀协同发展规划纲要》指出，环境问题可作为京津冀协同发展的突破口之一。之所以有此共识，是因为近年来京津冀地区的雾霾污染问题愈发严重；而且相关研究表明，京津冀地区的雾霾污染不仅存在较强的持续性，而且存在空间溢出效应，简单的产业转移并不能解决京津冀地区的雾霾污染问题（潘慧峰等，2015）[②]。要有效治理京津冀地区的雾霾天气，必须走低碳发展道路，且根本途径是促进产业结构升级（胡春力，2011[③]；潘慧峰等，2015[④]）。

那么，应如何促进产业结构升级，发展低碳经济？我们认为，大力发展高技术制造业，既可增强我国自主创新能力、促进传统产业改造升级（王敏、辜胜阻，2015）[⑤]，与《中国制造 2025》[⑥] 所拟定的"三步走"战略目标相吻合，又与发展低碳经济的要求高度契合，有利于推动产业向低碳化转型，促进低碳

---

① 这里的有关文字表述已作为阶段性成果公开发表。参阅：周国富，李妍，刘晓丹. 高技术制造业对大气污染物减排的贡献度——以天津为例 [J]. 软科学，2017（11）：6－10；李妍. 天津市高技术制造业的产业关联特征及其环境效应分析 [D]. 天津：天津财经大学，2017.

② 潘慧峰，王鑫，张书宇. 雾霾污染的持续性及空间溢出效应分析——来自京津冀地区的证据 [J]. 中国软科学，2015（12）：134－143.

③ 胡春力. 实现低碳发展的根本途径是产业结构升级 [J]. 开放导报，2011（4）：23－26.

④ 潘慧峰，王鑫，张书宇. 雾霾污染的持续性及空间溢出效应分析——来自京津冀地区的证据 [J]. 中国软科学，2015（12）：134－143.

⑤ 王敏，辜胜阻. 我国高技术产业的关联效应研究 [J]. 软科学，2015（10）：1－5.

⑥ 国务院关于印发《中国制造 2025》的通知（国发〔2015〕28 号）.

经济向纵深发展（覃卫国，2011）①。

但是，目前国内关注高技术产业对大气环境污染的文献还不多见（张婷，2000②；夏太寿，2005③），将高技术制造业与低碳经济联系起来的定量研究更为少见（王志亮，王玉洁，2015）④，而且多数关于低碳经济的研究仍停留在关于温室气体二氧化碳排放量的测算和分析层面，没有将其扩展到雾霾的成因和有效治理这一更具现实意义的广义低碳经济层面（贺俊、范琳琳，2014）⑤。

鉴于此，本章拟基于广义的低碳经济视角，在恰当界定高技术制造业的基础上，首先对京津冀高技术制造业的产业关联效应做一个系统分析；然后以天津为例，采用 SDA 结构分解技术对各产业部门在消耗能源过程中排放的二氧化硫（SO_2）、氮氧化物（NO_x）和细颗粒物（PM2.5 一次源）等大气污染物做一个结构分解分析，并据此测算高技术制造业对这些污染物"减排"的贡献度，揭示哪些高技术制造业对节能减排和雾霾治理的贡献度较高，哪些高技术制造业的潜力还有待挖掘，最后提出具有一定针对性的政策建议。

7.2　关于中国高技术制造业的统计范围⑥

我国经济在经历了 30 多年的高速增长之后，目前正处于从高速增长转为中高速增长的换挡期，如何转变经济发展方式，实现经济增长动力转换，提高经济运行质量，是当前急需解决的问题。制造业作为我国国民经济的主体，为我国经济总量跃居世界第二做出了突出贡献，然而，与世界先进水平相比，我国制造业大而不强，在自主创新能力、资源利用效率、产品质量和技术含量等方面差距明显。在此背景下，2015 年 5 月 8 日国务院发布了《中国制造 2025》，拟

① 覃卫国. 基于低碳经济视角下的高新技术产业发展研究 [J]. 改革与战略，2011（11）：123-132.

② 张婷. 警惕新的污染源：高技术污染——硅谷大气污染与环境恶化引起的思考 [J]. 科技进步与对策，2000（9）：105-106.

③ 夏太寿，倪杰，张玉赋. 发达国家高新技术产业环境污染基本情况研究 [J]. 科学学与科学技术管理，2005（4）：95-99.

④ 王志亮，王玉洁. 高新技术企业对我国低碳经济发展促进作用的量化分析 [J]. 河北经贸大学学报，2015（2）：80-84.

⑤ 贺俊，范琳琳. 雾霾治理与低碳经济 [J]. 中国国情国力，2014（4）：57-58.

⑥ 这一节已作为阶段性成果公开发表。参阅：周国富，李妍，李璞璞. 如何恰当地界定中国高技术制造业的统计范围 [J]. 统计与信息论坛，2016（9）：43-48；李妍. 天津市高技术制造业的产业关联特征及其环境效应分析 [D]. 天津：天津财经大学，2017.

通过"三步走"实现制造强国的战略目标：第一步，到 2025 年迈入制造强国行列；第二步，到 2035 年我国制造业整体达到世界制造强国阵营中等水平；第三步，到新中国成立一百年时，我国的制造业大国地位更加巩固，综合实力进入世界制造强国前列。[①]

为实现《中国制造 2025》的战略目标，必须大力发展我国的高端制造业。那么，到底哪些制造业适合作为高技术产业予以重点扶持和加快发展？我国现行的高技术制造业的统计范围是否合理？本章拟首先对此做一个初步的探讨。

7.2.1 西方国家和国际组织是如何界定高技术制造业统计范围的

据考证，"高技术"（High Technology）一词最早出现于 1960 年代的美国；1971 年美国国家科学院出版的《技术和国家贸易》一书中再次使用了这一术语[②]。后来，随着高技术产业的蓬勃发展，高技术产业逐渐成为各国政府和学术界关注的焦点。然而，由于各国所处的经济发展阶段不同，人们对高技术产业的认识也不尽相同。英国学者 R. P. Oakay 认为，高技术产业不仅要生产高技术产品，而且生产过程中所使用的技术和设备也必须是高技术的[③]。美国学者 R. Nalson 指出，高技术产业是投入大量研究与开发资金以及迅速发展的产业[④]。荷兰学者 M. Schaaper 则认为，高技术产业是那些在国际贸易中扩张十分强劲，并且有助于推动其他部门进步的知识密集型产业，在以下三方面的特征中至少满足某两个方面：（i）高水平的创新活动；（ii）通过中间投入或资本投资，在生产过程中高强度利用已有技术和创新；（iii）劳动力具有高知识密集型特征。[⑤]

由于人们对高技术产业的认识不尽一致，世界各国关于高技术产业的界定及划分也有所不同，且一直处于变化之中。从西方发达国家来看，1982 年美国商务部以各产业"科学研究与试验发展（R&D）经费支出占工业销售产值的比重"及"科学家与工程师、工程技术人员占整个产业职工人数的比重"两个指标来界定高技术产业。[⑥] 但是，1986 年 OECD 提出"R&D 经费强度"是唯一

---

① 国务院关于印发《中国制造 2025》的通知（国发〔2015〕28 号）.

② 日月."高技术"简介 [J]. 北京林业大学学报，1993（12）：33；陈益升. 高技术：定义、管理、体制 [J]. 科学管理研究，1997（2）：31—33.

③ 苏东水. 产业经济学 [M]. 北京：高等教育出版社，2004：542—544.

④ 胡艳，吴新国. 对高技术产业定义的理解 [J]. 技术经济，2001（3）：23—25.

⑤ Schaaper M. OECD 划分高技术产业、测度 ICT 和生物技术产业的方法 [J]. 科技管理研究，2005（12）：60—62.

⑥ 何锦义. 高技术产业的界定及在我国存在的问题 [J]. 统计研究，1999（7）：16—20.

能够量化高技术产业的指标，并以此作为界定高技术产业的依据，将航空航天制造业、计算机及办公设备制造业、医药制造业、专用科学仪器设备制造业、电子及通信设备制造业和电气机械制造业等六大类产业确定为高技术产业①；1994 年 OECD 考虑到间接 R&D 经费支出（也即中间投入以及资本品中包含的R&D 经费支出）的影响，以"整体的 R&D 强度指标（直接 R&D 强度和间接R&D 强度之和）"作为新的筛选标准，对高技术产业的统计范围进行了调整，将高技术产业的范围缩小为以下四类：航空航天制造业、计算机及办公设备制造业、电子及通信设备制造业、医药制造业②。

从其他国际组织来看，由联合国制定的《国际标准产业分类（ISIC，Rev. 4)》，依据产品的性质以及产品生产过程的投入结构和生产工艺方面的主要特征，将全部产业分为 21 个门类、88 个大类、238 个中类和 420 个小类。ISIC 虽然为各国制定与本国经济发展阶段相适应的产业分类标准提供了统一的参照系，但并未直接讨论如何划分高技术产业和其他中低技术产业的问题。联合国牵头修订的《国民账户体系（SNA2008)》，虽然在其第 5 章中专门讨论了产业部门分类的分类标准、分类单位等问题，但是其总的出发点是希望与联合国最新修订的《国际标准产业分类（ISIC，Rev. 4)》保持一致；该手册虽然在其第 15章也偶尔提到了"高技术产品"，但主要不是讨论如何界定高技术产品，而是讨论如何通过特征回归方程来更真实地反映高技术产品质量上的变化，以使不同时期高技术产品的价格更具可比性③。联合国牵头制定的另一极具影响力的统计标准《国际贸易标准分类（SITC，Rev. 4)》，主要按商品的产业部门来源和加工程度将全部国际贸易商品分为 10 个大类，其中 SITC0－SITC4 属于"初级产品"，而 SITC5－SITC9 则属于"工业制成品"。自 1951 年颁布实施以来，该标准目录虽然经历了数次修订，但上述 10 个大类的分类框架始终未变。近年来虽有学者尝试在 SITC 二位数分类的基础上将所有对外贸易商品按技术水平进行重新分类，分为资源密集型产品、劳动密集型产品、资本密集型产品和技术密

①　何锦义. 高技术产业的界定及在我国存在的问题 [J]. 统计研究，1999 (7)：16－20；张晶. 高技术产业界定指标及方法分析 [J]. 中国科技论坛，1997 (1)：22－25.

②　何锦义. 高技术产业的界定及在我国存在的问题 [J]. 统计研究，1999 (7)：16－20；张晶. 高技术产业界定指标及方法分析 [J]. 中国科技论坛，1997 (1)：22－25；吴林海. 高技术产业界定的方法和分析 [J]. 科技进步与对策，1999 (6)：53－55.

③　联合国等. 国民账户体系（SNA2008）[M]. 北京：中国统计出版社，2012：98－105，351.

集型产品四大类①，但是据此确定哪些属于高技术产业或产品的文献还未见诸报道。

综上，不难看出，在具体选定高技术产业时，目前最具影响力的主要是美国商务部和 OECD 的做法，而且都仅限于制造业的范畴，但是二者的做法不尽相同。美国商务部采用了 R&D 经费投入强度和科技人员投入力度两个指标来界定高技术产业，而 OECD 则仅依据 R&D 经费投入强度这一个指标来界定高技术产业。那么，哪一种做法更合理呢？对此，M. Schaaper 的看法是，无论直接 R&D 强度还是间接 R&D 强度，都只考虑了 R&D 强度，但"研究"不是高技术产业的唯一特征，其他因素也应受到重视，例如科技人员、包含在专利中的技术、许可和诀窍等②；此外，当某些部门的产值或营业额在某些时段因强劲的市场需求而快速增长时，其 R&D 强度也可能被低估。可见，美国商务部依据 R&D 经费投入强度和科技人员投入力度两个指标来界定高技术产业，较 OECD 仅以 R&D 经费投入强度这一个指标作为界定高技术产业的依据要更合理。

7.2.2 我国高技术产业的统计范围及其存在的分歧

改革开放以来，为了尽快提升我国的经济实力和国际竞争力，高技术产业逐渐受到我国学术界和政府决策层的关注。1986 年国务院在制订的《国家高技术研究发展计划》（简称"863 计划"）中，将生物技术、航天技术、信息技术、激光技术、自动化技术、能源技术、材料技术、海洋技术等 8 个领域确定为高技术；1991 年原国家科委在制定的《高新技术产业开发区高新技术企业认定条件和办法》中，基于各产业科技人员占全体职工的比重、R&D 投入占销售额的比重、产品和生产的复杂程度及产业特征，将微电子和电子信息技术、空间科学和航天航空技术等 11 类技术作为高技术。后来，我国又比照 OECD1986 年的"六分类法"和 OECD1994 年的"四分类法"提出了划分高技术产业的两种方案，但从实际落实的情况来看，大多采用的是"六分类法"③。2002 年 7 月国家统计局印发《高技术产业统计分类目录》，将核燃料加工、信息化学品制造、医药制造业、航空航天器制造、电子及通信设备制造业、电子计算机及办公设备

---

① 杨汝岱，朱诗娥. 珠三角地区对外贸易发展的国际比较 [J]. 国际贸易问题，2007 (12)：60—67.

② Schaaper M. OECD 划分高技术产业、测度 ICT 和生物技术产业的方法 [J]. 科技管理研究，2005 (12)：60—62.

③ 何锦义. 高技术产业的界定及在我国存在的问题 [J]. 统计研究，1999 (7)：16—20.

制造业、医疗设备及仪器仪表制造业和公共软件服务等八大类产业界定为高技术产业①。但该文件同时要求，为了便于国际比较，计算相关指标时，"高技术产业计算范围用《高技术产业统计分类目录》中扣除核燃料加工、信息化学品制造和公共软件服务以外的全部行业"，也即对外仅公布其他五大高技术产业（医药制造业、航空航天器制造业、电子及通信设备制造业、电子计算机及办公设备制造业、医疗设备及仪器仪表制造业）的统计数据。后来，这一统计口径（指上述"五大高技术产业"）便一直为《中国高技术产业统计年鉴》所采纳。很多与高技术产业相关的统计分析，也都是基于这一统计口径。②

但是，尽管我国官方对高技术产业的统计范围做了几次修订，学术界仍一直不满意。归纳起来，学者们的批评意见主要有：（i）在选择界定标准时，未充分考虑经济与竞争这两方面的重要性③；（ii）对于高技术产业的界定应具有动态性，在一个国家不同的发展阶段其高技术产业的范围也应有所不同④；（iii）确定高技术的划分标准，应该定性与定量相结合，如果仅依据指标值作为高技术的划分标准，可能是不确切和不科学的⑤；（iv）依据国际标准界定我国的高技术产业，与我国的经济和科技水平不相符⑥。针对上述问题，部分学者在借鉴美国商务部和OECD指标的基础上，提出了其他的界定指标。比如，吴林海认为在界定高技术产业时，还应考虑技术开发条件、单位工业总产值能源消耗量和需求收入弹性系数等其他辅助指标，与主体指标相辅相成⑦；察志敏等则建议，我国应根据自己的国情和历史阶段制定R&D经费投入、高技术人才投入指标的量化标准，由此来界定我国的高技术产业⑧。

或许正因为学者们所指出的上述问题，2013年国家统计局重新修订了高技

---

① 国家统计局关于印发高技术产业统计分类目录的通知（国统字〔2002〕33号）.

② 李荣生. 中国高技术产业技术创新能力分行业评价研究——基于微粒群算法的实证分析 [J]. 统计与信息论坛, 2011 (7)：59－66.

③ 张晶. 高技术产业界定指标及方法分析 [J]. 中国科技论坛, 1997 (1)：22－25.

④ 吴林海. 高技术产业界定的方法和分析 [J]. 科技进步与对策, 1999 (6)：53－55.

⑤ 赵玉川. 我国高技术统计基本问题探讨 [J]. 科学学与科学技术管理, 2000 (12)：46－49.

⑥ 察志敏, 肖云, 骞金昌. 我国高技术产业统计分类测算方法 [J]. 北京统计, 2001 (6)：8－10.

⑦ 吴林海. 高技术产业界定的方法和分析 [J]. 科技进步与对策, 1999 (6)：53－55.

⑧ 察志敏, 肖云, 骞金昌. 我国高技术产业统计分类测算方法 [J]. 北京统计, 2001 (6)：8－10.

术产业分类，并将《高技术产业（制造业）分类（2013）》① 和《高技术产业（服务业）分类（2013）》分列。但是，其对高技术产业（制造业）的界定，仍仅依据 R&D 投入强度（即 R&D 经费支出占主营业务收入的比重），将该比重相对较高的制造业行业确定为高技术产业（制造业），具体包括：医药制造业、航空航天器及设备制造业、电子及通信设备制造业、计算机及办公设备制造业、医疗仪器设备及仪器仪表制造业和信息化学品制造业等 6 大类；而且，从其二级分类和细分类来看，虽然新增了"航空航天相关设备制造""电子工业专用设备制造""光纤、光缆制造""锂离子电池制造"，但删除了"核燃料加工""公共软件服务"〔后者已归入高技术产业（服务业）〕，与高铁技术相关的"铁路运输和城市轨道交通设备制造"也未纳入高技术产业的统计范畴。可见，我国现行的高技术制造业的统计范围仍然难说是十全十美的。

7.2.3　关于我国高技术制造业统计范围的进一步讨论

一、能否从产出的角度对美国商务部的界定指标加以补充？

一般认为，高技术产业具有知识、技术密集度高，发展速度快，高附加值和高效益等特征②。但是，从美国商务部选取高技术产业所依据的两个指标来看，似乎仅考虑了高技术产业的"知识、技术密集度高"，而没有突出其"发展速度快""高附加值和高效益"等特征。换句话说，美国商务部主要是从 R&D 经费投入强度和科技人员投入力度两个角度选取高技术产业，而不是从产出的角度筛选高技术产业。鉴于此，我们首先想到能否从产出的角度对美国商务部的界定指标加以补充，用 R&D 经费强度、科技从业人员比重以及附加值率三个指标来界定高技术产业。但是，依据各产业的产值数据测算的结果很意外（结果从略），多数制造业部门的增加值率甚至不如农业、采掘业和服务业的增加值率高！究其原因，这与各产业总产出的计算方法不同有关。按现行的统计核算方法，制造业因为社会化分工程度较高，其总产出中包括有较多的中间投入从而存在严重的重复计算，导致在计算其增加值率（也即附加值率）时其分母明显偏大，制造业的增加值率与其他产业不具可比性。

二、能否从高成长性和高效益等特征出发筛选高技术产业？

那么，是否可以从高技术产业的高成长性和高效益等特征出发筛选高技术

---

① 国家统计局关于印发高技术产业（制造业）分类（2013）的通知（国统字〔2013〕55号）.

② 汪芳. 高技术产业关联理论与实证 [M]. 北京：科学出版社，2013：114.

产业？对此，我们也做了相应的尝试（见表7.1）。可以看出，基于全国经济普查数据计算得到的各制造业部门的主营业务利润率和主营业务收入增长速度，在行业排序和是否高于整个制造业的平均水平方面，与美国商务部所依据的2个指标并不完全一致，而是互有高低。而且，某些理论上应属于高技术产业的部门（如生物制药所属的医药制造业，石油加工、炼焦及核燃料加工业），其主营业务收入增长速度或主营业务利润率并不是很高；相反，某些明显不属于高技术产业的部门（如食品制造业），其主营业务利润率和主营业务收入增长速度反而较高。可见，依据各制造业部门的主营业务收入增长速度和主营业务利润率，单纯从高成长性和高效益等特征出发筛选高技术产业，也缺乏可行性。

表7.1 各制造业部门的主营业务利润率和主营业务收入增长速度等指标

产业	产业代码	R&D经费强度（%）	科技人员比重（%）	主营业务利润率（%）	主营业务收入增长速度（%）
制造业		1.28	0.83	14.32	25.2
农副食品加工业	13	0.36	0.22	12.80	28.8*
食品制造业	14	0.79	0.38	21.31*	26.9*
饮料制造业	15	1.24	0.78	27.64*	25.7*
烟草制品业	16	0.81	1.58*	69.06*	13.4
纺织业	17	0.61	0.22	11.96	19.2
纺织服装、鞋、帽制造业	18	0.30	0.06	15.67*	23.9
皮革、毛皮、羽毛（绒）及其制品业	19	0.30	0.06	14.41*	20.3
木材加工品及木、竹、藤、棕、草制品业	20	0.33	0.08	15.93*	32.1
家具制造业	21	0.32	0.09	15.94*	25.9*
造纸及纸制品业	22	0.77	0.28	13.91	21.7
印刷业和记录媒介的复制	23	0.51	0.18	17.90*	19.9
文教体育用品制造业	24	0.65	0.14	13.22	18.9
石油加工、炼焦及核燃料加工业	25	0.30	0.92*	2.01	25.7*
化学原料及化学制品制造业	26	1.40*	1.12*	15.69*	26.3*
医药制造业	27	2.73*	2.61*	31.41*	24.7
化学纤维制造业	28	1.59*	1.33*	7.79	19.6
橡胶和塑料制品业	29	0.91	0.40	14.04	22.5
非金属矿物制品业	30	0.62	0.24	17.75*	26.8*
黑色金属冶炼及压延加工业	31	1.52*	1.23*	9.42	27.5*

（续表）

产业	产业代码	R&D经费强度（%）	科技人员比重（%）	主营业务利润率（%）	主营业务收入增长速度（%）
有色金属冶炼及压延加工业	32	1.06	1.10*	10.37	35.9*
金属制品业	33	0.67	0.36	13.79	29.0*
通用设备制造业	34	1.53*	0.99*	16.56*	29.0*
专用设备制造业	35	2.22*	1.48*	17.29*	29.2*
汽车制造业	36	2.27*	1.80*	15.85*	23.1
铁路、船舶、航空航天和其他运输设备制造业	37	2.84*	1.76*	14.49*	29.1*
电气机械及器材制造业	38	2.60*	1.32*	15.56*	27.6*
通信设备、计算机及其他电子设备制造业	39	1.96*	2.56*	10.86	17.7
仪器仪表及文化、办公用机械制造业	40	2.07*	1.92*	16.62*	21.5
工艺品及其他制造业	41	0.39	0.19	15.21*	24.4
废弃资源和废旧材料回收加工业	42	0.06	0.04	12.18	51.3*

注：根据全国经济普查的产业分类数据整理得到。由于我国历次经济普查的产业分类不完全一致，本表按我国现行国家标准《国民经济行业分类（GB/T 4754—2011）》中制造业的"大类"整理，"产业代码"为相应的两位数代码。"＊"表示高于制造业的平均水平。

三、如何恰当地确定我国高技术制造业的统计范围

综合上述讨论，我们认为，美国商务部依据R&D经费强度和科技人员比重两个指标来界定高技术产业，虽然仅考虑了高技术产业的"知识、技术密集度高"，而没有突出其"高成长性""高附加值和高效益"等产出方面的特征，但从可操作性来看，还是有其优势的。但是，考虑到我国所处的经济发展阶段和整体的技术水平还不高，我们认为，即使沿用美国商务部所采用的R&D经费强度和科技人员比重这两个指标来界定高技术产业，也需要在以下两个方面做一些变通处理：一是不要求选定的高技术产业部门必须同时满足上述两个指标，而是只需至少满足其中之一即可；二是从每个指标的数量界线来看，也不能直接以美国商务部选取高技术产业的标准为依据，而是只要高于我国制造业平均水平的产业，即可考虑入选高技术产业。因为据考证，OECD在20世纪80年代按R&D经费强度达到4%来划分高技术产业，90年代后期进一步将该标准提高至8%；美国则按科技人员比重达到2.5%、R&D经费强度达到3.5%来划分

高技术产业。① 而如表 7.1 所示，我国没有一个产业的 R&D 经费强度能够达到上述标准；科技人员比重指标也只有 2 个产业（医药制造业和通信设备、计算机及其他电子设备制造业）能够达到美国的标准，但这两个产业的 R&D 经费强度都未达到上述标准。可见，如果直接套用 OECD 或美国的上述标准，那么会得出我国没有高技术产业的结论。基于此，我们以至少 1 个美国商务部指标（也即"R&D 经费强度"和"科技人员比重" 2 个指标中至少 1 个）高于我国制造业平均水平为标准，得到如下的表 7.2：

表 7.2　至少 1 个美国商务部指标高于我国制造业平均水平的产业

产业	产业代码	R&D 经费强度（％）	科技人员比重（％）
制造业的平均水平		1.28	0.83
烟草制品业	16	0.81	1.58*
石油加工、炼焦及核燃料加工业	25	0.30	0.92*
化学原料及化学制品制造业	26	1.40*	1.12*
医药制造业	27	2.73*	2.61*
化学纤维制造业	28	1.59*	1.33*
黑色金属冶炼及压延加工业	31	1.52*	1.23*
有色金属冶炼及压延加工业	32	1.06	1.10*
通用设备制造业	34	1.53*	0.99*
专用设备制造业	35	2.22*	1.48*
汽车制造业	36	2.27*	1.80*
铁路、船舶、航空航天和其他运输设备制造业	37	2.84*	1.76*
电气机械及器材制造业	38	2.60*	1.32*
通信设备、计算机及其他电子设备制造业	39	1.96*	2.56*
仪器仪表及文化、办公用机械制造业	40	2.07*	1.92*

注：根据全国经济普查的产业分类数据整理得到。由于我国历次经济普查的产业分类不完全一致，本表按我国现行国家标准《国民经济行业分类（GB/T 4754—2011）》中制造业的"大类"整理，"产业代码"为相应的两位数代码。"＊"表示高于制造业的平均水平。

从表 7.2 可以看出，"R&D 经费强度"和"科技人员比重" 2 个指标中至少 1 个高于我国制造业平均水平的大类产业共计有 14 个，分别是：烟草制品业，石油加工、炼焦及核燃料加工业，化学原料及化学制品制造业，医药制造业，

---

① 察志敏，肖云，骞金昌. 我国高技术产业统计分类测算方法［J］. 北京统计，2001（6）：8—10.

化学纤维制造业，黑色金属冶炼及压延加工业，有色金属冶炼及压延加工业，通用设备制造业，专用设备制造业，汽车制造业，铁路、船舶、航空航天和其他运输设备制造业，电气机械及器材制造业，通信设备、计算机及其他电子设备制造业，仪器仪表及文化、办公用机械制造业。其中，有 11 个产业的这 2 个指标都高于制造业平均水平。考虑到烟草制品对人体健康有害，尽管烟草制品业的科技人员比重高于制造业的平均水平，但不宜作为高技术产业，所以，本项研究认为可以将其余的 13 个产业作为高技术产业。

通过对比上述 13 个高技术产业与《中国高技术产业统计年鉴》中的高技术产业类别，可以看出，官方统计的高技术产业都在本项研究所选出的 13 个高技术产业类别中。换句话说，本项研究基于我国的国情、以 "R&D 经费强度和科技人员比重 2 个指标中至少 1 个高于我国制造业平均水平" 为标准所选出的 13 个高技术产业类别，比官方统计的高技术产业类别要略多一些。具体讲，石油加工、炼焦及核燃料加工业、化学原料及化学制品制造业、化学纤维制造业、黑色金属冶炼及压延加工业、有色金属冶炼及压延加工业、通用设备制造业、汽车制造业和电气机械及器材制造业等 8 个产业未被纳入我国官方的高技术产业统计范畴。除此之外，其他 5 个选出的高技术产业与官方统计的 5 个高技术产业类别大致对应，但是在范围上仍略大于后者。比如，专用设备制造业中的 "采矿、冶金、建筑专用设备制造业""化工、木材、非金属加工专用设备制造业" 和 "农、林、牧、渔专用机械制造业"，在官方统计中并不作为高技术产业看待，官方仅将其中的 "医疗设备及器械制造" 作为高技术产业；铁路、船舶、航空航天和其他交通运输设备制造业中的 "铁路运输和城市轨道交通设备" 和 "船舶及相关装置" 在官方统计中也不作为高技术产业看待，官方仅将其中的 "航空航天器制造业" 作为高技术产业。可见，我国官方统计的高技术产业范围太小，甚至国人引以为骄傲的高铁技术及相关设备制造（属于 "铁路运输和城市轨道交通设备"）也不在我国官方统计的高技术产业之列。可以说，正是因为我国官方的高技术产业统计范围仍存在一定的缺陷，促使了我们对这一问题的思考。

当然，在上述 13 个高技术产业类别中，对于个别产业类别的某些细分产业和产品，我们也要区别对待，应选择扶持和发展那些技术含量高、既节能又环保、具有广阔市场的细分产业和产品，而对于那些产能已明显过剩的细分产业和产品，则应按照 "消化一批、转移一批、整合一批、淘汰一批" 的原则，有效化解产能过剩的矛盾。比如，李克强总理在 2016 年初的一次座谈会曾指出，虽然 "目前我国钢铁、煤炭装备很多都处在世界先进水平"，但是 "我们在钢铁产量严重过剩的情况下，仍然进口了一些特殊品类的高质量钢材"，"我们还不具备生产模具钢的能力，包括圆珠笔头上的'圆珠'，目前仍然需要进口。"① 对于这样的细分产业和产品，就需要区别对待，优化结构。当然，一年之后太钢集团就生产出了圆珠笔头上的"圆珠"，成功实现了国产化。但这并否认这类细分产业和产品的高技术含量。

7.2.4　结语

本节从高技术产业的特性出发，在简要考察美国商务部和 OECD 等国际组织对高技术产业的界定方法及其合理性的基础上，对我国官方界定的高技术产业统计范围及其演变过程进行了梳理，对能否从高附加值、高成长性和高效益等特征出发筛选高技术产业，以及如何恰当地确定我国高技术产业的统计范围做了进一步的讨论。我们认为，鉴于我国官方的高技术产业统计范围与现实不完全相符，从我国所处的经济发展阶段和整体的技术水平出发，将本节以"R&D 经费强度和科技人员比重 2 个指标中至少 1 个高于我国制造业平均水平"为标准选出的 13 个产业都纳入高技术制造业的统计范畴，较为现实。

7.3　京津冀高技术制造业的产业关联效应②

这一节，我们拟以上一节筛选出来的高技术制造业为范畴，利用投入产出表对京津冀高技术制造业的产业关联效应做一个实证分析，借此对京津冀技术制造业的发展现状及其在经济增长中所发挥的作用有一个整体认识。

7.3.1　投入产出表中的高技术制造业

在上一节，我们利用全国经济普查数据，计算得到各产业的"R&D 经费投入强度"和"科技人员投入强度"，然后将其中至少 1 个指标高于我国制造业平均水平的 13 个产业视为高技术制造业，分别是：石油加工、炼焦及核燃料加工业，化学原料及化学制品制造业，医药制造业，化学纤维制造业，橡胶制品业，

---

① 凤凰资讯，http：//news. ifeng. com/a/20160111/ 47015988 _ 0. shtml，2016 年 1 月 11 日.

② 这一节已作为阶段性成果公开发表。参阅：徐莹莹，李妍，周国富. 京津冀高技术制造业的产业关联效应分析［J］. 统计与决策，2017（16）：145－148.

黑色金属冶炼及压延加工业，有色金属冶炼及压延加工业，通用设备制造业，专用设备制造业，交通运输设备制造业，电气机械及器材制造业，通信设备、计算机及其他电子设备制造业，仪器仪表及文化、办公用机械制造业。

但是，全国经济普查的产业分类与投入产出表的产业分类不完全对应，为了利用目前最新的 2012 年 42 部门投入产出表分析京津冀高技术制造业的产业关联效应，我们还需在上述 13 个高技术制造业和 42 部门投入产出表的产业分类之间建立起直接的对应关系，同时对其他非高技术产业做适当归并。从表 7.3 可以看出，在 2012 年 42 部门投入产出表中，上述 13 个高技术制造业仅体现为 8 个部门。所以，我们将 42 部门投入产出表合并为 15 部门投入产出表。其中，8 个部门为高技术制造业，与上述 13 个高技术制造业对应；其他 7 个部门为非高技术产业，分别是"农林牧渔产品和服务业""采矿业""非高技术制造业""电力、热力、燃气和水的生产和供应业""建筑业""生产性服务业"和"消费性服务业"。

表 7.3　2012 年 42 部门投入产出表中的 8 个高技术制造业

基于美国商务部指标选出的 13 个高技术制造业	42 部门投入产出表中对应的 8 个高技术制造业
石油、炼焦产品和核燃料加工业	石油、炼焦产品和核燃料加工业
化学原料及化学制品制造业	化学产品加工业
医药制造业	
化学纤维制造业	
橡胶制品业	
黑色金属冶炼及压延加工业	金属冶炼和压延加工业
有色金属及压延加工业	
通用设备制造业	通用、专用设备制造业
专用设备制造业	
交通运输设备制造业	交通运输设备制造业
电气机械和器材加工业	电气机械和器材加工业
通信设备、计算机和其他电子设备制造业	通信设备、计算机和其他电子设备制造业
仪器仪表及文化、办公用机械制造业	仪器仪表制造业

7.3.2　京津冀高技术制造业的产业关联效应

关于产业关联效应的测度，国内外学者常见的做法是，在列昂惕夫逆矩阵的基础上计算影响力系数和感应度系数，然后分析某一产业部门最终需求的变化对各部门产生的连锁反应，或各部门最终需求的变化集中对某一部门带来的影响。本节也依此惯例进行分析。但是，为使分析更深入且使有关的政策建议更具针对性，我们在分析对比京津冀高技术制造业的产业关联效应时，还将考虑每个产业的产值规模。

一、影响力系数与后向关联效应的比较分析

影响力系数是指当某一产业部门的最终需求发生变化时对各部门产出的影响程度。表7.4给出了基于2012年投入产出表计算得到的京津冀15个产业部门的影响力系数。

表7.4　2012年京津冀各产业部门的影响力系数

序号	产业部门	北京		天津		河北	
		系数	排序	系数	排序	系数	排序
1	农林牧渔产品和服务业	0.7361	13	0.8035	13	0.6859	13
2	采矿业	1.1288	5	0.8261	12	0.8832	12
3	非高技术制造业	0.9891	11	0.9956	10	1.0194	11
4	石油、炼焦产品和核燃料加工业	1.1292	4	1.1079	7	1.0744	9
5	化学产品加工业	0.7699	12	1.0421	9	1.1049	6
6	金属冶炼和压延加工业	1.3795	1	1.1770	2	1.1163	3
7	通用、专用设备制造业	1.0547	8	1.0529	8	1.0978	7
8	交通运输设备制造业	0.9932	10	1.1266	3	1.1062	5
9	电气机械和器材加工业	1.1015	6	1.1166	4	1.1874	1
10	通信设备、计算机和其他电子设备制造业	1.1618	3	1.1914	1	1.1098	4
11	仪器仪表制造业	0.9974	9	0.9729	11	1.0688	10
12	电力、热力、燃气和水的生产和供应业	1.1983	2	1.1121	6	1.1667	2
13	建筑业	1.0864	7	1.1165	5	1.0807	8
14	生产性服务业	0.6384	14	0.6795	14	0.6727	14
15	消费性服务业	0.6357	15	0.6793	15	0.6258	15
	平均值	1.0000		1.0000		1.0000	

注：和上文一致，其中第4至第11部门为8个高技术制造业部门。

从表7.4可以看出，北京市影响力系数大于1的产业部门有8个，分别是：金属冶炼和压延加工业（1.3795）、电力、热力、燃气和水的生产和供应业（1.1983）、通信设备、计算机和其他电子设备制造业（1.1618）、石油、炼焦产品和核燃料加工业（1.1292）、采矿业（1.1288）、电气机械和器材加工业（1.1015）、建筑业（1.0864）、通用、专用设备制造业（1.0547）。其中，属于高技术制造业的有5个，特别是金属冶炼和压延加工业的影响力系数最大，高

265

于各产业平均水平 37.59%, 说明该产业具有较强的后向关联效应。

天津市影响力系数大于 1 的产业部门有 9 个, 分别是: 通信设备、计算机和其他电子设备制造业 (1.1914), 金属冶炼和压延加工业 (1.1770), 交通运输设备制造业 (1.1266), 电气机械和器材加工业 (1.1166), 建筑业 (1.1165), 电力、热力、燃气和水的生产和供应业 (1.1121), 石油、炼焦产品和核燃料加工业 (1.1079), 通用、专用设备制造业 (1.0529), 化学产品加工业 (1.0421)。其中, 属于高技术制造业的有 7 个, 这说明与其他产业相比, 高技术制造业的影响力系数普遍较高, 具有较强的后向关联效应。其中, 通信设备、计算机和其他电子设备制造业的影响力系数最大, 高于各产业平均水平 19.14%, 说明该产业对其他产业的后向关联效应最强, 其他产业对该产业有较强的依赖性。

类似地, 河北省影响力系数大于 1 的产业部门有 11 个, 分别是: 电气机械和器材加工业 (1.1874), 电力、热力、燃气和水的生产和供应业 (1.1667), 金属冶炼和压延加工业 (1.1163), 通信设备、计算机和其他电子设备制造业 (1.1098), 交通运输设备制造业 (1.1062), 化学产品加工业 (1.1049), 通用、专用设备制造业 (1.0978), 建筑业 (1.0807), 石油、炼焦产品和核燃料加工业 (1.0744), 仪器仪表制造业 (1.0688), 非高技术制造业 (1.0194)。其中, 有 8 个属于高技术制造业, 也就是河北省所有高技术制造业的后向关联效应都高于平均水平。特别是电气机械和器材加工业的影响力系数最大, 高于各产业平均水平 18.74%, 说明该产业具有较强的后向关联效应。

那么, 京津冀影响力系数较大的这些高技术制造业是否在经济增长中扮演着非常重要的"龙头产业"的角色? 下面, 我们进一步结合其产值规模做一个对比分析。

表 7.5 给出了 2012 年京津冀高技术制造业的增加值占 GDP 的比重。可以看出, 在三省市中, 天津市高技术制造业的相对规模最大, 在经济中占有举足轻重的地位; 河北次之; 北京最小。此外, 就天津市高技术制造业各具体产业的产值规模而言, 金属冶炼和压延加工业的规模最大, 占 GDP 的 6.679%; 其次是交通运输设备制造业, 化学产品加工业, 通信设备、计算机和其他电子设备制造业及通用、专用设备制造业, 它们的规模也都相对较大, 占 GDP 的 3% 以上; 而电气机械和器材加工业, 石油、炼焦产品和核燃料加工业的规模相对较小, 特别是仪器仪表制造业的增加值比重最低, 不足 GDP 的 1%。对照表 7.4 不难看出, 规模较大的几个高技术制造业的影响力系数也都大于 1, 只有规模最小的仪器仪表制造业的影响力系数在平均水平以下, 所以, 综合来看, 天

津市多数高技术制造业的影响力系数较大，规模也较大，在天津经济增长中发挥了不可忽视的带动作用。

表 7.5 2012 年京津冀高技术制造业增加值占 GDP 的比重

序号	高技术制造业部门	北京		天津		河北	
		占 GDP 的比重（%）	排序	占 GDP 的比重（%）	排序	占 GDP 的比重（%）	排序
1	石油、炼焦产品和核燃料加工业	0.718	6	1.019	7	1.567	5
2	化学产品加工业	2.697	2	4.238	3	3.890	2
3	金属冶炼和压延加工业	0.145	8	6.679	1	9.561	1
4	通用、专用设备制造业	1.339	4	3.217	5	2.709	3
5	交通运输设备制造业	3.447	1	4.481	2	1.878	4
6	电气机械和器材加工业	0.719	5	1.507	6	1.203	6
7	通信设备、计算机和其他电子设备制造业	1.492	3	4.033	4	0.383	7
8	仪器仪表制造业	0.326	7	0.359	8	0.078	8
	合计	10.884		25.532		21.270	

就 2012 年北京市高技术制造业各具体产业的产值规模而言，交通运输设备制造业的规模最大，占 GDP 的 3.447%；其次是化学产品加工业，占 GDP 的 2.697%；通信设备、计算机和其他电子设备制造业，通用、专用设备制造业的规模也占 GDP 的 1% 以上；而其他 4 个高技术制造业的增加值占 GDP 的比重则都不到 1%。如果结合表 7.4 来分析，那么我们还会发现，产值规模较大的交通运输设备制造业和化学产品加工业，其影响力系数都在平均水平以下；相反，影响力系数最大的金属冶炼和压延加工业，其产值规模却最小；影响力系数在平均水平之上的石油、炼焦产品和核燃料加工业及电气机械和器材加工业，其产值规模也较小。可见，当时北京高技术制造业的结构不合理，存在较明显的资源错配现象，没有有效发挥具有较强后向关联效应的高技术制造业对上游产业的带动作用。

再来看河北省高技术制造业的产值规模。金属冶炼和压延加工业的规模最大，占 GDP 的 9.561%；其次是化学产品加工业和通用、专用设备制造业，它们的产值规模占 GDP 的 2% 以上；交通运输设备制造业，石油、炼焦产品和核燃料加工业，电气机械和器材加工业的产值规模也都占 GDP 的 1% 以上；而其他 2 个高技术制造业的增加值比重则都不到 GDP 的 1%。结合表 7.4 分析，我们发现河北省作为我国的钢铁大省，金属冶炼和压延加工业不仅产值规模最大，而且其影响力系数也高于平均水平，可见该产业在河北省的产业结构和经济增长中占有举足轻重的地位。但是，影响力系数较大的通信设备、计算机和其他电子设备制造业，其产值规模仅占 GDP 的 0.383%；仪器仪表制造业的影响力系数也高于各产业平均水平，但是其产值规模最小，仅占 GDP 的 0.078%。可见，河北省少数高技术制造业的产值规模过小，同样存在着资源错配现象，若政府能加大对这些具有较强后向关联效应的高技术制造业的支持力度，扩大其生产规模，对促进河北省的经济快速增长会收到很好的效果。

二、感应度系数与前向关联效应的比较分析

感应度系数可以反映一个产业部门受到其他产业部门最终需求变化的影响程度，感应度系数越大，说明该产业越易受到其他产业部门最终需求变化的影响，有着较强的前向关联效应。表 7.6 给出了基于 2012 年投入产出表计算得到的京津冀 15 个产业部门的感应度系数。

表 7.6　2012 年京津冀各产业部门的感应度系数

序号	产业部门	北京		天津		河北	
		系数	排序	系数	排序	系数	排序
1	农林牧渔产品和服务业	0.4790	11	0.5907	11	0.7010	9
2	采矿业	1.9264	2	1.6461	2	2.6785	1
3	非高技术制造业	1.2595	5	1.4363	4	1.4244	3
4	石油、炼焦产品和核燃料加工业	0.4471	12	0.7052	10	0.8351	7
5	化学产品加工业	1.1589	7	1.1988	7	1.2844	5
6	金属冶炼和压延加工业	2.2722	1	2.0222	1	1.8145	2
7	通用、专用设备制造业	0.6294	9	0.9086	9	0.5126	12
8	交通运输设备制造业	0.3884	13	0.5816	12	0.3988	13
9	电气机械和器材加工业	0.5211	10	0.5800	13	0.6635	10
10	通信设备、计算机和其他电子设备制造业	1.0689	8	1.0495	6	0.6219	11
11	仪器仪表制造业	0.3621	14	0.4544	14	0.3505	14
12	电力、热力、燃气和水的生产和供应业	1.4542	4	1.0240	8	1.2520	6
13	建筑业	0.2735	15	0.3278	15	0.3439	15
14	生产性服务业	1.5545	3	1.4378	3	1.3632	4
15	消费性服务业	1.2047	6	1.0369	7	0.7558	8
	平均值	1.0000		1.0000		1.0000	

注：和上文一致，其中第 4 至第 11 部门为 8 个高技术制造业部门。

如表7.6所示，北京市感应度系数大于1的产业部门有8个，分别是：金属冶炼和压延加工业（2.2722），采矿业（1.9264），生产性服务业（1.5545），电力、热力、燃气和水的生产和供应业（1.4542），非高技术制造业（1.2595），消费性服务业（1.2047），化学产品加工业（1.1589），通信设备、计算机和其他电子设备制造业（1.0689）。其中，属于高技术制造业的仅有3个，分别是：金属冶炼和压延加工业，化学产品加工业，通信设备、计算机和其他电子设备制造业。其中，又以金属冶炼和压延加工业的感应度系数最大，为2.0222，说明该产业的前向关联效应最大，若该产业的规模小或增长速度缓慢，很可能会制约其他产业的发展，成为瓶颈产业，故应当优先发展。

类似地，天津市感应度系数大于1的产业部门也有8个，分别是：金属冶炼和压延加工业（2.0222），采矿业（1.6461），生产性服务业（1.4378），非高技术制造业（1.4363），化学产品加工业（1.1988），通信设备、计算机和其他电子设备制造业（1.0495），消费性服务业（1.0369），电力、热力、燃气和水的生产和供应业（1.0240）。其中，属于高技术制造业的也仅有3个，分别是：金属冶炼和压延加工业，化学产品加工业，通信设备、计算机和其他电子设备制造业。而且和北京一样，也是金属冶炼和压延加工业的感应度系数最大，说明该产业的前向关联效应很强，具有基础产业的性质。

河北省感应度系数大于1的产业部门有6个，分别是：采矿业（2.6785）、金属冶炼和压延加工业（1.8145）、非高技术制造业（1.4244）、生产性服务业（1.3632）、化学产品加工业（1.2844）和电力、热力、燃气和水的生产和供应业（1.2520）。其中，属于高技术制造业的仅有2个，分别是：金属冶炼和压延加工业，化学产品加工业。可见，在高技术制造业的前向关联效应方面，河北和北京、天津类似，多数产业和下游产业的联系都不是很紧密，而且前向关联度高的产业类别也基本相同，唯一的不同是河北的通信设备、计算机和其他电子设备制造业的感应度系数低于平均水平。

那么，在京津冀三地前向关联度都较高的金属冶炼和压延加工业、化学产品加工业，其产值规模是否也都较大？这些产业是否已构成阻碍其他产业发展的"瓶颈产业"？下面，我们结合表7.5做进一步的分析。可以看出，河北省这两个产业的产值规模都较大，占GDP的比重分别为9.561%和3.890%；天津市这两个产业的产值规模也都较大，占GDP的比重分别为6.679%和4.238%；而北京则是化学产品加工业的产值规模较大（占当地GDP的2.697%），而金属冶炼和压延加工业的产值规模很小（仅占当地GDP的0.145%）。这说明，如果不能通过进口或从外省市输入，那么金属冶炼和压延加工业极有可能构成北京的"瓶颈产业";但是,鉴于河北和天津该产业的规模都较大,如果北京该产业的供给缺口能够就近从河北和天津输入得到解决,那么也未必会制约当地的经济发展。从这里我们也可以看出,促进京津冀产业一体化的重要性。

再来看在天津和北京感应度系数都大于1的通信设备、计算机和其他电子设备制造业的产值规模。该产业在天津的产值规模较大,占当地 GDP 的 4.033%;在北京的产值规模也位列高技术产业的第三位,占当地 GDP 的 1.492%;而在河北的感应度系数很小,且其产值规模也仅占当地 GDP 的 0.383%。这说明,该产业在京津冀三地的规模是适当的。

7.3.3 结论与政策建议

本节以上一节筛选出来的高技术制造业为范畴,利用京津冀 2012 年投入产出表计算这些高技术制造业的影响力系数和感应度系数,并将其和各产业的产值规模结合起来,综合考察京津冀三地的高技术制造业对整个地区经济的前向和后向关联效应。得到如下结论。

(1) 在三省市中,天津市高技术制造业的相对规模最大,河北次之,北京最小。

(2) 就高技术制造业的后向关联效应而言,京津冀三地的差异较大。表现在:①天津市多数高技术制造业的影响力系数较大,规模也较大,在天津经济增长中发挥了不可忽视的带动作用。②北京市产值规模较大的交通运输设备制造业和化学产品加工业,其影响力系数都在平均水平以下;相反,影响力系数最大的金属冶炼和压延加工业,其产值规模却最小;影响力系数在平均水平之上的石油、炼焦产品和核燃料加工业及电气机械和器材加工业,其产值规模也较小。可见,北京高技术制造业的结构不合理,存在较明显的资源错配现象,没有有效发挥具有较强后向关联效应的高技术制造业对上游产业的带动作用。③河北省所有高技术制造业的影响力系数都大于1,说明这些产业的后向关联效应都较强,但通信设备、计算机和其他电子设备制造业、仪器仪表制造业的产值规模占 GDP 的比重都较小,可见河北省的产业结构也不是很合理,少数高技术制造业具有较大的成长空间。

(3) 就高技术制造业的前向关联效应而言,京津冀三地较为类似。表现在:多数高技术制造业和下游产业的联系都不是很紧密;而且前向关联度高的产业类别也基本相同,都是金属冶炼和压延加工业、化学产品加工业位列前两位;但是,通信设备、计算机和其他电子设备制造业的感应度系数在京津两地都大于1,在河北则是小于1。此外,天津和河北前向关联度较高的两个高技术制造业（金属冶炼和压延加工业、化学产品加工业）的产值规模都较大，和下游产业的衔接较好；而北京前向关联度较高的金属冶炼和压延加工业的产值规模较小，可能对下游产业的发展形成一定的"瓶颈"制约。

基于上述分析结论，我们给出如下政策建议。

（1）高技术制造业的产业关联效应不仅存在部门差异，而且存在区域差异。因此，各地区在制定高技术制造业的发展政策时，不仅要遵循高技术制造业的产业关联效应的客观规律，更要因地制宜，才能有效发挥高技术制造业对区域经济的引领作用。

（2）对于某些关联效应较强而产值规模较小的高技术制造业，政府应加大支持力度，鼓励这些高技术制造业的发展；而对于那些关联效应较弱而产值规模较大的高技术制造业，政府则应限制其盲目扩张，将有关资源更多地配置到关联效应较强的高技术制造业上去，以此优化产业结构，理顺高技术制造业与上下游产业之间的关系。但是，对于某些产值规模偏小、已构成"瓶颈"而自身又缺乏相应基础的高技术制造业，应着眼于区外市场，通过加强区域之间的横向联合与协作，在区际贸易中缓解供需缺口。

7.4 高技术制造业对大气污染物减排的贡献度：以天津为例[①]

上一节关于京津冀高技术制造业产业关联效应的实证分析，旨在考察哪些高技术制造业的产业关联效应较强、规模适度进而在经济增长中发挥了不可忽视的带动作用，又有哪些高技术制造业的产业关联效应较弱或者规模偏小进而还有很大的发展空间，借此为京津冀保持经济的中高速增长提出具有针对性的建议。但是，要发展低碳经济，推动产业向低碳化转型，还必须考察高技术制造业的能耗特征及其对大气污染物减排的贡献度。如果某些高技术制造业在拉动经济增长的同时，也排放了大量的污染物，那么从发展低碳经济的角度考虑，这样的高技术制造业仍不值得鼓励发展。所以，本节拟对高技术制造业对大气

---

① 这里的有关文字表述已作为阶段性成果公开发表。参阅：周国富，李妍，刘晓丹. 高技术制造业对大气污染物减排的贡献度——以天津为例 [J]. 软科学，2017（11）：6－10；李妍. 天津市高技术制造业的产业关联特征及其环境效应分析 [D]. 天津：天津财经大学，2017.

污染物减排的贡献度进一步做一个实证分析。

限于篇幅，本节仅以天津为例，采用 SDA 结构分解技术对天津市各产业部门在消耗能源过程中排放的二氧化硫（SO_2）、氮氧化物（NO_x）和细颗粒物（PM2.5 一次源）等大气污染物做一个结构分解分析，并据此测算高技术制造业对这些污染物"减排"的贡献度，揭示哪些高技术制造业对节能减排和雾霾治理的贡献度较高，哪些高技术制造业的潜力还有待挖掘，最后提出具有一定针对性的政策建议。

7.4.1　关于高技术制造业的界定：加入低能耗标准

正如我们在 7.1 节所了解到的，从西方国家和国际组织来看，OECD 仅依据 R&D 经费投入强度来界定高技术产业，而美国商务部则采用 R&D 经费投入强度和科技人员投入力度两个指标来界定高技术产业。考虑到科技人员投入力度对于高技术产业的发展具有不容忽视的影响，我们认为美国商务部的做法更可取。但是，考虑到我国所处的经济发展阶段和整体的技术水平还不高，即使沿用美国商务部所采用的两个指标，也需要在以下两个方面做一些变通处理：一是不要求选定的高技术制造业部门必须同时满足这两个指标，而是只需至少满足其中之一即可；二是从每个指标的数量界线来看，也不能直接以美国商务部选取高技术产业的标准为依据，而是只要高于我国制造业平均水平即可（周国富等，2016[①]）。

但是，在大力倡导低碳经济的今天，我们认为高技术产业还应满足"低能耗"这一特征。然而，通过查阅文献我们发现，至今尚未有人将"低能耗"作为标准之一来界定高技术产业。为此，我们基于《中国经济普查年鉴 2013》计算得到各制造业的"R&D 经费投入强度""科技人员投入力度"和"能源消耗强度"三个指标；然后，将"R&D 经费投入强度"和"科技人员投入力度"二者之一高于我国制造业平均水平，以及"能源消耗强度"低于我国制造业平均水平作为筛选标准，将符合这些标准的制造业视为高技术制造业[②]，结果如表7.7 第一列所示（总共 9 个）。

但是，为了利用 42 部门投入产出表对天津市高技术制造业对大气污染物

[①]　周国富，李妍，李璞璞. 如何恰当地界定中国高技术制造业的统计范围 [J]. 统计与信息论坛，2016（9）：43—48.

[②]　烟草制品业也满足这些条件，但考虑到烟草制品对人体健康有害，不宜将其视为高技术产业，因此将其剔除。

"减排"的贡献度进行实证分析，我们还需在上述 9 个高技术制造业与 42 部门投入产出表的产业分类①之间建立直接的对应关系，同时对其他非高技术产业做适当合并。综合考虑 2007 与 2012 年投入产出表的产业分类以及统计年鉴中关于能源数据的产业分类，我们对产业分类做了以下合并和衔接处理：首先，使 2007 与 2012 年投入产出表的产业分类前后对应，将 2007 年和 2012 年 42 部门投入产出表分别合并为前后可比的 39 部门投入产出表。其次，在 39 部门投入产出表与统计年鉴中能源数据的产业分类之间建立起对应关系，将 39 部门投入产出表进一步合并为 24 部门投入产出表，其中，与上述 9 个高技术制造业对应的产业部门是 6 个（见表 7.7）。

表 7.7 投入产出表中对应的 6 个高技术制造业

加入低能耗标准、基于全国经济普查数据选出的 9 个高技术制造业	投入产出表中对应的 6 个产业部门
医药制造业	化学产品加工业
橡胶制品业	
通用设备制造业	通用、专用设备制造业
专用设备制造业	
汽车制造业	交通运输设备制造业
铁路运输、船舶、航空航天和其他运输设备制造业	
电气机械及器材制造业	电气机械和器材制造业
通信设备、计算机及其他电子设备制造业	通信设备、计算机和其他电子设备制造业
仪器仪表及文化、办公用机械制造业	仪器仪表制造业

资料来源：根据《全国经济普查年鉴 2013》与《中国 2012 年投入产出表编制方法》整理得到。

7.4.2 高技术制造业对天津市大气污染物排放量的贡献

一、大气污染物排放量的 SDA 分解公式

首先，记投入产出行模型为：

$$X = (I-A)^{-1}Y \tag{7.1}$$

其中，X 是各部门总产出构成的列向量，Y 是各部门最终产品构成的列向量，$A = (a_{ij})_{n \times n}$ 为直接消耗系数矩阵。$(I-A)^{-1}$ 为列昂惕夫逆矩阵，其元素 $\overline{b}_{ij}$ 表示 j 部门生产单位最终产品对 i 部门产品的完全需求。

---

① 国家统计局国民经济核算司. 中国 2012 年投入产出表编制方法 [M]. 北京：中国统计出版社，2014：231-254.

然后，设第 j 产业部门为了生产产出 X_j 对第 r 种能源的消耗量为 E_{rj}（$j=1, 2, \cdots, n$；$r=1, 2, \cdots, k$），则第 j 产业部门对第 r 种能源的直接消耗强度为 e_{rj}（$=E_{rj}/X_j$）。再设在现有技术水平下各产业部门消耗单位第 r 种能源所排放的第 δ 种大气污染物（即排放因子）为 $w_{\delta r}$（$\delta=1, 2, \cdots, m$；$r=1, 2, \cdots, k$），则第 j 产业部门为生产单位产出通过消耗第 r 种能源所排放的第 δ 种大气污染物（即直接排放强度）$p_{\delta j}=w_{\delta r} \times e_{rj}$。记所有部门对各种大气污染物的直接排放强度 $p_{\delta j}$ 构成的矩阵为 $P=(p_{\delta j})_{m \times n}$，现有技术水平下因消耗各种能源对各种大气污染物的排放因子 $w_{\delta r}$ 构成的矩阵为 $W=(w_{\delta r})_{m \times k}$，各部门对各种能源的直接消耗强度 e_{rj} 构成的矩阵为 $E=(e_{rj})_{k \times n}$，则有：

$$P = WE \tag{7.2}$$

记第 j 产业部门为生产产出 X_j 而消耗能源所排放的第 δ 种大气污染物总量为 $d_{\delta j}$（$\delta=1, 2, \cdots, m$；$j=1, 2, \cdots, n$），所有 $d_{\delta j}$ 构成的矩阵为 $D=(d_{\delta j})_{m \times n}$，则结合式（7.1）和式（7.2），有：

$$D = P\hat{X} = P(I-A)^{-1}\hat{Y} = PT\hat{Y} \tag{7.3}$$

其中，$\hat{X}$ 和 $\hat{Y}$ 分别为列向量 X 和 Y 的对角化矩阵。显然，D 就是各部门为了满足最终需求 Y 而在生产过程中对各种大气污染物的完全排放量。之所以将其中的列昂惕夫逆矩阵 $(I-A)^{-1}$ 简记为 T，是因为该项实际反映了在现有技术水平下为提供单位最终产品对各部门产出的完全需求，可称为技术矩阵。

下面，对 D 的变化 ΔD 进行结构分解分析。鉴于平均双极分解形式能有效减少 SDA 分解结果的偏差，得到了学术界的普遍认可（Vaccara 和 Simon，1968[①]；Dietzenbacher 和 Los，1988[②]；Skolka，1989[③]；Li，2005[④]），我们采用如下平均双极分解形式：

$$\Delta D = \frac{1}{2}\left[(\Delta P)T_0\hat{Y}_0 + (\Delta P)T_t\hat{Y}_t\right] + \frac{1}{2}\left[P_t(\Delta T)\hat{Y}_0 + P_0(\Delta T)\hat{Y}_t\right]$$

$$+ \frac{1}{2}\left[P_tT_t(\Delta\hat{Y}) + P_0T_0(\Delta\hat{Y})\right] \tag{7.4}$$

---

① Vaccara B. N., Simon N. W. Factors Affecting Postwar Industry Composition of Real Product [M] // Kendrick J. W. The Industrial Composition of Income and Product. New York：Columbia University Press，1968：19—58.

② Dietzenbacher E., Los B. Structural Decomposition Technique：Sense and Sensitivity [J]. Economic Systems Research，1988，10（4）：307—323.

③ Skolka J. Input—Output Structural Decomposition Analysis for Austria [J]. Journal of Policy Modeling，1989，11（1）：45—66.

④ Li J. A Decomposition Method of Structural Decomposition Analysis [J]. Journal of Systems Science and Complexity，2005，18（2）：210—218.

其中，下标 0 表示基期，下标 t 表示报告期。右端第一项包含有 ΔP，反映当其他变量保持不变时，由于各产业对各种大气污染物直接排放强度的变化而导致的大气污染物排放量的变化；第二项包含有 ΔT，反映当其他变量保持不变时，由于各产业部门生产技术的变化而导致的大气污染物排放量的变化；第三项包含有 $\Delta \hat{Y}$，反映当其他变量保持不变时，由于最终需求的变动而导致的大气污染物排放量的变化。显然，根据式（7.4）可以分析各产业部门的大气污染物排放强度、技术水平和最终需求的变动对每种污染物排放变化量的影响，以及各产业部门（特别是高技术制造业）对每种大气污染物排放量变化的贡献。

二、高技术制造业对天津市大气污染物排放量的贡献

关大博等（2014）的一项研究指出，雾霾并非某一种化学类型的污染物，而是一些污染物的混合物，其来源有二：一是燃烧过程、矿物质加工和精炼过程以及工业生产过程等直接排放的一次颗粒物（简称 PM2.5 一次源），二是由气态的 SO_2、NO_x 和挥发性有机物等前体物通过大气反应而生成的二次颗粒物[①]。而且据他们测算，天津市 2010 年 PM2.5 一次源的首要来源是工业生产过程，占 41%；二次源前体物中，83% 的 SO_2 和 64% 的 NO_x 来自能源部门。鉴于此，本节选择从 SO_2、NO_x 和 PM2.5 一次源这三种雾霾的主要成分入手，分析高技术制造业对天津市大气污染物"减排"的贡献。

根据式（7.4），基于 2007 和 2012 年天津市 42 部门投入产出表、《天津统计年鉴》中各产业部门的能耗数据，同时采用赵斌和马建中（2008）[②] 一文提供的各种污染物排放因子，我们测算得到 2007—2012 年天津市各产业部门排放的几种主要污染物（SO_2、NO_x 和 PM2.5 一次源）的排放强度、技术水平以及最终需求的变动对这几种污染物排放量的影响。限于篇幅，下面仅给出高技术制造业的测算结果，而其他非高技术产业仅以合计数给出，具体如表 7.8 至表 7.10 所示。

1. 高技术制造业对天津市 SO_2 排放量的贡献

从表 7.8 可以看出，与 2007 年相比，2012 年天津市的高技术制造业中只有交通运输设备制造业的 SO_2 排放量是增加的，而其他几个高技术制造业的 SO_2 排放量都是减少的，这直接导致了高技术制造业整体抵消了其他非高技术产业

---

① 关大博，刘竹. 雾霾真相：京津冀地区 PM2.5 污染解析及减排策略研究 ［M］. 北京：中国环境出版社，2014：1—50.

② 赵斌，马建中. 天津市大气污染源排放清单的建立 ［J］. 环境科学学报，2008（2）：368—375.

SO_2 增排量的 6.87％。其中，SO_2 减排幅度最大的高技术制造业是通用、专用设备制造业，抵消了各产业 SO_2 增排量的 21.37％；然后依次是电气机械及器材制造业，化学产品加工业和通信设备、计算机及其他电子设备制造业，分别抵消了各产业 SO_2 增排量的 19.07％、6.69％和 5.05％；相对而言，仪器仪表制造业的 SO_2 减排效应较小。但是，所有 6 大类高技术制造业也有一些共性，这就是 SO_2 排放强度的显著下降是各产业主要的减排因素，而最终需求和技术进步则都表现为各产业的增排因素。整体来看，由于除交通运输设备制造业之外的几个高技术制造业对天津市 SO_2 排放量的减排效应，不及交通运输设备制造业和非高技术产业的增排效应，最终导致天津市的 SO_2 排放量显著增加了。

表 7.8　高技术制造业对天津市 2007—2012 年 SO_2 排放量的贡献

（单位：万吨）

产业部门	SO_2排放强度效应	技术进步效应	最终需求效应	SO_2排放量总变动	贡献度（％）
化学产品加工业	−1.71	0.27	0.82	−0.61	−6.69
通用、专用设备制造业	−3.79	0.61	1.22	−1.96	−21.37
交通运输设备制造业	−5.74	2.39	7.68	4.33	47.26
电气机械及器材制造业	−2.69	0.06	0.88	−1.75	−19.07
通信设备、计算机及其他电子设备制造业	−3.43	1.18	1.79	−0.46	−5.05
仪器仪表制造业	−0.29	0.09	0.02	−0.18	−1.94
其他产业（非高技术产业）	−50.23	12.59	47.42	9.78	106.87
合　计	−67.87	17.20	59.82	9.15	100.00

资料来源：根据天津 2007 和 2012 年投入产出表及《天津统计年鉴》计算得到。

2. 高技术制造业对天津市 NO_X 排放量的贡献

从表 7.9 可以看出，与 2007 年相比，2012 年天津市的高技术制造业中只有交通运输设备制造业和化学产品加工业的 NO_X 排放量是增加的，而其他几个高技术制造业的 NO_X 排放量都是减少的，这直接导致了高技术制造业整体抵消了其他非高技术产业 NO_X 增排量的 14.04％。其中，NO_X 减排幅度最大的高技术制造业是通用、专用设备制造业，抵消了各产业 NO_X 增排量的 17.12％；然后依次是电气机械及器材制造业和通信设备、计算机及其他电子设备制造业，分别抵消了各产业 NO_X 增排量的 13.88％和 10.59％；比较而言，仪器仪表制造业的 NO_X 减排效应较小。但是，所有 6 大类高技术制造业也有一些共性，这就是

NO$_X$ 排放强度的显著下降是各产业主要的减排因素，而最终需求则表现为各产业的增排因素。从整体来看，由于除化学产品加工业和交通运输设备制造业之外的几个高技术制造业对天津市 NO$_X$ 排放量的减排效应，不及化学产品加工业、交通运输设备制造业和非高技术产业的增排效应，最终导致天津市的 NO$_X$ 排放量显著增加了。

表 7.9　高技术制造业对天津市 2007—2012 年 NO$_X$ 排放量的贡献

(单位：万吨)

产业部门	NO$_X$排放强度效应	技术进步效应	最终需求效应	NO$_X$排放量总变动	贡献度（%）
化学产品加工业	−0.21	0.06	0.61	0.46	7.97
通用、专用设备制造业	−1.49	−0.04	0.53	−1.00	−17.12
交通运输设备制造业	−2.34	−0.24	3.87	1.29	22.12
电气机械及器材制造业	−1.07	−0.14	0.40	−0.81	−13.88
通信设备、计算机及其他电子设备制造业	−1.52	−0.23	1.13	−0.62	−10.59
仪器仪表制造业	−0.14	−0.02	0.01	−0.15	−2.54
其他产业（非高技术产业）	−24.40	3.75	27.29	6.64	114.04
合　　计	−31.16	3.14	33.84	5.82	100.00

资料来源：同表 7.8。

3. 高技术制造业对天津市 PM2.5 一次源排放量的贡献

类似地，从表 7.10 可以看出，与 2007 年相比，2012 年天津市的高技术制造业中只有交通运输设备制造业的 PM2.5 一次源排放量是增加的，而其他几个高技术制造业的 PM2.5 一次源排放量都是减少的，这直接导致了高技术制造业整体抵消了其他非高技术产业 PM2.5 一次源增排量的 37.83%。其中，PM2.5 一次源减排幅度最大的高技术制造业是通用、专用设备制造业，抵消了各产业 PM2.5 一次源增排量的 26.75%；然后依次是电气机械及器材制造业，通信设备、计算机及其他电子设备制造业和化学产品加工业，分别抵消了各产业 PM2.5 一次源增排量的 23.63%、20.15% 和 7.48%；相对而言，仪器仪表制造业对天津市 PM2.5 一次源排放量的减少贡献较小。但是，所有 6 大类高技术制造业也有一些共性，这就是 PM2.5 一次源排放强度的显著下降是各产业主要的减排因素，而最终需求则表现为各产业的增排因素。整体来看，由于除交通运输设备制造业之外的几个高技术制造业对天津市 PM2.5 一次源排放量的减排效

应，不及交通运输设备制造业和非高技术产业的增排效应，最终导致天津市的
PM2.5一次源排放量增加了。

表 7.10　高技术制造业对天津市 2007—2012 年 PM2.5 一次源排放量的贡献

（单位：万吨）

产业部门	PM2.5一次源排放强度效应	技术进步效应	最终需求效应	PM2.5一次源排放量总变动	贡献度（%）
化学产品加工业	−0.09	0.01	0.06	−0.02	−7.48
通用、专用设备制造业	−0.12	0.01	0.04	−0.07	−26.75
交通运输设备制造业	−0.19	0.02	0.29	0.12	44.42
电气机械及器材制造业	−0.09	0.00	0.03	−0.06	−23.63
通信设备、计算机及其他电子设备制造业	−0.15	0.00	0.09	−0.05	−20.15
仪器仪表制造业	−0.01	0.00	0.00	−0.01	−4.24
其他产业（非高技术产业）	−2.38	0.48	2.27	0.37	137.83
合　计	−3.03	0.51	2.78	0.27	100.00

资料来源：同表 7.8。

三、原因分析

综合上文的分析可知，在高技术制造业中，主要是交通运输设备制造业对
SO_2、NO_x 和 PM2.5 一次源的排放量都在显著增加，其次是化学产品加工业对
NO_x 的排放量也有所增加，而其他高技术制造业对这几种主要大气污染物的排
放量都在减少。那么，原因何在？下面，我们结合高技术制造业的其他指标做
一个对比分析。

从表 7.11 可以看出，与 2007 年相比，2012 年天津市所有行业排放的 SO_2、
NO_x 和 PM2.5 一次源的总量增加了 15.24 万吨。其中，仅交通运输设备制造业
就贡献了 37.61%；而其他几个高技术制造业排放的这几种大气污染物的总量都
是下降的，特别是通用、专用设备制造业，电气机械和器材制造业和通信设备、
计算机和其他电子设备制造业这三个产业对减排做出了重要贡献，减排量均在 1
万吨以上，分别抵消了各产业总排放量的 19.84%、17.17% 和 7.43%。而仪器
仪表制造业和化学产品加工业仅抵消了各产业总排放量的 2.21% 和 1.11%，对
减排的贡献相对较小。究其原因，交通运输设备制造业的大气污染物排放量之
所以快速增加，主要是产值规模扩大明显（该行业增加值占 GDP 的比重从 2007

年的3.93%提升至2012年的4.48%），且其与其他产业的关联紧密，对其他产业的拉动作用较大，而其直接的能耗强度仍是下降的；电气机械和器材制造业，通信设备、计算机和其他电子设备制造业，以及仪器仪表制造业的大气污染物排放量之所以减少，既有其自身产值规模相对萎缩方面的原因，也有其能耗强度持续下降方面的原因；至于通用、专用设备制造业，其产值规模稍有扩大，但其能耗强度却在持续下降，正是其能耗强度下降的减排效应远远超过了其产值规模扩大的增排效应，导致了其排放量大幅减少；而化学产品加工业对各种大气污染物的完全排放量略有减少，则是因为尽管其排放的NO_x是显著增加的，但是由于其与其他产业的关联紧密，而其他产业的能耗强度是下降的，其通过产业链引致的其他大气污染物（特别是SO_2）的排放量却在减少，相抵之后，其对三种大气污染物的总排放量略有减少。整体来看，高技术制造业抵消了其他非高技术产业三种大气污染物增排量的10.15%。

表7.11 2007、2012年天津市高技术制造业的几个主要经济指标

产业部门	能耗比重（%）		增加值比重（%）		能耗强度（吨标准煤/万元）		SO_2、NO_x和PM2.5一次源排放量的总变化	
	2007	2012	2007	2012	2007	2012	总计（万吨）	贡献度（%）
化学产品加工业	7.25	16.19	4.68	4.24	0.175	0.224	−0.17	−1.11
通用、专用设备制造业	0.87	0.67	3.11	3.22	0.033	0.014	−3.02	−19.84
交通运输设备制造业	0.87	0.84	3.93	4.48	0.019	0.011	5.73	37.61
电气机械和器材制造业	0.54	0.25	2.54	1.51	0.021	0.010	−2.62	−17.17
通信设备、计算机和其他电子设备制造业	0.36	0.32	7.81	4.03	0.004	0.004	−1.13	−7.43
仪器仪表制造业	0.04	0.00	0.66	0.36	0.008	0.001	−0.34	−2.21
其他产业（非高技术产业）	90.07	81.73	77.27	82.16	0.199	0.064	16.79	110.15
合 计	100.00	100.00	100.00	100.00	0.146	0.078	15.24	100.00

资料来源：根据《天津统计年鉴》计算得到。

7.4.3　结论与政策建议

本节基于广义的低碳经济视角，将"能源消耗强度低于制造业的平均水平"也作为筛选高技术制造业的标准之一，在重新界定高技术制造业的基础上，采用结构分解技术对天津市各产业部门在消耗能源过程中排放的 SO_2、NO_x 和 PM2.5 一次源等大气污染物进行了结构分解分析，研究了各种污染物排放强度、技术水平和最终需求变动各自的影响，并据此测算了高技术制造业对这些污染物"减排"的贡献度。研究发现，只有 9 个制造业符合"R&D经费投入强度"和"科技人员投入力度"二者之一高于我国制造业平均水平，以及"能源消耗强度"低于我国制造业平均水平的筛选标准。这 9 个高技术制造业对应着 42 部门投入产出表中的 6 个产业部门。其中，通用、专用设备制造业，电气机械和器材制造业和通信设备、计算机和其他电子设备制造业对这几种大气污染物的"减排"做出了重要贡献，仪器仪表制造业对"减排"的贡献相对较小，而交通运输设备制造业对这几种大气污染物的排放量都在显著增加，化学产品加工业对 NO_x 的排放量也有所增加。文章进一步分析了其中的原因。

基于上述分析结论，我们给出以下政策建议。

（1）在大力发展低碳交通的同时，要注意开发和推广节能技术，提高各产业的能源利用效率。经上文分析发现，作为高技术制造业之一，交通运输设备制造业对大气污染物排放的贡献率高达 37.61%，与其对经济增长的贡献相比，其对空气质量的消极影响更为显著。鉴于随着经济的发展和人们生活水平的提高，人们对出行的需求也在与日俱增，而交通运输设备制造业与金属冶炼及压延加工业、交通运输、仓储和邮政业等高能耗产业关联较为紧密，故应在大力发展轨道交通，提高电动车等新能源汽车的比重，减缓交通压力的同时，开发和推广节能技术，提高各产业的能源利用效率。

（2）采取切实有效的措施，降低化学产品加工业的能耗强度。从全国来看，无论医药制造业，还是橡胶制品业，它们不仅技术含量较高，而且其能耗强度也低于我国制造业的平均水平，正是因为具备这些条件，我们认为可将其对应的化学产品加工业作为高技术制造业，并予以扶持和发展。但是，天津的化学产品加工业在对天津经济增长做出突出贡献的同时，也排放了大量的 NO_x，对天津的空气质量带来了不容忽视的消极影响。这主要是因为该产业的能耗强度过高，而且在 2007—2012 年期间不降反升，不仅远高于天津市单位 GDP 的能耗水平，也高于天津市制造业能耗强度的平均水平。所以，从发展低碳经济的

要求出发,必须采取切实有效的措施将该产业的能耗强度尽快降下来。

(3)扬长避短,区别对待,有效发挥高技术制造业对天津经济增长的引领作用,同时又对天津乃至京津冀的雾霾治理做出应有的贡献。从上文的分析可以看出,电气机械和器材制造业,通信设备、计算机和其他电子设备制造业的大气污染物排放量之所以减少,除了其能耗强度在持续下降之外,原因之一是其自身的产值规模在相对萎缩。类似地,仪器仪表制造业对减排的贡献相对较小,除了其能耗强度在持续下降之外,也是因为其自身的产值规模小,而且也在相对萎缩。这些高技术制造业的能耗强度都在持续下降,无疑是值得欣慰的,但是其产值规模相对萎缩则明显不利于天津经济向低碳经济转型,也不利于发挥这些高技术制造业对天津经济增长的引领作用。因此,天津应针对这些产业的特点,出台相应的激励措施,扶持和做大这些高技术制造业。但是,天津的化学产品加工业的产值比重偏大,则未必是好事情,需要区别对待。因为天津作为一个现代化大都市,人口密集,而化学产品加工业中的某些细分产业则生产的是一些高污染、易燃易爆甚至是剧毒的危险品,这些产业显然应该远离人口密集的大都市。2015 年震惊中外的天津"8.12 爆炸"就是一个明显的例证。所以,除了上文建议的应尽快将化学产品加工业过高的能耗强度降下来之外,还需要逐步压缩该产业的规模,优化其内部结构。

7.5 本章小结

京津冀地区的雾霾污染不仅存在较强的持续性,而且存在空间溢出效应,简单的产业转移并不能解决京津冀地区的雾霾污染问题。要有效治理京津冀地区的雾霾天气,必须走低碳发展道路,且根本途径是促进产业结构升级。我们认为,通过大力发展高技术制造业,既可增强我国自主创新能力、促进传统产业改造升级,与《中国制造 2025》所拟定的"三步走"战略目标相吻合,又与发展低碳经济的要求高度契合,有利于推动产业向低碳化转型,促进低碳经济向纵深发展。

为检验上述想法的可行性,并提出更有针对性的检验,本章首先从高技术产业的特性出发,在简要考察美国商务部和 OECD 等国际组织对高技术产业的界定方法及其合理性的基础上,对我国官方界定的高技术产业统计范围及其演变过程进行了梳理,对能否从高附加值、高成长性和高效益等特征出发筛选高技术产业,以及如何恰当地确定我国高技术产业的统计范围做了进一步的讨论。鉴于我国官方的高技术产业统计范围与现实不完全相符，从我国所处的经济发展阶段和整体的技术水平出发，我们认为，以"R&D经费强度和科技人员比重2个指标中至少1个高于我国制造业平均水平"为标准界定高技术制造业的统计范畴，较为现实，并依据经济普查数据选出了符合上述标准的13个产业。

　　然后，以上述筛选出来的13个高技术制造业为范畴（在42部门投入产出表中体现为8个部门），利用京津冀最新的2012年投入产出表计算这些高技术制造业的影响力系数和感应度系数，并将其和各产业的产值规模结合起来，综合考察京津冀三地的高技术制造业对整个地区经济的前向和后向关联效应。得到如下结论：（1）在三省市中，天津市高技术制造业的相对规模最大，河北次之，北京最小。（2）就高技术制造业的后向关联效应而言，京津冀三地的差异较大。表现在：①天津市多数高技术制造业的影响力系数较大，规模也较大，在天津经济增长中发挥了不可忽视的带动作用；②北京高技术制造业的结构不合理，存在较明显的资源错配现象，没有有效发挥具有较强后向关联效应的高技术制造业对上游产业的带动作用；③河北省所有高技术制造业的影响力系数都大于1，但产业结构不是很合理，少数高技术制造业具有较大的成长空间。（3）就高技术制造业的前向关联效应而言，京津冀三地较为类似：多数高技术制造业和下游产业的联系都不是很紧密；而且前向关联度高的产业类别也基本相同，都是金属冶炼和压延加工业、化学产品加工业位列前两位。但是，通信设备、计算机和其他电子设备制造业的感应度系数在京津两地都大于1，在河北则是小于1。此外，天津和河北前向关联度较高的两个高技术制造业（金属冶炼和压延加工业、化学产品加工业）的产值规模都较大，和下游产业的衔接较好；而北京前向关联度较高的金属冶炼和压延加工业的产值规模较小，可能对下游产业的发展形成一定的"瓶颈"制约。

　　最后，基于广义的低碳经济视角，将"能源消耗强度低于制造业的平均水平"也作为筛选高技术制造业的标准之一，在重新界定高技术制造业的基础上，采用结构分解技术对天津市各产业部门在消耗能源过程中排放的SO_2、NO_x和PM2.5一次源等大气污染物进行了结构分解分析，研究了各种污染物排放强度、技术水平和最终需求变动各自的影响，并据此测算了高技术制造业对这些污染物"减排"的贡献度。研究发现，只有9个制造业符合"R&D经费投入强度"和"科技人员投入力度"二者之一高于我国制造业平均水平，以及"能源消耗强度"低于我国制造业平均水平的筛选标准。这9个高技术制造业对应着42部门投入产出表中的6个产业部门。其中，通用、专用设备制造业，电气机械和器材制造业和通信设备、计算机和其他电子设备制造业对这几种大气污染物的"减排"做出了重要贡献，仪器仪表制造业对"减排"的贡献相对较小，而交通运输设备制造业对这几种大气污染物的排放量都在显著增加，化学产品加工业对NO_x的排放量也有所增加。文章进一步分析了其中的原因。

基于上述分析结论，我们分别给出了相应的政策建议，这里从略。

第 8 章

结论与政策建议

8.1 全文主要分析结论

8.1.1 关于京津冀产业结构和产业集聚模式的典型特征

（1）从产业结构的能耗特征来看，结论如下：第一，从能源消耗总量及其变化趋势来看，河北省的能源消耗量最高，并且呈持续上升趋势；北京市居中，历年变动不大，趋势较平稳；天津市的能源消耗量呈缓慢上升趋势，并于 2012 年超过了北京市。第二，从能源消耗量的产业分布来看，北京市的高能耗产业种类已从以第二产业为主转变为以第三产业为主；而天津市和河北省的高耗能产业种类并没有太大的变化，仍以第二产业为主。第三，从能源消耗强度及其变化趋势来看，河北省能源消耗强度最高，天津市次之，北京市最低，并且在 2000—2016 年间三地的能源消耗强度均呈下降趋势，并以河北省能源消耗强度的降幅最大，导致河北省与京津二地的差距缩小。第四，从能源消耗结构及其变化趋势来看，尽管北京市的煤炭消耗占其总能耗的比重较小，且京津两地的煤炭消耗占其总能耗的比重都在持续下降，但是津冀两地的煤炭消耗占其总能耗的比重仍然偏高，因此整体来看，京津冀地区仍是以煤炭为主的能源消耗结构。第五，基于混合型能源投入产出表对京津冀三地的能源消耗的 SDA 分解结果表明：基于混合型能源投入产出表对京津冀三地的能源消耗的 SDA 分解结果表明：天津市的能耗总量呈快速增长之势，主要是最终需求和技术进步推动的结果，而能源强度变动则发挥着抵消的作用；但是在能耗总量快速增长的同时，不同能源品种的影响因素不尽相同，增速有快有慢，能耗结构也在发生着微妙的变化。河北省四个能源部门产品的消耗量都是增加的，而且主要是最终需求和技术进步推动的结果，而能源强度变动则发挥着抵消的作用；其中又以各产业部门对石油加工、炼焦和核燃料加工部门产品的完全消耗量增幅最大，而且主要是最终需求增加导致的。类似地，北京市四个能源部门产品的消耗量也都是增加的，但主要是技术进步的贡献，而能源强度变动则发挥着抵消的作用，最终需求变动对总能耗变动的影响较小；此外，北京市对煤炭采选部门产品的消耗量控制得比较好。分行业看，能源强度变动、技术进步和最终需求变动等每个因素对煤炭采选部门产品消耗量的影响方向在各部门的表现不尽相同，这一结论对京津冀三地都成立。这些结构分解的结论启示我们，必须从多方面挖掘潜力，以抵消因最终需求导致的能耗增加而对环境造成的压力：一是要加快建设清洁低碳的绿色能源体系，优化能源结构；二是对于高耗煤行业，采取更具针对性的能源政策；三是提高能源利用效率，切实降低高能耗产业的能源强度。

（2）从产业结构的关联特征来看，结论如下：①京津冀三地的后向关联效应分析结果显示：第一，京津两地后向拉动作用较大的产业均集中在第二、三产业，而河北省后向拉动作用较大的产业以第一、二产业为主。建筑业同为京津冀三地后向拉动作用最大的产业。第二，北京市后向拉动作用较大的产业集中在科学研究和技术服务业，信息传输、软件和信息技术服务业，公共管理、社会保障和社会组织，卫生和社会工作等高技术产业和服务业，符合北京的功能定位。天津市后向拉动作用较大的产业主要集中于第二产业，其中又以建筑业、交通运输设备为主，而金属冶炼和压延加工品、通信设备、计算机和其他电子设备、电气机械和器材、交通运输、仓储和邮政业主要体现为直接的后向拉动作用，与天津作为全国先进制造研发基地和北方国际航运核心区的功能定位业基本相符。而河北省后向拉动作用较大的产业主要是高能耗、高排放的第二产业，与河北省欲成为京津冀生态环境支撑区的功能定位不完全相符。第三，虽然这些后向关联度较大的产业对京津冀的经济增长有重要贡献，但是由于它们中的大部分产业也属于高能耗产业，因此，如果片面地为了"保增长"而大力发展这些产业，必然产生污染排放加重的问题，引起雾霾天气频繁出现。②京津冀地区前向关联效应的分析结果显示：京津冀三地的前向关联度较大的产业具有极大的趋同性，北京和天津前向关联度较大的产业多集中在第二、三产业；而河北省前向关联度较大的产业主要集中在第二产业，第一产业（农林牧渔产品和服务）的直接前向关联度也较大。同时，京津冀地区前向关联度较大的产业多以金属冶炼和压延加工品、化学工业、建筑业和电力、热力的生产和供应业等高能耗产业为主，而这些高能耗产业常伴随着高排放、高污染，因此它们很可能是导致该地区雾霾天气频发的主要污染源。

（3）从京津冀产业集聚的典型特征来看，结果表明：①北京市产业的无关多样化程度最高，且在各年份之间较为稳定；天津市次之，但各年份之间波动明显；河北省最低，且总体呈现下降趋势。②河北省的相关多样化程度最高，北京市次之，天津市最低；且河北省和北京市产业的相关多样化程度呈现缓慢的上升趋势，而天津市虽以 2009 年为转折点先上升后下降，但 2012 年后又呈现上升趋势，因此总体趋势也是上升的。③总体上看，京津冀 13 个城市都表现为产业的无关多样化水平高于其相关多样化水平，其中，尤以北京、秦皇岛、天津、石家庄、衡水、承德、唐山等几个城市更为突出。④北京市的产业专业化水平最高，但在各年份之间存在一定的波动；天津市次之，且大致以 2011 年为分界先上升、后下降；河北省各地市的产业专业化水平均低于京津二地，其中，唐山、保定、廊坊和衡水的产业专业化水平在河北省内较高，而张家口、石家庄、承德和邯郸的产业专业化水平在河北省内较低。从总体上看，京津冀地区（除去北京市外）产业的专业化程度较低。

（4）从京津冀地区产业结构和产业集聚模式的形成机制，以及二者的制约因素来看，结论如下：①比邻的地理区位因素将京津冀各地紧密地连接起来，便利的交通运输条件大大地降低了运输成本，加强了京津冀区域内部产业间的要素流动，有效地促进了该区域的产业合作，促进了产业集聚的形成。但是，京津两地独特的政治地位，使得河北省一直都处于京津两地的要素资源供给者和产业转移承接者的从属地位，为了支持京津两地经济的快速发展，河北省各地市发展了一批高能耗、高排放、高污染的产业，产业结构存在较严重的同构现象，这也是为什么河北省各地市产业的相关多样化程度最高，而专业化程度最低的直接原因。②京津冀产业结构的关联特征对其产业集聚模式有着重要的影响。比如，北京市后向关联度较高的产业种类最多（有 4 大类），天津市次之（有 3 大类），而河北省最少（仅有 2 大类），这直接导致了北京市产业的无关多样化水平最高，天津市次之，河北省最低。③京津冀的产业集聚模式对其产业结构优化升级的方向、快慢也产生了直接的影响。比如，北京市的产业专业化集聚程度最高，无疑有助于提升这些产业的竞争力，有利于其产业结构的转型升级，转向以高科技含量的服务业为主。而河北省各地市的产业专业化程度最低，相对京津两地的竞争力必然较弱，其产业结构转型升级的步子必然较慢。

8.1.2　关于京津冀产业一体化进程及其薄弱环节

我们认为，产业一体化是一个动态的过程，是区域产业通过整合和重组，形成良好的分工与协作的运行机制，从而提升区域整体产业竞争力，并进一步促进区域经济协同发展的过程。区域内各地区间贸易联系的密切性和产业分工程度是衡量产业一体化水平的基本判定标准，区域间贸易联系紧密且分工明确表明产业一体化程度高，反之，则说明产业一体化程度低。受地区间贸易额等统计数据缺乏的限制，我们采取了通过衡量地区间的市场一体化水平来间接衡量地区间的贸易联系是否紧密。而市场一体化水平则可以从产品市场和要素市场两方面去评判。所以，最终我们选择了利用地区间相对价格方差和工资水平差距以及区域分工指数，共同构成产业一体化的综合评价体系，并对京津冀产业一体化的进程进行了测度。结果显示，在 2003—2015 年期间京津冀的产业一体化程度整体表现为"先在波动中下降、然后缓慢上行"的走势，转折点为 2006 年；其薄弱环节表现在要素市场一体化程度不高，产品市场一体化波动明显，且产业分工程度偏低。但是在 2006—2012 年期间京津冀地区间的产业分工指数是稳步走高的，这可能与这期间国家将天津滨海新区的开发开放上升为国家战略，在国家的支持下滨海新区的产业结构有较大改善，带动了京津冀的产业分工呈逐渐改善和良性发展态势有关。

8.1.3　关于京津冀产业结构对雾霾天气的贡献

第 5 章主要对京津冀雾霾天气与产业结构的关联性进行了分析。首先，区分了雾和霾，明确了治理大气污染，消除霾才是根本。进一步地给出了雾霾的普遍成因（自然环境因素和人为经济因素）及主要成分（NO_x、SO_2、PM10 和 PM2.5）。然后，基于环保部的环境监测数据和各行业大气污染物排放量的测算数据，对京津冀大气污染物排放总量的变化趋势、各行业大气污染物排放量的占比，以及分能源类型的大气污染物排放量及其变化趋势等进行了描述分析，明确了主要的污染源。最后，利用基于投入产出表的 SDA 结构分解技术，将京津冀各产业部门为了满足最终需求而在生产过程中排放的各种大气污染物总量分解为能耗结构效应、能耗强度效应、增加值率效应、技术进步效应、产业结构效应和最终需求总量效应等六大影响因素的影响作用；并采用 LMDI 分解技术，对北京市各工业行业排放雾霾主要成分、河北省各地市对雾霾排放量的贡献，以及唐山市 PM2.5 一次源的排放量进行了分解分析。结果显示如下。

（1）2010—2014 年，河北省以排放的 SO_2 的占比最高，占三种主要污染物总和的 69% 以上，接近 70%；NO_x 排放量的占比在 27% 左右浮动；PM2.5 一次源的占比最小，基本维持在 3%—4% 之间。工业对各种大气污染物的排放量最大，占河北省全行业排放量的比例均在 90% 以上，其中又以金属冶炼和压延加工品、电力、热力的生产和供应业、石油加工、炼焦和核燃料加工业、煤炭开采和洗选业、化学产品等 5 个工业部门对 SO_2、NO_x 和 PM2.5 一次源排放量的贡献最大。天津类似，2003—2016 年期间工业累计排放的 NO_x、SO_2、PM10 和 PM2.5 一次源分别占全行业 NO_x、SO_2、PM10 和 PM2.5 一次源排放总量的 65.98％、90.23％、81.73％、78.74％，工业累计排放的大气污染物（NO_x、SO_2、PM10 和 PM2.5 一次源）总量占全行业大气污染物排放总量的 81.30％。其中，金属冶炼及压延加工业、化学工业、采掘业不仅属于大气污染物排放量最大的前 10 个行业之一，而且它们的排放量也在增加。2005—2015 年，北京工业部门排放的大气污染物以 SO_2 最多，占三种主要大气污染物（SO_2、NO_x 和 PM2.5 一次源）总排放量的 66.1％，但无论是排放绝对量，还是排放占比，都呈逐年减少的趋势。煤炭始终是三种大气污染物的最主要污染源，而随着不断地提倡使用清洁能源，天然气开始成为 NO_x 和 PM2.5 一次源的主要污染源。

（2）从 2007 年到 2012 年，北京市四种大气污染物的排放量均在增加且排名前五位的产业为金属冶炼及压延加工业，石油加工、炼焦及核燃料加工业，电力、热力及燃气的生产和供应业，化学工业，金属及非金属矿采选业。但由于北京市的其他服务业对 NO_x、SO_2、PM10 和 PM2.5 一次源等污染物排放量减少的贡献度较高，显著降低了大气污染物的排放，直接导致了北京市总体 NO_x、SO_2、PM10 和 PM2.5 一次源的排放量的减少。从 SDA 分解结果来看，在 2007—2012 年期间，北京市各产业的能耗结构效应和能耗强度效应是四种大气污染物的减排因素；技术进步效应和最终需求总量效应是四种大气污染物的增排因素；而增加值率效应是除 NO_x 以外的其他三种大气污染物的减排因素；产业结构效应是除 SO_2 以外的其他三种大气污染物的增排因素。可见，最终需求的扩张和技术进步是导致北京市雾霾天气加重的重要原因，而为了减少大气污染物的排放量，北京市的产业结构、能源结构尚需进一步调整。

（3）从 2007 年到 2012 年，天津市四种大气污染物的排放量均在增加且幅度较大的五个产业依次是交通运输、仓储和邮政业，其他服务业，煤炭开采和洗选业，建筑业，食品制造及烟草加工业；四种大气污染物均在减排且减幅最大的五个产业依次是电力、热力及燃气的生产和供应业，农林牧渔业，通信设备、计算机及其他电子设备制造业，石油和天然气开采业，非金属矿物制品业。但由于天津市各种污染物增排产业的增排量大于减排产业的减排量，所以天津市四种大气污染物的排放量都是增加的。从 SDA 分解结果来看，天津市各产业对大气污染物的减排因素有能耗结构效应、能耗强度效应、增加值率效应和产业结构效应，增排因素有最终需求总量效应和技术进步效应（PM10 除外）。但由于最终需求总量效应的增排作用显著，而各种减排因素的减排效应相对较弱，所以天津市各产业四种大气污染物的总体排放量都是增加的。可见，天津市雾霾天气的出现主要是由于最终需求和技术进步的增排效应较强，而各种减排因素的减排效应相对较弱。

（4）从 2007 年到 2012 年，河北省四种大气污染物均在增加的产业依次是煤炭开采和洗选业，石油加工、炼焦及核燃料加工业，建筑业，金属制品业，交通运输设备制造业，通用、专用设备制造业，交通运输、仓储和邮政业，批发零售和住宿餐饮业，金属及非金属矿采选业，纺织服装鞋帽皮革羽绒及其制品业，纺织业，仪器仪表及文化办公用机械制造业；四种大气污染物均在减少的产业依次是非金属矿物制品业，金属冶炼及压延加工业，其他服务业，电力、热力及燃气的生产和供应业，石油和天然气开采业，木材加工及家具制造业，食品制造及烟草加工业，其他制造产品，水的生产和供应业，化学工业，造纸印刷及文教体育用品制造业，通信设备、计算机及其他电子设备制造业。由于河北省四种大气污染物增排产业的增排量大于减排产业的减排量，所以河北省四种大气污染物的排放量都是增加的。从 SDA 分解结果来看，河北省各产业的能耗强度效应、增加值率效应和技术进步效应是四种大气污染物的减排因素；而能耗结构效应是除 SO_2 以外的其他三种大气污染物的减排因素；产业结构效应和最终需求总量效应是四种大气污染物的增排因素。由于最终需求总量效应和产业结构效应的增排作用显著，而各种减排因素的减排效应相对较弱，所以河北省各产业四种大气污染物的总排放量都是增加的。可见，河北省雾霾天气的出现主要是由于最终需求的扩张和产业结构不合理，同时各种减排因素的减排效应相对较弱。

（5）从关于北京工业行业的 LMDI 分解结果来看，与"十一五"相比，"十二五"期间北京能源结构的优化对 SO_2、NO_x 的减排效果更加明显，而能源强度下降的减排效果有所减弱；经济发展水平和人口总量的增排效应也有所减弱；产业结构优化的减排效果则没有明显改善，对 SO_2 的减排力度甚至有所下降。分能源类型看，样本期间北京工业部门因消耗煤炭和焦炭所排放的 SO_2 快速下降，而且能源结构的改善、能源强度的下降和产业结构的优化是二者主要的减排因素；但是，煤炭仍是目前 SO_2 最主要的污染源。

（6）从河北省各地市来看，基于 2010—2014 年规模以上工业企业数据的测算结果表明，各年各类大气污染物的排放量都是唐山、邯郸和石家庄位列前三。其中，又以唐山的比重最大，约占全省排放量的 1/3；邯郸次之，约占全省排放量的 1/5；石家庄第三，约占全省排放量的 1/6。而且，各地市几类主要大气污染物的排放量占全省的比重在各年份之间仅有小幅波动，没有明显的上升或下降趋势。从基于地区视角的 LMDI 分解结果来看，经济发展水平对各类大气污染物排放量的影响最大，且为增排效应；能源强度对各类大气污染物排放量的影响略低于经济发展水平，且为减排效应；相对而言，地区产值结构、能耗结构、人口规模对各类大气污染物排放量的影响较小，其中，地区产值结构的调整对大气污染物有减排效应，人口规模对各类大气污染物有增排效应，而能耗结构在 2013 年之前主要表现为增排效应，仅在 2014 年对 NO_x 和 PM2.5 一次源表现为减排效应。究其原因，是因为河北省的地区产值结构虽然发生了一定的变化，并有减排效应，但这种变化较小；多数地市规模以上工业企业的能源强度都在下降，导致了河北全省规模以上工业企业整体的能源强度也是下降的，并对全省大气污染物的排放发挥了抵消和减排的作用；河北省各地市规模以上工业企业的能耗结构"一煤独大"的格局并未有实质性改变，仍有待进一步优化。

（7）对河北省唐山市规模以上工业企业排放 PM2.5 一次源的 LMDI 分解结果显示：经济发展水平是导致 PM2.5 一次源增排的最大影响因素；人口规模也是增排因素，但是影响较小；产业结构因素在 2008 年之前主要表现为减排效应，而 2009 年之后则主要表现为增排效应；分行业看，以煤炭开采和洗选业、黑色金属冶炼及压延加工业排放的 PM2.5 一次源最多，特别是黑色金属冶炼及压延加工业排放的 PM2.5 一次源呈持续快速增长的态势；能耗强度因素是 PM2.5 一次源的最大减排因素；唐山市的能耗结构一直呈"一煤独大"的特点，近几年来原煤、焦炭在总能耗中的占比虽呈不断下降的趋势，能耗结构有所改善，但进展缓慢，化石能源的占比仍非常高，能耗结构因素对 PM2.5 一次源的影响表现为增排效应。

8.1.4 关于京津冀产业集聚模式对产业一体化和经济发展的影响

鉴于市场一体化是产业一体化的前提和基础，第 6 章首先讨论了产业的多样化和专业化对区域市场一体化进程可能的影响机制，并采用普通面板模型对京津冀特有的产业集聚模式对其市场一体化的影响进行了实证检验。然后，在传导机制分析的基础上，采用空间面板模型，对京津冀特有的产业集聚模式对其经济发展的影响进行了实证检验。但是，前两节的分析都没有考虑京津冀地区的行政壁垒及其可能存在的影响，结果不一定真实。为此，我们通过构建边界效应模型对京津冀地区是否存在显著的行政边界效应进行了实证检验，得到的结论是京津冀之间存在一定的行政壁垒；在此基础上，进一步讨论了如何间接衡量行政壁垒。最后，以第 3、4 章对京津冀的产业集聚模式和产业一体化的测度指标为基础，并将行政壁垒作为重要的控制变量，通过构建结构方程模型，分析了产业集聚的各种模式对产业一体化的各子要素和总体水平的影响，归纳出京津冀的产业集聚模式对京津冀产业一体化的影响方向和路径。结果表明如下。

（1）如果既不考虑空间相关性，也不考虑行政壁垒的潜在影响，那么由于京津冀三省市的产业集聚模式更突出地表现为无关多样化和低水平专业化，使其市场一体化进程受到了明显的负面影响。

（2）不能笼统地说产业的相关或无关多样化有利于或不利于经济增长，而应当结合当时所处的外部经济环境来分析。当宏观经济形势较好时，产业的相关多样化有利于经济增长；而当宏观经济形势不好时，产业的相关多样化完全可能不利于经济增长。而无论宏观经济形势好坏，产业的无关多样化对经济增长的促进作用可能都不明显。与此一致，产业的相关多样化程度较高的地区其经济波动可能较大；而产业的无关多样化程度较高的地区其经济波动可能较小，经济运行更平稳。

（3）如果考虑空间相关性，但不考虑行政壁垒的潜在影响，那么估计的空间面板模型结果表明，京津冀地区产业的相关多样化对经济增长具有显著的抑制作用，无关多样化对经济波动有显著的抑制作用。

（4）通过构建边界效应模型发现，京津冀地区存在显著的行政边界效应，也即存在一定的行政壁垒。而且，通过从基础设施水平差距、基本公共服务差距和经济发展水平差距三方面间接衡量行政壁垒发现，京津冀各地市间的行政壁垒更突出地体现在以公共财政支出为代表的基本公共服务的悬殊差距上；京津冀各地市间的行政壁垒呈缓慢下降的趋势，个别年份甚至有所反复。

（5）通过考虑行政壁垒的潜在影响，构建结构方程模型发现，京津冀地区产业相关多样化与行政壁垒对市场一体化有显著的负面影响，产业无关多样化和专业化集聚对京津冀地区市场一体化有显著的促进作用。京津冀地区产业相关多样化、无关多样化和行政壁垒对区域产业分工有负面影响，产业的专业化集聚对产业分工有正面影响，但只有行政壁垒对区域分工的影响效应是不显著的。京津冀产业的相关多样化对产业一体化的发展有不显著的阻碍作用，无关多样化与行政壁垒对产业一体化的发展有显著的阻碍作用，产业的专业化集聚则对产业一体化的进程有显著的促进作用。上述几方面的因素综合作用，最终导致了京津冀产业一体化的进程缓慢。

8.1.5　关于京津冀发展高技术制造业实现雾霾治理与产业协同发展的可能性

京津冀地区的雾霾污染不仅存在较强的持续性，而且存在空间溢出效应，简单的产业转移并不能解决京津冀地区的雾霾污染问题。要有效治理京津冀地区的雾霾天气，必须走低碳发展道路，且根本途径是促进产业结构升级。我们认为，通过大力发展高技术制造业，既可增强我国自主创新能力、促进传统产业改造升级，与《中国制造 2025》所拟定的"三步走"战略目标相吻合，又与发展低碳经济的要求高度契合，有利于推动产业向低碳化转型，促进低碳经济向纵深发展。

为检验上述想法的可行性，并提出更有针对性的检验，第 7 章首先从高技术产业的特性出发，在简要考察美国商务部和 OECD 等国际组织对高技术产业的界定方法及其合理性的基础上，对我国官方界定的高技术产业统计范围及其演变过程进行了梳理，对能否从高附加值、高成长性和高效益等特征出发筛选高技术产业，以及如何恰当地确定我国高技术产业的统计范围做了进一步的讨论。鉴于我国官方的高技术产业统计范围与现实不完全相符，从我国所处的经济发展阶段和整体的技术水平出发，我们认为，以"R&D 经费强度和科技人员比重 2 个指标中至少 1 个高于我国制造业平均水平"为标准界定高技术制造业的统计范畴，较为现实，并依据经济普查数据选出了符合上述标准的 13 个产业。

然后，以上述筛选出来的 13 个高技术制造业为范畴（在 42 部门投入产出表中体现为 8 个部门），利用京津冀最新的 2012 年投入产出表计算这些高技术制造业的影响力系数和感应度系数，并将其和各产业的产值规模结合起来，综合考察京津冀三地的高技术制造业对整个地区经济的前向和后向关联效应。得到如下结论：（1）在三省市中，天津市高技术制造业的相对规模最大，河北次之，北京最小。（2）就高技术制造业的后向关联效应而言，京津冀三地的差异较大。表现在：①天津市多数高技术制造业的影响力系数较大，规模也较大，在天津经济增长中发挥了不可忽视的带动作用。②北京高技术制造业的结构不合理，存在较明显的资源错配现象，没有有效发挥具有较强后向关联效应的高技术制造业对上游产业的带动作用。③河北省所有高技术制造业的影响力系数都大于1，但产业结构不是很合理，少数高技术制造业具有较大的成长空间。（3）就高技术制造业的前向关联效应而言，京津冀三地较为类似：多数高技术制造业和下游产业的联系都不是很紧密；而且前向关联度高的产业类别也基本相同，都是金属冶炼和压延加工业、化学产品加工业位列前两位。但是，通信设备、计算机和其他电子设备制造业的感应度系数在京津两地都大于 1，在河北则是小于 1。此外，天津和河北前向关联度较高的两个高技术制造业（金属冶炼和压延加工业、化学产品加工业）的产值规模都较大，和下游产业的衔接较好；而北京前向关联度较高的金属冶炼和压延加工业的产值规模较小，可能对下游产业的发展形成一定的"瓶颈"制约。

最后，基于广义的低碳经济视角，将"能源消耗强度低于制造业的平均水平"也作为筛选高技术制造业的标准之一，在重新界定高技术制造业的基础上，采用结构分解技术对天津市各产业部门在消耗能源过程中排放的 SO_2、NO_x 和 PM2.5 一次源等大气污染物进行了结构分解分析，研究了各种污染物排放强度、技术水平和最终需求变动各自的影响，并据此测算了高技术制造业对这些污染物"减排"的贡献度。研究发现，只有 9 个制造业符合"R&D 经费投入强度"和"科技人员投入力度"二者之一高于我国制造业平均水平，以及"能源消耗强度"低于我国制造业平均水平的筛选标准。这 9 个高技术制造业对应着 42 部门投入产出表中的 6 个产业部门。其中，通用、专用设备制造业，电气机械和器材制造业和通信设备、计算机和其他电子设备制造业对这几种大气污染物的"减排"做出了重要贡献，仪器仪表制造业对"减排"的贡献相对较小，而交通运输设备制造业对这几种大气污染物的排放量都在显著增加，化学产品加工业对 NO_x 的排放量也有所增加。文章进一步分析了其中的原因。

8.2　对京津冀产业一体化和雾霾治理协同推进的几点建议

在第 1 章我们曾经指出，在现实中，产业结构与产业集聚之间客观上存在着相互作用、相互影响的共变机制：一方面，随着产业结构的合理化，各产业之间的协调能力不断加强，各产业间的关联水平也会不断提高。而随着产业之间关联水平的提升，必然促使一些关联度高的产业进一步集聚到一起，从而影响着地区产业集聚模式的形成。另一方面，产业集聚带来的低成本效应、竞争效应、分工效应等优势也可以促进产业的发展[1]，使某些产业在本地区产业结构中的比例不断提升，甚至成长为优势产业，促使产业结构由低级向高级进化，由无序向有序发展。因此，客观上，不同的产业集聚模式对应着不同的产业结

---

[1]　张春法，冯海华，王龙国. 产业转移与产业集聚的实证分析——以南京市为例［J］. 统计研究，2006（12）：47—49.

构，而由于不同产业的能耗结构和能耗强度不同，一个区域产业结构的能耗特征和关联特征同时也决定了其对环境的压力，这为我们将产业一体化和雾霾治理联系起来协同推进提供了可能。本研究"基于京津冀一体化的雾霾治理与产业关联统计研究"，正是基于这一认识进行整体设计和分章展开研究的，各章形成一个整体。

在前面各章节的实证分析之后，结合总结该章节的主要分析结论，我们已给出一些政策建议。这里，我们仅从各章的内在联系角度，就如何协同推进京津冀产业一体化和雾霾治理工作，再谈几点我们的认识和建议。

8.2.1　厘清协同推进的总体思路

京津冀地区的行政区划层次较多，在发展目标规划、基础设施建设、产业布局部署、生态环境保护等方面，各个行政区域长期各自为政。特别是改革开放以来，各地方政府一直以经济建设为中心，将抓经济建设作为第一要务，但是在发展当地经济的过程中，大都很少考虑自身的比较优势和地区间合理分工的问题，这就不可避免地导致各地在产业布局上日趋同质化，产业分工不明确，专业化水平低，更突出地体现为产业的多样化特别是无关多样化，地区间的产业一体化发展也必然缓慢，而以雾霾为典型特征的环境污染则日趋严重，得不到根治。因此，要实现京津冀地区产业一体化和雾霾治理协同推进，各级地方政府首先要摒弃狭隘的地方保护利益观，增强全局观念和整体意识，自觉打破"一亩三分地"的思维定式，通力合作，降低区域内地区之间的行政壁垒。

从伦敦都市圈、东京都市圈的发展经验来看，只要政府在整个区域范围进行战略统筹，制定区域联合规划，是能够有效避免各地区利益与区域整体利益的冲突的。具体到京津冀三地政府，可以考虑携手对区域产业布局和产业结构升级做出科学合理的规划，通过产业发展规划促进产业升级，并引导石化、钢铁等高能耗产业向更便于利用国外资源且环境容量较大的沿海地市转移和集聚，从而在推动产业一体化发展的同时，减少雾霾污染的发生。

8.2.2　明确区域主体功能定位，合理规划产业的空间布局

长期以来，由于北京和天津独特的政治地位，使得京津冀地区的产业结构具有明显的政治导向特性。未来随着雄安新区的建设逐步到位，京津冀地区将呈现北京、天津和雄安新区三足鼎立之格局，原来京津冀三地之间的协调和协同发展，将演变为京、津、冀和雄安四地之间的协调和协同发展。在新的形势下，原本在京津冀地区处于被动地位的河北省无疑将获得更多的发展机遇。但

是，从协同推进产业一体化和雾霾治理考虑，各地仍要服从中央的总体规划和对各地的主体功能定位①，利用各自的产业基础，兼顾各自的资源环境承载能力，利用行政手段弥补市场机制的不足，使得产业的空间布局更加合理，资源配置更加有效，从而避免因重复建设和产业同质发展所引起的资源浪费，减少大气污染物的排放。特别是，为使京津冀重点生态功能区的建设落到实处，必须正视其建设中可能存在的市场失灵问题，而解决这些问题的出路在于对财政政策做出相应的调整，使之更有利于突出区域主体功能定位，更有利于保障重点生态功能区的居民也能享受到和开发类地区大致均等的基本公共服务，更有利于将重点生态功能区和开发类地区的收入差距缩小到合理的范围内②。

8.2.3　加强基础设施的互联互通，促进生产要素流动和产业分工协作

由上文已知，京津冀产业一体化的薄弱环节表现在要素市场一体化程度不高，产品市场一体化波动明显，且产业分工程度偏低；但是在 2006—2012 年期间，京津冀地区间的产业分工指数是稳步走高的。这一方面说明，这期间国家将天津滨海新区的开发开放上升为国家战略，带动了京津冀的产业分工呈逐渐改善和良性发展的态势；另一方面也说明，京津冀各地区间要素市场一体化程度不高的问题将更加突出。

为改善京津冀各地区间要素市场分割的局面，必须逐步缩小各地区间在教育、医疗等基本公共服务和福利待遇上的差距，才有可能实现人员、资金、技术等生产要素在地区间的自由流动和双向流动。为此，一方面要自觉打破各地区间的行政壁垒，一方面要加强各地区间基础设施的互联互通，特别是加强交通、通信设施的互联互通和资费标准的统一。尤其应增加对河北省各地市的基础设施投资和公共财政支出，以此缩小河北省各地市和京津两地在基础设施水平、基本公共服务和居民收入水平上的差距，并通过更加便利的交通设施缩短河北省各地市与京津两地之间人员、物资流动的时间距离。一旦生产要素充分流动起来了，将会有效促进地区间的产业分工与协作，促进产业集聚（特别是专业化集聚）的形成。而产业的专业化集聚水平的提高，又会促进各地区间的贸易联系，并进一步促进各地区间的产业分工，提升各地区经济发展的活力。

---

① 2010 年 12 月 21 日国务院正式发布《全国主体功能区规划》，对各地的主体功能定位有明确的表述。

② 王晓玲. 主体功能区规划下的财政转型研究——基于区域协调发展的视角 [D]. 天津：天津财经大学，2013；王晓玲. 财政转型促进主体功能区协调发展的理论分析 [J]. 公共财政研究，2015（4）：80－88.

如此良性循环，将会不断推进京津冀地区的产业一体化向着更高的水平发展。

8.2.4 借鉴国外先进经验，优化能源结构和产业结构

从国际上看，英国、美国、日本等发达国家无一例外地经历过雾霾天气的高发期。比如，英国从 19 世纪开始就一直忍受着工业烟雾的毒害，伦敦甚至被一度称之为"雾都"；美国洛杉矶曾先后三次发生光化学烟雾事件，芝加哥在 162－1964 年也曾出现严重的空气污染；日本在第二次世界大战后也因专注于发展经济，忽视环境保护，环境污染不断恶化，至上世纪 60 年代"四日市哮喘病"成为日本最严重的空气污染事件[①]。但是，随着这些国家对大气污染治理的重视，通过能源结构的清洁化和产业结构的优化，这些国家都成功解决了大气污染的问题。比如，为治理空气污染，美国一是采取了清洁煤炭技术、机动车排放治理等末端治理措施；二是通过大力发展高新技术产业和服务业，同时压缩高污染行业（尤其重工业）在经济中的占比，对产业结构进行了大幅度调整和优化；三是通过颁布能源税法案等措施，推动能源结构的清洁化[②]。另据报道，美国大概在 1940 年左右，石油的使用量超过煤炭的使用量，从此成为整个美国的主流能源；然后大概在 2010 年的时候，天然气的开采量又超过煤炭，成为美国仅次于石油之后消耗最多的能源，并且有赶超石油的趋势。如今，美国不仅成功地开采出了页岩油，成为全球石油市场中一股巨大的力量，其页岩气的产量也已可以满足国内对天然气的需求，并开始对全世界进行出口。[③] 类似地，为治理空气污染，英国政府也采取了煤炭排污治理、汽车排放治理等末端治理措施；同时通过显著降低对重工业的依赖，优化了产业结构；并成功地实现了能源结构从煤炭向燃油、天然气及后来的可再生能源的转型；为减少汽车尾气排放，还通过各种手段控制机动车增长，大力发展公共交通[④]。为治理空气污染，日本也采取了和英国类似的政策措施，但在能源结构的调整方面，

---

① 马骏，李治国等. PM2.5 减排的经济政策 [M]. 北京：中国经济出版社，2014：209 －225.

② 马骏，李治国等. PM2.5 减排的经济政策 [M]. 北京：中国经济出版社，2014：210 －214.

③ 参阅：全球能源行业新的搅局者正式出现——美国的天然气 [EB/OL]. 网址：ht-tp：//www.myzaker.com/article/593626cb1bc8e0180700000d/

④ 马骏，李治国等. PM2.5 减排的经济政策 [M]. 北京：中国经济出版社，2014：216 －219.

日本主要是通过增加进口天然气，发展核能，降低对石油等传统能源的依赖①。美国、英国、日本等国家治理雾霾的这些成功经验，无疑为我们提供了有益的借鉴。

具体而言，为改善京津冀以煤为主的能源消耗结构，进而减少大气污染物的排放，政府可考虑借鉴国外的经验，对各种高污染的化石能源的使用征收较高的税费，以提高其消费成本；同时，提高财政贴息、绿色债券、银行低息贷款等方式为清洁能源的研发、生产和设备采购提供支持，鼓励企业和居民采用清洁能源。②

此外，鉴于前文的分析表明，工业是河北省大气污染的主要污染源，工业排放的大气污染物占河北省全行业排放量的 90% 以上；天津类似，工业排放的大气污染物占全行业排放量的 81.30%。而且，京津冀地区前向和后向关联度较大的产业多数是高能耗产业，它们很可能是导致该地区雾霾天气频发的主要污染源。从 SDA 分解结果来看，产业结构不合理是导致河北省雾霾天气频繁出现的主要增排因素之一，产业结构效应同时也是北京除 SO_2 以外的其他三种大气污染物的增排因素。从对唐山市规模以上工业企业排放 PM2.5 一次源的 LMDI 分解结果来看，产业结构因素在 2009 年之后也主要表现为增排效应。因此，加快京津冀地区产业结构的优化升级同样势在必行，应作为京津冀治理雾霾的重要抓手。具体而言，政府可考虑由征收"环境费"改为征收"环保税"，并借鉴国外的经验实行差别税率。一方面提高高污染行业的排污成本，直接限制高污染行业的发展；一方面鼓励和引导企业采用低排放的生产方式，并对部分可能受到较大冲击的行业设立税收减免条款，或使用环保税收入补贴企业投资减排技术和措施③。另外，为兼顾产业结构转型升级和推动低碳经济向纵深发展，政府还应大力扶持满足"低能耗"标准的高技术制造业和现代服务业的发展，限制对高能耗、高污染的传统制造业和煤炭采掘等行业的融资支持，逐步降低高能耗、高污染行业在经济中的比重。

---

① 马骏，李治国等. PM2.5 减排的经济政策 [M]. 北京：中国经济出版社，2014：220—224.

② 马骏，李治国等. PM2.5 减排的经济政策 [M]. 北京：中国经济出版社，2014：245.

③ 马骏，李治国等. PM2.5 减排的经济政策 [M]. 北京：中国经济出版社，2014：233.

参考文献

[1] Anaman K. A. , Looi C. N. Economic Impact of Haze — Related Air Pollution on the Tourism Industry in Brunei Darussalam [J]. Economic Analysis & Policy, 2000, 30 (2): 133—143.

[2] Ang B. W. , Liu N. Handling Zero Values in the Logarithmic Mean Divisia Index Decomposition Approach [J]. Energy Policy, 2007, 35 (1): 238 —246.

[3] Ang B. W. , Liu N. Negative — value Problems of the Logarithmic Mean Divisia Index Decomposition Approach [J]. Energy Policy, 2007, 35 (1): 739—742.

[4] Ang B. W. , Liu F. L. , Chew E. P. Perfect Decomposition Techniques in Energy and Environmental Analysis [J]. Energy Policy, 2003, 31 (14): 1561—1566.

[5] Ang B. W. , Liu F. L. A New Energy Decomposition Method: Perfect in Decomposition and Consistent in Aggregation [J]. Energy, 2001, 26 (6): 537—548.

[6] Ang B. W. Decomposition Analysis for Policy Making in Energy: Which is the Preferred Method? [J]. Energy Policy, 2004, 32 (9): 1131 —1139.

[7] Balassa B. The Theory of Economic Integration: An Introduction [J]. Journal of Political Economy, 1962, 29 (6): 1—17.

[8] Baldwin R. E. , Krugman P. Agglomeration, Integration and Tax Harmonisation [J]. European Economic Review, 2004, 48 (1): 1—23.

[9] Baldwin R. E. , Venables A. J. Regional Economic Integration [J]. Handbook of International Economics, 1995, 3 (4): 1597—1644.

[10] Bentler P. M. EQS: Structural Equations Program Manual [M].

Encino, CA: Multivariate Software Inc, 2006: 337－364.

[11] Boschma R. , Iammarino S. Related variety and regional growth in Italy [J]. Simona Iammarino, 2007, 85 (3): 289－311.

[12] Boschma R. , Minondo A. , Avarro M. Related Variety and Regional Growth in Spain [J]. Papers in Regional Science, 2012 (2): 241－256.

[13] Brauer M. , Amann M. , Burnett R. T. , et al. Exposure Assessment for Estimation of the Global Burden of Disease Attributable to Outdoor Air Pollution [J]. Environmental Science & Technology, 2012, 46 (2): 652.

[14] Buxton, Neil K. An Economic History of the British Coal Industry from 1700 [M]. Edinburg: Heriot－Watt University, 1979.

[15] Carrieri F. , Errunza V. , Sarkissian S. Industry Risk and Market Integration [J]. Management Science, 2004, 50 (2): 207－221.

[16] Chen X. , Guo J. Chinese Economic Structure and SDA Model [J]. Systems Science and Systems Engineering, 2000, 9 (2): 142－148.

[17] Chenery H. B. , Watanabe T. International Comparisons of the Structure of Production [J]. Econometrica, 1958, 26 (4): 487－521.

[18] De Haan M. A Structural Decomposition Analysis of Pollution in the Netherlands [J]. Economic Systems Research, 2001, 13 (2): 181－196.

[19] Dietzenbacher E. , Hoekstra R. The RAS Structural Decomposition Approach [M]. Trade, Networks and Hierarchies. Springer Berlin Heidelberg, 2002: 179－199.

[20] Dietzenbacher E. , Los B. Structural Decomposition Technique: Sense and Sensitivity [J]. Economic Systems Research, 1988, 10 (4): 307－323.

[21] Dreher A. , Gaston N. Has Globalisation Really Had no Effect on Unions? [J]. Kyklos, 2007, 60 (2): 165 - 186.

[22] Duranton G. , Puga D. Diversity and Specialisation in Cities: Why, Where and When Does it Matter? [J]. Urban Studies, 2000 (3): 533－555.

[23] Erik D. , Bart L. Structural Decomposition Techniques: Sense and Sensitivity [J]. Economic Systems Research, 1998, 10 (4): 307－324.

[24] Feldman M. P. , Audretsch D. B. Innovation in Cities: Science － Based Diversity, Specialization and Localized Competition [J]. European Economic Review, 1999 (2): 409－429.

[25] Frenken K., Oort F. V., Verburg T. Related Variety, Unrelated Variety and Regional Economic Growth [J]. Regional Studies, 2007 (5): 685 -697.

[26] Gillies J. A., Nickling W. G., Mctainsh G. H. Dust Concentrations and Particle-size Characteristics of an Intense Dust Haze Event: Inland Delta Region, Mali, West Africa [J]. Atmospheric Environment, 1996, 30 (7): 1081-1090.

[27] Glaeser E. L., Kallal H. D., Scheinkman J. A., et al. Growth in Cites [J]. The Journal of Political Economy, 1992 (6): 1126-1152.

[28] Grossman G. M., Krueger A. B. Environmental Impacts of a North American Free Trade Agreement [R], National Bureau of Economic Research Working Paper, 1991, No. 3914.

[29] Guan D., Su X., Zhang Q., et al. The Socioeconomic Drivers of China's Primary PM2.5 Emissions [J]. Environmental Research Letters, 2014, 9 (2): 024-033.

[30] H. 钱纳里, S. 鲁滨逊, M. 赛尔奎因. 工业化和经济增长的比较研究 [M]. 上海: 上海三联书店, 1989.

[31] Hartog M., Boschma R., Sotarauta M. The Impact of Related Variety on Regional Employment Growth in Finland 1993-2006 [J]. Industry & Innovation, 2012 (6): 459-476.

[32] Henderson V., Kuncoro A., Turner M. Industrial Development in Cities [J]. Journal of Political Economy, 1995 (5): 1067-1090.

[33] Hirschman A. O. The Strategy of Economic Development [M]. The strategy of economic development. NewHaven: Yale University Press, 1958: 1331-1424.

[34] Hoekstraa R., Jeroen J. C., Bergha J. M. Comparing Structural and Index Decomposition Analysis [J]. Energy Economics, 2003 (25): 39 - 64.

[35] Hu D. Trade, Rural - urban Migration, and Regional Income Disparity in Developing Countries: a Spatial General Equilibrium Model Inspired by the Case of China [J]. Regional Science & Urban Economics, 2004, 32 (3): 311-338.

[36] Hulten C. R. Divisia Index Numbers [J]. Econometrica, 1973, 41 (6): 1017-1025.

[37] Jacobs J. The Economy of Cities [M]. New York: Vintage Books USA, 1969: 1—288

[38] Jan Tinbergen: International Economic Integration [M]. Amsterdam: Elsvier Publishing Co. 1954: 6—18.

[39] Kim S. Economic Integration and Convergence: U. S. Regions, 1840 - 1987 [J]. The Journal of Economic History, 1998, 58 (3): 659—683.

[40] Klein L. R., Ozmucur S. The Estimation of China's Economic Growth Rate [J]. Journal of Economic & Social Measurement, 2003, 28 (4): 277—285.

[41] Krugman P. R., Venables A. J. Integration, Specialization and Adjustment Production Trends in the United States Since 1870 [M]. Cambridge: National Bureau of Economic Research, 1996: 959—967.

[42] Krugman P. R. Development, Geography, and Economic Theory [M]. Cambridge: MIT Press, 1995: 595—599.

[43] Kulmala M., Vehkamäki H., Petäjä T. et al. Formation and Growth Rates of Ultrafine Atmospheric Particles: a Review of Observations [J]. Journal of Aerosol Science, 2004, 35 (2): 143—176.

[44] Laumas P. S. An International Comparison of the Structure of Production [J]. Economia internazionale, 1976, 29 (2): 2—13.

[45] Li J. A Decomposition Method of Structural Decomposition Analysis [J]. Journal of Systems Science and Complexity, 2005, 18 (2): 210—218.

[46] Mardones C., Saavedra A. Comparison of Economic Instruments to Reduce PM2.5 from Industrial and Residential Sources [J]. Energy Policy, 2016, 98: 443—452.

[47] Marshall A. Principles of Economics [M]. London: Macmillan and Co., Ltd., 1890: 257—349.

[48] Mccallum J. National Borders Matter: Canada — U. S. Regional Trade Patterns [J]. American Economic Review, 1995, 85 (3): 615—23.

[49] Meng J., Liu J., Xu Y. et al. Tracing Primary PM2.5 Emissions via Chinese supply Chains [J]. Environmental Research Letters, 2015, 10 (5): 1—12.

[50] Mingyao Wang, Qiong Tong. The Industrial Transfer and Industrial

Agglomeration in the Process of the Integration in Beijing, Tianjin and Hebei [J]. Advances in Social Science, Education and Humanities Research, 2017, 2 (91): 487−490.

[51] Mueller R. O. Structural Equation Modeling: Back to Basics [J]. Structural Equation Modeling A Multidisciplinary Journal, 1997, 4 (4): 353−369.

[52] Nakicenovic N. , Swart R. Special Report on Emissions Scenarios [M]. Cambridge: Cambridge University Press, 2000: 612.

[53] Newell R. G. , Jaffe A. B. , Stavins R. N. The Induced Innovation Hypothesis and Energy−Saving Technological Change [J]. Quarterly Journal of Economics, 1999, 114 (3): 941−975.

[54] Oort F. V. , Geus S. D. , Dogaru T. Related Variety and Regional Economic Growth in a Cross−Section of European Urban Regions [J]. European Planning Studies, 2015, 23 (6): 1110−1127.

[55] Paci R. , Usai S. The Role of Specialisation and Diversity Externalities in the Agglomeration of Innovative Activities [J]. Rivista Italiana degli Economisti, 2000 (2): 237−268.

[56] Panayotou T. Empirical Tests and Policy Analysis of Environmental Degradation at Different Stages of Economic Development [J]. Ilo Working Papers, 1993 (4): 21−22.

[57] Parsley D. C. , Wei S. J. Limiting Currency Volatility to Stimulate Goods Market Integration: A Price−Based Approach [J]. Social Science Electronic Publishing, 2001, 1 (1): 1−34.

[58] Poncet S. Domestic Market Fragmentation and Economic Growth in China [R]. ERSA Conference, 2003.

[59] Quan J. , Zhang Q. , He H. et al. Analysis of the Formation of Fog and Haze in North China Plain (NCP) [J]. Atmospheric Chemistry & Physics, 2011, 11 (15): 11911−11937.

[60] Rasmussen P. N. Studies in Inter−sectoral Relations [J]. Economica, 1956, 8 (6): 15−17.

[61] Schaaper M. OECD 划分高技术产业、测度 ICT 和生物技术产业的方法 [J]. 科技管理研究, 2005 (12): 60−62.

[62] Sheng N. , Tang U. W. The first Official City Ranking by Air Quali-

ty in China—A Review and Analysis [J]. Cities, 2015 (51): 139—149.

[63] Siegel P B, Johnson T G, Alwang J. Regional Economic Diversity and Diversification [J]. Growth & Change, 1995, 26 (2): 261 - 284.

[64] Skolka J. Input—Output Structural Decomposition Analysis for Austria [J]. Journal of Policy Modeling, 1989, 11 (1): 45—66.

[65] Soleiman A. , Othman M. , Samah A. A. et al. The Occurrence of Haze in Malaysia: A Case Study in an Urban Industrial Area [J]. Pure and Applied Geophysics, 2003, 160 (1): 221—238.

[66] Sun H. , Wang J. Industrial Integration in Changchun and Jilin City Based on the Similar Coefficients of Industrial Structure [J]. American Journal of Industrial & Business Management, 2013, 3 (2): 127—130.

[67] Vaccara B. N. , Simon N. W. Factors Affecting Postwar Industry Composition of Real Product [M] // Kendrick J W. The Industrial Composition of Income and Product. New York: Columbia University Press, 1968: 19 —58.

[68] Vautard R. , Yiou P. , Oldenborgh G. J. V. Decline of Fog, Mist and Haze in Europe over the Past 30 years. [J]. Nature Geoscience, 2009, 2 (2): 115—119.

[69] Venables T. Economic Integration and Industrial Agglomeration [J]. Biotechnology & Bioengineering, 1994, 101 (5): 946—963.

[70] Viner J. The Customs Union Issue [M]. New York: Oxford University Press, 2014: 1—171.

[71] Wachsmann U. , Wood R. , Lenzen M. et al. Structural Decomposition of Energy Use in Brazil from 1970 to 1996 [J]. Applied Energy, 2009, 86 (4): 578—587.

[72] Wang G. , Yang D. , Xia F. et al. Study on Industrial Integration Development of the Energy Chemical Industry in Urumqi—Changji—Shihezi Urban Agglomeration, Xinjiang, NW China [J]. Sustainability, 2016, 8 (7): 683—694.

[73] Yu H. , Pan S. Y. , Tang B. J. et al. Urban Energy Consumption and CO_2 Emissions in Beijing: Current and Future [J]. Energy Efficiency, 2015, 8 (3): 527—543.

[74] （美）埃德加　M. 胡佛. 区域经济学导论 [M]. 北京：商务印书

馆，1990.

[75] 白明辉. 珠三角与外围区域的产业一体化研究 [D]. 广州：广州大学，2011.

[76] 薄文广. 外部性与产业增长——来自中国省级面板数据的研究 [J]. 中国工业经济，2007（1）：37－44.

[77] 蔡宏宇，黄陈武. 低碳经济发展统计理论与测度研究 [J]. 求索，2015（11）：38－43.

[78] 蔡志敏，肖云，骞金昌. 我国高技术产业统计分类测算方法 [J]. 北京统计，2001（6）：8－10.

[79] 柴玲玲. 产业多样化影响地区经济发展的实证研究 [D]. 大连：大连理工大学，2013.

[80] 陈昌智. 大力推进京津冀协同发展 [J]. 经济与管理，2015（1）：5－6.

[81] 陈菡彬，李璞璞. 唐山市 PM2.5 一次源的结构分解分析 [J]. 华北理工大学学报（社会科学版），2018（2）：28－35.

[82] 陈红霞，李国平. 1985—2007 年京津冀区域市场一体化水平测度与过程分析 [J]. 地理研究，2009（6）：1476－1483.

[83] 陈林，罗莉娅. 低碳经济理论及其应用：一个前沿的综合性学科 [J]. 华东经济管理，2014（4）：148－153.

[84] 陈诗一. 中国工业分行业统计数据估算：1980—2008 [J]. 经济学（季刊），2011（3）：735－776.

[85] 陈守合. 中国产能严重过剩行业的经济特征——基于投入产出分析视角的考察 [J]. 山西财经大学学报，2017（3）：49－62.

[86] 陈秀山，李逸飞. 世界级城市群与中国的国家竞争力——关于京津冀一体化的战略思考 [J]. 人民论坛·学术前沿，2015（15）：41－51.

[87] 陈雅雯. 京津冀区域产业一体化现状及对策研究 [D]. 北京：北京邮电大学，2014 年.

[88] 陈益升. 高技术：定义、管理、体制 [J]. 科学管理研究，1997（2）：31－33.

[89] 崔大树，任作东. 高新技术产业一体化发展研究新进展及主要理论问题 [J]. 财经论丛，2006（1）：87－92.

[90] 崔冬初，宋之杰. 京津冀区域经济一体化中存在的问题及对策 [J]. 经济纵横，2012（5）：228－228.

[91] 崔学刚，王成新，王雪芹．雾霾危机下大都市空间结构优化新路径探究 [J]．上海经济研究，2016 (1)：13－21.

[92] 刁鹏斐．雾霾污染与产业结构的空间相关性研究 [D]．济南：山东财经大学，2016 年.

[93] 董姝娜．发展扩散与区域经济一体化研究 [D]．长春：东北师范大学，2016 年.

[94] 段志强，王雅林．产业集聚与区域经济一体化研究 [J]．大连理工大学学报（社会科学版），2006 (3)：47－52.

[95] 樊福卓．一种改进的产业结构相似度测度方法 [J]．数量经济技术经济研究，2013 (7)：99－116.

[96] 范爱军，李真，刘小勇．国内市场分割及其影响因素的实证分析——以我国商品市场为例 [J]．南开经济研究，2007 (5)：111－119.

[97] 范剑勇．市场一体化、地区专业化与产业集聚趋势——兼谈对地区差距的影响 [J]．中国社会科学，2004 (6)：39－51.

[98] 干春晖，郑若谷，余典范．中国产业结构变迁对经济增长和波动的影响 [J]．经济研究，2011 (5)：4－16.

[99] 高歌．1961－2005 年中国霾日气候特征及变化分析 [J]．地理学报，2008 (7)：761－768.

[100] 高铁梅．计量经济分析方法与建模：Eviews 应用及实例 [M]．北京：清华大学出版社，2006 年.

[101] 龚勤林．区域产业链研究 [D]．成都：四川大学，2004 年.

[102] 顾为东．中国雾霾特殊形成机理研究 [J]．宏观经济研究，2014 (6)：3－7.

[103] 关大博，刘竹．雾霾真相：京津冀地区 PM2.5 污染解析及减排策略研究 [M]．北京：中国环境出版社，2014.

[104] 桂琦寒，陈敏，陆铭，陈钊．中国国内商品市场区域分割还是整合：基于相对价格法的分析 [J]．世界经济，2006 (2)：20－30.

[105] 桂琦寒，陈敏，陆铭，陈钊．中国国内商品市场趋于分割还是整合——基于相对价格法的分析 [J]．世界经济，2006 (2)：22－32.

[106] 郭朝先．中国二氧化碳排放增长因素分析——基于 SDA 分解技术 [J]．中国工业经济，2010 (12)：47－56.

[107] 郭俊华，刘奕玮．我国城市雾霾天气治理的产业结构调整 [J]．西北大学学报（哲学社会科学版），2014 (2)：85－89.

[108] 郭克莎. 中国：改革中的经济增长与结构变动 [M]. 上海：上海三联书店，上海人民出版社，1996.

[109] 国家统计局. 国家统计局关于印发高技术产业（制造业）分类（2013）的通知 [S]. 国统字〔2013〕55 号.

[110] 国家统计局关于印发高技术产业统计分类目录的通知（国统字〔2002〕33 号）.

[111] 国家统计局国民经济核算司. 中国 2012 年投入产出表编制方法 [M]. 北京：中国统计出版社，2014.

[112] 国务院关于印发《中国制造 2025》的通知（国发〔2015〕28 号）.

[113] 何锦义. 高技术产业的界定及在我国存在的问题 [J]. 统计研究，1999（7）：16—20.

[114] 何练. 传统投入产出分析法改进研究 [D]. 吉林长春. 吉林大学，2010.

[115] 何雄浪. 专业化分工、区域经济一体化与我国地方优势产业形成的实证分析 [J]. 财贸研究，2007（6）：17—23.

[116] 贺菊煌. 产业结构变动的因素分析 [J]. 数量经济技术经济研究，1991（10）：29—35.

[117] 贺俊，范琳琳. 雾霾治理与低碳经济 [J]. 中国国情国力，2014（4）：57—58.

[118] 胡春力. 实现低碳发展的根本途径是产业结构升级 [J]. 开放导报，2011（4）：23—26.

[119] 胡敏，唐倩，彭剑飞，等. 我国大气颗粒物来源及特征分析 [J]. 环境与可持续发展，2011（5）：15—19.

[120] 胡艳，吴新国. 对高技术产业定义的理解 [J]. 技术经济，2001（3）：23—25.

[121] 黄一义. 论本世纪我国产业优先顺序的选择 [J]. 管理世界，1988（3）：16—35.

[122] 惠朝旭. 区域产业集聚形成机理分析——以成都高新区电子信息产业为例 [J]. 理论与改革，2008（2）：153—155.

[123] 荆立新. 区域产业一体化发展的现实需求分析 [J]. 学习与探索，2013（12）：122—124.

[124] 柯善咨，郭素梅. 中国市场一体化与区域经济增长互动：1995—2007 年 [J]. 数量经济技术经济研究，2010（5）：62—87.

[125] 蓝庆新，关小瑜. 京津冀产业一体化水平测度与发展对策 [J]. 经济与管理，2016 (2)：17－22.

[126] 李福柱，厉梦泉. 相关多样性、非相关多样性与地区工业劳动生产率增长——兼对演化经济地理学理论观点的拓展研究 [J]. 山东大学学报（哲学社会科学版），2013 (4)：10－20.

[127] 李金滟，宋德勇. 专业化、多样化与城市集聚经济——基于中国地级单位面板数据的实证研究 [J]. 管理世界，2008 (2)：25－34.

[128] 李克强. 钢铁产能过剩，却生产不了圆珠笔的"圆珠" [EB/OL]. 凤凰资讯，http：//news. ifeng. com/a/20160111/ 47015988 _ 0. shtml，2016－01－11.

[129] 李荣生. 中国高技术产业技术创新能力分行业评价研究——基于微粒群算法的实证分析 [J]. 统计与信息论坛，2011 (7)：59－66.

[130] 李瑞林. 区域经济一体化与产业集聚、产业分工：新经济地理视角 [J]. 经济问题探索，2009 (5)：7－10.

[131] 李善同，钟思斌. 我国产业关联和产业结构变化的特点分析 [J]. 管理世界，1998 (3)：61－68.

[132] 李郇，徐现祥. 边界效应的测定方法及其在长江三角洲的应用 [J]. 地理研究，2006 (5)：792－802.

[133] 李妍. 天津市高技术制造业的产业关联特征及其环境效应分析 [D]. 天津：天津财经大学，2017.

[134] 李璞璞. 河北省雾霾主要成分排放量的测算及结构分解分析 [D]. 天津：天津财经大学，2018.

[135] 李悦. 产业经济学 [M]. 北京：中国人民大学出版社，2004.

[136] 联合国等. 国民账户体系（SNA2008）[M]. 北京：中国统计出版社，2012.

[137] 刘保珺. 产业结构演变成因分析模型及其应用 [M]. 北京：中国统计出版社，2010.

[138] 刘保珺. 关于 SDA 与投入产出技术的结合研究 [J]. 现代财经，2003 (7)：48－51.

[139] 刘佳，朱桂龙. 基于投入产出表的我国产业关联与产业结构演化分析 [J]. 统计与决策，2012 (2)：136－139.

[140] 刘瑞. 国民经济管理学概论 [M]. 北京：中国人民大学出版社，2009.

[141] 刘晓琦. 天津能源消耗的结构分解及其对环境的影响分析——基于混合型能源投入产出表 [D]. 天津：天津财经大学，2016.

[142] 马建堂. 试析我国经济周期中产业结构的变动 [J]. 中国工业经济，1990 (1)：35－41.

[143] 马骏. PM2.5 减排的经济政策 [M]. 中国经济出版社，2014.

[144] 马丽梅，张晓. 中国雾霾污染的空间效应及经济、能源结构影响 [J]. 中国工业经济，2014 (4)：19－31.

[145] 马云泽. 重塑京津冀：京津冀一体化发展论坛综述 [J]. 中共天津市委党校学报，2014 (6)：108－112.

[146] 曼昆. 经济学原理 [M]. 北京：北京大学出版社，2009.

[147] 牟丽明. 产业结构与区域产业分工演进关系研究 [D]. 青岛：中国海洋大学，2010.

[148] 潘慧峰，王鑫，张书宇. 雾霾污染的持续性及空间溢出效应分析——来自京津冀地区的证据 [J]. 中国软科学，2015 (12)：134－143.

[149] 潘小川，李国金，高婷. 危险的呼吸——PM2.5 的健康危害和经济损失评估研究 [M]. 北京：中国环境科学出版社，2012.

[150] 彭星. 天津工业绿色全要素生产率的测算及比较——基于大气污染物的排放视角 [D]. 天津：天津财经大学，2018.

[151] 日月. "高技术" 简介 [J]. 北京林业大学学报，1993 (12)：33.

[152] 邵伟. 成渝经济区产业一体化发展研究 [D]. 沈阳：辽宁大学，2014.

[153] 申洪源，陈宇. 从产业关联看产业结构效应——基于四川省 2007 年投入产出表数据 [J]. 经济问题，2012 (3)：29－32.

[154] 盛斌，毛其淋. 贸易开放、国内市场一体化与中国省际经济增长：1985—2008 年 [J]. 世界经济，2011 (11)：44－46.

[155] 施凤丹，刘春平，郭红燕. 基于 SDA 的结构效应对能源强度影响程度的实证研究 [J]. 企业经济，2008 (5)：99－101.

[156] 石敏俊. 中国省区间投入产出模型与区际经济联系 [M]. 北京：科学出版社，2012.

[157] 史丹. 我国经济增长过程中能源利用效率的改进 [J]. 经济研究，2002 (9)：49－56.

[158] 史忠良. 产业经济学 [M]. 北京：经济管理出版社，1998.

[159] 宋辉，王燕，郝苏霞. 中国混合型能源投入产出模型建立与应用研

究［C］//彭志龙，佟仁城，陈璋. 2013 中国投入产出理论与实践［M］. 北京：中国统计出版社，2015：399－406.

［160］宋辉，王振民. 利用结构分解技术（SDA）建立投入产出偏差分析模型［J］. 数量经济技术经济研究，2004（5）：109－112.

［161］宋兰旗，李秋萍. 论发展区域产业一体化的理论基础［J］. 长春金融高等专科学校学报，2012（4）：19－21.

［162］宋瑞礼. 中国经济增长机理解释——基于投入产出 SDA 方法［J］. 经济经纬，2012（2）：17－21.

［163］苏东水. 产业经济学［M］. 北京：高等教育出版社，2004.

［164］苏红键，赵坚. 相关多样化、不相关多样化与区域工业发展——基于中国省级工业面板数据［J］. 产业经济研究，2012（2）：26－32.

［165］孙久文，邓慧慧，叶振宇. 京津冀区域经济一体化及其合作途径探讨［J］. 首都经济贸易大学学报，2008（2）：57－62.

［166］孙启明，王浩宇. 基于复杂网络的京津冀产业关联对比［J］. 经济管理，2016（4）：35－46.

［167］孙晓华，柴玲玲. 相关多样化、无关多样化与地区经济发展——基于中国 282 个地级市面板数据的实证研究［J］. 中国工业经济，2012（6）：5－17.

［168］孙晓华，郭旭，张荣佳. 产业集聚的地域模式及形成机制［J］. 财经科学，2015（3）：76－86.

［169］孙亚静，徐莹莹. 吉林省房地产业与相关产业关联效应的实证分析［J］. 税务与经济，2014（1）：106－112.

［170］覃卫国. 基于低碳经济视角下的高新技术产业发展研究［J］. 改革与战略，2011（11 期：123－132.

［171］陶长琪，周璇. 产业融合下的产业结构优化升级效应分析——基于信息产业与制造业耦联的实证研究［J］. 产业经济研究，2015（3）：21－31.

［172］田孟，王毅凌. 工业结构、能源消耗与雾霾主要成分的关联性——以北京为例［J］. 经济问题. 2018（7）：50－58.

［173］汪芳. 高技术产业关联理论与实证［M］. 北京：科学出版社，2013.

［174］王爱新. 区域经济发展理论［M］. 北京：经济管理出版社，2015.

［175］王安平. 产业一体化的内涵与途径——以南昌九江地区工业一体化为实证［J］. 经济地理，2014（9）：95－100.

[176] 王晖. 区域经济一体化进程中的产业集聚与扩散 [J]. 上海经济研究，2008 (12)：30—35.

[177] 王丽丽，王媛，毛国柱，赵鹏. 中国国际贸易隐含碳 SDA 分析 [J]. 资源科学，2012 (12)：2382—2389.

[178] 王美雅. 大气污染治理的经济学分析 [D]. 保定：河北大学，2016.

[179] 王敏，辜胜阻. 我国高技术产业的关联效应研究 [J]. 软科学，2015 (10)：1—5.

[180] 王明安，沈其新. 基于区域经济一体化的府际政治协同研究 [J]. 理论月刊，2013 (12)：133—136.

[181] 王晓娟. 长江三角洲地区产业一体化的内涵、主体与途径 [J]. 南通大学学报：社会科学版，2009 (4)：26—30.

[182] 王晓玲. 主体功能区规划下的财政转型研究——基于区域协调发展的视角 [D]. 天津：天津财经大学，2013.

[183] 王晓玲. 主体功能区协调发展的保障机制研究 [M]. 北京：经济日报出版社，2014.

[184] 王晓玲. 财政转型促进主体功能区协调发展的理论分析 [J]. 公共财政研究，2015 (4)：80—88.

[185] 王晓玲，周国富. 影响主体功能区综合发展水平的财政因素研究 [J]. 区域经济评论，2016 (1)：113—119.

[186] 王毅凌. 考虑雾霾因素的绿色全要素生产率的测算及分析——以北京工业为例 [D]. 天津：天津财经大学，2018.

[187] 王岳平，葛岳静. 我国产业结构的投入产出关联特征分析 [J]. 管理世界，2007 (2)：61—68.

[188] 王岳平. 我国产业结构的投入产出关联分析 [J]. 管理世界，2000 (4)：59—65.

[189] 王跃思，姚利，刘子锐等. 京津冀大气霾污染及控制策略思考 [J]. 中国科学院院刊，2013 (3)：353—363.

[190] 王跃思等. 京津冀区域大气霾污染研究意义、现状及展望 [J]. 地球科学进展，2014 (3)：388—396.

[191] 王志亮，王玉洁. 高新技术企业对我国低碳经济发展促进作用的量化分析 [J]. 河北经贸大学学报，2015 (2)：80—84.

[192] 王自力. 中国雾霾集聚的空间动态及经济诱因 [J]. 广东财经大学学报，2016 (4)：31—41.

[193] 魏后凯. 现代区域经济学 [M]. 北京：经济管理出版社，2011.

[194] 魏巍贤，马喜立. 能源结构调整与雾霾治理的最优政策选择 [J]. 中国人口·资源与环境，2015 (7)：7—14.

[195] 魏玮，郑延平. 相关与无关多样化对地区经济发展的影响研究——基于省际面板数据的实证检验 [J]. 统计与信息论坛，2013 (10)：49—55.

[196] 魏玮，周晓博，牛林祥. 产业多样化、职能专业化与城市经济发展——基于长三角和中原城市群面板数据的分析 [J]. 财经论丛，2015 (11)：3—9.

[197] 温锋华，谭翠萍，李桂君. 京津冀产业协同网络的联系强度及优化策略研究 [J]. 城市发展研究，2017 (1)：35—43.

[198] 吴浜源. 宁镇扬地区市场一体化、产业专业化与产业集聚趋势 [J]. 中共南京市委党校学报，2016 (6)：59—64.

[199] 吴开尧，朱启贵，刘慧媛. 中国经济产业价值型能源强度演变分析——基于混合型能源投入产出可比价序列表 [J]. 上海交通大学学报（哲学社会科学版），2014 (5)：81—92.

[200] 吴林海. 高技术产业界定的方法和分析 [J]. 科技进步与对策，1999 (6)：53—55.

[201] 吴明隆. 结构方程模型：AMOS 的操作与应用 [M]. 重庆：重庆大学出版社，2010.

[202] 吴群刚，杨开忠. 关于京津冀区域一体化发展的思考 [J]. 城市问题，2010 (1)：11—16.

[203] 吴彤. 自组织方法论研究 [M]. 北京：清华大学出版社，2001.

[204] 吴志功. 京津冀雾霾治理一体化研究 [M]. 北京：科学出版社，2015.

[205] 夏太寿，倪杰，张玉赋. 发达国家高新技术产业环境污染基本情况研究 [J]. 科学学与科学技术管理，2005 (4)：95—99.

[206] 小岛清. 对外贸易论 [M]. 天津：南开大学出版社，1988.

[207] 谢培秀，徐和生. 安徽能源强度变化的影响因素分析 [C] //彭志龙，佟仁城，陈璋. 2013 中国投入产出理论与实践 [M]. 北京：中国统计出版社，2015：217—222.

[208] 谢元博，陈娟，李巍. 雾霾重污染期间北京市居民对高浓度 PM2.5 持续暴露的健康风险及其损害价值评估 [J]. 环境科学，2014 (1)：1—8.

[209] 徐建中，荆立新. 区域产业一体化发展的支撑保障体系构建 [J].

理论探讨，2014（4）：105－107.

[210] 徐莹莹，李妍，周国富. 京津冀高技术制造业的产业关联效应分析 [J]. 统计与决策，2017（16）：145－148.

[211] 徐莹莹. 京津冀产业一体化与雾霾治理协同推进研究 [D]. 天津：天津财经大学，2018.

[212] 亚当·斯密. 国富论（上）[M]. 郭大力，王亚南（译）. 南京：译林出版社，2011.

[213] 杨灿，郑正喜. 产业关联效应测度理论辨析 [J]. 统计研究，2014（12）：11－19.

[214] 杨灿. 产业关联测度方法及其应用问题探析 [J]. 统计研究，2005（9）：72－75.

[215] 杨凤华，王国华. 长江三角洲区域市场一体化水平测度与进程分析 [J]. 管理评论，2012（1）：32－38.

[216] 杨汝岱，朱诗娥. 珠三角地区对外贸易发展的国际比较 [J]. 国际贸易问题，2007（12）：60－67.

[217] 叶亚珂. 京津冀产业集聚模式及其对一体化的影响——基于结构方程模型 [D]. 天津：天津财经大学，2017.

[218] 尹广萍. 长三角区域产业一体化研究 [D]. 上海：上海交通大学，2009.

[219] 于斌斌. 产业结构调整与生产率提升的经济增长效应——基于中国城市动态空间面板模型的分析 [J]. 中国工业经济，2015（12）：83－98.

[220] 余典范，干春晖，郑若谷. 中国产业结构的关联特征分析——基于投入产出结构分解技术的实证研究 [J]. 中国工业经济，2011（11）：5－15.

[221] 原嫄，李国平. 产业关联对经济发展水平的影响：基于欧盟投入产出数据的分析 [J]. 经济地理，2016（11）：76－92.

[222] 约翰·伊特韦尔，默里·米尔盖特，彼得·纽曼. 新帕尔格雷夫经济学大辞典（第二卷）：E－J [M]. 北京：经济科学出版社，1996.

[223] 张春法，冯海华，王龙国. 产业转移与产业集聚的实证分析——以南京市为例 [J]. 统计研究，2006（12）：47－49.

[224] 张晶. 高技术产业界定指标及方法分析 [J]. 中国科技论坛，1997（1）：22－25.

[225] 张婷. 警惕新的污染源：高技术污染——硅谷大气污染与环境恶化引起的思考 [J]. 科技进步与对策，2000（9）：105－106.

[226] 张学刚，唐铁球. 需求驱动我国能源消耗效应研究——基于改进的两级分解法 [J]. 现代财经，2016 (6)：103－113.

[227] 张座铭. 中部六省产业集聚形成机制及效应评价研究 [D]. 武汉：中国地质大学，2015.

[228] 赵斌，马建中. 天津市大气污染源排放清单的建立 [J]. 环境科学学报，2008 (2)：368－375.

[229] 赵金涛. 京津冀经济一体化中的科学决策与行政壁垒探讨 [J]. 特区经济，2010 (4)：60－61.

[230] 赵玉川. 我国高技术统计基本问题探讨 [J]. 科学学与科学技术管理，2000 (12)：46－49.

[231] 赵玉莲. 谈京津冀经济一体化的障碍与改进 [J]. 特区经济，2011 (2)：69－70.

[232] 甄春阳，赵成武，朱文姝. 从京津冀雾霾天气浅议我国能源结构调整的紧迫性 [J]. 中国科技信息，2014 (7)：45－46.

[233] 郑礼，戴颖，韩维. 从投入产出表看京津冀产业对接 [J]. 中国统计，2016 (6)：20－22.

[234] 郑毓盛，李崇高. 中国地方分割的效率损失 [J]. 中国社会科学，2003 (1)：64－72.

[235] 中国国家统计局编. 2012 年中国统计年鉴 [M]. 北京：中国统计出版社，2013.

[236] 中国气象局. 地面气象观测规范 [M]. 北京：气象出版社，2003.

[237] 周国富，白士杰，王溪. 产业的多样化、专业化与环境污染的相关性研究 [J]. 软科学，2019 (1)：81－86.

[238] 周国富，宫丽丽. 京津冀能源消耗的碳足迹及其影响因素分析 [J]. 经济问题，2014 (8)：27－31.

[239] 周国富，李妍，李璞璞. 如何恰当地界定中国高技术制造业的统计范围 [J]. 统计与信息论坛，2016 (9)：43－48.

[240] 周国富，李妍，刘晓丹. 高技术制造业对大气污染物减排的贡献度——以天津为例 [J]. 软科学，2017 (11)：6－10.

[241] 周国富，申博，李瑶. 中国经济的真实收敛速度——基于模型方法的改进 [J]. 商业经济与管理，2015 (1)：88－97.

[242] 周国富，田孟，刘晓琦. 雾霾污染、能源消耗与结构分解分析——基于混合型能源投入产出表 [J]. 现代财经，2017 (6)：3－15.

［243］周国富，徐莹莹，高会珍. 产业多样化对京津冀经济发展的影响［J］. 统计研究，2016（12）：28－36.

［244］周国富，叶亚珂，彭星. 产业的多样化、专业化对京津冀市场一体化的影响［J］. 城市问题，2016（6）：4－10，59.

［245］周静. 北京市能源需求的统计分析与政策研究［D］. 北京：首都经济贸易大学，2007年.

［246］周立群，夏良科. 区域经济一体化的测度与比较：来自京津冀、长三角和珠三角的证据［J］. 江海学刊，2010（4）：81－87.

［247］周茜，胡慧源. 中国经济发展与环境质量之困——基于产业结构和能源结构视角［J］. 科技管理研究，2014（22）：231－236.

［248］周强. 京津冀雾霾产生的根本原因及如何治理［J］. 科技资讯，2014（8）：125－129.

［249］祝尔娟，鲁继通. 以协同创新促京津冀协同发展——在交通、产业、生态三大领域率先突破［J］. 河北学刊，2016（2）：155－159.

［250］祝尔娟. 推进京津冀区域协同发展的思路与重点［J］. 经济与管理，2014（3）：10－12.

［251］邹燚. 中国雾霾灾害的经济损失评估及公众治理意愿研究［D］. 南京：南京信息工程大学，2015.